# 马铃薯

## 品质评价与加工利用

◎王丽 著

中国农业科学技术出版社

**图书在版编目(CIP)数据**

马铃薯品质评价与加工利用 / 王丽著 . --北京：中国农业科学技术
出版社，2022.6
ISBN 978-7-5116-5750-3

Ⅰ.①马…　Ⅱ.①王…　Ⅲ.①马铃薯–质量检验②马铃薯–加工利用
Ⅳ.①S532

中国版本图书馆 CIP 数据核字(2022)第 089872 号

责任编辑　金　迪
责任校对　李向荣
责任印制　姜义伟　王思文

出 版 者　中国农业科学技术出版社
　　　　　北京市中关村南大街 12 号　　邮编：100081
电　　话　(010) 82106625 (编辑室)　　(010) 82109702 (发行部)
　　　　　(010) 82109709 (读者服务部)
网　　址　http://www.castp.cn
经 销 者　各地新华书店
印 刷 者　北京建宏印刷有限公司
开　　本　185 mm×260 mm　1/16
印　　张　16.25
字　　数　410 千字
版　　次　2022 年 6 月第 1 版　2022 年 6 月第 1 次印刷
定　　价　98.00 元

# 前　　言

马铃薯是仅次于小麦、玉米、水稻的世界第四大粮食作物，可以提供人类生活所必需的蛋白质（具有较好的氨基酸组成）、淀粉、维生素 C、维生素 $B_6$、维生素 $B_1$、叶酸、钾、磷、钙、镁、铁和锌，同时还含有丰富的多酚类、抗坏血酸、类胡萝卜素和维生素 E 等抗氧化物质。

欧美发达国家加工用马铃薯占到总产量的 50%，制品 2 000 余种。中国每年所生产的马铃薯除 10% 用于深加工外，有 30% 作为口粮或主食食用，10% ~ 15% 作为蔬菜食用，10% 作为种薯，而有 10% ~ 20% 被浪费，总体来看马铃薯利用率偏低，深加工产品少，导致生产效益也很低。

马铃薯主要加工的产品是脱水马铃薯粉、油炸马铃薯条/片、冷冻去皮产品和马铃薯罐头等。马铃薯的商业价值随着加工过程中的风味、口感、外观及方便性而增加。产品特性与马铃薯品种密切相关，适当的块茎形态，固形物含量和低葡萄糖含量与马铃薯的机械损伤、擦伤和内在缺陷是马铃薯加工过程中主要考核的原料指标，这些需求促进了马铃薯新品种的培育。

我国马铃薯产量位居世界第一，占世界总产量的 1/4。目前我国马铃薯以鲜食为主，与发达国家 80% 的加工转化率相比，我国马铃薯的工业化转化率还很低。这一方面说明我国马铃薯产业化的水平很低，另一方面则说明了我国马铃薯产业拥有巨大的发展潜力。因此，为了满足大家吃饱吃好吃得健康的需求，开发更加多元化的主粮产品，丰富百姓餐桌，改善居民膳食结构，2015 年农业部提出推进马铃薯主食化的战略思想。马铃薯主食化势必需要研发营养、健康、感官可以被消费者接受的主食产品，而加工过程中马铃薯主要成分的作用、变化机理及其与产品品质特性之间的关系将是研发出优质产品的必备环节。

作者多年来一直从事马铃薯加工特性和品质形成机理与调控方面的研究，本书是在主持北京市教委课题、院级博士基金课题、院级课题等多项课题的研究中形成的思路，也是作者多年来从事马铃薯加工品质研究取得的成果。研究期间发表相关论文 20 多篇，获得国家发明专利 1 项。本书在深入分析国内外马铃薯加工品质研究进展的基础上，系统阐述了不同马铃薯品种的感官品质、理化营养品质和加工品质，揭示了原料品质与马铃薯全粉、马铃薯全粉面条、马铃薯全粉香肠等主要加工制品品质之间的相关关系，构建了加工品质评价模型，建立了加工适宜性评价方法和标准，筛选出了适宜加工全粉、面条和香肠的马铃薯加工专用品种。

本书系统全面、内容新颖、数据翔实，在原料品质与制品品质关系的研究、加工品质评价模型的构建等方面颇有自己的特色和创新，是一部有关马铃薯加工品质评价方面为数不多的研究论著。

本书的出版将为我国马铃薯加工品质形成的物质基础、变化机理与调控技术的深入研究提供参考，为"马铃薯加工品质学"新兴学科的发展奠定基础，同时也将为进一步加强我国马铃薯资源开发利用、促进产业技术升级、提升产业国际竞争力提供重要依据。

鉴于作者水平有限，书中难免有不足之处，敬请读者批评指正。

王　丽

**2021 年 12 月**

# 目　　录

**第1章　概述** ················································· 1

1.1　世界马铃薯种植及消费基本概况 ················· 1

1.2　我国马铃薯种植基本概况 ··························· 2

1.3　世界马铃薯加工利用情况 ··························· 4

1.4　我国马铃薯加工利用情况 ··························· 5

**第2章　马铃薯品质特性基本概况** ···················· 8

2.1　淀粉 ······················································ 9

2.2　蛋白质 ·················································· 17

2.3　脂类 ····················································· 33

2.4　膳食纤维 ··············································· 34

2.5　维生素 ·················································· 35

2.6　糖苷生物碱 ············································ 40

2.7　矿物质 ·················································· 42

2.8　苯丙素 ·················································· 45

2.9　类胡萝卜素 ············································ 48

2.10　马铃薯中营养素在加工中的变化 ·············· 48

2.11　马铃薯在全球粮食安全中的作用 ·············· 49

2.12　马铃薯品质特性与加工利用关系 ·············· 51

2.13　马铃薯品质特性研究未来发展方向 ··········· 51

**第3章　不同品种马铃薯品质特性研究** ············· 54

3.1　马铃薯基本品质特性测定与分析 ················ 55

3.2　马铃薯中氨基酸测定与分析 ······················ 56

3.3　马铃薯中维生素测定与分析 ······················ 66

3.4　马铃薯中糖苷生物碱测定与分析 ················ 66

3.5　马铃薯中矿物质测定与分析 ······················ 67

3.6　马铃薯品质特性的相关性分析 ··················· 76

3.7　马铃薯品质特性的主成分分析 ··················· 76

3.8　马铃薯品质特性的综合评价 ······················ 83

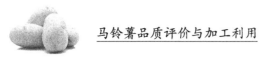
**第4章　马铃薯淀粉品质特性基本概况** 88
4.1　马铃薯淀粉的化学特性和结构 88
4.2　马铃薯淀粉的功能特性 89
4.3　马铃薯淀粉的消化特性 93
4.4　马铃薯淀粉的微观结构特性 96
4.5　马铃薯淀粉的流变学特性 103
4.6　马铃薯淀粉的黏度特性 107
4.7　马铃薯淀粉的热特性 112
4.8　马铃薯淀粉类面条产品 115
4.9　马铃薯淀粉品质特性未来发展方向 121

**第5章　不同品种马铃薯淀粉品质特性研究** 124
5.1　马铃薯淀粉的提取 124
5.2　马铃薯直链淀粉和支链淀粉含量的测定与分析 127
5.3　马铃薯淀粉的基本品质特性 131
5.4　马铃薯淀粉的功能品质特性 133
5.5　马铃薯淀粉基本品质、功能品质特性的相关性分析 139
5.6　马铃薯淀粉基本品质、功能品质特性的主成分分析 140
5.7　马铃薯淀粉的微观结构及物性测定与分析 143

**第6章　不同品种马铃薯全粉品质特性研究** 156
6.1　马铃薯全粉概述 156
6.2　马铃薯全粉的种类 157
6.3　马铃薯全粉品质特性概述 158
6.4　马铃薯全粉不同品质特性间相关性概述 166
6.5　马铃薯全粉的应用 167
6.6　马铃薯全粉制备工艺的优化 169
6.7　马铃薯全粉品质特性研究 175

**第7章　不同品种马铃薯全粉面条及品质评价** 182
7.1　面条概述 183
7.2　面条的品质 183
7.3　面条品质的影响因素 186
7.4　马铃薯全粉面条加工工艺的优化 193
7.5　马铃薯全粉制备工艺对面条品质特性的影响研究 196
7.6　马铃薯全粉面条品质特性及主成分分析 201
7.7　不同改良剂及醒发时间对马铃薯全粉面条品质特性的影响研究 209

**第 8 章　马铃薯全粉香肠制备及品质评价** ·········································· 218

　8.1　香肠概述 ·········································································· 218

　8.2　香肠品质的影响因素 ···························································· 220

　8.3　香肠的常规化学保存方法 ······················································ 221

　8.4　香肠的天然抗菌和抗氧化防腐剂 ·············································· 222

　8.5　脂类替代物在香肠中的应用 ···················································· 224

　8.6　马铃薯全粉香肠的制备及品质评价 ············································ 228

**参考文献** ·················································································· 235

# 第 1 章　概述

马铃薯（*Solanum tuberosum*），又名土豆，为茄科茄属多年生草本植物，主要生长在北纬35°~50°、光照强、昼夜温差大、气候凉冷的沙质土壤带（利辛斯卡，2019）。因此，马铃薯既可以是热带高原如玻利维亚、秘鲁和墨西哥等的夏季作物，也可以是中国、巴西、南美洲赤道高原（如厄瓜多尔和哥伦比亚）、东非（如肯尼亚和乌干达）、亚热带低地的冬季作物（如印度北部和中国华南），地中海地区的春、秋作物（如北非），世界上低地的温带地区的夏季作物（如北美洲、欧洲的西部和东部，中国的北方、澳大利亚及新西兰）。

马铃薯是仅次于小麦、玉米、水稻的世界第四大粮食作物（FAO，2021）。可以提供人类生活所必需的蛋白质（具有较好的氨基酸组成）、淀粉、维生素C、维生素$B_6$、维生素$B_1$、叶酸、钾、磷、钙、镁、铁和锌，同时还含有丰富的多酚类、抗坏血酸、类胡萝卜素和维生素E等抗氧化物质（Storey，2007）。马铃薯几乎不含游离脂肪和胆固醇，也是非洲和拉丁美洲数百万人们主要的碳水化合物来源。

马铃薯营养价值丰富，种植地区广泛，是一种不可多得的作物，本章针对世界及我国马铃薯种植、消费、加工利用基本概况进行概述，找到我国马铃薯种植、加工、利用过程中存在的问题，展望我国马铃薯产业的未来发展前景，为我国马铃薯产业的发展提供依据。

## 1.1　世界马铃薯种植及消费基本概况

2019年全球马铃薯种植面积约为1 730万 $hm^2$（FAO，2021），其中149个国家从北纬65°至南纬50°均有种植。马铃薯种植生产情况和消费情况如表1-1和表1-2所示。表1-1显示2019年世界马铃薯产量为37 000万 t，其中接近一半的产量来自亚洲（19 000万 t）。中国（9 200万 t）为世界马铃薯最大的生产国，其次为印度（5 000万 t）、俄罗斯（2 200万 t）和美国（1 900万 t）。美国马铃薯单产（50.31万 $t/hm^2$），是我国单产（18.70万 $t/hm^2$）的2.7倍，人均消费量俄罗斯居首位，为111.43 kg，美国第二，为54.43 kg，中国第三，为41.02 kg，印度消费量处于第四，为23.30 kg。我国马铃薯单产具有较大的发展空间，可为提高我国马铃薯人均消费量提供更多可能。

表 1-1　2019 年不同国家/地区马铃薯产量

| 国家/地区 | 种植面积<br>（万 hm²） | 单产<br>（万 t/hm²） | 产量<br>（万 t） | 国家/地区 | 种植面积<br>（万 hm²） | 单产<br>（万 t/hm²） | 产量<br>（万 t） |
| --- | --- | --- | --- | --- | --- | --- | --- |
| 世界 | 1 734 | 21.36 | 37 044 | 大洋洲 | 4 | 40.26 | 174 |
| 非洲 | 176 | 15.04 | 2 653 | 中国 | 491 | 18.70 | 9 188 |
| 美洲 | 154 | 29.27 | 4 008 | 印度 | 217 | 23.01 | 5 019 |
| 亚洲 | 930 | 20.41 | 18 981 | 俄罗斯 | 124 | 17.82 | 2 207 |
| 欧洲 | 470 | 22.84 | 10 726 | 美国 | 38 | 50.31 | 1 918 |

数据来源：FAO，2021。

表 1-2　2018 年不同国家/地区马铃薯的消费情况

| 国家/地区 | 人数<br>（亿人） | 消费量 | | 国家/地区 | 人数<br>（亿人） | 消费量 | |
| --- | --- | --- | --- | --- | --- | --- | --- |
| | | 总消费量<br>（千万 t） | 人均消费量<br>（kg） | | | 总消费量<br>（千万 t） | 人均消费量<br>（kg） |
| 世界 | 73.49 | 23.72 | 32.27 | 大洋洲 | 0.39 | 0.14 | 36.05 |
| 非洲 | 11.86 | 1.79 | 15.11 | 中国 | 14.07 | 5.77 | 41.02 |
| 美洲 | 9.92 | 3.44 | 34.71 | 印度 | 13.11 | 3.05 | 23.30 |
| 亚洲 | 43.93 | 12.11 | 27.55 | 俄罗斯 | 1.43 | 1.60 | 111.43 |
| 欧洲 | 7.38 | 6.24 | 84.45 | 美国 | 3.22 | 1.75 | 54.43 |

数据来源：FAO，2021。

## 1.2　我国马铃薯种植基本概况

### 1.2.1　马铃薯种植面积逐年增加

图 1-1 为 1995—2014 年我国小麦、稻米、玉米、马铃薯种植面积趋势，从图可以看出，小麦和稻米种植面积在 1995—2005 年有逐渐下降趋势，2005—2014 年趋于平稳。马铃薯和玉米的种植面积从 1995 年开始，均有所升高，但马铃薯种植面积的增长速度高于玉米。1995—2014 年，马铃薯种植面积增加了 1.6 倍之多。

### 1.2.2　马铃薯种植面积在薯类中比例逐年增加

图 1-2 为 1995—2014 年我国马铃薯占薯类种植面积百分比，从图可知，马铃薯种植比例由 1995 年的 36.07% 迅猛增加到 2010 年的 59.49%，随后马铃薯种植面积占薯类种植面积的百分比趋于稳定，约为 62%。

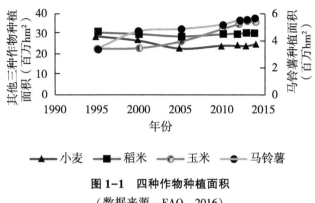

图 1-1　四种作物种植面积

（数据来源：FAO，2016）

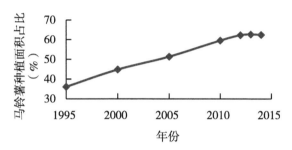

图 1-2　我国马铃薯种植面积占薯类种植面积百分比

（数据来源：中国统计年鉴，2020）

## 1.2.3　马铃薯单产高

图 1-3 为 1995—2014 年我国四大粮食作物单产比较分析图，从图中可以看出，过去 20 年间，马铃薯单产为小麦、稻米、玉米单产的 3 倍之多。

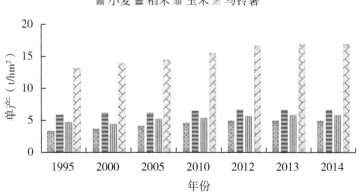

图 1-3　马铃薯及其他作物单产

（数据来源：FAO，2016）

### 1.2.4　我国不同省份马铃薯种植情况

表 1-3 为我国不同省份马铃薯种植面积，由表可知，目前我国马铃薯种植面积超过 15 万 hm² 的省份占全国所有省份的 51.6%。其中内蒙古、重庆、四川、贵州、云南和甘肃等 6 省份的种植面积超过 30 万 hm²。

表 1-3　我国不同省份马铃薯种植面积　　　　　单位：万 hm²

| 省份 | 马铃薯种植面积 | 省份 | 马铃薯种植面积 | 省份 | 马铃薯种植面积 | 省份 | 马铃薯种植面积 |
|---|---|---|---|---|---|---|---|
| 北京 | 0.08 | 上海 | 0.06 | 湖北 | 19.27 | 云南 | 42.06 |
| 天津 | 0.06 | 江苏 | 3.44 | 湖南 | 17.76 | 西藏 | 0.06 |
| 河北 | 16.07 | 浙江 | 7.34 | 广东 | 21.79 | 陕西 | 20.74 |
| 山西 | 11.88 | 安徽 | 9.41 | 广西 | 17.09 | 甘肃 | 42.60 |
| 内蒙古 | 33.83 | 福建 | 15.70 | 海南 | 4.57 | 青海 | 5.80 |
| 辽宁 | 5.35 | 江西 | 9.08 | 重庆 | 45.44 | 宁夏 | 11.07 |
| 吉林 | 4.62 | 山东 | 16.03 | 四川 | 78.81 | 新疆 | 2.23 |
| 黑龙江 | 15.06 | 河南 | 21.70 | 贵州 | 58.94 | | |

数据来源：中国统计年鉴，2020。

通过以上分析得知，我国马铃薯种植面积增加，单产量为其他主要粮食作物的 3 倍之多，几乎每个省份都有种植。据报道，2014 年我国粮食总产量达到 6.071 亿 t，比 2013 年增加 103 亿斤（1 斤＝500 g，全书同），同比增长 0.9%，我国目前粮食总需求为 6 亿 t，目前小麦、水稻、玉米的进口量仅占国内产量的 2.4%，国内粮食供求基本平衡。但据预测 2020 年我国粮食需求增量将达到 1 000 亿斤以上，粮食需求呈增长态势，为了保证我国主粮的长期发展，开展现有主粮的研究以及新主粮（马铃薯主粮）的开发研究势在必行。

## 1.3　世界马铃薯加工利用情况

在过去的 100 年中，马铃薯的加工增长成了一个全球事业，在第二次世界大战时期（1939—1945 年）迅速并持续扩大。马铃薯主要加工的产品是脱水马铃薯产品、油炸马铃薯条/片、冷冻去皮产品和马铃薯罐头等。马铃薯的商业价值随着加工过程中的风味、口感、外观及方便性而增加。产品特性与马铃薯品种密切相关，适当的块茎形态、固形物含量和低葡萄糖含量与马铃薯的机械损伤、擦伤和内在缺陷是马铃薯加工过程中主要考核的原料指标，这些需求促进了马铃薯新品种的培育。

古代的马铃薯主要是脱水产品，1781 年法国水手将马铃薯蒸煮后加工成饼干。美国在 1845 年首次授予了干燥脱水马铃薯的专利。脱水马铃薯可以为作战部队提供食物，比鲜马铃薯体积小并且容易存放和准备。马铃薯传统的干制食品有马铃薯条/片、马铃薯米饭、马铃薯粉等，这些产品不需要复水。脱水产品加工过程中通过加入硫化物避免氧化和变色，并且水分含量仅有 6%，可以在室温下贮藏至少 6 个月。在和平年代，马铃薯干制食品数量下降。

法国薯条是采用切成条的马铃薯制作（一般横截面为 1cm$^2$），在冷水中冲洗后，除去表面水分，然后在植物油中 180℃深度油炸至浅黄色。最终产品含有约 10%的脂肪，大多脂肪存在于表面。冷冻油炸制造商将产品原料、油炸产品或者部分加工和微油炸产品运送至最终使用者。这些产品一般在 -40℃冷冻，在 -20℃贮藏。水分含量一般需要少于 70%，以防止产品变软和易于分离。炸薯条大约在 1945 年产业化，并于 1950 年开始兴起。薯条的产业化主要在美国的 Simplot 公司，目前，全世界的生产商 McCain、Simplot 和 Lamb Weston 在 13 个国家有 55 个庄园，并在 110 个国家有市场。2004 年，生产商麦当劳（McDonald's）使用了 700 万 t 冷冻产品，其使用量是世界冷冻油炸薯条的 27%。其他的冷冻马铃薯产品包括华夫饼干、煎土豆饼、土豆饼、成品土豆泥、小馅饼、土豆丁、婴儿焙烤食品及一系列吸引婴幼儿的产品。马铃薯罐头只占马铃薯加工产品的很少一部分市场份额。冷冻去皮马铃薯在 1995—2005 年的欧洲市场上非常流行，其作为饭店、外卖食品和餐饮业的主要产品。

# 1.4 我国马铃薯加工利用情况

FAO 数据显示，全球马铃薯消费中，50%用于鲜食，20%用于饲料，10%用于加工。欧美发达国家，加工用马铃薯占到总产量的 50%，制品 2000 余种，其中食品加工业占 78%左右。华中农业大学副校长谢丛华指出，中国每年所生产的马铃薯除 10%用于深加工外，有 30%作为口粮或主食食用，10%~15%作为蔬菜食用，10%作为种薯，而有 10%~20%被浪费，总体看来利用率偏低，深加工产品少，农民生产效益很低。目前我国对精淀粉的需求量为每年 80 万 t 以上，但年产量却只有 40 万 t，且国产合格的精淀粉不足 6 万 t，据推算，到 2030 年，市场需求总量将达到 300 万 t 以上。表现出很大缺口，所以只能通过进口满足需求。由此可见，马铃薯淀粉的国内外市场容量非常大，发展前景十分光明（王国扣，2004）。

针对我国马铃薯主要产区，结合马铃薯淀粉生产加工利用情况，针对企业生产能力、鲜薯产量及加工比率、产能利用率、产量（表 1-4）等各个指标综合得出我国目前排序在前三位的马铃薯生产、种植地区为内蒙古、甘肃和黑龙江三省区。

## 1.4.1 内蒙古马铃薯基本概况

内蒙古马铃薯的主产区集中在中部区阴山沿麓的乌兰察布市、呼和浩特市、包头市、锡林郭勒盟以及赤峰市、大兴安岭沿麓的呼伦贝尔市和兴安盟。这 7 个盟市马铃薯常年种植面积占到全区 95%左右，其中，乌兰察布市是全国马铃薯种植面积最大的地级市。内蒙古种植的马铃薯 90%以上都是鲜食品种，加工专用型品种不到 10%（李志平，2010）。

表1-4 我国不同地区1万t以上马铃薯淀粉生产企业情况

| 地区 | 数量 | 排序 | 生产线条数 | 排序 | 生产能力（万t） | 排序 | 鲜薯加工比例（%） | 排序 | 企业产能利用率（%） | 排序 | 加权综合排序 |
|---|---|---|---|---|---|---|---|---|---|---|---|
| 内蒙古 | 6 | 3 | 14 | 2 | 13.1 | 2 | 21.7 | 1 | 42.5 | 1 | 1.8 |
| 甘肃 | 9 | 1 | 15 | 1 | 15.1 | 1 | 20.4 | 2 | 37.2 | 3 | 1.6 |
| 贵州 | 4 | 4 | 6 | 5 | 5 | 6 | 16.3 | 6 | 34.4 | 6 | 5.4 |
| 云南 | 4 | 4 | 8 | 4 | 7.5 | 4 | 17.5 | 5 | 31.2 | 8 | 5 |
| 四川 | 3 | 5 | 4 | 6 | 3.5 | 7 | 13.7 | 8 | 32.9 | 7 | 6.6 |
| 陕西 | 2 | 6 | 2 | 7 | 2 | 8 | 15.5 | 7 | 36.5 | 5 | 6.6 |
| 黑龙江 | 7 | 2 | 12 | 3 | 11.5 | 3 | 19.4 | 3 | 39.9 | 2 | 2.6 |
| 宁夏 | 4 | 4 | 12 | 3 | 6.5 | 5 | 17.9 | 4 | 36.9 | 4 | 4 |

数据来源：史永良，2011。

内蒙古地区适合淀粉加工的马铃薯品种有蒙薯 10 号、蒙薯 12 号等，淀粉含量在 20% 左右；适合薯片、薯条的品种以引进国外品种大西洋、夏波蒂为主；适合鲜食的品种有呼薯 8 号、坝薯 10 号、蒙薯 13 号、费乌瑞它、兴薯 1 号等（周峰，2012）。

## 1.4.2　甘肃马铃薯基本概况

甘肃马铃薯种植主要涉及 13 个市（州）的 60 个县，生产布局上，初步形成了中部高淀粉及菜用型；河西及沿黄灌区全粉及薯片（条）加工型；陇南天水早熟菜用型三大优势生产区域（何三信，2008），优势产区种植面积占到甘肃省的 70% 以上。其中高淀粉品种的种植面积占甘肃省马铃薯总种植面积的 2/3。高淀粉及菜用型生产的主要品种有陇薯 3 号、甘农薯 2 号、天薯 7 号、渭薯 8 号等，淀粉含量 18% 以上；薯条、薯片、粉丝加工型品种有甘农薯 1 号、LK99、陇薯 7 号、夏波蒂、大西洋、费乌瑞它、布尔班克等品种（何三信，2010）。

## 1.4.3　黑龙江马铃薯基本概况

黑龙江马铃薯种植比较集中的地区是依安县、讷河市、拜泉县、嫩江县、富锦市，播种面积为前 5 位。特别是黑龙江北部的讷河、克山和嫩江等地，历来为生产马铃薯种薯的重要基地，讷河和克山更有"中国马铃薯种薯之乡"的美誉，且国内唯一的马铃薯改良中心位于克山县。黑龙江马铃薯主要种植以鲜食品种为主，如尤金、克新 18 号、延薯 4 号、荷兰 15 号，并有少量的油炸品种，如大西洋、夏波蒂和斯诺登等。

目前各个地区以种植鲜食品种为主，针对薯片、薯条及全粉加工用马铃薯新品种正在培育中，但种植面积较少，仍以大西洋、夏波蒂等国外引进品种为主。但引进品种适应范围小，抗逆性差，产量潜力小，生产成本高，不能满足加工业迅速发展的需要。

# 第2章 马铃薯品质特性基本概况

马铃薯块茎因其较高的淀粉含量（高达新鲜重量的30.4%）和消化率而受到重视。马铃薯蛋白质含量高（高达2%），生物学价值在90~100（蛋类100、大豆84、豆类73）。有报道称，马铃薯含有较高的维生素C和酚类化合物而具有较高的抗氧化性，可以帮助身体防御活性氧和许多退行性疾病，如心血管疾病和癌症的发病机制。日本学者研究发现，每周吃5~6个马铃薯，可降低中风率。

表2-1 马铃薯基本化学组成

| 组成 | 含量（%） | 组成 | 含量（mg/100 g） | 组成 | 含量（mg/100 g） |
|---|---|---|---|---|---|
| 干重 | 15~28 | 天门冬氨酸（游离） | 110~529 | 维生素 C | 8~54 |
| 淀粉 | 12.6~18.2 | 谷氨酸（游离） | 23~409 | 维生素 E | 0~0.1 |
| 蛋白质 | 0.6~2.1 | 脯氨酸（游离） | 2~209 | 叶酸 | 0.01~0.03 |
| 膳食纤维 | 1~2 | 其他氨基酸（游离） | 0.2~117 | 钾 | 280~564 |
| 脂肪 | 0.075~0.2 | 多酚 | 123~441 | 磷 | 30~60 |
| 葡萄糖 | 0.01~0.6 | 类胡萝卜素 | 0.05~2 | 钙 | 5~18 |
| 果糖 | 0.01~0.6 | 生育酚 | 0~0.3 | 镁 | 14~18 |
| 蔗糖 | 0.13~0.68 | 维生素 $B_1$ | 0.02~0.2 | 铁 | 0.4~1.6 |
| | | 维生素 $B_2$ | 0.01~0.07 | 锌 | 0~0.3 |
| | | 维生素 $B_6$ | 0.13~0.44 | 糖苷生物碱 | <20 |

数据来源：Li et al., 2006。

目前我国马铃薯以鲜食为主，与发达国家80%的加工转化率相比，我国马铃薯的工业化转化率还很低（张攀峰，2012）。这一方面说明我国马铃薯产业化的水平很低，另一方面则说明了我国马铃薯产业拥有着巨大的发展潜力。因此，为了满足大家吃饱吃好吃得健康的需求，开发更加多元化的主粮产品，丰富百姓餐桌，改善居民膳食结构，农业部（现农业农村部）提出推进马铃薯主粮化的战略思想。马铃薯主粮化势必需要研发营养、健康、感官可以被消费者接受的主粮产品，而加工过程中马铃薯主要成分的作用、变化机理及其与产品品质特性之间的关系将是研发出优质产品的必备环节。本章将综述国内外马铃薯淀粉、蛋白质、维生素、矿物质、糖苷生物碱、类胡萝卜素、苯丙素等品质特性及其加工利用研究现状，分析马铃薯主要成分的基本特性及其在加工制品中的作用及变化机理，旨在为我国马铃薯主粮化研究提供理论依据。

## 2.1　淀粉

### 2.1.1　淀粉基本特性

淀粉特性包括直链淀粉含量、支链淀粉含量、糊化特性（低谷黏度、最终黏度、回升值、峰值黏度、降落值、糊化温度）、结晶度、分子量大小及分布、磷含量、颗粒大小等。马铃薯淀粉含量为 15% 左右（湿基），其中支链淀粉含量高达 80% 以上，其直链淀粉的聚合度也较高。马铃薯淀粉糊的黏度峰值平均达 3 000 BU，明显高于玉米淀粉（600 BU）、木薯淀粉（1 000 BU）和小麦淀粉（300 BU）的糊浆黏度峰值。马铃薯淀粉由于具有较大的颗粒（平均粒径为 30~40 μm）而具有较高的膨胀力。其内部结构较弱，分子结构中含有磷酸基团，几乎百分之百以共价键结合于淀粉中，磷酸基电荷间相互排斥，利于胶化，从而促进了膨胀作用，并具有较高的透明度（Wikman，2014）。马铃薯品种繁杂，同一种属，虽然晶型一致，但是结构仍有差别，例如支链淀粉含量、结晶度、分子量大小及分布、磷含量、颗粒大小等，而这些差别又会导致性质方面的差别，从而导致产品的不同。Singh 等（2006）对新西兰马铃薯淀粉的物化性质与组成进行了相关性分析，结果显示直链淀粉含量与膨润度和峰值黏度呈负相关，磷含量与透光率和峰值黏度呈正相关。Kaur 等（2015）研究发现高粒径淀粉具有较高的直链淀粉含量、较高的抗消化性；糊化峰值黏度、最终黏度、破损值、回复值较高，仅峰值温度稍低。

马铃薯生淀粉一定程度上可以抵抗小肠消化，其他淀粉也有这种现象，例如香蕉淀粉和高直链玉米淀粉。由于它是一种未煮过的淀粉，将其命名为抗性淀粉（RS2）。抗性淀粉是饮食上所需要的，它的功能和可溶性纤维一样，可以促进血糖控制和肠道健康。生马铃薯含有大量膳食所需的 RS2 抗性淀粉，它比谷物淀粉（包括玉米）更难消化。煮熟后，马铃薯淀粉变得更容易消化。在食物中添加生马铃薯淀粉已被证明具有促进健康的作用，包括降低大鼠的胆固醇和甘油三酯（Raigond，2015）。煮熟后再冷却的马铃薯，比如马铃薯沙拉，含有饮食所需的 RS3 逆行淀粉，不易消化，已被证明具有促进健康的作用（Fuentes，2019）。一项只有 7 个品种的有限研究报告称，块茎的直链淀粉含量与血糖指数值或体外淀粉消化率均不相关，建议使用体外消化程序筛选土豆的低血糖指数潜力（Ek，2014）。

随着马铃薯研究技术和方法的不断发展，人们对马铃薯中的食物淀粉早已从单纯的能量来源转变为食物结构物质。在许多食品中，黏性、可加工性、质地以及某些味觉都是由淀粉和淀粉衍生物主导的（van der Sman，2013）。食品的结构取决于淀粉的性质以及在加热、冷却、剪切等过程中淀粉性质的变化（Singh，2007）。最终产品的增值是由分子参数以及被称为"硬核"的淀粉颗粒的剩余部分控制的。淀粉及其衍生物的性质取决于植物来源、品种、生长条件和改性类型。

马铃薯淀粉及其衍生物在食品膨化领域有其独特的发展空间。它们形成相对透明的高黏度浆糊。它们具有高的结合力，低的糊化温度，高的凝胶形成倾向。这使它们特别适合用于清汤、肉类、亚洲风格面条、糖果、填料等的原料。另一种广为人知的应用是挤压零食，由于膨胀，食品酥脆之间的微妙平衡（van der Sman，2013）都是由马铃薯淀粉控制的。

在许多应用中，淀粉支撑着食物的整体结构。Da Silva（2014）将质构定义为一个从最初的观察，通过触觉感知、咀嚼和吞咽，到残留口腔涂层的过程。国际标准化组织（ISO）给出了一个更静态的定义（ISO 5492/3，2008）：食品的所有流变学和结构属性可以通过机械、触觉和适当的视觉和听觉感受器来感知。从这些定义中可以清楚地看出，黏度和胶凝在质地的感知中起着主导作用。因此，淀粉的黏性和胶凝特性是食用任何含水食物的关键。在非常干燥的食品中，例如酥脆的零食，感觉、断裂和"听觉"信号都是由淀粉连续相控制的。

马铃薯淀粉是迄今为止最黏的淀粉，具有最低的糊化温度。这是由于马铃薯淀粉的内源性磷酸基团引起的。然而，这反过来又导致了溶质的黏度和透明度的相互依赖性（Evans 和 Haisman，1980）。当像钙或镁这样的二价阳离子加入时，可能会导致"半交联"行为。其他阳离子和阴离子的存在也会导致糊化受到抑制。在所有情况下，这都会导致糊化温度的升高。此外，糊化还受直链淀粉/支链淀粉比例、淀粉加工、系统中的水分、生长条件、品种和马铃薯成熟度的影响。当淀粉分为大颗粒和小颗粒时，就会出现一个特殊情况，即这两种颗粒的糊化特性都不同于母淀粉。当淀粉糊在冰箱里过夜时，往往会形成牢固的凝胶，凝胶强度和凝胶速度取决于植物来源。这种胶凝过程被称为"老化"。淀粉在食品中的应用，其老化和黏度都是至关重要的。

## 2.1.2　马铃薯淀粉的生产

马铃薯淀粉是通过生物精炼过程从马铃薯中提取出来的（van der Krogt，2009）。马铃薯被碾碎后，打开细胞，释放出淀粉和蛋白质等物质。除去蛋白质和纤维后，随后经过洗涤和干燥产生淀粉。清洗和浓缩是在使用水力旋流器的逆流系统中完成的。干燥通常采用气动闪蒸干燥法。最近，马铃薯淀粉提取方法创新性较少，主要集中在分离得到优质蛋白质质量上。

通常，马铃薯淀粉是从富含淀粉的特定品种中提取的。文献研究报道，马铃薯中含有大约72%的水。这就解释了为什么淀粉工厂位于马铃薯田地附近，而不是应用谷物生产淀粉的工厂。因为在谷物中，淀粉可以从干粒中提取，在提取前可以在全球运输。

马铃薯淀粉在市场上占有特殊的地位。在大部分玉米和小麦淀粉被用于生产葡萄糖、果糖和其他低分子量组分的地方，马铃薯淀粉主要用作功能性聚合物和食品应用配料的生产。文献研究报道，不同地区会依据当地主产品种进行淀粉的提取和应用，同时气候和物流需求也决定了当地的可用淀粉种类，因此，在给定的产品和工艺组合中选择淀粉是由功能要求和传统偏好决定的。

## 2.1.3　马铃薯淀粉的颗粒和分子结构

### 2.1.3.1　颗粒

淀粉颗粒的大小和分布是植物源的典型特征。然而，实验室的加工过程也可能影响提取淀粉的颗粒大小和分布，因此，适宜的分离提取技术显得尤为重要。在淀粉工业中广泛应用的分离技术是水力旋流器。从表 2-2 可以清楚地看出，对于市场上可买到的淀粉，马铃薯淀粉的平均颗粒大小是迄今为止多次描述的最大的。

表 2-2　直链淀粉、支链淀粉和淀粉颗粒大小分布[abc]

| 项目 | | PS nr ave（μm） | PS vol ave（μm） | v/n | 直链淀粉（%） | DB（%） | P（%） |
|---|---|---|---|---|---|---|---|
| 商业马铃薯 | 荷兰 | 19.3 | 43.4 | 2.3 | 20.6 | 4.18 | 0.63 |
| | 法国 | 18.4 | 41.4 | 2.3 | 20.6 | 4.00 | 0.70 |
| | 德国 | 17.3 | 40.6 | 2.4 | 20.3 | 3.79 | 0.68 |
| | 丹麦 | 15.9 | 39.0 | 2.4 | 22.6 | 4.05 | 0.63 |
| 马铃薯品种 | Karnico | 25.1 | 48.3 | 1.9 | 21.5 | 3.91 | 0.58 |
| | Elkana | 21.4 | 40.8 | 1.91 | 19.9 | 4.19 | 0.80 |
| | Elles | 20.9 | 45.9 | 2.20 | 19.5 | 4.14 | 0.89 |
| | Astarte | 20.8 | 37.7 | 1.91 | 21.0 | 4.07 | 0.55 |
| | Kaptah | 23.8 | 41.8 | 1.76 | 21.9 | 4.14 | 0.50 |
| 马铃薯颗粒 | 小 | 13.0 | 25.2 | 1.94 | 20.3 | 3.97 | 0.76 |
| | 大 | 24.0 | 42.8 | 1.78 | 21.0 | 4.06 | 0.74 |
| 马铃薯支链淀粉 | Eliane[b] | 18.1 | 33.1 | 1.8 | 0.0 | 4.13 | 0.85 |
| 文献 | 瑞典 | 12~72 | — | 0 | — | | 0.69 |
| 比较淀粉（商业样品） | 甘薯 | 10.9 | 19.0 | 1.7 | 18.5 | 4.33 | 0.14 |
| | 木薯 | 7.2 | 13.4 | 1.86 | 18.5 | 4.82 | 0.07 |
| | 小麦 | 6.8 | 17.2 | 2.53 | 28.9 | 5.20 | 0.04 |
| | 玉米 | 7.5 | 13.6 | 1.81 | 25.6 | 4.85 | 0.03 |
| | 蜡质玉米 | 6.2 | 13.0 | 2.10 | 0.0 | 4.81 | 0.02 |
| | 大米 | 3.2 | 5.5 | 1.72 | 17.3 | 4.91 | 0.28 |
| | 蜡质大米 | 2.7 | 5.7 | 2.11 | 3.4 | 5.1 | 0.03 |

注：[a] 所有数据来源于 Zobel（1988），Fredrikssom 等（1998）和 Shin 等（2005）；

[b] Eliane 是 Avebe 公司生产的非转基因支链淀粉；

[c] DB：支链淀粉的分支程度；P：磷比例；PS nr ave：平均数量；vol ave：平均体积；V/n：平均体积与平均数量的比值。

如表 2-2 所示，甘薯的淀粉颗粒平均较大，而大米的淀粉颗粒很小。颗粒大小是决定食品中糊状物质地的一个重要因素。在一个给定的过程中，淀粉被煮熟，留下母淀粉颗粒的残余，有时被称为"硬心"。大颗粒硬心会在食品的表面光泽度中留下一定的粒度，导致食品表面光泽度降低。

淀粉颗粒本质上是半结晶的。支链淀粉在晶体中合成时沉积，而直链淀粉则与非晶支链淀粉一起位于无定形部分。支链淀粉根据植物来源的不同，结晶成所谓的 B 型晶体或 A 型晶体。马铃薯淀粉都是 B 型晶体，而谷物淀粉是 A 型晶体。一些根茎淀粉，如木薯淀粉和甘薯淀粉，表现出混合结晶度，称为 C 型晶体（Zobel，1988）。

（1）直链淀粉。直链淀粉含量直接影响淀粉的性质。表 2-2 中为马铃薯淀粉与其他淀粉中直链淀粉含量的测定结果。其中直链淀粉含量是指脱脂后的含量，采用碘结合法测定。普通马铃薯淀粉（高支链淀粉）的直链淀粉含量略低于小麦和玉米淀粉，略高于木薯和甘薯淀粉。直链淀粉不是线性的，而是轻微分枝的，每种直链淀粉都有其典型程度的轻微分枝。马铃薯直链淀粉的分子量最高，分枝度最低。研究发现高分子量直链淀粉比在谷类淀粉中发现的低分子量直链淀粉老化慢。

（2）支链淀粉。与直链淀粉同样重要的是淀粉的支链淀粉部分。虽然通常在淀粉行业中支链淀粉被认为会产生稳定的溶液，但事实上支链淀粉溶液也会老化，淀粉糊的部分老化是支链淀粉结晶造成的。老化的速度和数量取决于支链淀粉的分枝程度，或者说，取决于支链淀粉的外链长度。糯米饭支链淀粉的老化性很小，而玉米和马铃薯支链淀粉的老化性更强。

支链淀粉的结构非常复杂。它的分枝很多，分子量也很高，分枝发生在集群中。在集群中有小外部链，不携带其他链，称为 A 链。属于一个集群并带有一个或多个外链的称为 B1 链，属于两个或多个集群的称为 B2、B3 链等，具体取决于集群的数量（图 2-1），这就导致了不同长度链的广泛分布。

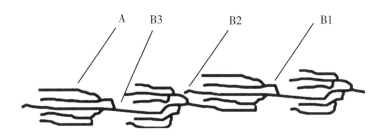

图 2-1　支链淀粉中的 A、B1、B2、B3 链

在表 2-3 中，根据 Hizukuri 的方法，获得了不同淀粉链长的比率。从表 2-3 中可以清楚地看出，马铃薯淀粉比其他淀粉携带更多来自 B2、B3 等的长链。其他淀粉含有更多短链，与 A 和 B1 相连。换句话说，马铃薯支链淀粉的分枝密度比其他淀粉少得多，而且链长得多。这些长链可能与 B 型结晶相连接。研究证明，线性麦芽糖是否以 A-或 B-同型结晶取决于聚合度。短链产生 A 晶体，长链产生 B 晶体。从表中可以清楚地看出，这对支链淀粉的平均链长也是成立的，因为淀粉的结晶部分是由支链淀粉部分产生的。

马铃薯支链淀粉一个众所周知的独特特征是它携带单磷酸酯基团，这些基团位于淀粉颗粒的无定形部分。在分子水平上，它们的位置不接近 α-1,6 分支，在无水葡萄糖水平上，它们的位置约有 60% 在 6 号的位置，大约 40% 在 3 号位置上，2 号位置上只有少量的痕迹。这些磷酸基在淀粉分子上产生电荷，使淀粉在水中溶解时易受电解质的影响。此外，钙离子会屏蔽电荷，并在其糊化行为中产生半交联特性。一般认为，这种聚电解质的性质和对钙离子的敏感性是与带电的磷酸盐基团相连的。虽然总的来说马铃薯淀粉的磷酸盐含量都是一样的，但有些品种携带的磷酸盐较少，而有些品种携带的磷酸盐较多。小颗粒和大颗粒的磷酸盐含量大致相同。

表 2-3　不同淀粉支链淀粉的侧链分布

| 项目 | | DP 1~12 （%） | DP 13~24 （%） | DP 25~36 （%） | DP≥37 （%） |
|---|---|---|---|---|---|
| 商业马铃薯 | 荷兰 | 9 | 35 | 13 | 43 |
| 选择的马铃薯 | 小 | 9.1 | 40 | 14 | 38 |
| | 大 | 9 | 36 | 13 | 43 |
| 支链淀粉马铃薯 | Eliane | 9 | 35 | 13 | 43 |
| 比较淀粉 （商业样品） | 甘薯 | 12 | 40 | 16 | 32 |
| | 木薯淀粉 | 16 | 41 | 14 | 30 |
| | 小麦 | 18 | 43 | 14 | 26 |
| | 玉米 | 14 | 48 | 14 | 24 |
| | 蜡质玉米 | 14 | 48 | 17 | 20 |
| | 大米 | 16 | 43 | 12 | 29 |
| | 蜡质大米 | 17 | 43 | 12 | 28 |

#### 2.1.3.2　小分子组分

除直链淀粉和支链淀粉外，马铃薯淀粉还含有少量的蛋白质和脂质。这些成分的含量远低于谷类淀粉的含量。

#### 2.1.3.3　支链淀粉马铃薯淀粉

在过去的几十年里，人们作出了巨大的努力，将不含直链淀粉的马铃薯淀粉引入市场。在 20 世纪 90 年代，人们试图通过基因改造技术来实现这一目标。但由于消费者接受度低，这一目标从未达到商业水平。2005 年，一种非转基因品种被 Avebe 公司以"Eliane"的品牌引入市场。近年来，其他支链淀粉马铃薯已经通过耕作或 CRISPR-CAS9 开发出来（Andersson，2016）。

当从颗粒的角度看（表 2-3），普通马铃薯淀粉和支链淀粉马铃薯淀粉几乎没有区别。磷酸盐的含量也是相当的。正支链淀粉和支链淀粉的支链结构（分支度、A/B 链比）相同。事实上，唯一的区别就是没有直链淀粉。在偏振光和染色下对常规和支链淀粉马铃薯淀粉样品进行了比较。支链淀粉的棕色表明没有直链淀粉，蓝色表示含有直链淀粉的淀粉，在所有其他方面，这些颗粒都非常相似。综上所述，两种马铃薯淀粉的颗粒和支链淀粉非常相似，只是缺少直链淀粉。

马铃薯支链淀粉在脱盐水中的糊化行为与普通马铃薯淀粉相似，其品牌为 Eliane。由于直链淀粉的缺乏，黏度较高，冷却后有较低的老化趋势。对支链淀粉中添加电解质和钙离子进行了特殊观察。只有非常有限的影响，这表明支链淀粉的糊化行为不仅受到磷酸基团的影响，其他离子也会抑制凝胶化，这些因素可能包括直链淀粉和支链淀粉分离过程中的盐类。直链淀粉似乎在正常的马铃薯淀粉颗粒中起着"胶水"的作用，加强了马铃薯淀粉颗粒的强度。与糯性马铃薯淀粉不同的是，直链淀粉与盐结合抑制了颗粒的膨胀和分裂。这是对商业性非转基因石蜡马铃薯淀粉的首次描述，并与之前描述的转基因派生的同类产品进行了比较。

## 2.1.4 马铃薯淀粉及其衍生物在食品工业中的功能

马铃薯淀粉及其衍生物被应用在许多食品领域：如干汤和液体汤、肉类和肉制品、亚洲风格的面条、烘焙食品、面包馅、马铃薯类零食、糖果、奶酪类等。马铃薯淀粉可以保持质地，包括增稠、胶凝和酥脆；在高黏度、低味或清晰度的应用中，马铃薯淀粉具有优势。此外，马铃薯包衣产品和马铃薯零食中马铃薯淀粉也是首选。在许多应用中，无须进一步修改即可实现。一旦加工和储存条件对产品提出了更多的要求，淀粉就需要改变其性质。淀粉制造商通过物理、化学和酶改性来改变每个应用和过程的性质。

### 2.1.4.1 物理加工过程

方便是食品生产者和消费者的一个关键驱动力。通过使用即食淀粉，可以避免在家里或工厂里烦琐的烹饪过程。最终用户只需加入水、牛奶或其他液体，就可以在室温下获得所需的黏度和质地。

滚筒干燥是最常用来预煮淀粉的技术，该方法可以同时蒸煮并去掉水分，产生即时淀粉。其他方法是喷雾烹饪和挤压。由此产生的产品有许多名称：即食淀粉、冷溶淀粉、冷膨化淀粉、即食增稠剂等。它们的共同特征是通过添加冷液体来增加黏度。

### 2.1.4.2 降解淀粉

淀粉可以被酶、无机酸和次氯酸钠氧化而解聚（降解）。另外，淀粉也可以通过热和酸的结合来解聚，这就产生了糊精。在较低温度下产生的糊精仍然是白色的，因此被称为白色糊精；在较高的温度下，颜色会变黄，这些糊精被称为黄色糊精。酶和酸通过水解裂解 $\alpha-1,4$ 键或 $\alpha-1,6$ 键来解聚，本质上只是缩短了聚合链，并引入更多的还原基团。在糊精产生过程中，特别是在较高的温度下，会发生一些再聚合。如氧化过程通过相当复杂的氧化途径裂解，同时引入羧基。氧化淀粉是由次氯酸钠制成的。在欧洲，氧化淀粉的标签是 E1404；在美国，它被宣布为食品改性淀粉。酸降解淀粉是用盐酸或硫酸生产的；酶处理使用 $\alpha$-淀粉酶、$\beta$-淀粉酶、普鲁兰酶和葡萄糖淀粉酶。在欧洲，酶和酸降解的淀粉不带 E 号。然而，在美国，它们需要被宣布为食品改性淀粉，而在许多其他国家，标签是麦芽糊精。降解淀粉在许多应用中被用作胶凝剂，包括糖果、奶酪类似物、鱼糜、上光和配料。有时它们被用来诱导饮料和汤的口感，尽管在应用上有重叠，但酶、酸和氧化都有自己的市场定位。

酶处理淀粉被用作脂肪替代品、口感增强剂、填充剂、风味剂等。酸降解和氧化淀粉用于糖果和奶酪类似物,尽管它们在质地上确实有细微差别。对于透明的饮料和汤,氧化淀粉是首选。糊精被用于制作面糊和涂料,尤其是炸薯条。黄色糊精用于一些糖果和上光。它们特有的黏性异味阻碍了广泛的应用。使用经普鲁兰酶处理的淀粉时,会出现一个特殊情况,这切断了 α-1,6 键本质上是支链淀粉的分支,这在一定程度上会导致产品白度的增加。

### 2.1.4.3　交联淀粉

食品工厂将包括淀粉在内的原料加工成即食产品。在加工过程中,加热和剪切对糊化程度有影响。在理想情况下,将淀粉煮至达峰值黏度,这与颗粒的最大膨胀相吻合。然而,当烹饪时间过长时,黏度就会下降,淀粉颗粒分解成越来越多的分子。为了防止煮过头,淀粉颗粒被化学交联加强,此时淀粉衍生物的糊化是被抑制的,通过定制的交联过程,几乎允许所有的食品"正确地烹饪"。在食品工业中,淀粉可以用混合己二酸/乙酸酐、三偏磷酸钠或三氯化氧磷交联。混合酸酐的作用导致乙酰化的己二酸二淀粉,这是 E号 E1422。磷基交联剂形成磷酸二淀粉(E1412)。交联可以应用于已经对淀粉性能产生影响的低水平改性。由于淀粉在糊化过程中的完全分解被阻止,交联淀粉有时被称为"抑制淀粉"。交联淀粉只用于零食、酱料、食品涂层、土豆泥等。通常,这些应用是不需要在溶液中长期储存(包括冷藏)的。

### 2.1.4.4　乙酰化淀粉

淀粉可被醋酸酐乙酰化。由此得到的醋酸淀粉带有 E 号即 E1420,取代度最高为0.092(2.5%乙酰含量)。与天然淀粉相比,醋酸淀粉的回生倾向较小。衍生化是在颗粒淀粉浆中进行的,并得到了广泛的研究。由于固有的反应速度快,颗粒在颗粒外部的取代量比在颗粒内部的多。此外,直链淀粉优先于支链淀粉,甚至支链淀粉的某些部分也优先于其他部分。

醋酸乙烯可作为醋酸酐的替代品,淀粉醋酸酯的应用是多方面的。一般来说,它们遵循天然淀粉的应用,但在需要延长保质期和冷藏时使用,它们包括肉类、东方面条和即食食品。因为乙酰化并不会增强淀粉颗粒,所以它们没有热稳定性和剪切稳定性。

### 2.1.4.5　羟丙基淀粉

淀粉与环氧丙烷反应可使淀粉羟丙基化,羟丙基淀粉(HP-淀粉)的 E 号为 E1440,取代度最高为 0.21(7%羟丙基含量)。在储存和加工过程中,HP-淀粉比淀粉醋酸酯更稳定;非交联 HP-淀粉的应用是相当有限的,如在一些长期贮存面条和肉类的应用。

### 2.1.4.6　联合处理

淀粉衍生物的成功是由酯化或醚化试剂和交联剂联合处理淀粉得到的。乙酰化可以与己二酸酐(E1422)或与磷酸交联试剂结合,生成乙酰化磷酸二淀粉(E1414)。这些产品主要被称为"稳定增稠剂",增稠功能与工艺、保质期和冻融稳定性有关。应用范围广泛:如汤、酱料、调味品、奶制品、即食食品、饮料、奶酪等。

环氧丙烷与含磷试剂的交联反应生成羟丙基磷酸二淀粉(E1442)。对于更严酷的处理,延长储存和增加冻融稳定性,这是食品工业的首选淀粉。一种特殊的组合被用于糖果工业,其中使用了酸或酶水解和乙酰化的联合处理(两者都携带 E1420)。次氯酸盐氧化和乙酰化的组合(E1451)用于特殊情况下某些糖果所需的低黏度和高稳定性。

#### 2.1.4.7 辛烯基琥珀酸淀粉

淀粉与辛烯基琥珀酸酐反应生成淀粉辛烯基琥珀酸酯（E1450）是一个特例。同样，反应也可以在颗粒状淀粉浆中进行。淀粉辛烯基琥珀酸酯被用作饮料、蛋黄酱类产品的乳化剂，以及香料和香精的封装。通常，辛烯基琥珀酰淀粉也被降解，以调整产品和工艺的黏度水平。降解是利用酶、酸或糊精进行的。

#### 2.1.4.8 改性淀粉未来的发展方向

从消费者的角度来看，似乎只有有限的开发成果进入了市场。当我们看到食物时，标签上仍然写着"淀粉"或"改性食物淀粉"。然而，不为公众所知的是，在过去的几十年里，相当多的新发展被引入。

（1）支链淀粉马铃薯淀粉。如前所述，Avebe 公司以 Eliane 品牌下的 100% 支链淀粉进入市场。该淀粉结合了马铃薯淀粉的传统优势特性和支链淀粉的独特特性，即透明、高黏度和工艺稳定性。虽然支链淀粉的磷酸盐含量与普通马铃薯淀粉大致相同，盐的加入对其黏度虽然有一定影响，但影响不大。这意味着解释为什么普通马铃薯淀粉会受到盐的影响是值得怀疑的。

常规支链淀粉、马铃薯淀粉及其衍生物在零食中具有优越的膨胀性，其他应用包括肉类、面条、高度烘焙稳定性的烘焙奶油、水果制剂等。在标准操作下，降解支链淀粉在水中形成热可逆凝胶，这可以应用于糖果、奶酪和其他凝胶系统。另一种应用是乳制品系统的增稠剂，在这种应用中，表面光泽度是非常重要的。普通马铃薯淀粉通常不适合应用在乳制品中，因为会给产品一个暗淡的外观。作为对比，支链淀粉马铃薯淀粉衍生物在这些应用中可以加工成小的离散片段，具有高黏度、短纹理和高光泽。

（2）抑制淀粉。市场上存在着对不需 E 号的增稠剂和胶凝剂的强烈需求。对于交联淀粉的替代，已经描述了许多不需要标记就可以得到抑制淀粉的方法。

对比退火和热湿处理与谷物淀粉相比，马铃薯淀粉是独特的（Gunaratne 和 Hoover，2002）。这与马铃薯淀粉中 β 晶体向 α 晶体的转化有关，导致糊化受到抑制。这种处理方法产生的产品在干汤、酱汁和肉汁中具有有利的特性。湿热处理淀粉除了表现出抑制作用外，还表现出糊化的延迟温度。

（3）小颗粒马铃薯淀粉。通过筛分或其他分类，可以得到小颗粒马铃薯淀粉。在过去的几十年里，淀粉及其衍生物已经被引入市场。这种淀粉在传统的绿豆淀粉或甘薯淀粉制成的所谓的玻璃面条中具有优势。小颗粒马铃薯淀粉衍生物能在一定程度上结合马铃薯淀粉的高黏度和玉米、木薯淀粉的表面光泽度。

（4）淀粉麦芽糖酶处理淀粉。淀粉酶将普通马铃薯淀粉的直链淀粉和支链淀粉转化为长支链淀粉。该产品由 Avebe 公司以 Etenia 品牌销售。Etenia 在水中形成强的热可逆凝胶。在这方面，它类似于其他的水胶体。它的凝胶特性用于口香糖糖果和奶制品、蛋黄酱、奶油奶酪、低脂酱等。Etenia 在低脂酸奶凝固后，会在蛋白质絮凝体中产生类似脂肪滴的小凝胶颗粒，并产生与全脂类似的纹理。在欧洲，该产品不携带 E 号，被认为是标签友好型产品。

市场将需要更加友好和清洁的技术用于淀粉改性。这将意味着有更多物理处理用于抑制凝胶行为。另一种降低淀粉要求的方法是对食品进行环保的杀菌和包装处理（Sun，

2014）。其他转移酶还存在进一步功能化的可能性，可用于生产糖果、慢消化淀粉和食品纤维。在未来的几年里，随着技术的快速变化，将有许多创新技术应用于市场。

### 2.1.5 马铃薯淀粉品质与产品品质特性的关系

马铃薯淀粉中支链淀粉磷酸基团含量较高，相邻磷酸基团之间斥力减弱了晶域内黏合程度，使得马铃薯淀粉吸水性好，容易糊化膨胀，并具有较高峰值黏度（Noda，2006），进而使得马铃薯淀粉在面制品、灌肠制品中广泛应用。

#### 2.1.5.1 面制品中的应用

Singh（2006）分析比较了马铃薯淀粉及玉米淀粉制作面条的品质特性，结果显示马铃薯淀粉制备的面条比玉米淀粉面条具有更好的蒸煮重量、蒸煮损失率、硬度和黏度。Kim 等（1996）采用两种豆类和三个马铃薯品种的淀粉制备面条，分析了这些淀粉的理化特性，面条的蒸煮品质和感官品质，结果发现马铃薯淀粉与其他两种豆类相比含有较少的直链淀粉和较多的磷，糊化温度和最大黏度较低，但膨胀度和溶解性显著高于其他淀粉。面条质构特性显示，马铃薯面条与其他面条相比较具有较低的硬度、较高的黏度值及较好的透明度。基于质构特性分析，马铃薯淀粉更加适合加工面条。Kawaljit 等（2010）研究表明，马铃薯淀粉可以降低面条蒸煮时间，但蒸煮损失较高。张翼飞（2011）研究表明，马铃薯淀粉混合粉熟面条的黏结性好，回复性较高，说明添加马铃薯淀粉能有效提高面条品质。

#### 2.1.5.2 肉制品中的应用

马铃薯淀粉有较好的黏度、凝胶性、黏着性，可以提高灌肠制品的出品率和质量，改善其品质，改进其口感及风味。周亚军等（2003）在灌肠制品中将添加的玉米淀粉改为马铃薯淀粉，即可大大减少淀粉的用量，而提高主料肉的用量，这样既可提高灌肠的口味及口感，又提高了产品档次。孔保华等（2000）在鱼丸中添加了马铃薯淀粉，改善了鱼丸的流变学特性和感官质量。贾宁（2005）在鸡肉火腿中加入了马铃薯淀粉，制成了弹性好、切片性好的产品。

## 2.2 蛋白质

### 2.2.1 蛋白质的基本特性

马铃薯是仅次于水稻、小麦和玉米的第四大产量作物。尽管马铃薯的蛋白质含量低，仅为 1.7%，但马铃薯是继小麦之后每公顷提供蛋白质含量第二高的作物。北美消费者将马铃薯与不健康的饮食联系在一起，因为马铃薯通常使用的加工技术很差，比如油炸。与这种负面含义相反，马铃薯含有纤维、许多优质蛋白质、多种维生素和矿物质。

马铃薯蛋白中氨基酸的组成比例比较平衡，具有较高的营养价值。马铃薯是块茎类作物中蛋白质含量最高的，它能供给人体大量的黏体蛋白质。马铃薯的蛋白质富含其他粮食作为缺乏的赖氨酸和缬氨酸。氨基酸评分为 88.0，并有报道马铃薯蛋白粉的营养价值明显优于豆粕。侯飞娜等（2015）分析了 22 个马铃薯品种的蛋白质营养品质，结果表明，马铃薯全粉中平均必需氨基酸含量占总氨基酸含量的 41.92%，高于 WHO/FAO 推荐的必需氨基酸组成模式（36%），接近标准鸡蛋蛋白。

这些高质量的蛋白质由赖氨酸、苏氨酸、色氨酸和蛋氨酸组成，后者是谷物和蔬菜作物中经常缺乏的一种必需氨基酸。由于马铃薯蛋白质的氨基酸组成，人们对其进行了研究，并认为其在营养上与动物蛋白、溶菌酶相当。

马铃薯中蛋白质含量在 1.7%～2%，但蛋白质的营养价值非常高并且过敏原较少（Pillai，2013）。一个 100 g 的马铃薯块茎中有 20 g 固体，其中约 18 g 是碳水化合物和 2 g 蛋白质。马铃薯蛋白质的营养品质是植物中最高的。块茎中主要的贮藏蛋白是马铃薯糖蛋白，占可溶性蛋白含量的 40%。马铃薯蛋白质中含有 30%～40% 的贮藏蛋白（分子量为 39～45 ku），50% 的蛋白酶抑制剂（分子量为 4～25 ku），10%～20% 的多酚氧化酶等其他蛋白质（分子量均大于 40 ku），其中马铃薯贮藏蛋白中约含 25% 的球蛋白（Tuberin）和 40% 的糖蛋白（Paratin）。马铃薯贮藏蛋白主要分为酸性和碱性两个组分，酸性组分的主要成分为糖蛋白，碱性组分的主要成分为蛋白酶抑制剂。Thomas 通过 Osborne 法进行提取工艺优化后制备得到的马铃薯球蛋白存在 3 个等电点，分别为 5.83、6.0 和 6.7。经 SDS-PAGE（Gorinstein，1988）显示，球蛋白含两条主要的蛋白条带，其分子量分别为 22 ku 和 25 ku。

马铃薯蛋白质具有较低的过敏反应，抗菌作用，抗氧化潜力，以及调节血压和血清胆固醇控制（Pihlanto，2008）和抗癌行为。在这些健康益处中，还有其他一些功能特性，如乳化和发泡能力，将有助于拓宽它们在食品工业中的应用。

马铃薯蛋白质含量相对其他组分相对较低，因此直接从马铃薯中提取蛋白质成本高、技术难。但从淀粉工业副产品中去除并提取出来是必要的，一方面可以有助于克服其高污染带来的经济影响，另一方面可以获得高营养价值的马铃薯蛋白质。人们已经探索了许多提取技术来保持或提高蛋白质所具有的功能品质（Miedzianka，2011）。为了发展工业规模和提高效益的过程，减少提取马铃薯蛋白的功能损失，扩大其潜在的应用目的是必要的。例如，一种基于细胞壁降解酶的新型酶提取方法有有效回收非变性马铃薯蛋白的潜力（Waglay，2014）。本部分将探讨几种提取方法如热和酸性沉淀法、盐沉淀法、乙醇沉淀法、$(NH_4)_2SO_4$ 饱和法和羧甲基纤维素（CMC）络合物法获得的分离蛋白。到目前为止，已经进行了许多研究，以检验提取剂的回收率、功能、分离和结构对分离蛋白的影响。

### 2.2.1.1 化学及结构性质

（1）马铃薯糖蛋白。马铃薯中发现的主要蛋白质是马铃薯糖蛋白，也被称为马铃薯球蛋白。它主要存在于植物的块茎或匍匐茎中，特别是在薄壁组织的液泡中。然而，在植物的块茎和匍匐茎被摘除后才形成的小的地上芽中也观察到大量的蛋白质。其他研究也表明，在植物的茎中可以发现少量的马铃薯糖蛋白（Park，1983）。

马铃薯糖蛋白约占块茎中可溶性蛋白的 40%，是一组分子量在 40～45 kDa 的糖蛋白（Kärenlampi，2009）。据报道，马铃薯糖蛋白作为 88 kDa 二聚体存在于天然凝胶中。然而，在十二烷基硫酸钠（SDS）的存在下，蛋白质被分解成单体单元。马铃薯糖蛋白已被证明由大约 366 个氨基酸组成。这些氨基酸残基具有负的和正电荷分布在整个蛋白质长链上。马铃薯糖蛋白的等电点已经确定为 pH 4.9。马铃薯糖蛋白具有三个糖基化位点，这些位点已经被检测到在天门冬酰胺残基上，而天门冬酰胺残基具有有用的生物学功能。这些糖基化位点被命名为天门冬酰胺连接的低聚糖，与细胞内靶向信号、防止蛋白水解分解以及通过影响展开模式来保持蛋白稳定性有关。

马铃薯糖蛋白在结构上是一种三级稳定蛋白。Pots（1998）确定马铃薯糖蛋白含有大约 45% 的 β 链和 33% 的 α-螺旋，三级结构在 45℃ 下保持稳定。然而，随着温度的升高，马铃薯糖蛋白的二级结构逐渐展开，在 55℃ 时 α-螺旋部分发生变性。与其他常见的蛋白质蔬菜来源相比，马铃薯糖蛋白具有与蛋清相同的营养价值，并已被确定具有比大豆蛋白更好的乳化特性。

马铃薯糖蛋白由两个多基因家族所代表的许多蛋白质组成。第 I 类基因家族在块茎中大量存在，而第 II 类基因家族则在整个马铃薯植株中少量存在。文献表明，马铃薯糖蛋白可以根据电荷分为四种亚型。亚型被定义为"一种与另一种蛋白质具有相同功能，但由不同基因编码并可能在序列上有微小差异的蛋白质"。马铃薯糖蛋白有四种亚型 A、B、C和 D，它们的含量各不相同，分别为 62%，26%，5% 和 7%，其中所有四种马铃薯糖蛋白亚型在性质上都是同源的，具有相同的免疫反应。一般来说，异构体因电荷、分子质量或结构性质的不同而不同。不同马铃薯品种的马铃薯糖蛋白亚型存在波动。通过基于电荷分离的实验技术，可以观察到不同的马铃薯糖蛋白亚型比率。通过马铃薯糖蛋白亚型比率，可以将马铃薯家族中的一系列马铃薯品种区分开来。

马铃薯糖蛋白异构体由电荷差表示，这是通过阴离子交换证明的。Pots（1999）发现亚型 A 与阴离子交换柱亲和力低，在天然凝胶上跑的距离最短。并得出的结论是，与同异构体 B、C 和 D 相比，异构体 A 具有最低的表面电荷。还观察到，异构体 A 具有最高的等电聚焦和最短的毛细管电泳。根据蛋白质的等电点，在 pH 值 3 的亚型 A 含有最多的正电荷残基，因此在 pH 值 8 的亚型与其他亚型 B、C 和 D 相比，它含有最多的负电荷残基。Pots（1999）确定了异构体之间的差异是 40.4 和 41.8 kDa 的分子质量差异。这些异构体的分子质量差异与先前由 Mignery 等（1984）对马铃薯品种的研究进行了比较。该亚型包含 366 个氨基酸，其中 21 个氨基酸变异。不同异构体之间的突变氨基酸在实验中以 663 Da 的摩尔质量差表示。然而，Mignery 等（1984）计算的理论差异为 100 Da。这一差异表明马铃薯中的糖蛋白亚型可能在蛋白质和碳水化合物之间发生了糖基化作用。Pots（1999）对 Bintje 变种的亚型进行了类似的计算。根据计算，该品种的异构体最大差值可达 198 Da。然而，该计算结果与基质辅助激光解吸电离飞行时间质谱（MALDI-TOF MS）得到的结果没有相关性（Pots，1999）。

虽然马铃薯糖蛋白在块茎中作为主要的贮藏蛋白存在，但研究认为马铃薯糖蛋白及其亚型在块茎中除了贮藏外一定还有其他功能，因为马铃薯糖蛋白存在于植物的发育阶段。这导致了蛋白质具有抗氧化活性。此外，它被归类为酯酶复合体。马铃薯糖蛋白通过脂质酰基水解酶（LAHs）和酰基转移酶表现出对脂质代谢的酶活性。有人假设，这些机制允许马铃薯糖蛋白参与植物防御。这些酯酶复合体根据马铃薯品种、提取工艺和脂肪酸底物的不同，其含量也有所不同。Pots（1999）和 Waglay（2014）的研究结果表明，底物为对硝基苯基月桂酸时，脂质酰基水解酶活性（LAHA）较高，然而，用相应的 LAHA 底物对硝基苯基丁酸对纯化的糖蛋白进行检测，得到了可比较的结果。结果表明，所使用的沉淀剂对糖蛋白的影响较大，硫酸铵的保存效果最好，其次是乙醇和氯化铁（Waglay，2014）。目前采用的热沉淀和酸性沉淀使马铃薯糖蛋白完全变性，使其失去所有活性。这种水解酶的活性是因为马铃薯糖蛋白的中心核心是由一个平行的 β 片组成的，而催化丝氨酸位于亲核弯环。该核心由一个平行的 β 层组成，催化残基埋在弯管中，是水解酶家族的一个关键属性。

（2）蛋白酶抑制剂。在马铃薯中发现的第二组蛋白质是蛋白酶抑制剂（tuberinin），其分子量从 5 kDa 到 25 kDa 不等。像马铃薯糖蛋白一样，这些蛋白酶抑制剂占块茎总蛋白的 30%~40%（Jørgensen，2006）。蛋白酶抑制剂通过阻碍丝氨酸蛋白酶、半胱氨酸蛋白酶、天冬氨酸蛋白酶和金属蛋白酶的活性发挥作用。通过这些抑制机制，蛋白质的消化率和可用性降低。当马铃薯糖蛋白与蛋白酶抑制剂比较时，蛋白酶抑制剂往往具有更强的亲水性；然而，两种蛋白质组分都倾向于加热后凝固。

蛋白酶抑制剂比马铃薯糖蛋白家族更多样化，能够作用于各种蛋白酶和其他酶。蛋白酶抑制剂一般包括蛋白酶抑制剂Ⅰ、蛋白酶抑制剂Ⅱ、马铃薯天冬氨酸蛋白酶抑制剂、马铃薯半胱氨酸蛋白酶抑制剂、马铃薯 kunitz 型蛋白酶抑制剂、其他丝氨酸蛋白酶抑制剂和马铃薯羧肽酶抑制剂（PCI）（Pouvreau，2001）。研究表明，这些蛋白酶抑制剂的链长、氨基酸组成和抑制活性不同（Jørgensen，2006）。蛋白酶抑制剂Ⅰ是一种五聚丝氨酸蛋白酶抑制剂，由 5 个 7~8 kDa 异抑制剂原体组成（Pouvreau，2001）。蛋白酶抑制剂Ⅰ对胰凝乳蛋白酶、胰蛋白酶和人白细胞弹性蛋白酶有很强的亲和力，抑制它们的活性。蛋白酶抑制剂Ⅱ是一种二聚体丝氨酸蛋白酶抑制剂，由两个 10.2 kDa 蛋白通过二硫化物连接而成。它们在各亚类中有波动的抑制作用，但通常抑制胰蛋白酶、凝乳胰蛋白酶和人类白细胞弹性蛋白酶。马铃薯的天冬氨酸蛋白酶抑制剂在其亚类中的抑制活性也不同，但它们通常抑制胰蛋白酶、凝乳胰蛋白酶、组织蛋白酶 D 和人类白细胞弹性蛋白酶。马铃薯半胱氨酸蛋白酶抑制剂在不同的亚类别中有所不同，但大多数对胰蛋白酶、凝乳胰蛋白酶、木瓜蛋白酶有抑制活性，在较小程度上对人类白细胞弹性酶也有抑制活性。马铃薯 kunitz 型和其他丝氨酸蛋白酶抑制剂都能够抑制胰蛋白酶和凝乳蛋白酶，而只有其他丝氨酸蛋白酶抑制剂能够抑制人类白细胞弹性蛋白酶（Pouvreau，2001）。

Jørgense（2006）研究了欧洲马铃薯淀粉工业常用的品种 cv. Kuras。cv. Kuras 有一个蛋白酶抑制剂蛋白片段，可以被分成 5 个非同源家族。这些家族分别是 13A Kunitz 肽酶抑制剂、$I_{13}$ 肽酶抑制剂Ⅰ、$I_{20}$ 肽酶抑制剂Ⅱ、$I_{25}$ 多菌素肽酶抑制剂和 $I_{37}$ 羧肽酶抑制剂。蛋白酶抑制剂已被确定具有蛋白酶抑制活性。这种抑制活性已经被发现随着长期储存和发芽而增加。据推测，这种抑制活性是在块茎发育阶段帮助蛋白质分解所必需的。更具体地说，丝氨酸蛋白酶抑制剂通过在叶绿体个体发生过程中去除蛋白质来帮助蛋白质调控，并在萌发和叶片衰老过程中帮助氮素启动。

（3）其他。在马铃薯中发现的蛋白质的剩余部分由多种大分子质量的蛋白质组成。这组蛋白质还没有得到广泛的研究。

#### 2.2.1.2　营养和促进健康的特性

马铃薯块茎每千克新鲜重量含有 20 g 蛋白质。马铃薯蛋白质已经被证明在营养上优于大多数其他植物和谷物蛋白质，并且相对接近鸡蛋蛋白（溶菌酶）这归功于组成这些蛋白质的氨基酸。与大多数谷物和植物蛋白不同，马铃薯蛋白含有很高比例的必需氨基酸，如赖氨酸和相对高比例的含硫氨基酸，如蛋氨酸和半胱氨酸。

马铃薯蛋白质与其他种类蛋白质（包括鸡蛋、麸质、大豆、鱼和坚果蛋白的过敏反应相比较）相比具有更低的过敏性，马铃薯蛋白质与 1%～2% 人口的过敏反应有关。研究表明，当 800 名婴儿接受过敏测试时，只有 5% 的婴儿对马铃薯有过敏反应，而对鸡蛋和牛奶的过敏反应分别为 15% 和 9%。大多数成年人对马铃薯的过敏可以通过烹饪过程消除。可能的过敏反应症状包括湿疹、胃肠道问题、荨麻疹和血管性水肿、喘息和过敏反应。

蛋白酶抑制剂已显示出抗癌行为和具有有益的饮食品质。马铃薯蛋白酶抑制剂通过三种机制证明了其抗癌作用：干扰肿瘤细胞增殖，形成过氧化氢，参与太阳紫外线（UV）照射相关的过程。马铃薯蛋白酶抑制剂也被证明通过抑制饥饿作用对饱腹感有积极影响（Schoenbeck，2013）。

Kim（2005）发现积累在马铃薯叶片和块茎中的 kunitz 型蛋白酶抑制剂有助于作物的机械伤害、紫外线辐射以及昆虫或植物病原微生物引起的伤害。此前对番茄的研究发现，植物病原微生物产生细胞外蛋白酶，直接影响病害的发生。作为一种防御机制，植物产生抑制多肽以使细胞外蛋白酶失活。以马铃薯为例，丝氨酸蛋白酶品种的蛋白酶抑制剂作为植物的防御来源。Kim（2005）进行的这项研究检测了马铃薯蛋白酶抑制剂钾胺-1（PT-1）的抗菌活性。该肽对人类病原真菌白色念珠菌、植物病原真菌茄核丝核菌和致病菌环孢杆菌均具有抗菌活性。测试了 PT-1 作为丝氨酸蛋白酶抑制剂和抑制胰蛋白酶、糜胰蛋白酶和木瓜蛋白酶的能力。所有三种丝氨酸蛋白酶都被 PT-1 剂量依赖性地抑制，因此将其抗菌作用与丝氨酸蛋白酶抑制联系起来。

马铃薯糖蛋白已被证明具有抗氧化活性。当使用酶解时，它导致形成马铃薯水解蛋白，其中包含许多马铃薯肽。Wang 和 Xiong（2005）用过氧化物和硫代巴比妥酸活性物质（TBARS）的抗氧化试验研究了熟牛肉饼中马铃薯蛋白水解物的抗氧化能力。他们得出的结论是，马铃薯蛋白质具有大量的还原能力，这可以归因于肽分裂，这导致产品具有更高的氢离子可用性。与较大的蛋白质相比，这些氢离子能够在更大程度上从较小的肽转移和稳定自由基。氨基酸组成可能与蛋白质的抗氧化活性密切相关，因为文献表明，蛋氨酸、组氨酸和赖氨酸已被证明能抑制脂质氧化。这些氨基酸存在于马铃薯蛋白质中，可能被认为是冷藏熟绞肉饼氧化稳定性提高的原因。

Liu（2003）研究了纯化的马铃薯糖蛋白的抗氧化活性。他们发现，当使用 1,1-二苯基-2-苦基肼抗氧化测试检测其抗自由基活性时，马铃薯糖蛋白表现出剂量依赖性反应，使用丁基羟基甲苯（BHT）和还原型谷胱甘肽作为对照。当粒径减小到纳米摩尔时，纯化的马铃薯糖蛋白表现出与已知抗氧化剂 BHT 相似的抗氧化反应，比还原型谷胱甘肽具有更好的抗氧化反应。该研究还通过 TBARS 试验确定了马铃薯糖蛋白对低密度脂蛋白（LDL）过氧化作用的能力，这一点尤其重要，因为 LDL 过氧化作用与人类动脉粥样硬化的发展有关。TBARS 实验表明，增加马铃薯糖蛋白浓度可降低氧化 LDL 水平，因此，研究人员得出结论，马铃薯糖蛋白对人 LDL 氧化具有剂量依赖性的保护反应。

生物活性肽是经过水解的亲本蛋白分子中获得的。这些多肽通常比它们的亲本生物聚合物具有更好的功能特性，并通过显示调控型反应帮助调节亲本蛋白参与的机制（Liyanage，2008）。研究者已经进行了许多研究来检验大豆衍生肽的益处，包括降低胆固醇血症。Liyanage（2008）通过检测喂食无胆固醇饮食的大鼠的脂质代谢，比较了大豆和马铃薯肽的特性。比较的蛋白质是大豆、酪蛋白和马铃薯，只吃马铃薯蛋白的老鼠体重增加最少，然而，这可能是由于马铃薯蛋白质的吸湿能力造成的，这将导致饮食质量的降低。他们的研究结果显示，马铃薯和大豆肽的摄入量与血清胆固醇水平之间存在相关性。马铃薯肽的效果与大豆肽相似，与酪蛋白喂养组相比，马铃薯肽的高密度脂蛋白浓度低，粪便脂质排泄高，信使核糖核酸（mRNA）水平低。肝载脂蛋白 mRNA 是一种表达低密度脂蛋白受体的肝基因。当 mRNA 水平较低时，肝脏会被触发增加 LDL 胆固醇的清除，LDL 胆固醇与粪便中较高的排泄水平和血清胆固醇水平的降低有关。与大豆肽和酪蛋白蛋白饲粮相比，马铃薯肽饲粮中血清甘油三酯浓度最低。血清甘油三酯的低浓度可能是由于马铃薯肽饲料的低摄取量和脂类粪便总排泄增加导致的。本研究得出的结论是，根据不同的脂蛋白和甘油三酯，马铃薯肽饲粮对血清胆固醇水平的影响机制不同。

研究发现，生物活性肽可以参与降低血压。这些生物活性肽能够通过抑制血管紧张素转换酶 I（ACE）的机制发挥作用。升高血压的机制可以通过两个过程发生。第一种是通过将血管紧张素 I 转化为血管紧张素 II 来催化的，血管紧张素 II 是一种已知的血管收缩剂，它向肾脏发出信号，以保留盐和水，因此增加细胞外液量，导致血压升高。第二种是使血管扩张剂缓激肽失活。血管紧张素转换酶抑制通过降低外周血管阻力降低血压并稳定肾功能（Mäkinen，2008）。Mäkinen（2008）研究了马铃薯肽和 ACE 抑制的作用，发现马铃薯蛋白的水解导致 ACE 抑制增加，而蛋白质的自溶导致更大的 ACE 抑制。

## 2.2.2 蛋白质的提取制备方法及功能特性

### 2.2.2.1 蛋白质的提取方法

马铃薯是许多国家的主食，提供多种营养，如碳水化合物、蛋白质、维生素和矿物质。由于马铃薯蛋白的营养价值优于动物蛋白溶菌酶，因而备受关注。块茎中蛋白质的主要组分是马铃薯糖蛋白、蛋白酶抑制剂和其他高分子量的蛋白质。目前已经探索了不同的提取技术，以保留蛋白质的功能特性和加工利用性。

马铃薯蛋白质主要从淀粉提取废液或工业副产品中提取，提取的主要原则是不使其变性或影响其功能特性。目前关于马铃薯蛋白质的提取方法较多，如超滤法、沉淀法、磁性壳聚糖微球吸附、絮凝法等；干燥方法包括烘箱干燥技术、冷冻干燥技术、喷雾干燥技术、真空干燥技术等。姚佳等（2013）采用海藻酸钠为絮凝剂回收马铃薯生产淀粉废水中的蛋白质，结果显示马铃薯蛋白质的回收率为 70.93%。Claussen 等（2007）比较分析了冷冻干燥技术、喷雾干燥技术、真空干燥技术对马铃薯蛋白粉的颜色、含水量、密度、复水性、吸附等温线、特定酶活性、溶解性、蛋白质变性程度的影响，结果发现冷冻干燥技术相对于另外两种干燥技术来说更加温和。程宇等（2015）采用等电点沉淀、乙醇沉淀、硫酸铵沉淀法制备马铃薯蛋白质，结果表明等电点沉淀法制备的马铃薯蛋白起泡性质较好。并且马铃薯全蛋白与大豆分离蛋白、蛋清粉的乳化性、起泡性相当。马铃薯蛋白质中的酸性蛋白组分的表面疏水性、吸油能力、乳化性明显高于碱性蛋白组分，而起泡性低于碱性蛋白组分（崔竹梅，2011）。而糖蛋白的起泡性比蛋白酶抑制剂差，但是前者泡沫稳定性较好。以下将对不同提取方法的优缺点进行比较分析。

（1）组合。热沉淀和酸性沉淀。酸和热凝固，无论是结合还是单独使用，已经广泛用于马铃薯淀粉工业中丢弃的马铃薯废液（PFJ）中蛋白质提取，从而降低污染能力和经济成本（Knorr，1977）。目前，由于酸凝和热凝会导致蛋白质变性，因此通常不希望采用这两种技术。当一种蛋白质结构发生改变时，它的功能特征往往会完全丧失，这就阻碍了它与其他食品结合的能力。热凝固法是马铃薯淀粉工业中常用的方法，通常使用超过90℃，该方法经济成本高。在这些温度下，马铃薯蛋白质变得不溶，因此限制了它们在食品和制药行业等其他领域的应用（Knorr，1977）。如 Strole（1973）研究了蒸汽喷射加热，将蒸汽加入 PFJ，将果汁温度提高到 104.4℃。然后将果汁瞬间冷却，以便收集蛋白质。该研究得出结论，蒸汽喷射加热在温度高于 99℃，pH 值调整为 5.5 时是理想的。此外，蒸汽喷射加热是一种高效、简便地去除 PFJ 中蛋白质的方法。该技术消耗能源较多，而且需要离子交换步骤来去除 PFJ 中存在的其他成分（有机酸、氨基酸等）。

Waglay（2014）证明了热和酸相结合的方法可以获得高的蛋白质回收率，但纯化率极低。因此，这个过程对马铃薯蛋白质提取没有优势，但会使 PFJ 中的其他成分与蛋白质一起凝固。相反，酸性沉淀法纯化度越高，产量越低，表明单独酸性沉淀法对马铃薯蛋白质的亲和力越强。另外，热法和酸法结合的蛋白谱中马铃薯糖蛋白的比例较高，蛋白酶抑制剂的分布较弱。事实上，提取的马铃薯糖蛋白的应用非常有限，因为热处理会导致完全变性，而酸性沉淀对提取的马铃薯糖蛋白有显著的负面影响，而对提取的高分子量蛋白有积极作用。

酸混凝通常涉及使用盐酸（HCl）、磷酸（$H_3PO_4$）或硫酸（$H_2SO_4$）。Knorr（1977）研究了废液中马铃薯蛋白的酸和热凝固作用。结果表明，pH 值 2~4 时，氯化铁（$FeCl_3$）的蛋白回收率与 HCl 相似，而 pH 值 5~6 时，HCl 的蛋白回收率更高。当 PFJ 蛋白以酸性或热凝固的方式回收时，由于环境恶劣，它们通常外观暗淡，并具有强烈的煮熟味道。因此，当用这些技术提取蛋白质时，它们通常被用作动物饲料。

（2）盐沉淀。PFJ 中马铃薯蛋白盐沉淀中最常用的盐是 $FeCl_3$，这些盐通过调节离子强度发挥萃取技术的作用。Knorr（1977）发现 $FeCl_3$ 可以像酸和热凝固一样从 PFJ 中凝固马铃薯蛋白。在该研究中，蛋白质沉淀的组成取决于不同的提取技术，酸性（HCl）、酸性/热处理和 $FeCl_3$ 沉淀，而 HCl 单独提取的总固体似乎比其他方法更多。Knorr（1977）研究发现，当萃取过程中不使用热量时，沉淀物往往含有更高的维生素 C 含量，而用 $FeCl_3$ 萃取的沉淀物似乎含有更多的铁。然后研究通过测量氮的溶解度来比较不同提取技术引起的蛋白质变性量，并将其与变性程度联系起来，发现其中氮的溶解度越大，蛋白质变性越小，因此蛋白质保留了更多的功能特征。在不同的技术中，$FeCl_3$ 提取得到的蛋白质氮溶解度最高，其次是 HCl，最后是在有热存在的 HCl 条件。Waglay（2014）报道了浓度对蛋白质回收率的最小依赖；但与纯化因子有很强的相关性，在低浓度（5 mM）时，纯化因子为 6。因此，低浓度 $FeCl_3$ 对马铃薯蛋白有很强的亲和力。从结果可以看出 $FeCl_3$ 提取的马铃薯糖蛋白比例很高，蛋白酶抑制剂的分布较弱，没有高分子量蛋白。

氯化铁沉淀是一种将蛋白质从溶液中沉淀出来的简单技术，在这种技术中，增加氯化铁浓度会导致蛋白质的回收率提高。然而，在提取后，由于 $FeCl_3$ 沉淀蛋白需要螯合剂才能溶解，这种技术在用简单的蛋白质测定方法测定时存在缺点。此外，高铁离子含量会干扰螯合剂，从而干扰 Bradford 法或 BCA 法测定蛋白质。

（3）醇沉。乙醇沉淀法的结果与 $FeCl_3$ 沉淀法比较相似。Bártova 和 Bárta（2009）比较了乙醇和 $FeCl_3$ 两种沉淀技术对蛋白质的影响。结果表明，高浓度的乙醇是提取蛋白质的最佳条件，具有较高的回收率，而提高 $FeCl_3$ 浓度则可以提高蛋白质的回收率。研究发现，这两种方法产生的沉淀物中马铃薯糖蛋白的比例都较低。分析结果显示，马铃薯糖蛋白含量较低是由于 SDS 缓冲液的萃取性较差，以及马铃薯糖蛋白比蛋白酶抑制剂的热稳定性更差。与 Waglay（2014）的研究相比，乙醇的蛋白回收率和纯化因子均在 20% 处达到峰值；乙醇浓度为 20% 时，马铃薯糖蛋白的分布较高，蛋白酶抑制剂的分布较好，高分子量蛋白的比例较低。

乙醇和三氯化铁沉淀的蛋白质都具有高比例的必需氨基酸，因而拥有很高的营养质量。当在其 LAHA 中比较沉淀时，乙醇沉淀蛋白似乎表明 LAHA 保存得更高。然而，在 $FeCl_3$ 沉淀中获得的低 LAHA 是因为沉淀蛋白在缓冲液中的溶解性较差。研究人员得出结论，与 $FeCl_3$ 沉淀相比，乙醇沉淀得到的蛋白质具有更高的营养价值和 LAHA 含量，这表明乙醇沉淀时蛋白质的变性最小。

（4）硫酸铵沉淀。硫酸铵 $[(NH_4)_2SO_4]$ 沉淀是一种常用的基于溶解度差异提取蛋白质的技术。这种技术通常用于回收未变性马铃薯蛋白。van Koningsveld（2001）研究了饱和度为 60% 的 $(NH_4)_2SO_4$ 对酸化 PFJ（pH 值 5.7）中马铃薯蛋白质的回收率。由于 $(NH_4)_2SO_4$ 回收蛋白分离物提取蛋白的比例较大（75%），分子量差异较大，常被拿来与未变性马铃薯蛋白进行比较。与其他技术相比，硫酸铵沉淀法提取的马铃薯糖蛋白具有最高的 LAHA（van Koningsveld，2001）。Waglay（2014）研究发现当 $(NH_4)_2SO_4$ 饱和度为 60% 和 80% 时，纯化因子良好，回收率高。进一步研究蛋白谱发现，60% 饱和度提取的产物中马铃薯糖蛋白比例高，蛋白酶抑制剂分布良好，高分子量蛋白比例低。

van Koningsveld（2001）进一步评估了 $(NH_4)_2SO_4$ 蛋白分离物，发现其溶解度与 PFJ 相似，受离子强度的影响。当使用高离子强度时，pH 值 3 时溶解度最小，而当使用低离子强度时，溶解曲线更宽，最小溶解度在 pH 值 5.0 左右。当考察温度的影响时发现，高离子强度影响了变性温度的变化，温度向上移动了 5℃。

（5）羧甲基纤维素络合（CMC）。另一种提取方法是使用多糖 CMC 作为沉淀剂。在蛋白质溶液中加入 CMC 可以使蛋白质凝固，通过简单的离心技术更容易收集。沉淀物的形成受到环境 pH 值、蛋白质和多糖的离子强度、净电荷以及分子的大小、形状和相互作用的影响。目前使用络合剂如 CMC 已被假设为一种潜在的减少马铃薯工业废水污染影响的解决方案。Vikelouda 和 Kiosseoglou（2004）研究了 CMC 萃取对蛋白质回收率及其功能特性的影响。CMC 对蛋白质的沉淀是由带相反电荷的蛋白质与 CMC 的羧基发生静电作用的结果。当存在于酸性环境（pH 值 2.5）时，蛋白质会与 CMC 相互作用，导致分子的净电荷整体下降。这导致了蛋白质等电点的变化，从而产生中性沉淀。将 pH 值调整到 2.5 会影响蛋白质的一些功能特征。但多糖的加入可以提高蛋白质的一些功能特性，如发泡性、溶解性等。CMC 的存在会影响发泡性能，因为高表面活性蛋白会与多糖相互作用，对发泡性能和稳定性有积极的影响。在乳化特性方面，CMC 吸附在界面上，产生蛋白质 - CMC 复合物突起，形成空间位阻效应（Vikelouda，2004）。

Gonzalez（1991）报道了 CMC 有助于在较大 pH 值范围内形成稳定的沉淀，而不像蛋白质溶液那样，在 pH 值仅为 3 左右时沉淀。对于取代度较低的 CMC，pH 值 2.5 是理想的蛋白质回收率，而对于取代度较高的 CMC，pH 值 3.5~4.0 是最理想的。

CMC 与蛋白质的比例也是一个重要的参数，因为 CMC 过多会导致蛋白质聚集，导致上清呈浑浊状。CMC 与马铃薯蛋白的比例为 0.05∶1 和 0.1∶1（$w/w$）时 CMC 不同程度替代量是最佳的。当 CMC 的添加量大于沉淀所需的量时，凝结过程分两个阶段进行。第一阶段涉及蛋白质的聚集沉淀，第二阶段涉及蛋白质聚集体的溶解，当蛋白质聚集体溶解时蛋白质与 CMC 形成稳定的复合物，这允许更小的颗粒尺寸和 CMC 上更多的活性位点可以水化。

总的来说，CMC 络合技术是一种有效且简单地从 PFJ 中回收蛋白质的方法。然而，该方法的一个缺点是提取条件为酸性环境，这可能导致蛋白质功能特性的丧失（Vikelouda 和 Kiosseoglou，2004）。

（6）离子交换。Løkra（2008）研究了使用色谱技术分离 PFJ 中的水溶性蛋白，与最流行的热凝法相反，热凝法会导致蛋白质大部分功能特性的丧失，吸附色谱法有许多优点，包括能够收集蛋白质的特定部分，易于去除其他非营养成分，以及去除任何干扰成分（低分子量成分）的能力。已发现扩展床吸附技术可以有效去除 PFJ 中的杂质，如纤维、矿物质和色素。蛋白质样品用膨胀床吸附分离出来，需要进行干燥处理，以方便应用于食品工业。但大多数干燥技术的缺点是使用热风，这会影响蛋白质的功能特性，并使蛋白质颜色变深，限制了它们在食品中的应用。因此，温和干燥技术的研究越来越受到人们的重视。根据 Claussen（2007）的研究结果显示，目前对马铃薯浓缩蛋白最有效的干燥方法是真空冷冻干燥。

Straetkvern（1999）研究了从 PFJ 中提取生物活性成分马铃薯糖蛋白时，使用轻微的 pH 调节和混合模式的高密度吸附剂作为固定相，当调整 pH 值至 2~3 时，使用混合模式吸附剂能够分离干扰棕色产物和不存在离子结合问题。这种混合模式吸附剂由小玻璃珠制成，玻璃珠被琼脂糖取代，以低分子量亲和配体取代。这些配体由疏水的内芯组成，内芯由芳香族、杂芳香族或脂肪族分子组成，允许各种亲水或离子分子附着。在各种混合模式吸附剂中，混合模式 ES 和混合模式 ExF 对马铃薯糖蛋白表现出较高的结合和特异性。这些树脂的不同之处在于配体的浓度，其中 ExF 品种在低浓度时被取代，而 ES 则在高浓度时被取代。混合模式 ES 树脂在 pH 值 6.5~8.5 处显示结合，洗脱时间为 2.3 min。与混合模式 ES 相比，混合模式 ExF 中较低浓度的配体对 PFJ 中马铃薯糖蛋白的选择性更强。使用混合模式 ExF 的好处是 pH 值 3.5~4.5，比混合模式 ES 洗脱所需的 pH 值范围酸性更低，因此保持了更高程度的蛋白质功能。树脂没有区分马铃薯糖蛋白异构体，这表明洗脱不仅基于电荷，还基于与柱材料的基团亲和力。

Zeng（2013）研究了连续聚合物和孔隙相的影响。这种膜具有高的表面积和高的介电常数。脂肪族表面允许吸收极性和非极性化合物，该方法产生的提取物主要由很大比例的蛋白酶抑制剂组成。虽然色谱技术显示出很有前景的结果，但它们有两个主要的缺点，即难以在工业规模上应用和需要高投资成本。

### 2.2.2.2 蛋白质的功能特性

蛋白质所具有的功能特性，包括溶解度、持水能力、凝胶性、发泡性和乳化性，对食品体系非常重要。有报道称马铃薯蛋白具有发泡和乳化特性。但在工业上，很难以最小的成本实现这些理想的特性。马铃薯蛋白质可以从马铃薯淀粉工业中丢弃的马铃薯废液（PFJ）中获得。在提取蛋白质时，主要的原则是要使用适当的提取方法来保持蛋白质的原始性质，因为一旦蛋白质变性，它通常会失去所有的功能。

（1）溶解性。溶解度受溶液中存在的许多不同成分的影响，也包括加热和酸处理、透析、金属盐和有机溶剂等。溶解度是一个很容易在单蛋白溶液中测量的参数；然而，在蛋白质混合物中测量变得更加困难，因为不同的蛋白质有不同的溶解度。如前所述，马铃薯蛋白质由多种蛋白质组成，因此，很难评估它们的溶解度大小。解决这一难题的技术包括将蛋白质溶解度与总不溶蛋白联系起来（van Koningsveld，2001），在这项研究中，van Koningsveld 等将剩余沉淀物在给定溶液中的溶解能力与 PFJ 中存在的总蛋白进行了比较。在硫酸、盐酸、柠檬酸和乙酸等多种酸的存在下测试了溶解度。在 PFJ 中包含的许多蛋白质中，大多数蛋白质的等电点在 pH 4.5~6.5。在酸存在的情况下，无论哪种类型，马铃薯蛋白质似乎在 pH 3 下沉淀的程度更大。在沉淀的分解方面，弱酸（柠檬酸和乙酸）似乎比强酸（盐酸和硫酸）有更高的分解能力，因为在 PFJ 中，弱酸比强酸分解的总蛋白质大约多 4%。将纯化后的马铃薯糖蛋白与 PFJ 进行比较，发现纯化后的马铃薯糖蛋白在 pH 4 下几乎完全溶解，pH 5 时下沉淀，pH 6 时下完全溶解。相反，PFJ 蛋白在 pH<4 时表现出最大的沉淀，pH 5 时收集的沉淀在 pH 7 时只能部分溶解。研究人员得出结论，纯化的马铃薯糖蛋白和纯化的马铃薯蛋白的行为与 PFJ 不同，因为 PFJ 中的蛋白质与它们的等电点无关。Waglay（2014）也得出了类似结论，即 PFJ 中存在的蛋白在 pH 3 条件下的溶解度较低，但在 pH 3 条件之外的溶解度较高。

van Koningsveld（2001）测试了马铃薯蛋白在热处理条件下的溶解度。结果表明，当 PFJ 加热到 40℃ 以上时，蛋白质开始从溶液中析出；在 60℃ 时有 50% 的沉淀发生，在 70℃ 时发生完全变性。Waglay（2014）证实了这一点，他们发现 60℃ 导致 50% 的不复溶，而 70℃ 的复溶率<10%。

提高离子强度对溶解度的影响不大。以（NH$_4$）$_2$SO$_4$ 沉淀马铃薯蛋白为对照，其离子强度变化较大，与未变性马铃薯蛋白具有相似的特性。在高离子强度 200 mM NaCl 下测试温度的影响时，变性模式在 5℃ 时略有变化，而完全变性发生在 75℃，而不是之前观察到的 70℃。相反，离子强度的降低似乎对溶解度曲线没有影响。van Koningsveld（2001）也分别研究了马铃薯蛋白质的溶解度，研究发现蛋白酶抑制剂比马铃薯糖蛋白略高的沉淀温度。蛋白酶抑制剂在 50~60℃ 下显示不溶性，而马铃薯糖蛋白在 40℃ 以上开始不溶解。

（2）乳化性。根据 Smith 和 Culbertson（2000）的定义，乳化液是"至少两种不相混的液体的混合物，其中一种以细液滴的形式分散在另一种中"。为了使乳状液稳定，通常加入两亲性表面活性剂如蛋白质进行改善。蛋白质由于其氨基酸包含疏水和亲水成分，因此，当加入溶液中时，它们会根据极性在合适的分子界面上定位。界面上的这种取向将通过降低两种不混溶液体之间的界面张力来帮助稳定乳化液。

乳化液一旦形成，其他因素往往会影响其稳定性。根据 van Koningsveld（2006）研究，常见的不稳定性包括乳化和液滴聚集。乳化是低密度液滴在密度较高的水相之上分层的结果。液滴聚集是指液滴聚集在一起，增大每个液滴的平均尺寸，即液滴之间的胶体引力。液滴聚集的其他可能原因包括桥接和损耗絮凝。桥接絮凝是指在界面和液滴之间建立桥梁的分子，而损耗絮凝是在高浓度非吸附聚合物存在的情况下发生的。

van Koningsveld（2006）研究了不同马铃薯蛋白样品在不同条件下的乳状形成和稳定效果。采用不同的提取技术从 PFJ 中制备蛋白样品，得到 5 种不同的蛋白样品：马铃薯蛋白分离物、$(NH_4)_2SO_4$ 沉淀物、马铃薯糖蛋白、乙醇沉淀马铃薯糖蛋白和蛋白酶抑制剂。乳化液是在中性环境下形成的，在微观条件下观察到含有马铃薯糖蛋白的乳化液没有液滴聚集，而其他蛋白样品液滴聚集严重，因此乳化液不稳定。

van Koningsveld（2006）确定了蛋白质样品聚集的类型，为了识别聚合类型，使用了不同的技术。对于损耗聚集，液滴之间的相互作用是相对较弱的，因此，随着剪切速率的增加，乳液的黏度应该降低。在本试验中，马铃薯分离蛋白和蛋白酶抑制剂在较低的剪切速率下表现出较高的黏度，因此推断损耗聚集不会导致不稳定性的乳状液产生。此外，二硫苏糖醇的加入完全打破了聚集物，证明了蛋白酶抑制剂中存在二硫键与二硫苏糖醇之间的桥接聚集。同时也得出结论，只要确保在乳化液形成的初始阶段没有空气的掺入，就可以避免这种情况的发生。

维持蛋白质功能特性的一个关键参数是蛋白质所处的 pH 值环境。当蛋白质接近其等电点时，它具有低溶解度，因此失去了大部分的乳化能力。Ralet 和 Guéguen（2000）研究了不同马铃薯蛋白质组分在 pH 值 4~8 条件下的乳化性能，在添加和不添加 NaCl 时测试 pH 值范围，结果显示，在没有 NaCl 的酸性环境中，马铃薯糖蛋白乳状液的稳定性略高于有 NaCl 的乳状液。此外，当检测蛋白酶抑制剂组分时，它不具有 pH 依赖性。

（3）起泡性。根据 Phillips（1990）的定义，泡沫是"一个两相系统，其中一个明显的气泡相被一个连续的液相层状相包围"。蛋白质通常被加入泡沫中以帮助稳定泡沫。起泡物质的分子特征是其溶解度，形成界面相互作用的能力，形成泡沫的能力。在界面上展开，与气态或水相反应的能力，防止泡沫形成的带电和极性亚基的数量，以及空间效应（Ralet 和 Guéguen，2001）。当检测给定蛋白质的发泡特性时，重要的是要检测泡沫形成能力和所形成泡沫的稳定性。这些参数是通过测量泡沫体积和随时间流失的液体量来评估的。

超滤法、CMC 络合法和阴离子交换色谱法是保持马铃薯蛋白泡沫稳定性的有效提取方法。van Koningsveld（2002）进行了马铃薯蛋白形成和稳定泡沫能力的研究。泡沫是通过两种不同的方法形成的，即喷射和搅拌技术。喷射技术对于高度结构的蛋白质更理想，这导致气泡由于浮力的释放而允许刚性蛋白质在界面有更多的时间。搅拌技术从搅拌开始，这会引起速度和压力的波动。结果显示，气泡相互作用，导致界面面积和表面张力随时间变化，一旦搅拌速度足够高，表面张力变得太大，泡沫就会形成，从而使泡沫聚合。各种蛋白质的加入使泡沫形成有一个最佳的搅拌时间，因为较长的搅拌时间将与泡沫体积呈正相关，然而，缺点是过度搅拌会导致蛋白质变性到聚合的程度，从而减少泡沫体积。

可能会出现导致泡沫稳定性下降的各种情况。一个主要的因素是疏水分子的存在，因为这些脂肪分子结合，导致气泡的扩散，或其粒径大于泡沫气泡，增强泡沫破裂。泡沫不稳定的另一个原因是排水，这是重力迫使液体从泡沫中流出的结果。然而，在蛋白质存在的情况下，由于形成停滞层，排水大大减少。对泡沫稳定的另一个负面影响是奥斯特瓦尔德成熟。而理想的泡沫是由许多小气泡组成的，空气更容易溶于液相，因此在较小的气泡周围溶解度更高。这导致更大的气泡不断生长，这一过程被称为奥斯特瓦尔德成熟（van Koningsveld，2002）。

van Koningsveld（2002）观察了不同蛋白质在不同的搅拌速度下的搅拌时间，如β-乳球蛋白、β-酪蛋白、15%乙醇分离的马铃薯蛋白、20%乙醇分离的马铃薯蛋白、（NH$_4$)$_2$SO$_4$马铃薯蛋白分离物、20%乙醇沉淀提取的马铃薯蛋白、蛋白酶抑制剂和20%乙醇沉淀分离蛋白酶抑制剂。结果表明，在70 s的标准搅拌时间下，蛋白酶抑制剂没有最佳的搅拌速度，而（NH$_4$)$_2$SO$_4$提取的马铃薯蛋白则没有最佳的搅拌速度。以20%乙醇提取的马铃薯分离蛋白、马铃薯糖蛋白和蛋白酶抑制剂的最佳发泡速度均为4 000 r/min，以20%乙醇提取的马铃薯分离蛋白在3 000 r/min时形成泡沫。当检测马铃薯糖蛋白时，发现使用标准搅拌时间（70 s）没有形成泡沫，因此，搅拌时间缩短至30 s，最佳转速为3 000 r/min。总的来说，对于大多数蛋白质样品，随着搅拌速度的增加和搅拌次数的增加，泡沫形成和泡沫体积变得更好，直到达到最佳水平。

中性pH下马铃薯糖蛋白形成的泡沫在外观上与溶菌酶（蛋清蛋白）形成的泡沫相似。马铃薯糖蛋白在结构上是刚性的，因此，正如预测的那样，更短的搅拌时间和速度需要蛋白质在界面上展开。通过搅打试验可以得出两个结论：要么展开的速度非常慢，要么重新折叠的速度非常快，这可以解释为什么较长的搅打时间并不能改善泡沫的形成。当使用喷雾试验时，结果与其他蛋白质相似。如前所述，喷雾是表面膨胀率低的结果。这种技术在泡沫形成中的结论是，马铃薯糖蛋白必须表现出缓慢的展开速度，因此泡沫不能在排水、聚结和奥斯特瓦尔德力的影响下稳定（van Koningsveld，2002）。

Ralet和Guéguen（2001）将生马铃薯蛋白、马铃薯糖蛋白部分和16~25 kDa部分（蛋白酶抑制剂）与标准Ovomousse M（商品喷雾干燥的母鸡蛋白粉）进行了比较研究。采用塑料柱和多孔金属盘形成泡沫。空气通过金属盘吹入柱中，柱中的两个电极测量泡沫形成后的排泄情况。所有样品都需要相同的搅拌时间，才能在中性pH和不添加NaCl溶液的情况下达到35 mL的体积。在这些条件下，马铃薯糖蛋白部分、原始马铃薯蛋白质和Ovomousse M随着时间的推移表现出相同的特征，因为泡沫结构没有明显的破坏。当对3种样品进行比较时，马铃薯糖蛋白具有更稳定的泡沫，而16~25 kDa馏分由于排水而失去了大部分发泡特性。当盐溶液加入蛋白质样品时，样品能更快地形成更稳定的泡沫，而且它们不再依赖于pH值。溶液的pH值很重要，因为蛋白质的静电电荷与pH值有关。当蛋白质在溶液中接近其等电点时，由于静电斥力的减少，它应该在更大程度上稳定泡沫。马铃薯糖蛋白是这一规则的一个例外，因为马铃薯糖蛋白在 pH 值 4 时不容易溶解。

### 2.2.2.3　马铃薯蛋白质的来源

马铃薯的工业用途主要涉及提取淀粉来源，产生一种称为 PFJ 的废物，每吨马铃薯 $5 \sim 12 \, m^3$（Miedzianka，2014）。而这个 PFJ 具有高污染性，非常难以处理。因此，当去除它的蛋白质成分时，不仅有利于丢弃废水，而且有利于获得可用于食品工业的有用蛋白质（Ralet 和 Guéguen，2001）。目前已经进行了许多研究来改善淀粉工业副产品中蛋白质的去除方法，与其他工业副产品相比，淀粉含有最高的生物可利用氧需求。

马铃薯果汁不仅含有蛋白质可以提取，还含有氨基酸、有机酸、钾等。一旦蛋白质从 PFJ 中去除，果汁就会经过离子交换色谱分离其他成分。然而，蛋白质浓度必须低于 180 mg/kg，以防止蛋白质在色谱柱中被分离。对原 PFJ 的分析表明，蛋白质水平约为 $1\,500 \sim 4\,000$ mg/kg 或约为 25 g 蛋白质/kg PFJ 时，从 PFJ 中提取的蛋白质已经研究发现可与大豆和动物蛋白质相媲美，因为它们获得了相似的氨基酸含量。PFJ 的可溶性固体成分包括 35% 的粗蛋白质、35% 的总糖、20% 的矿物质、4% 的有机酸和 6% 的其他成分。PFJ 含有约 1.5%（$w/v$）的可溶性蛋白，PFJ 中存在的大部分蛋白是马铃薯糖蛋白和蛋白酶抑制剂蛋白。PFJ 中浓缩的蛋白的分子量分布，包括 43 kDa 的马铃薯糖蛋白，$15 \sim 25$ kDa 的大量条带，代表蛋白酶抑制剂，以及广泛分布的高分子量蛋白质。表 2-4 进一步对条带进行了描述，其中马铃薯糖蛋白、蛋白酶抑制剂和高分子量蛋白的条带比例分别为 22.9%、53.9% 和 23.7%。

从 PFJ 中提取蛋白质最常见的方法是加入酸性和热处理的沉淀。然而，由于加热和酸性处理使蛋白质变性，已经探索了一些改善马铃薯蛋白质质量的方法。这些变性蛋白不再具有起泡、乳化和持水或持油能力等功能特征，因此它们在食品中的应用减少了（Miedzianka，2014）。

PFJ 中存在的抗营养或毒性物质是茄碱、糖生物碱和蛋白酶抑制剂。Pastuszewska（2009）研究发现，茄碱类糖苷生物碱和蛋白酶抑制剂的含量都有很大的差异，这种差异可能是由于马铃薯品种的差异造成的。然而，这两种物质的含量与块茎中茄碱类生物碱的含量相似，蛋白酶抑制剂的含量与豆粕的含量相似。

表 2-4　通过选择提取技术获得马铃薯分离蛋白的蛋白谱[a]

| 提取技术 | 马铃薯糖蛋白（%） | 蛋白酶抑制剂（%） | | | 其他（%） |
| --- | --- | --- | --- | --- | --- |
| | 39~43 kDa | 21~25 kDa | 15~20 kDa | 14 kDa | 高分子量 |
| PFJ | 22.9 | 24.6 | 18.4 | 10.4 | 23.7 |
| 结合热/酸性[b] | 37.8 | 0 | 20.2 | 31.3 | 10.7 |
| 酸[b] | 9.9 | 8.8 | 13.6 | 15.5 | 41.4 |
| 三氯化铁[c] | 35.7 | 0 | 25.5 | 38.8 | 41.4 |
| 乙醇[d] | 36.5 | 7.7 | 21.7 | 25.6 | 5.2 |

（续表）

| 提取技术 | 马铃薯糖蛋白（%） | 蛋白酶抑制剂（%） | | | 其他（%） |
| --- | --- | --- | --- | --- | --- |
| | 39~43 kDa | 21~25 kDa | 15~20 kDa | 14 kDa | 高分子量 |
| 硫酸铵[e] | 36.1 | 5.2 | 20.5 | 25.8 | 11.2 |
| CMC[f] | 34.2 | 10.8 | 2.6 | 21.6 | 24.1 |

注：[a] 来源于文献 Waglay（2014）；[b] 热酸性和酸性沉淀分别在 pH4.8 和 2.5 的 $H_2SO_4$ 下进行；[c] $FeCl_3$ 浓度为 5 mM；[d] 乙醇浓度为 20%；[e] $(NH_4)_2SO_4$ 饱和度为 60%；[f] CMC 和马铃薯蛋白的比例为 0.1。

### 2.2.3  马铃薯蛋白水解物

马铃薯蛋白中氨基酸的组成比例比较平衡，具有较高的营养价值，在食品工业中有一定的应用前景。工业上回收马铃薯蛋白的高温热处理导致马铃薯蛋白溶解度降低，使马铃薯蛋白的功能性质受到了影响。通过酶解的方法可以提高马铃薯蛋白的溶解度，同时酶解还提高马铃薯蛋白的功能性质如抗氧化能力和 ACE 的抑制能力。Cheng 等（2010）分析了马铃薯蛋白质水解物在油滴和大豆油水包油乳化液中的抑制油脂氧化效果，结果显示添加马铃薯蛋白质水解液和丙二醛对于乳化液在 37℃ 保存 7 d 过氧化物的生成量分别为 53.4% 和 70.8%，有效地抑制了过氧化物的生成。Pihlanto（2008）采用碱性蛋白酶、中性蛋白酶和益瑞蛋白酶水解或自溶马铃薯蛋白及其副产物为小肽。这些肽类具有较高的 ACE 抑制活性（$IC_{50}$ = 0.018~0.086）。并采用半透膜分离提取这些短肽，研究结果表明，马铃薯蛋白是开发具有生物活性物质的很好原料。

2.2.3.1  马铃薯生物活性蛋白和多肽的分离

马铃薯蛋白质的馏分通常基于大小和电荷的差异，因为与蛋白酶抑制剂馏分相比，马铃薯糖蛋白馏分具有较高的分子量和较低的等电点。马铃薯糖蛋白中每个亚型具有不同的电荷。Ralet 和 Guéguen（2001）使用阴离子交换色谱法从 PFJ 中分离出马铃薯糖蛋白和蛋白酶抑制剂组分，二乙基氨基乙醇（DEAE）共价连接到 Sepharose Fast Flow 柱（25 mM 磷酸盐缓冲液，pH8）。酸性组分在 pH8 的 NaCl 线性梯度下回收，而未结合的样品使用 SP-Sepharose Fast Flow（25 mM 磷酸盐缓冲液，pH8）进一步分离，碱性组分在 pH8 的 NaCl 线性梯度下回收。

Jørgensen（2006）使用 Superdex 200 HR 10/30 的大小排除柱来分离块茎蛋白（pH 值 7.0 下含有 40 mM NaCl 的 50 mM 磷酸钠缓冲液）。利用 MALDI-TOF MS 对回收的蛋白质组分进行进一步的分子质量分析，并使用各种活性测试检测其活性，包括蛋白酶抑制、α-甘露糖苷酶、LAH、过氧化物酶和乙二醛酶 I 和 II。

Racusen 和 Foote（1980）开发了应用最广泛的分离马铃薯糖蛋白的纯化技术。他们比较了 DEAE-纤维素和刀豆蛋白 A-Sepharose 的使用。刀豆蛋白 A 是一种四聚金属蛋白，其中含有 α-D-甘露吡喃糖基和 α-D-吡喃糖基的糖分子在刀豆蛋白 A 所需要的 C-3、C-4 和 C-5 羟基存在时具有很强的亲和力。研究发现，使用 DEAE-纤维素可以得到更纯的样品，没有干扰蛋白，这一点也得到了银染色 SDS-PAGE 结果的证实。然而，用豆孢蛋白 A-Sepharose 收集的蛋白样品在 SDS-PAGE 中检测到轻微的污染蛋白。Bohac（1991）对马铃薯蛋白的纯化进行了改进，首先使用 Bio-Gel P-100 色谱柱和磷酸盐缓冲液的流动相进行凝胶过滤。采用 DEAE-Sephacel 培养基和线性梯度 NaCl 流动相进行阴离子交换色谱，然后采用糖蛋白特异性色谱柱、刀豆蛋白 A-sepharose 色谱柱（25 mM，pH7.0）和磷酸盐流动缓冲液（0.5 M NaCl），然后用 SDS-PAGE 进行纯化，结果发现与 Racusen 和 Foote（1980）的研究有类似的结论，在 SDS-PAGE 上运行时，刀豆蛋白 A-Sepharose 馏分仍然含有许多污染条带，然而，亲和层析对比活度有直接的有益影响。

马铃薯糖蛋白本身是块茎中发现的主要储存蛋白质。因此，人们对它进行了广泛的研究。当马铃薯糖蛋白在 SDS-PAGE 上运行时，马铃薯糖蛋白作为一个宽带存在。当使用等电聚焦技术研究马铃薯糖蛋白时，这些异构体之间的差异暴露出来。等电聚焦技术将基于电荷的蛋白质分离成许多条带。Pots（1999）最初在刀豆蛋白 A-sepharose 柱上进行初步分离后，分离了马铃薯糖蛋白组。Pots（1999）将蛋白质沉淀悬浮在 25 mm 的 Tris-HCl 缓冲液中（pH8.0）。马铃薯糖蛋白的等电点为 4.9，因此，在 pH8 时，马铃薯糖蛋白会带有强烈的负电荷，这个负电荷将与带正电荷的柱相互作用，这取决于异构体的确切电荷。初步分离采用阴离子色谱，Pots（1999）和 Bártova（2009）分别采用 Source Q 和 DEAE 52-Cellulose SERVACEL 阳离子色谱柱进行初步分离。纤维素 SERVACEL 是一种非多孔柱，由分离良好的电荷基团组成，允许最小的吸附，因此，可以指定吸附位点的数量。

### 2.2.3.2　马铃薯蛋白质的潜在应用

（1）马铃薯蛋白通过酶水解的多肽生物生成。酶解在生物生成小肽方面已经取得了成功，这些小肽具有比大蛋白更好的功能特性（Wang，2005）。当大蛋白经过一套特定的水解步骤生成较小的肽时，口感、黏度、搅打能力、乳化和发泡能力都得到了改善。

使用蛋白酶的主要优点是它们具有选择性和特异性。蛋白酶在温和的反应条件下起作用，用于部分水解多肽链。蛋白酶根据其机制分为内蛋白酶和外肽酶。内蛋白酶能够切割蛋白质链内的肽键。相反，外肽酶在蛋白质链的 C 端或 N 端切割肽键。为了促进酶解，它们通常结合使用，以增加末端的数量。因此了解蛋白质的结构特性是很重要的，以便更好地控制它们水解成适当的多肽。

Wang（2005）研究了用蛋白酶内酯将马铃薯蛋白水解成马铃薯肽的过程（表 2-5），正如预期的那样，反应时间越长，水解程度越高，随着水解程度的增加，水解产物的溶解度增强。由于肽比蛋白质具有更多的带电基团，蛋白质-水相互作用增强，肽分子之间的静电斥力增强。通过 SDS-PAGE 对底物中的肽段进行了表征。在水解之前，底物显示约 45 kDa（马铃薯糖蛋白）和 18~25 kDa（蛋白酶抑制剂）的条带。但水解 0.5 h 后，马铃薯糖蛋白带消失，出现小分子量带，表明水解后存在较小的肽段。

Kamnerdpetch（2007）也研究了马铃薯果肉的酶解，使用的是选定的蛋白酶：两种内蛋白酶（Alcalase 2.41，415 U/mL；Novo Pro-D，400 U/mL）、一个外蛋白酶（Corolase LAP，350 LAPU/g）、风味酶（Flavourzyme，1 000 LAPU/g），以及他们的组合。在水解 26 h 时，风味酶（7%，w/w）的水解度最大，为 22%，其次是 Alcalase（7%，w/w）、Novo Pro-D（7%，w/w）和 Corolase（7%，w/w），水解度分别为 8%、3% 和 2%。由于风味酶中同时存在蛋白酶内酶和外肽酶，因此外肽酶作用的端部应该得到增强，从而产生更多的羧基肽（C 端）或氨基肽（N 端）的裂解。在比较两种内蛋白酶时，Alcalase 是一种比活性更高、特异性更广的丝氨酸碱性蛋白酶，其水解程度更高。在所有情况下，与单独的酶相比，蛋白酶的组合导致了更高程度的水解，如以 2%（w/w）Alcalase 和 5%（w/w）Flavourzyme 得到的水解液水解度最高（44%）。

Liyanage 等（2008）发现利用碱性商业蛋白酶从马铃薯浆中提取的马铃薯肽对大鼠脂质代谢有积极影响。这种酶解过程产生的多肽分子量从 700 Da 到 1 840 Da 不等，主要分子量为 850 Da，占总分子量的 90%。他们得出结论，以这种方式进行酶水解是一种经济的过程，可以很容易地扩大到大型工业规模的过程。

Miedzianka（2014）利用商品产品 Alcalase（地衣芽孢杆菌内蛋白酶，比活性为 2.4 AU/g），通过多肽生成对马铃薯分离蛋白进行了改进研究。他们使用了 2 h 和 4 h 的反应时间条件（表 2-5）。发现 2 h 的时间足以提高蛋白浓缩物的溶解度和功能。

Pęksa 和 Miedzianka（2014）研究了两种商业蛋白酶 Alcalase 和 Flavourzyme 及其组合对马铃薯蛋白质水解后获得的氨基酸组成的影响（表 2-5）。结果显示 Alcalase 和 Flavourzyme 组合的水解效果较好，因为 Alcalase 提供了更多的末端，提高了风味酶的效率。相反，Flavourzyme 水解后得到更多的寡肽和游离氨基酸，减少了蛋白质水解物通常带来的苦味。单独使用 Alcalase 时，蛋氨酸和半胱氨酸的氨基酸比例较低，发现对热处理蛋白的酶促修饰可以进一步利用其作为增值成分的用途。

表 2-5　文献中关于酶水解马铃薯蛋白质

| 起始原料 | 酶的类型 | 酶名称/组合 | 水解时间（h） | 水解度 | 作者 |
|---|---|---|---|---|---|
| 马铃薯浓缩蛋白[a] | Endo | Alcalase（1∶100 enzyme∶substrate） | 0.5 | 0.72 | Wang（2005） |
| | | | 1 | 1.9 | |
| | | | 6 | 2.3 | |
| 马铃薯浆[b] | Endo | Alcalase | 26 | 5 | Kamnerdpetch（2007） |
| | | Novo Pro-D | 26 | 2.5 | |
| | Endo/Exo | Flavourzyme | 26 | 20 | |
| | Exo | Corolase | 26 | 2 | |
| | Mixtures | （2%Alc+5%Fla） | 26 | 40 | |
| | | （3%Alc+4%Fla） | 26 | 35 | |
| | | （2%Alc+5%Cor） | 26 | 15 | |
| | | （3%Alc+4%Cor） | 26 | 18 | |
| | | （2%NPD+5%Fla） | 26 | 40 | |
| | | （3%NPD+4%Fla） | 26 | 30 | |
| | | （2%NPD+5%Cor） | 26 | 15 | |
| | | （3%NPD+4%Cor） | 26 | 15 | |

（续表）

| 起始原料 | 酶的类型 | 酶名称/组合 | 水解时间（h） | 水解度 | 作者 |
|---|---|---|---|---|---|
| 马铃薯浓缩蛋白[c] | Endo | Alcalase | 2 | 3.5 | Miedzianka（2014） |
| | | Alcalase | 4 | 7.7 | |
| 马铃薯分离蛋白[d] | Endo | Alcalase（5 000 ppm） | n. d. | 60 | Pęksa（2014） |
| | Endo/Exo | Flavourzyme（5 000 ppm） | n. d. | n. d. | |
| | Mixture | 1 Alc : 1 Fla | n. d. | 60 | |

注：[a] 从 AVEBE B. A. 中获得马铃薯浓缩蛋白（Veendam，The Netherlands）。[b] 从 AVEBE B. A. 中获得马铃薯浆（Veendam，The Netherlands）。[c] 马铃薯浓缩蛋白是从波兰 Łomza 的一家淀粉厂获得的。[d] 马铃薯果汁由波兰 Niechlów 的一家淀粉厂提供；然后进行联合热处理（70~80℃）10~20 min。n. d. 表示未检出。

（2）马铃薯蛋白水解成马铃薯多肽的功能特性得到了改善。尽管有这样的优势，但该水解过程也受到一定的限制，如产生不良的风味。Ney（1979）研究表明，由于疏水氨基酸的增加，使得马铃薯蛋白质具有较高的疏水性，而这些疏水特性影响了蛋白质的品质，因为疏水性与多肽产生的苦味有关，这将直接影响马铃薯多肽在食品中的应用。因此，水解的最佳程度往往受到这些多肽苦味程度的限制。但6 000 Da以上的肽的苦味小于小肽的苦味。在马铃薯蛋白底物中添加明胶可以降低小于6 000 Da肽段的生成。当马铃薯蛋白质与明胶比例为4 : 1时苦味肽最少（Ney，1979）。

营养密集食品是指那些提供等同于或更多的营养价值与其热量含量相比较的食物，而不是像糖这样提供热量但几乎没有营养的东西。马铃薯是一种营养丰富的食物，研究结果表明马铃薯在英国饮食的营养总贡献中占总能量的7%，包括大量的营养物质，如15%的维生素 $B_6$、14%的维生素 C，13%的纤维，10%的叶酸，9%的镁，只有4%的饱和脂肪酸（Kurilich，2012）。研究人员指出，减少饱和脂肪和盐的添加量可以改善马铃薯的营养成分。植物营养素，包括多酚和类胡萝卜素，与维生素不同，它们没有推荐的每日摄入量，但对健康却很重要。这些植物营养素在一定程度上受到许多消费者的重视。除了维生素和矿物质，块茎还含有复杂的小分子化合物，其中许多是植物营养素。这些物质包括多酚、黄酮醇、花青素、酚酸、类胡萝卜素、多胺、糖苷生物碱、生育酚、甾醇和倍半萜等。

## 2.3　脂类

总脂（TL）约为马铃薯块茎（鲜重，FW）的0.1%~0.5%。马铃薯的脂类主要包括磷脂（PL，47%）、糖脂（GL，22%）和中性脂（NL，21%）。超过94%的块茎脂质含有酯化脂肪酸。Galliard（1973）报道，块茎类脂由47.4%的磷脂（PL）、21.6%的半乳糖酯、6.4%的酯化甾醇葡萄糖苷（ESG）、1.3%的磺脂、2.4%的脑苷（CER）和15.4%的甘油三酯组成。主要脂质和部分三酰甘油（TAG）与块茎膜相联系。虽然在细胞质中偶尔可以发现脂质体，但块茎不太可能含有相当数量的脂质储备。因此，马铃薯块茎的脂肪酸组成主要反映细胞膜的组成。从马铃薯块茎中分离出的 TL 脂肪酸的组成具有营养优势，因为所有脂肪酸的基本部分是由 1 到 3 个双键的不饱和脂肪酸组成的，主要是亚麻酸（40%~50%）。然而，马铃薯中的脂肪含量一般较低，这意味着每天从马铃薯中摄入的这种有价值的脂肪很少，因为 100 g 块茎中亚油酸和亚麻酸的含量分别为 32.13 mg 和 22.75 mg。

### 2.3.1　马铃薯中脂类的特点

脂类仅占马铃薯 FW 的一小部分，约为 0.15 g/150 g FW，比煮熟的大米（1.95 g）或意大利面（0.5 g）少（Priestley，2006）。脂质、磷酸盐和低分子量蛋白质以相对较低的水平存在于淀粉颗粒的内部。它们在淀粉颗粒中的存在和相互作用强烈地影响淀粉在不同工艺处理（即烹饪、烘焙和挤压）中对糊化、老化、膨胀、黏度和可溶性碳水化合物的浸出行为的影响（Blaszczak，2003）。

以马铃薯淀粉（PSt）颗粒为原料，采用正丙醇-水（3:1，$v/v$）、冷热萃取法分别从颗粒表面和内部提取油脂。结果显示 PSt 脂质（0.53 g/100 g）包括表面脂质（0.32 g/100 g）和内部脂质 0.21 g/100 g（Blaszczak，2003）。Dhital（2011）将 PSt 颗粒分为非常小、小、中、大、非常大的组分，其中，PSt 颗粒越小，TL 含量越高。PSt 脂肪酸含量排序为：C16:0>C18:2>C18:3>C18:1。PSt 冷提物的脂肪酸谱显示其饱和脂肪酸含量较高（42.1%）。采用热溶剂混合提取 PSt 油脂时，C16:0（49.9%）、C18:1（13.6%）和 C18:0（7.35%）的脂肪酸含量增加。Vasanthan 和 Hoover（1992）也观察到 PSt 在热提取后饱和脂肪酸的数量增加。C20:1（n-9）只能通过热提取从 PSt 颗粒中提取。提取油脂的色谱图也表明，仅使用热溶剂就可以从 PSt 颗粒中去除 C16:1（1.05%）和 C20:1（0.27%）等脂肪酸（Blaszczak，2003）。

### 2.3.2　加工对马铃薯脂类的影响

马铃薯含有低水平的风味挥发物，热加工影响风味的产生。挥发性物质的前体包括糖和氨基酸，它们主要参与了美拉德反应形成吡嗪。烷基呋喃是由马铃薯中存在的不饱和脂肪酸氧化而得。脂肪酸衍生的挥发物是马铃薯中令人不快的成分，例如，己醛和 2-戊基呋喃具有青草风味，而 2,4-癸二烯醛则具有脂肪特征（Dobson，2004）。

## 2.4　膳食纤维

加拿大膳食纤维专家咨询委员会将膳食纤维定义为"膳食中植物物质的内源性成分，它能抵抗人类产生的酶的消化"。它们主要是非淀粉多糖和木质素，此外还可能包括伴生物质。人们早就认识到饮食中纤维对减少便秘发生率的重要性。在过去的二十年中，人们对纤维在降低癌症或心脏病风险和治疗糖尿病方面的作用进行了详细的研究。

膳食纤维存在于细胞壁，特别是周皮的厚细胞壁。这些纤维在降低胆固醇水平方面发挥着重要作用。马铃薯含有约7%的每日膳食纤维摄入量。食用纤维存在于马铃薯的皮和肉中。Storey（2007）研究了白马铃薯和膳食纤维摄入量之间的关系，结果发现儿童和成年人均有较高的膳食纤维摄入量，并对不同年龄、种族、身体质量指数、收入、教育和消耗的能量等因素进行研究，发现白马铃薯摄入量与高膳食纤维摄入量成正比。

## 2.5　维生素

马铃薯是维生素 C（抗坏血酸）和 $B_6$（吡哆醇）的良好来源。根据美国食品和药物管理局的指导方针，它是维生素 C 的"极佳来源"。维生素 C 的含量在每100 g 干质量中84~145 mg。B 族维生素，如叶酸、烟酸、吡哆醇、核黄素和硫胺素也含量丰富。

### 2.5.1　维生素 C

#### 2.5.1.1　维生素 C 简介

维生素 C（抗坏血酸）是动植物生长代谢过程中必需的。在植物中，这种有机化合物具有许多不同的功能，是重要的抗氧化剂，各种酶的辅助因子和氧化还原缓冲剂（Gallie，2013）。抗坏血酸对光合作用特别重要，尤其是作为一种抗氧化剂，它可以中和在氧、光还原过程中形成的过氧化氢。此外，抗坏血酸受抗坏血酸过氧化物酶影响时形成的单脱氢抗坏血酸在光系统中作为电子的直接受体。此外，抗坏血酸是一种参与玉米黄质光保护剂合成的酶的辅助因子。抗坏血酸调节细胞分裂和生长、细胞周期和开花时间，参与信号转导，调节对非生物和生物胁迫的反应，并参与细胞壁扩张、乙烯、赤霉素、花青素和羟脯氨酸的合成（Gallie，2013）。

抗坏血酸能与超氧化物、单线态氧、臭氧和过氧化氢迅速反应。它们参与了在有氧代谢和暴露在某些污染物和除草剂中的活性氧形式的中和。Tedone（2004）研究发现摄入额外的1-半乳糖-1,4-内酯或1-半乳糖的马铃薯叶片中抗坏血酸的含量显著增加。叶片中抗坏血酸合成的激活决定了其在韧皮部渗出物和块茎中的含量。众所周知，抗坏血酸最好从植物的叶子转移到碳水化合物储存或积极利用的器官。研究发现，抗坏血酸对植物生长具有重要作用，当生长减速时，抗坏血酸的数量减少，其积累的储备用于保护或其他生理过程。

马铃薯富含维生素 C。在调查的 98 种蔬菜中，马铃薯是最便宜的维生素 C 来源，可以提供推荐膳食限额（RDA）10%的成本。一个中等大小的红皮土豆（173 g）提供了RDA 的 36%［美国农业部（USDA）数据库］。坏血病是维生素 C 缺乏最常见的症状，严重的病例以牙齿脱落、肝斑和出血为典型。马铃薯块茎可以原位合成维生素 C，也可以积累来自叶和茎的维生素 C（Tedone，2004）。维生素 C 是许多酶的辅助因子，作为电子供体，在解毒活性氧中起主要作用。植物是人类饮食中维生素 C 的主要来源。叶片和叶绿体可以分别含有 5 mmol/L 和 25 mmol/L 的抗坏血酸。植物可能有多种维生素 C 生物合成途径，如 L-半乳糖途径。在块茎中过表达 GDPL-半乳糖磷酸化酶使块茎中的维生素 C 增加了 3 倍，而在番茄中增加了 6 倍，在草莓中增加了 2 倍。一项针对无法合成维生素 C 的敲除小鼠的研究表明，当喂食薯片时，小鼠积累了维生素 C 并降低了活性氧，从而得出结论，即快速干法加工的薯片是膳食维生素 C 的优良来源（Kondo，2014）。一项针对日本男性的饮食研究表明，土豆泥和薯片中的维生素 C 具有生物可利用性，食用后血浆水平增加。

**2.5.1.2 维生素 C 含量的影响因素**

（1）基因型。研究人员检测了 75 种基因型块茎中的维生素 C 含量，发现其浓度在 11.5~29.8 mg/100 g FW。这项研究还报告表明，一些基因型在多年或在不同地点生长时，比其他基因型具有更稳定的维生素 C 浓度，并提出年份可能比地点有更大的影响。英国的一项研究对生长在欧洲三个地区的 33 个品种的维生素 C 进行了测定（Dale，2003）。将这些样品的干重（DW）结果转化为 FW，假设马铃薯含有 80% 的水分，那么每 100 g FW 可获得 13~30.8 mg 维生素 C。在 Russet Burbank 的体细胞无性系中出现了异常高的维生素 C 含量，在几百个被筛选的植株中，维生素 C 含量从 31 mg/100 g 到 139 mg/100 g 不等（Nassar，2014）。

（2）农业系统。关于农业系统对抗坏血酸水平的影响，目前尚无共识。Hajšlová（2005）指出，与传统种植的马铃薯相比，有机种植的马铃薯往往会积累更多的抗坏血酸；然而，这种趋势在统计上并不显著。Hoefkens（2009）认为，有机种植的马铃薯往往会积累更多的抗坏血酸。Lombardo（2012）具有不同看法，他们研究发现传统种植的马铃薯块茎中抗坏血酸的含量比有机种植的马铃薯高 23%。Rembiałkowska（1999）发现有机农业系统和传统农业系统种植的马铃薯块茎中抗坏血酸的含量差异不显著。Skrabule（2013）认为块茎中抗坏血酸的含量显著差异取决于基因型，栽培方式的影响没有统计学意义。

抗坏血酸是一种强大的抗氧化剂，其在植物中的含量受非生物和生物胁迫的影响。在一些研究中，在有机种植的马铃薯中发现了更多的抗坏血酸，这可以解释为有机作物中更多的病原体。这促进了具有保护作用的抗氧化剂的形成。人们认为抗坏血酸的增加是对各种应激源的反应，这些应激源对有机农业的影响更大。由于碳氮平衡理论，无氮抗坏血酸的合成也可能被激活。

抗坏血酸是一种有机化合物，在植物中具有多种功能。农业系统对抗坏血酸含量的影响尚不明确，但很可能是传统种植的马铃薯应该积累更多的这种化合物。众所周知，抗坏血酸在植物中有几种不同的合成方式，因此，很难评价不同因素对该化合物合成量的影响。它往往是复杂的，并取决于因素的强度。

（3）施肥。植物中抗坏血酸的含量受多种因素的影响。Mozafar（1993）查阅了有关氮肥对植物中维生素含量影响的出版物，得出结论认为氮肥降低了马铃薯块茎中抗坏血酸的含量。Hamouz（2009）证实了增加氮对抗坏血酸含量的负面影响。然而，Augustin（1975）指出，只有某些品种的马铃薯块茎中，氮的增加会降低抗坏血酸的含量。氮肥对抗坏血酸含量的这种影响可能与硝酸盐驱动的草酸在许多蔬菜中的积累有关。众所周知，抗坏血酸是合成草酸和酒石酸的原料，草酸参与维持细胞 pH 的稳态，中和硝酸盐同化过程中释放的氢氧根离子。马铃薯块茎中硝酸盐和草酸的含量是否和菠菜一样数量，只能通过实验来证实。根据一些研究者的结果发现，氮的增加会降低马铃薯块茎中抗坏血酸的含量，但氮的缺乏可能不会对这种有机化合物的含量产生重大影响。

（4）农药。各种农药的使用可能对抗坏血酸的含量有影响。Zarzecka 和 Gugala（2003）研究表明，随着除草剂的使用，块茎中抗坏血酸的含量增加。Gugała（2012）研究发现，马铃薯块茎中抗坏血酸的含量显著受杀虫剂处理、品种和天气条件的影响。施用杀虫剂的马铃薯块茎中抗坏血酸含量高于未施用杀虫剂的对照组。在所有试验年份中，杀虫剂的使用趋势相同。杀虫剂的使用增加了抗坏血酸的含量，这可以解释两种假设：第一，杀虫剂可以防止害虫和杂草，因此，叶面积就会增加，光合作用也会更加活跃；第二，植物会对杀虫剂产生应激反应，为了保护自己，它们会激活抗氧化系统。

（5）光合作用。影响抗坏血酸含量的另一个因素是光合作用的效率。虽然光对抗坏血酸的合成不是必需的，但在光合作用中，一定量的光对糖的合成有间接的影响。土壤中大量的氮可以促进叶片的生长，提高光合速率，从而增加合成抗坏血酸所需的糖量。

（6）贮藏条件。环境会影响马铃薯和其他植物中的维生素 C 水平。大量研究表明，在马铃薯冷藏过程中，维生素 C 水平会迅速下降，可接近下降 60%。在将 33 个基因型冷藏 15~17 周后，发现维生素 C 含量显著降低。

预存储维生素 C 减少量取决于基因型，变化幅度为 20%~60% 不等。研究发现增加维生素 C 的育种工作应该关注储藏后的含量，在大多数情况下，这比新鲜收获时的浓度更重要。这对那些将大部分马铃薯冷藏起来的国家来说，比那些有限地使用冷库的国家的马铃薯中维生素 C 的损失要少得多。Blauer（2013）研究表明，冷藏过程中损失的程度依赖于基因型，并提出氧化代谢对维生素 C 贮藏稳定性有调节作用，因为在减少氧气的贮藏下减少了损失。在衰老藤蔓下的块茎成熟后期，观察到的损失较小，这可能反映了维生素 C 从衰老叶片向块茎的运输减少（Blauer，2013）。在科罗拉多州种植的 12 种基因型的维生素 C 含量从收获到 7 个月的贮藏期间进行了测量。冷藏 7 个月后，损失超过 50%。而一个高级紫肉育种品系仅在储藏 2 个月后就有超过 60% 的损失，而育空黄金品种在储藏 2 个月后的损失与收获时没有统计学差异。

（7）加工处理。伤害可以大大增加维生素 C 的含量水平。一项研究检测了马铃薯切片或碰伤后储存 2 天后维生素 C 的变化，结果发现马铃薯切片中维生素 C 的含量增加了 400%，而碰伤的马铃薯则减少了 347%。研究发现，新鲜切好的马铃薯在空气中贮藏时维生素 C 水平增加，而在冷冻或改良空气中贮藏时维生素 C 水平下降。这些结果表明，马铃薯损伤可用于大幅提高商品中的维生素 C 含量；然而，在这可能被广泛采用作为增加维生素 C 的策略之前，必须找到一种方法来减少可能发生在切割组织中的褐变。

土耳其的一项研究检测了去皮、焯水、冷冻、油炸马铃薯的维生素 C 含量。结果显示，51% 的损失是由预冷冻操作造成的，因此，在缺乏冷藏期间维生素 C 稳定水平的品种的情况下，对于一些商业产品来说，减少采后维生素 C 损失的一个解决方案是在收获后不久将块茎进行最低限度的破坏性烹煮，然后对产品进行快速冷冻。

### 2.5.2 B 族维生素

和维生素 C 一样，维生素 B 家族的所有成员都是水溶性化合物，但它们是在化学和功能上都截然不同的重要物质。历史上，维生素 B 被认为是可以维持人类和动物生长和健康以及预防某些皮肤病发生。目前，该类群包括硫胺素（维生素 $B_1$）、核黄素（维生素 $B_2$）、烟酸或烟酸酰胺（维生素 $B_3$）、泛酸（维生素 $B_5$）、吡啶醇（维生素 $B_6$）、生物素（维生素 $B_7$）、叶酸（维生素 $B_9$）和钴胺素（维生素 $B_{12}$）。所有 8 种维生素 B 都是人类饮食的重要组成部分，因为与植物相比，人类不能从头合成这些化合物。此外，B 族维生素中的 3 种：硫胺素、核黄素和吡哆醇是《世卫组织成人和儿童基本药物标准清单》的一部分（http：//www.who.int/medicines/publications/essentialmedic ines/en/）。而马铃薯块茎是一种很好维生素的营养资源，它们具有特有的生化作用和对消费者的有益影响。

#### 2.5.2.1 硫胺素（维生素 $B_1$）

硫胺素以二磷酸硫胺的形式最为活跃，在多种代谢途径中起辅助因子的作用，如克雷布斯循环和磷酸戊糖途径。它不仅与碳水化合物和氨基酸的分解代谢有关，还与支链氨基酸的生物合成有关。在人类中，硫胺素供应不足会导致脚气病，从而导致心血管和神经系统问题。在主要依赖以白米或精米为基础的饮食国家，硫胺素缺乏并不罕见，而饮食均衡的人口不太可能面临这一问题。在这里，硫胺素缺乏主要与大量饮酒同时发生，这会影响维生素的运输、储存和代谢。

2009 年和 2010 年，对 33 个原始品种（茄属马铃薯群）和 3 个现代马铃薯品种在大田条件下种植的最新研究表明，供试无性系中硫胺素浓度存在较大差异。例如，2009 年最低水平为（490±1）ng/g FW（PI 225710），最高可达（2 273±107）ng/g FW（PI 320377），差值超过 4 倍。然而，2010 年的数值与 2009 年的数值有很大差异，偏差高达 50%，变化与硫胺素含量的增加或减少有关。总的来说，这些数据强调了在马铃薯中增加硫胺素含量的高育种潜力。该方法还表明，在田间条件下，维生素含量可能会有显著差异，这一事实将使特定性状的选择困难。尽管如此，Goyer 和 Sweek 的工作强调了进行田间试验并在随后的几年中跟踪这些试验以获得关于马铃薯中特定代谢物含量重复性的可靠信息的必要性。

美国国立卫生研究院（National Institutes of Health）为成人提供的硫胺素 RDA 为男性 1.2 mg/d，女性 1.1 mg/d。Goyer 和 Sweek（2011）的田间试验数据显示，一些马铃薯品种仅在 100 g 块茎组织中就已经包含了接近 20% 的 RDA 值。然而，众所周知，硫胺素对热很敏感，加工过的马铃薯中硫胺素的含量明显低于 20%。例如，炸薯条和烤土豆只包含 0.08 和 0.067 mg 维生素 $B_1$ 每 100 g 的产品，分别小于 10% RDA。煮土豆还含有约 10% 的 RDA（0.106 mg），表明加工的本质保持维生素 $B_1$ 的产品是至关重要的。

总的来说，目前可用的数据强调了硫胺素作为一种必需植物营养素的重要性，而加工马铃薯的方法是维持高硫胺素水平的关键参数。现有的数据进一步证明了马铃薯中硫胺素的含量可以通过育种或生物工程进行提高。

#### 2.5.2.2 烟酸（维生素 $B_3$）

烟酸是指两种吡啶衍生物，烟酰胺或烟酸。它在细胞中转化为 $NAD^+$ 或 $NADP^+$，并作为各种氧化还原反应的辅助因子，这些反应主要与光合作用、碳水化合物和脂肪酸代谢有关。据报道，烟酸本身有助于降低胆固醇水平，并可能改善血管舒张和低血压。此外，烟酸缺乏通常与糙皮病有关，这是一种表现为腹泻、皮炎和痴呆症状的疾病。在人口主要依赖玉米为基础饮食的国家，常出现营养不良现象，即"烟酸化"，它需要对玉米种子进行精心加工以获取烟酸。

关于马铃薯中烟酸含量的研究很少，现有的数据也没有表明少数被测基因型之间存在显著差异。目前，女性和男性烟酸的 RDA 值分别为每天 14 mg 和 16 mg。基于这些数值，马铃薯实际上提供了很好的维生素供应，因为 100 g 烘烤或煮土豆含有大约 10% 的 RDA（推荐摄入量）。

由于烟酸的重要性，考虑到研究到目前为止，已经完成了关于马铃薯中烟酸的一些研究，但关于烟酸的更详细的资料，不同基因型之间的差异以及如何增加马铃薯中烟酸含量是未来育种工作的主要研究方向。

### 2.5.2.3　泛酸（维生素 $B_5$）

泛酸是氨基酸 β-丙氨酸的前体，是辅酶 a 的核心成分。泛酸参与多种生物合成途径，与碳水化合物、氨基酸和脂肪酸代谢有关。此外，泛酸与其他 B 族维生素和维生素 C 一样，在氧化应激条件下具有保护功能。维生素 $B_5$ 缺乏症在人类中很罕见，最主要的原因是维生素 $B_5$ 是由肠道细菌产生的，在某种程度上，它无处不在地存在于所有的食品中。然而，哺乳动物和鸡中常存在缺乏症，并与皮炎、贫血、惊厥和脑病有关。

马铃薯种质中泛酸含量的变化程度尚不清楚。在潮湿条件下，维生素似乎是稳定的，但在炎热和干燥条件下变得不稳定，并可能对氧化和光暴露敏感。因此，每 100 g 产品中，煮熟的马铃薯含有大约 10% 的每日 AI 值，而薯片中只剩下 8%。然而，这些数值表明，即使采用不同的加工方法，马铃薯也是维生素 $B_5$ 的良好营养资源。

### 2.5.2.4　吡哆醇（维生素 $B_6$）

维生素 $B_6$ 描述一组六种密切相关的化合物，它们主要在四个不同位置上，分别是羟甲基、醛或氨甲基。维生素可能是活细胞中最通用的辅助因子，因为它需要超过 140 个生化反应。它主要参与氨基酸的生物合成和分解代谢，还在碳水化合物和脂肪酸代谢以及光呼吸中发挥重要作用。维生素 $B_6$ 除了作为辅助因子外，还作为一种有效的抗氧化剂，对植物抗病也有至关重要的作用（Zhang，2014）。

### 2.5.2.5　叶酸（维生素 $B_9$）

叶酸是 5、6、7、8-四氢叶酸（THF）的总称，是 1-碳代谢的中心化合物。它是合成蛋氨酸、泛酸盐（维生素 $B_5$）、胸苷酸和嘌呤以及硫铁簇代谢所必需的。特别是在植物中，线粒体中甘氨酸脱羧酶的活性也需要维生素，甘氨酸脱羧酶是光呼吸途径中起作用的多聚酶复合体。

叶酸缺乏是一个全球性的营养问题，因为维生素通常在食物中含量不高，而且它对某些食品加工步骤（如氧化条件或还原剂）非常敏感（Delchier，2014）。叶酸摄入不足与一系列疾病症状有关，从心血管疾病、贫血和脊柱裂等出生缺陷到某些癌症风险的增加。植物可能是维生素的最佳来源，然而，为了消除人口中的任何缺陷，在工业化国家用叶酸强化饮食产品是常见的，叶酸可以在细胞中迅速代谢为 THF。

Goyer 和 Navarre（2007）分析不同类型马铃薯种质中叶酸含量发现差异显著，从 A090586-11 中约 550 ng 叶酸/g DW 到卡罗拉中近 1 400 ng 叶酸/g DW。目前男性和女性的 RDA 值均为 400 μg 膳食叶酸当量。美国医学研究所食品和营养委员会强烈建议孕妇每天通过强化食品或补充剂摄入 400 μg 叶酸，以降低出生缺陷的风险。

加工过的马铃薯产品大多含有相对较少的叶酸，特别是与未加工过的马铃薯相比（Goyer，2011），这主要与维生素的热敏性有关。例如，100 g 煮或烤马铃薯有大约 2.5% 或 6.5% 的推荐 RDA。然而，由于马铃薯在许多国家是一个使用频率高和产品数量多的食品，因此被认为是一个很好的日常营养来源的维生素。而马铃薯块茎的发育状况可能是马铃薯消费的一个重要标准，与成熟块茎相比，未成熟块茎通常含有更高的叶酸含量。同时，与原始品种相比，现代马铃薯品种的叶酸水平显著提高，这表明了利用这种重要的植物营养素强化马铃薯育种工作的巨大潜力（Goyer，2011）。

马铃薯的叶酸含量并不高，但由于其较高的摄入量，而成为叶酸的主要来源。在荷兰、挪威和芬兰等欧洲国家，马铃薯提供了大约 10% 的总叶酸摄入量。马铃薯中的叶酸含量在 12~37 μg/100 g FW 变化。据报道，70 多个马铃薯品种、高级杂交品种和野生品种的叶酸含量在 11~35 μg/100 g FW（Goyer，2007），黄色肉质马铃薯中叶酸含量较高。

# 2.6 糖苷生物碱

马铃薯和其他茄科植物、茄子和番茄都含有糖苷生物碱（GAs），这是一种次级代谢产物，有助于抵抗植物害虫和病原体。从饮食的角度来看，GAs 是一种抗营养化合物，如果大量摄入，会引起呕吐和其他不良反应。在美国，育种者遵循自愿准则，即新品种中总 GAs 含量应低于 20 mg/100 g FW，但不同国家制定的标准有所不同。高浓度的 GAs 会产生苦味（Sinden，1976）。在叶子、芽和果实中发现的 GAs 浓度远高于块茎中。据报道，豆芽中 GA 浓度接近 18 g/kg FW。

## 2.6.1 糖苷生物碱概述

大多数人认为马铃薯中的 GAs 是对人体有害的。但最近的研究表明，GAs 有潜在的促进健康的作用。显然，马铃薯中 GAs 的含量必须低于对人类有任何不良影响的阈值，但将马铃薯中 GAs 的含量完全排除，或将其提高到不必要的低水平，可能会产生意想不到的后果，包括对味道的不利影响，失去潜在的健康益处。高浓度的 GAs 会使马铃薯有苦味，但低浓度的 GAs 对味道有积极的影响（Janskey，2010）。因此，需要更加细致入微的方法来分析块茎中 GAs 的含量，特别是考虑到在识别 GAs 途径中的关键基因方面的研究进展，这些基因可以大大降低 GAs 的浓度。增加对 GAs 调控的了解，可以使植物叶片中高浓度的 GAs 具有抗虫害能力，而块茎中较低浓度的 GAs 具有抗虫害能力。

目前研究发现马铃薯种质可能包含超过 100 个不同类型的 GAs，其中几乎没有已知的对人类健康有影响或对植物有抗病性的类型。这种知识的缺乏可能阻碍了一种宝贵的遗传资源的开发。如果一个新品系的含量接近 20 mg/100 g FW，或者低于 10 mg/100 g FW，甚至低于 5 mg/100 g FW，育种程度可能很难实现。在某种程度上，这种方法是由于担心特定年份或地点的环境因素可能会使 GAs 含量超过 20 mg/100 g FW。育种时倾向于选择 GAs 含量更低的育种系，可能会使更充分利用野生马铃薯的种质多样性进行作物改良变得更加困难。摄食行为研究专家通过食草动物驯化马铃薯和野生茄属植物发现，驯化可以改变美国马铃薯品种的防御能力（Altesor，2014）。通过对科罗拉多马铃薯甲虫敏感的驯化马铃薯和 6 种抗性野生马铃薯的 GA 谱进行比较，发现抗性与带有四糖侧链的 GAs（如番茄碱和脱氢碱）之间存在相关性。

## 2.6.2 糖苷生物碱含量的影响因素

长期以来，人们已经知道各种生物和非生物植物胁迫会影响马铃薯的 GAs 含量，包括海拔、土壤湿度、发育、土壤类型、气候、机械损害、储藏温度、伤害和疾病等。光诱导的绿色可能是导致 GAs 含量增加的最广为人知的原因，消费者通常知道剥掉马铃薯皮上绿色的部分，或者扔掉那些严重变绿的块茎。在零售层面，绿化被认为是一个严重的缺陷，一些市场对绿化的容忍度低于其他市场。绿化和 GAs 合成在多大程度上可以分离还不完全清楚，但一项研究发现，微牙茄的基因型在光照下既不绿化也不积累 GAs（Bamberg，2015）。红光诱导块茎中的赤霉素，并通过辅酶 A 还原酶增加赤霉素生物合成基因的表达，包括羟甲基戊二酸，有证据表明在转录水平上存在反馈抑制（Cui，2014）。与不施矿物肥的植物相比，施氮量高的作物增加了 76% 的赤霉素（Rytel，2013），而另一项研究发现有机和传统管理之间没有一致的差异（Skrabule，2013）。

## 2.6.3 糖苷生物碱的类型

马铃薯中 GAs 通常属于两种结构类型之一，一是茄碱类，二是螺旋茄碱类。茄碱类、茄碱和卡乌碱通常占马铃薯总 GAs 的 90% 以上，卡乌碱往往比茄碱更丰富。茄碱和卡乌碱是马铃薯中最熟悉的 GAs，但据估计，马铃薯家族，包括野生品种，可能含有超过 90 种 GAs。利用液相色谱-质谱联用技术分析不同马铃薯种质块茎的小分子多样性时发现，GAs 是多样性的主要来源。质谱法非常适合于遗传分析，比许多用于分析 GAs 的方法更具选择性和敏感性。Shakya（2008）对 4 个野生马铃薯品种和 3 个栽培品种的块茎进行了研究，初步鉴定了约 100 个 GAs。因此，马铃薯中所含的 GAs 可能比以前预想的要丰富得多。这种遗传多样性可能为未来生产具有更优遗传互补的品种提供依据。现代西方马铃薯品种中茄碱和卡乌碱的优势可能是由于这些品种的有效种质中只有一小部分被用于育种，反映出商品品种遗传多样性的瓶颈。

## 2.6.4 糖苷生物碱促进健康的作用

多年来对 GAs 研究都是毒性作用，对健康没有促进作用。但也有研究报道茄碱对小鼠肉瘤有抑制作用。关于 GAs 对健康的促进作用的研究近年来逐渐增加。研究发现，人类饮食摄入的马铃薯、番茄和茄子中至少有六种主要 GAs 可能有助于预防多种癌症，但需要流行病学研究来支持这种可能性。

近期的研究发现 GAs 具有抗癌特性。在细胞培养试验中，包括番茄碱、茄碱在内的 GAs 证明能抑制人结肠癌和肝癌细胞的生长，其效力与抗癌药物阿霉素相似。在宫颈癌、淋巴瘤和胃癌细胞的检测中也发现了抗癌作用，而使用两种或两种以上的 GAs 治疗表明，两者兼有协同效应和相加效应。茄碱增强了乳腺癌细胞对抗癌药物的易感性，而各种茄碱对多种耐药的癌细胞显示出细胞毒性 (Zupko, 2014)。小摩尔浓度的茄碱可引发人白血病细胞和鳞状细胞癌的凋亡，其他茄碱类药物也有疗效。卡茄碱在细胞研究中对胃癌、结肠癌、肝癌和宫颈癌和前列腺癌有疗效。

GAs 除了潜在的抗癌功效外，还能增强免疫反应。接受索拉索碱治疗的小鼠癌症得到了完全缓解，并且大多数小鼠对随后注射的终剂量癌细胞仍然有耐药性，这表明这些 GAs 可能为免疫系统提供长期的癌症保护。喂食 GAs 的小鼠对沙门菌感染更有抵抗力，而番茄碱被证明可以增强小鼠对疫苗的免疫应答。据报道，GAs 可以灭活几种疱疹病毒。一些 GAs 在体内显示出抗疟疾活性，并对寄生在人类体内的扁形寄生虫具有致命性 (Miranda, 2012)。

### 2.6.5　糖苷生物碱未来的研究发展需求

关于马铃薯中的 GAs 还有很多有待了解。一个非常重要的研究就是更确切地确定 GAs 产生苦味的阈值。如果缺少有关茄碱和卡乌碱的必要信息，那么原始种质中存在的许多其他 GAs 的特性难以被挖掘，因为几乎不知道它们对人类健康、植物抗病能力或风味的影响。在较高浓度的情况下，人类可以更好地耐受这些 GAs，同时有利于增强植物对害虫和病原体的抗性。马铃薯中除了茄碱和卡乌碱之外的多种 GAs 可能是一种由于知识缺乏而尚未开发的宝贵遗传资源。此外，还需要更好地理解那些增加 GAs 含量的因素，以便进行预测建模，并减少马铃薯因意外增加的 GAs 量进入市场的可能性。究竟是某些马铃薯基因型比其他基因型更容易诱导赤霉素生物合成，还是某些基因型比其他基因型具有更稳定的赤霉素含量，目前尚不清楚。GAs 峰值可能发展的驱动因素之一选择低于 10 mg/100 g 的基因型，如此低的限制可能排除新的基因型，目前 GAs 依然有健康危害，使其更难将野生种质与理想的基因型特征合并到一起。更多的医疗信息的生物利用度、饮食相关性和对健康造成不良影响的个体需要进行研究，并将 GAs 对味道的影响与工业化相对应起来，如果饮食中需要一定量和类型的 GAs，那么马铃薯、番茄和茄子可能在提供这些化合物方面发挥重要作用。

## 2.7　矿物质

饮食中大量的矿物质元素主要来源于水果和蔬菜。人们普遍认识到最佳的矿物质摄入对保持健康的重要性。马铃薯中的主要矿物质，包括钾、磷、钙和镁。矿物质可分为营养必不可少的主要矿物质，如钙 (Ca)、钾 (K)、镁 (Mg)、钠 (Na)、磷 (P)、钴 (Co)、锰 (Mn)、氮 (N) 和氯 (Cl)；微量营养元素如铁 (Fe)、铜 (Cu)、硒 (Se)、镍（Ni）、铅（Pb）、硫（S）、硼（B）、碘（I）、硅（Si）、溴（Br）。

马铃薯对饮食贡献最大的矿物质是钾。美国农业部的数据库列出，马铃薯提供的钾含量占 RDA 的 18%，6% 的铁、磷和镁，还有 2% 的钙和锌。烹饪时避免矿物质浸出，可最大限度地摄取马铃薯中的矿物质。带皮煮熟的马铃薯和烤马铃薯中大多数矿物质的保留量都很高。不同基因型马铃薯的主要矿物质和微量矿物质含量存在显著差异。Peña（2015）在对 74 个安地斯地方品种的研究中发现，铁含量为 29.87~157.96 μg/g DW，锌含量为 12.6~28.83 μg/g DW，钙含量为 271.09~1 092.93 μg/g DW。

除基因型外，还有许多其他因素影响着马铃薯的矿物组成，例如地理位置、发育阶段、土壤类型、土壤 pH 值、土壤有机质、施肥、灌溉和天气等。干旱胁迫导致不同品种中大多数矿物质的增加。由于环境相互作用，生长在不同地点的相同基因型可能具有不同的矿物质浓度。地理位置的差异可能与土壤矿物质含量、栽培方法和取样程序等方面的差异有关。在生理成熟的块茎中，钾、磷、钙、镁浓度随灌溉和施肥的变化而变化。铁、钙和锌的总浓度随肥料的施用而增加，而磷和钼的含量则降低。有机种植的马铃薯块茎中磷、镁和钠含量较高，而常规种植的马铃薯中锰含量较高。一项针对地中海盆地种植的马铃薯调查发现，有机种植的马铃薯中磷含量更高，而传统种植的马铃薯中钾、钙和铁含量更高（Lombardo，2014）。研究发现，硝酸盐/亚硝酸盐水平与钾之间存在显著正相关，但与钙和镁之间没有显著正相关。块茎芽、茎端、茎芯和维管环组织中矿物质含量也存在显著差异。芽端比块茎的内层含有更高浓度的矿物质。铁是微量元素中含量最高的，并且在不同组织中差异显著。

## 2.7.1　钾

在饮食中增加钾和减少钠是许多营养学家的首要目标，主要原因是低钠高钾食品是可以促进心血管健康的一个特别重要的饮食需要。在这个背景下，马铃薯的低钠高钾含量是值得关注的。在调查的蔬菜中，马铃薯中的钠钾比最低（Pandino，2011），饮食指南建议减少钠的摄入量，然而许多高钾食物也高钠，因此，马铃薯在低钠高钾的饮食中非常受欢迎。钾在酸碱调节和体液平衡中起着重要作用，也是心脏、肾脏、肌肉、神经和消化系统的最佳功能所必需的。摄入充足的钾对健康有好处，包括降低低钾血症、骨质疏松、高血压、中风、炎症性肠病、肾结石和哮喘的风险。高钾和低钠的摄入可以降低中风的风险。然而，大多数 31~50 岁的女性摄入的钾不超过推荐量的一半，而男性的摄入量仅略高（Campbell，2004）。一个专家小组在 2015 年评估了 29 种饮食，并命名了饮食控制高血压方法（DASH）（http：//health. usnews. com/best-diet）。DASH 是由美国国立卫生研究院的研究人员根据美国农业部的食物金字塔开发的。DASH 饮食允许食用马铃薯，并鼓励在减少钠摄入量的同时增加钾摄入量。在发达国家，增加膳食钾的食物可能特别有价值，因为其他矿物质缺乏的情况并不常见，心血管疾病对健康的威胁远比缺铁严重。

马铃薯符合美国食品和药物管理局（FDA）批准的健康声明，该声明称："含有钾的良好来源和低钠的食物可以降低高血压和中风的风险"。在 20 种最常食用的生蔬菜和水果中，马铃薯的钾含量最高，钾含量在 3 550~8 234 μg/g FW，钾含量在整个生长季增加，平均一个烤马铃薯（156 g）含有 610 mg 钾，这甚至比香蕉的含量还要高，香蕉是营养学家经常推荐给需要补充钾摄入量的人的食物。成年男性和女性的膳食参考钾摄入量为每天 3 000~6 000 mg。美国国家科学院已经将钾的推荐摄入量提高到每天至少 4 700 mg。马铃薯和豆类被发现是 98 种新鲜、冷冻和罐装蔬菜中最便宜的钾来源（Drewnowski，2013）。

### 2.7.2 磷

除了钾以外，磷是块茎中主要的矿物质。磷在人体中有许多作用，是细胞、牙齿和骨骼健康的关键。磷摄入量不足导致血清磷酸盐水平异常低，导致食欲减退、贫血、肌肉无力、骨痛、软骨病、感染易感性增加、四肢麻木和刺痛，以及行走困难。研究报道每人每天需要 800~1 000 mg磷。马铃薯中的磷含量在 1 300~6 000 μg/g DW。

### 2.7.3 钙

有广泛的研究报道称马铃薯块茎是钙的重要来源。两项研究报告钙含量高达 100 μg/g DW 和 459 μg/g FW。在 74 个马铃薯品种中，钙含量在 271~1 093 μg/g DW（Andre，2007）。野生茄属植物积累块茎钙的能力不同，块茎钙含量高与抗病原体和非生物胁迫有关。钙对骨骼和牙齿结构、血液凝固和神经传导都很重要。营养缺乏与骨骼畸形和血压异常有关。

### 2.7.4 镁和锰

马铃薯中镁含量为 142~359 μg/g FW。镁是肌肉、心脏和免疫系统正常运作所必需的。镁也有助于维持正常的血糖水平和血压。镁的 RDA 是 400~600 mg。马铃薯中锰含量从 0.73~3.62 μg/g FW 到 9~13 μg/g FW。锰在有关血糖、代谢和甲状腺激素功能的酶反应中发挥作用，在美国，推荐每日摄入量为 2~10 mg。

### 2.7.5 铁

缺铁影响着全球超过 17 亿人，被世界卫生组织称为世界上最普遍的健康问题。由于严重缺铁，每年有 6 万多名妇女死于妊娠和分娩，近 5 亿名育龄妇女患有贫血。膳食铁的需求量取决于很多因素，例如，年龄、性别和饮食组成，在美国，推荐每日摄入量为 10~20 mg。马铃薯是铁的良好来源，马铃薯中的铁是生物可利用的，因为它的植酸含量低于谷物。研究表明，一些马铃薯品种的铁含量与一些谷物（大米、玉米和小麦）的铁含量相当。铁含量具有广义遗传力，在 17~62 μg/g DW，一项对太平洋西北地区种植的马铃薯的研究表明，通过育种可以进一步提高马铃薯的铁含量（Paget，2014）。

### 2.7.6 锌和铜

不同品种马铃薯中锌含量存在显著差异，锌含量为 1.8~10.2 μg/g FW，其中不同品种的黄瓤马铃薯的锌含量在 0.5~4.6 μg/g FW。人体免疫系统正常工作需要锌，锌参与细胞分裂、细胞生长和伤口愈合。美国的 RDA 是 15~20 mg。铜是合成血红蛋白、适当的铁代谢和维持血管所必需的。美国的 RDA 为 1.5~3.0 mg。马铃薯中的铜含量从 0.23 mg/kg FW 到 11.9 mg/kg FW 不等。在另一项研究中只发现了两倍的范围，该研究显示了铜的广义遗传力，证实了铜的水平应该可以通过育种提高，和锌一样，黄肉土豆中的铜含量也很高。

## 2.8 苯丙素

苯丙素是植物次生代谢产物，在植物中具有复杂的作用，包括促进生物和非生物的胁迫耐受性。苯丙素是一个由数千种不同化合物组成的多样化组合物质，它们被认为在人类饮食中提供多种多样的促进健康的作用，包括对肠道微生物菌群、寿命、精神敏度、心血管疾病和眼睛健康的影响（Cardona，2013）。酚类物质是饮食中最主要的抗氧化剂。植物酚类物质可能含有丰富的有益健康的化合物。例如，许多关于绿茶、咖啡或葡萄酒有益健康的报道都是由于酚类物质的存在。酚类物质在健康方面的作用是一个正在积极开展医学研究的领域，还有很多有待了解。

马铃薯是饮食中苯丙素的重要来源。一项研究评估了 34 种水果和蔬菜在美国饮食中的酚类贡献，发现马铃薯是继苹果和橙子之后的第三大重要来源（Chun，2005）。该研究中使用的马铃薯是在超市购买的一种未指明品种，相对于不太常见的高酚类物质马铃薯品种而言，该品种是含有相对少量酚类物质的。

界定特定苯丙素在人类健康中的作用是一项复杂的工作，原因多种多样，包括有如此多不同类型的苯丙素，它们作为复杂基质的一部分摄入，可能有交叉相互作用。而且，原来摄入的化合物往往在体内代谢，产生的代谢物可能具有不同于原来化合物的促进健康的特性和功效（Hollman，2014）。在某些情况下，最初的化合物可能没有产生的代谢产物重要。肠道微生物对人体健康的影响是近年来健康研究中最令人兴奋和活跃的领域之一。然而，仍有许多问题有待了解，包括多酚和微生物之间复杂而不甚了解的关系，两者相互影响。个体肠道微生物群的具体组成可能会影响多酚的生物功效，并通过代谢多酚分解出具有实际促进健康作用和生物利用度的产品，而不是原来的化合物。这就增加了一层复杂性，因为个体不一定具有相同的微生物群，这意味着膳食中苯丙素的功效可能会因个体而异，这部分取决于个体特定的微生物群（Bolca，2013）。

马铃薯作为一种膳食酚的来源可能被低估了。我们将 4 个马铃薯品种和超市购买的 15 种常见蔬菜的总酚含量和抗氧化剂含量［通过氧自由基吸收能力（ORAC）测量］进行比较分析。结果发现 Russet Burbank 和 Norkotah Russet 是在北美种植的两个最常见的白色肉质马铃薯，而 Magic Molly 是紫色的在阿拉斯加开发的肉质马铃薯，Ama Rosa 和 CO97226 是红肉质的小马铃薯。Russet Burbank 马铃薯是北美种植最多的马铃薯，它所含的抗氧化剂和酚含量可以与其他一些蔬菜相媲美，而诺科塔马铃薯，白肉品种的酚含量很高，其含量可以与包括豌豆和胡萝卜在内的其他几种蔬菜相媲美。值得注意的是，颜色鲜艳的马铃薯的酚类含量超过了其他所有蔬菜。如果在 FW 的基础上表达，颜色鲜艳的马铃薯比其他蔬菜，包括菠菜和花椰菜，有更高的酚类含量。一种原始的 Phureja 马铃薯被发现含有非常多的酚类物质（>40 mg/g DW）和很高的 ORAC 值（>1 000），这些数据还表明，未来的育种方向可以培育出比目前更好的品种含有更多植物营养素的马铃薯，目前马铃薯成为美国人饮食中酚类物质的第三大来源。

一项对 74 个安第斯马铃薯地方品种的研究发现，总酚含量的差异约为 11 倍，酚含量与总抗氧化能力之间存在高度相关性（Andre，2007）。从数千个栽培品种和野生马铃薯品种中筛选了块茎中的酚类物质，发现不同基因型马铃薯的酚类物质含量差异超过 15 倍。红色和紫色的马铃薯往往含量最高，但不像白色或黄色的马铃薯那样广泛食用。然而，除了花青素，大多数酚类物质是无色的，因此与白色果肉品种有关，白色果肉品种是许多国家的首选类型。

许多马铃薯营养物质在表皮和果肉中积累的量是不同的。大部分酚类化合物在表皮中浓度较高，但在果肉中也有大量的酚类化合物。因为一个成熟的马铃薯大部分的营养成分是由果肉贡献的，总的来说，果肉通常比果皮含有更多的酚类物质。在某些情况下，比如一个黄皮紫肉的马铃薯，其果肉中酚类物质的浓度通常高于马铃薯皮。由于马铃薯皮也是酚类物质的丰富来源，炸薯条加工过程中产生的马铃薯皮中的酚类物质可能是一种有用的"增值"产品。

## 2.8.1　绿原酸

块茎中酚类物质最丰富的是咖啡酰酯，其中以绿原酸（CGA）为主。CGA 可以包含超过 90% 的块茎酚类物质。研究发现植物 CGA 是通过羟基肉桂酰辅酶 a 和羟基肉桂酰转移酶（HQT）合成的，这为控制马铃薯 CGA 的生物合成创造了新的机会。由于 HQT 在马铃薯中的表达与 CGA 浓度无关，为了研究增加马铃薯多酚多样性的合成途径，隐藏马铃薯中的 HQT，以研究某些 CGA 是否由其他途径提供。结果表明，其他途径的合成是次要的（Payyavula，2015）。同样发现，苯丙素代谢产生 CGA 没有显著增加糖类数量，CGA 数量的减少也没有造成其他糖类的增加，相反，苯丙素代谢数量反而下降。

因为 CGA 是马铃薯中最丰富的多酚，它的健康促进作用是特别值得关注的。在健康食品店可以买到 CGA 补充剂，通常是从朝鲜蓟中提取的。膳食 CGA 对人体具有生物可利用性，其生物活性可能受肠道微生物群的调节。CGA 可以促进健康的肠道微生物群的生长；在结肠的分批培养发酵模型中，发现 CGA 可以促进双歧杆菌的生长，这可能对健康有益（Mills，2015）。CGA 保护动物不受退化和与年龄有关的疾病的影响，并可能降低某些癌症和心脏病的风险。CGA 也被认为具有抗高血压作用，并可能与代谢综合征作用相关。在一项小型人类饮食研究中发现，含有大量 CGA 的紫马铃薯显著降低了受试者的血压，但这是否与 CGA 有关尚不清楚。含有大量花青素和 CGA 的紫色马铃薯可以减少成年男性的炎症和 DNA 损伤。据报道 CGA 是抗病毒和抗菌的。CGA 可能降低 Ⅱ 型糖尿病的风险，并已被证明可减缓葡萄糖释放到血液中。因此，高 CGA 含量的马铃薯可能会给出较低的血糖指数值。给予 CGA 的小鼠有更好的糖耐量、胰岛素敏感性、空腹血糖水平和脂质谱，显然是通过激活 AMPK 实现的。

## 2.8.2　黄酮醇、花青素、羟基肉桂酸酰胺

马铃薯含有黄酮醇，如芦丁，但并不是膳食黄酮醇的重要来源，因为马铃薯块茎中的黄酮醇含量相当低。研究表明，鲜切块茎中的黄酮醇含量高达 14 mg/100 g FW，并建议由于食用大量马铃薯，它们可能是一种有价值的膳食来源。研究者对数千种马铃薯基因型进行了筛选，发现黄酮醇的含量可以相差 30 倍以上，甚至在同一基因型内存在相当大的差异。虽然紫色和红色的马铃薯含有大量的酚酸和花青素与肉的颜色相关，但黄酮醇的浓度与肉的颜色无关。研究发现马铃薯块茎中每克黄酮醇的含量仅为微克，而马铃薯花中黄酮醇的含量要高出 1 000 倍，这表明马铃薯能够合成大量的黄酮醇，尽管马铃薯块茎中的含量很低（Payyavula，2015）。大量研究表明，槲皮素和相关黄酮醇具有多种健康促进作用，包括降低心脏病的风险，降低某些呼吸道疾病的风险，如哮喘、支气管炎和肺气肿，并降低前列腺癌和肺癌等癌症的风险（Kawabata，2015）。

马铃薯，尤其是颜色鲜艳的品种，含有大量的花青素，这种化合物可以作为抗氧化剂，并具有促进健康的作用。一个编码二氢黄酮醇 4-还原酶的基因是马铃薯生产天竺葵苷所必需的，其他候选基因已经被鉴定出来。马铃薯中富含花青素的部分具有抗癌特性。Lewis 对 26 个有色肉质品种的花青素含量进行了检测，发现它们的表皮中花青素含量高达 7 mg/g FW，果肉中花青素含量高达 2 mg/g FW。另一项研究评估了 31 种有色基因型，发现皮肤中含有 0.5~3 mg/g FW，肉中含有 1 mg/g FW。Brown（2005）评估了几种花青素基因型，发现整个块茎中含有高达 4 mg/g FW，花青素浓度与抗氧化价值相关。

## 2.8.3　褐变

关于长出含有大量多酚的马铃薯的一个担忧是，它们是否会出现无法接受的褐变或如文献所述的烹煮后变暗。多酚氧化酶是褐变的主要酶，具有多种底物，马铃薯中酪氨酸和 CGA 可能是主要的两种褐变物质。最近的一项研究表明，总酚类物质、CGA 和多酚氧化酶的含量都与鲜切马铃薯中观察到的褐变量无关，而且这些都不是褐变发生的速率限制因素。此外，使用 QTL 方法，另一组发现褐变和 CGA 之间没有相关性。关联遗传学使用候选基因方法鉴定了 21 个标记褐变性状关联，其中最重要的可能是一个 polaxa 标记，它可能是一个特定的多酚氧化酶（PPO）等位基因和Ⅲ类脂肪酶（Urbany，2012）。

减少马铃薯 CGA 合成显著降低了暴露在空气中 12 h 的切块茎变色（Payyavula，2015）。小马铃薯含有大量的 CGA，但似乎并不比成熟的马铃薯更容易褐变。因此，包括维生素 C、有机酸和铁含量在内的其他因素可能都有复杂的相互作用，从而调节褐变。首先在 16℃ 下保存 10 天的马铃薯，在随后切片时，其褐变明显减少，然后在 2~3℃ 下可保存多达 12 天。PPO 活性和酚类含量均在伤后增加，尽管褐变减少，但相关研究者认为 CGA 浓度升高可能抑制了褐变。"斑马片"是一种新出现的马铃薯病害，它会使马铃薯不适合加工，部分原因是切片马铃薯的褐变速度大大加快。在受感染的块茎中，酪氨酸、多酚氧化酶和 CGA 水平显著升高（Alvarado，2012）。马铃薯中的多酚氧化酶构成了一个大的基因家族，其中一些似乎对褐变更为重要。2015 年，美国农业部批准了一种由辛普劳公司（Simplot）转基因的马

铃薯,该马铃薯使用抑瘤性 RNA,通过抑制多酚氧化酶在马铃薯块茎中的表达来减少褐变(Waltz,2015)。转基因马铃薯中的各种糖类与多酚氧化酶的表达降低有关,而另一项研究发现转基因植物可以抑制多酚氧化酶活性,但远低于其造成的伤害。

# 2.9　类胡萝卜素

除了上述亲水性化合物外,马铃薯还含有膳食所需的亲脂性化合物,如类胡萝卜素,它是由类异戊二烯在质体中合成的。类胡萝卜素具有许多促进健康的特性,包括维生素 A 原活性和降低几种疾病的风险。块茎类胡萝卜素组成因品种而异,但紫黄素和叶黄素通常是块茎类胡萝卜素最丰富的。这些可能对眼睛健康和降低年龄相关的黄斑变性风险特别重要。在一些马铃薯中发现的黄色/橙色果肉是由于类胡萝卜素的存在而导致的。马铃薯呈橙色是由于玉米黄质造成的,而叶黄素的浓度与黄色的着色强度密切相关。据报道,马铃薯种质中类胡萝卜素浓度的范围超过了 20 倍,但关于该变异在多大程度上控制转录水平上的结果尚未达成一致(Payyavula,2012)。

白色的马铃薯通常比黄色和橙色的马铃薯含有更少的类胡萝卜素。等位基因 Chy2 可能是将白色果肉变成黄色的原因。一项研究发现,白色品种的类胡萝卜素含量为 27~74 $\mu g/100$ g FW。从茄子中培育的二倍体马铃薯发现含有高达 2 000 $\mu g/100$ g FW 的玉米黄质。一项对 74 个安第斯地方品种的研究发现,类胡萝卜素总浓度在 3~36 $\mu g/g$ DW。通过对 24 个安第斯品种的筛选,鉴定出了叶黄素和玉米黄质各约 18 $\mu g/g$ DW 和 β-胡萝卜素略高于 2 $\mu g/g$ DW 的基因型(Andre,2007)。爱尔兰 2 年多种植的 60 个品种的表皮和果肉中类胡萝卜素总量的变化范围是 9~28 $\mu g/g$ DW。贮藏可对类胡萝卜素组成产生显著影响,并可改变新鲜收获的马铃薯的类型。

传统育种可以增加类胡萝卜素的数量,因为类胡萝卜素在马铃薯中具有良好且广泛的遗传力。许多研究使用转基因策略增加了马铃薯类胡萝卜素。在 Desiree 块茎中过表达细菌植物烯合成酶可使类胡萝卜素含量从 5.6 $\mu g/g$ DW 提高到 35 $\mu g/g$ DW,并改变了单株类胡萝卜素的含量。β-胡萝卜素浓度从微量增加到 11 $\mu g/g$ DW,叶黄素水平增加了 19 倍。在过表达或冷藏 6 个月后的块茎中观察到类胡萝卜素增加了 2 倍,但在野生型或空载体转化的植株中没有观察到这种增加(Lopez,2008)。

Desiree 中 3 个细菌基因的过表达使总类胡萝卜素增加了 20 倍,达到 114 $\mu g/g$ DW,β-胡萝卜素增加了 3 600 倍,达到 47 $\mu g/g$ DW。据估计,一份 250 g 的这种马铃薯可以提供维生素 A 50% 的 RDA。研究人员将转基因玉米黄质含量较高的马铃薯喂给受试者,发现玉米黄质易于生物利用(Bub,2008)。

# 2.10　马铃薯中营养素在加工中的变化

大多数关于马铃薯植物营养素研究测量的是生马铃薯块茎中的含量,而从膳食的角度来看，烹调后的含量才是重要的。关于烹饪对马铃薯和其他蔬菜影响的文献报道的结果截然不同，原因尚不清楚。例如，据报道，叶酸在烹饪后可能会减少、增加或保持不变，而 CGA 则在煮熟的胡萝卜和马铃薯中被破坏，但其他人报告煮熟的马铃薯中 CGA 含量更高，煮熟的朝鲜蓟中 CGA 含量几乎是生的 2 倍。在同样的实验中，油炸胡萝卜中维生素 C 被破坏，但油炸西葫芦中维生素 C 仅减少了 14%。许多人都认为烹饪会由于热降解而减少食物中的植物营养素。然而，研究清楚地表明，有些食物可以适当烹调而不降低植物营养素含量。事实上，对一些植物营养素（如叶酸）的检测涉及煮沸。类似地，也可以采取一定的方法来减少马铃薯中营养素的浸出，把马铃薯放在锅里煮，或者用微波炉加热，而不是用沸水煮。这些要点很重要，因为它们表明许多植物营养素不需要烹饪来破坏，而且在正常的家庭烹饪温度下本身也不是不稳定的，也就是说，虽然烹饪可以显著降低营养成分，但不是所有烹饪方法都能显著降低。例如，研究表明，与生马铃薯相比，煮马铃薯不会改变或增加可提取的植物营养素，蒸煮不仅没有降低植物营养素的含量，而且还会增加植物营养素的含量并使它们更易于提取和吸收。对三种不同品种的马铃薯幼薯进行烘烤、煮、微波、蒸、炒等处理后，均未发现维生素 C、芦丁、CGA 等植物营养素含量下降，且这些物质的提取率均有增加的趋势。其他研究报告称，通过各种烹饪方法，马铃薯中的酚类物质损失约为 50%，但煮马铃薯的酚类物质损失少于微波或烘烤（Perla，2012）。在不同品种中也观察到类似的结果，CGA 和维生素 C 的损失在煮沸中比烘烤或微波中更少，而烹饪使花青素的提取量增加了 15 倍（Lachman，2013）。

同样，GAs 的结果也有所不同，从烹饪后没有变化到大幅下降。据报道，炸薯片或炸薯条中的 GAs 含量减少了 80% ~ 90%。在典型的家常菜烹饪条件下，GA 含量没有差异，直到烹饪温度超过 210℃时，GAs 才开始分解，根据研究结果，茄碱在 228 ~ 286℃ 分解。

类胡萝卜素含量也受到烹饪的影响，据报道，煮熟后紫黄素和蒽黄质减少，但叶黄素和玉米黄质没有减少。煮沸还增加了块茎中的类胡萝卜素异构化量。

# 2.11　马铃薯在全球粮食安全中的作用

尽管几个世纪前欧洲新种植的马铃薯极大地改善了粮食安全，但马铃薯可能在未来几年再次发挥这一作用，因为联合国预测，到 2025 年世界人口将达到 81 亿。随着发展中国家中产阶级的发展和肉类和奶制品消费量的增加，人口的增长和随之发生的饮食偏好变化表明，到 2050 年全球农作物产量可能需要翻一番（Ray，2013）。在许多发达国家，马铃薯是人们吃得最多的蔬菜。此外，在发展中国家，马铃薯消费正在迅速增长，2005 年发展中国家的马铃薯产量首次超过发达国家。从 1961 年到 2011 年五大洲马铃薯生产的趋势来看，欧洲的人均产量下降，而亚洲和非洲的产量飙升，北美的产量则相对稳定。虽然中国目前的马铃薯产量超过欧洲，但中国的人均马铃薯供应量远低于欧洲。1963 年至 2013 年，中国、印度、伊朗、尼日利亚和南非的马铃薯产量大幅增加，而波兰和德国的产量则在下降。这些数据表明，马铃薯正在成为一种全球主要作物，有助于为粮食不安全地区提供更多的粮食安全。

在粮食安全方面值得注意的是，马铃薯每英亩的产量产生的卡路里比任何其他主要作物都多，这一点对地球人口增加、城市发展、日益增长的食品消费、不确定的气候变化以及生物燃料作物对农田的竞争变得日益重要。

粮食安全可以定义为"所有人在任何时候都能获得充足、安全和有营养的食物，以满足其积极和健康生活的饮食需求"。这个定义明确了"营养食物"，马铃薯就是其中之一。马铃薯是一种有价值的维生素、矿物质和植物营养素的来源。此外，马铃薯和其他主食的维生素和植物营养素含量比较发现，其他食用的食物维生素和植物营养素含量具有更大的膳食相关性和影响。人们通常认为马铃薯每英亩能产生 920 万 cal① 的热量，但这个数字并不能反映太平洋西北部的产量。华盛顿州平均 30 t/英亩②，50 t/英亩红褐色马铃薯并不罕见。美国农业部的数据库显示，一个烤红褐色马铃薯每 100 g 含有 97 cal，也就是每磅 440 cal。以华盛顿州的马铃薯产量作为比较，马铃薯每英亩生产 2 600 万 ~ 4 400 万 cal，而玉米、大米、小麦和大豆分别生产 750 万 cal、740 万 cal、3.0cal 万和 280 万 cal。根据 30~50 t/英亩的产量，品种 Norkotah Russet 每英亩可提供 15 万 ~24.9 万 g 钾，6 700 ~ 11 000 g 维生素 C 和 19 000 ~ 38 000 g 酚。《食品与营养百科全书》列出的马铃薯每英亩能生产 338 磅蛋白质，而玉米、水稻、小麦和大豆每英亩分别能生产 409 磅③、304 磅、216 磅和 570 磅蛋白质（Ensminger，1993）。根据马铃薯含有 2% 的蛋白质，每英亩可提供 1 200~2 000 磅蛋白质。许多地区可能无法复制美国西北部赤褐色马铃薯的产量，但这些数据显示了通过更好的管理提高产量的潜力。这些数据清楚地表明，马铃薯在饮食中提供的不仅是碳水化合物，而且强调了马铃薯对全球营养的影响。

一项研究进一步强调了马铃薯在提供粮食安全方面的重要性，该研究得出结论，在参与研究的 98 种蔬菜产品中，马铃薯和豆类每美元提供的营养物质最多。马铃薯在提供粮食安全方面作用也有其他因素，如它们比谷物更节水，产出 6.2 ~ 11.6 kg/m³ 的水和 150 g 蛋白质/m³ 的水，高达 85% 的作物是可食用的，而谷物约 50% 是可食用的（Birch，2012）。

从几千年前起源于安第斯山脉到数百年前传到西方，马铃薯在人类饮食中不断演变，成为一种主食，使一种新的食品安全成为可能，并产生了巨大的社会影响。近几十年来，非洲和亚洲的马铃薯产量迅速增长，而西方的产量却在下降。目前，中国是世界上最大的马铃薯生产国，并将马铃薯作为其前瞻性粮食安全战略的关键。虽然少数健康和营养领域的科学家声称马铃薯是肥胖的主要原因，碳水化合物是饮食中的罪魁祸首，但时间会证明这种观点是否站得住脚。因为马铃薯含有复杂的化学成分，包括大量的矿物质、维生素和植物营养素，而每磅马铃薯只提供 440 cal 的热量。这就强调了区分马铃薯本身的营养成分和马铃薯中添加的高热量的重要性。

此外，那些提倡用其他食物取代马铃薯的人可能没有考虑到提供全球粮食安全所需的

---

① 1cal≈4.18J。

② 1 英亩≈4 046.86 m²。

③ 1 磅≈0.453 6 kg。

农业学。虽然作物管理已经是一种重要的营养来源，但随着传统育种和利用 TALEN 和 CRISPR 等新技术的分子育种的进步，有可能进一步提高马铃薯的植物营养素含量。

## 2.12　马铃薯品质特性与加工利用关系

马铃薯中的化学组成、结构组成等影响着马铃薯及马铃薯产品的特性，如淀粉、非淀粉含量大分子、糖和其他碳水化合物（有机和无机物）、蛋白质。而干物质含量是影响马铃薯产品特性最重要的指标。例如，薯片的得率，罐头的质构，脱水产品的复水性等都与马铃薯干物质含量密切相关。因此，比重或者是干物质含量，物质组成分析（含糖量，还原糖量，微量矿物质，有机酸含量）经常用于评价马铃薯的品质特性。

马铃薯常被加工成薯条、干制品和淀粉产品。一些将马铃薯加工成主要产品的工厂逐渐增加，Kirkman（2007）预测全球消费加工马铃薯产品将由 2002 年的 13% 增加至 2020 年的 18%。据测算，每吨马铃薯经当地企业加工为精淀粉增值率可达到 24%。研究报道，我国马铃薯淀粉基干物质含量平均水平为 13%～19%，而德国、美国淀粉基干物质水平含量分别为 17%～18% 和 22%～23%。同时适合薯片、薯条加工的马铃薯要求还原糖含量低于 0.03%，干物质含量高于 20%，芽眼浅。

马铃薯淀粉与其他类型淀粉相比较，其淀粉糊黏度和透明度都很高，且颜色晶莹透明。马铃薯淀粉广泛应用于婴儿食品、休闲食品、方便食品、火腿肠、果冻布丁等产品的生产上；将马铃薯淀粉添加在聚氨酯塑料中形成的新型塑料被广泛用于高精密仪器、航天、军工等特殊领域，其塑料产品强度、硬度和抗磨性都优于以往的塑料产品；将马铃薯淀粉用于印染浆料，可形成稠厚而有黏性的色浆，有助于织物着色；遗憾的是，目前，我国大部分马铃薯淀粉是用于食品工业，用于纺织、造纸等其他行业的不足 10%，亟待加强相关产品的开发和利用。

## 2.13　马铃薯品质特性研究未来发展方向

### 2.13.1　马铃薯品质与产品品质之间关系机理尚待研究

#### 2.13.1.1　马铃薯中淀粉与产品的关系有待进一步研究

从根本上讲，淀粉的组成和结构是造成不同种类淀粉性质差异的基础。例如，直链和支链淀粉的比例可以影响淀粉的糊化度、膨胀特性等，是影响产品质量的重要因素；支链淀粉分支链的长度分布影响了淀粉的黏度特性；淀粉颗粒的粒径会影响面团的拉伸特性等。目前关于小麦淀粉对面条、馒头等制品的研究较多，如 Noda（2001）对日本 17 个小麦品种的淀粉理化特性与面条品质进行了相关性分析，得出直链淀粉含量与面条感官评价的硬度、弹性、光滑性呈极显著负相关，相关系数分别为 -0.82、-0.68 和 -0.69（$P <$ 0.01）。Kawaljit 等（2010）研究表明，马铃薯淀粉含量可以降低面条蒸煮时间，增加煮

制面条的吸水率、干物质损失率和蛋白损失率。但是并未开展马铃薯产品加工过程中淀粉品质特性的变化情况分析，马铃薯中淀粉品质特性与产品品质特性之间的关系研究尚未涉及，因此很难通过淀粉特性优化产品品质，难以制作质量上乘的产品，因此马铃薯淀粉的变化机理及其与产品品质之间关系需要进一步研究。

### 2.13.1.2 马铃薯中蛋白质品质特性与产品品质间的关系有待进一步研究

目前关于马铃薯蛋白质的研究主要集中在分离提取（姚佳，2013）、功能性质（李玉珍，2008）、营养价值（张泽生，2007）、酶抑制剂的特性（付建福，2008）、蛋白质对其他成分特点的影响（方玲，2012）。如 Kapoor 等（1975）分析了蛋白质的营养价值、蛋白质的种类、蛋白质的分级及氨基酸组成。Løkra 等（2008）研究了 CMC 络合法和扩大床吸附层析（EBA）法制备马铃薯蛋白质，并研究了功能性质及流变学特性。陈文婷（2014）研究了不同类型的氨基酸对马铃薯淀粉的溶解度、膨胀度、糊透明度、凝沉性、冻融稳定性、色度、质构特性、流变特性以及微观结构的影响，结果表明不同种类的氨基酸对马铃薯淀粉品质特性影响显著。目前关于马铃薯蛋白质结构和性质的研究很多，多数是对不同品种马铃薯蛋白质进行分离提取，或者是对其蛋白质种类的鉴定，初步分析了氨基酸对淀粉品质特性的影响，但是对蛋白质与加工制品之间关系的研究较少涉及。

## 2.13.2 马铃薯加工专用品种的研究尚需探索

马铃薯可以加工淀粉、全粉、薯片、薯条和其他化工材料，已成为重要的工业和副食品原料，不同的产品对原料品质有不同的需求，因此生产上需要选用专用型品种。目前关于作为淀粉加工的品种淀粉含量应大于15%以上，主要品种有陇薯3号、晋薯2号、高原4号、高原7号、克新12号等；炸薯片和炸薯条的马铃薯品种要求还原糖含量低于0.4%，当还原糖低于0.2%时可生产出浅颜色的优质产品，常用的品种包括春薯5号、大西洋、克新1号、斯诺登等。鲜薯食用和鲜薯出口型品种外观很重要，一般要求块茎为椭圆形，黄皮黄肉、薯皮薄，光滑，芽眼浅的品种，生长期多数是早熟种。主要品种包括费乌瑞它、青薯168、中薯2号、中薯4号、晋薯7号等。目前我国马铃薯以鲜食为主，但是关于加工面条、馒头等主粮产品的专用型品种及对专用品种品质特性的研究较少，导致了适合加工的马铃薯专用品种缺乏，从而影响了我国马铃薯主粮化的步伐，使得马铃薯品种的不均衡结构性矛盾突出，制约了我国马铃薯主粮化产业的发展。与国外加工原料薯的充足性相差甚远，导致国内许多企业有加工能力却无原料可加工的局面（张立菲，2013）。严重制约了我国马铃薯加工业的发展，因此马铃薯加工性状的改良亟待解决。

## 2.13.3 马铃薯新产品有待进一步开发

目前我国马铃薯以鲜食为主，加工产品种类少，未来可以依据市场需求，不断开拓马铃薯市场，如开发马铃薯泥、面包、方便面、薯糕、饮料等新型加工食品，引导消费，这对推动马铃薯食品加工业的进一步发展具有重大意义。

## 2.13.4　马铃薯营养价值需深入研究

通过培育富含微量营养物，尤其是铁、硒、锌和 β-胡萝卜素（维生素 A），基因遗传改良马铃薯增加蛋白质含量和更好的氨基酸平衡以及含有较低血糖指数（GI）的品种，以提高马铃薯的营养价值，降低 2 型糖尿病，心血管疾病和肥胖病的发生。

# 第3章　不同品种马铃薯品质特性研究

近年来，马铃薯不仅被加工成淀粉、薯条、薯片、薯泥等产品，自2014年开始，我国农业部（现农业农村部）提出了马铃薯主粮化的战略思想。马铃薯加工成淀粉、薯片、薯条、全粉、馒头、面条、面包等产品时受马铃薯品质特性的影响。例如，加工淀粉要求淀粉含量大于15%的品种；加工薯片要求马铃薯中还原糖小于0.25%，干物质大于20%，淀粉在14.0%~17.0%；加工全粉要求干物质含量大于20%，还原糖含量小于0.2%等（李树君，2014）。同时不同品种马铃薯品质特性差异显著，研究发现不同品种马铃薯中灰分含量的变化范围是4.5%~8.5%（干重，DW）（Olatunde，2016），蛋白质的变化范围是9.95%~11.55%（DW）；直链淀粉/支链淀粉比值的变化范围是0.14~0.31（DW）；还原糖的变化范围是0.4%~2.54%（DW），磷含量的变化范围是70.00~190.00 mg/100 g（DW）。马铃薯也是维生素和矿物质的丰富来源，如维生素 C（0.20 mg/g FW），维生素 $B_6$（2.5 μg/g FW），钾（5.64 mg/g FW），磷（0.30~0.60 mg/g FW），钙（0.06~0.18 mg/g FW）（Klang，2019）。不同研究结果发现不同品种的马铃薯中各品质特性差异显著，同时不同品质特性之间变化多端，没有统一的变化规律。为了更好地评价不同品种马铃薯品质特性的差异情况，本章将以我国的11个马铃薯品种为研究对象，系统分析不同品种马铃薯的品质特性包括感官品质（色泽、气味等）、理化营养品质（淀粉、蛋白质、矿物质、维生素等）、加工品质（碘蓝值、胶稠度、质构特性等）；建立马铃薯品质特性的评价方法，为马铃薯专用品种的育种专家、相关加工企业提供一定的依据。

本研究收集了我国三个产区的11个马铃薯品种（表3-1）。其中垦薯1号、布尔班克、抗疫白和克新27产自黑龙江；LZ111、陇薯7号、LY08104-12、陇薯8号产自甘肃；荷兰马铃薯是在北京种植的。黑龙江和甘肃是我国马铃薯主产区，所选品种具有代表性。北京近年来不断引进新品种，荷兰马铃薯就是其中的典型代表。为了避免样品之间的差异，每个品种采集5~10份。从每个样品中随机挑选马铃薯，用水手洗。去掉马铃薯上残留水、去皮，将样品切成小块，每个样品约100 g在（105±1）℃的烘箱中烘干至恒重。最后，将恒重的碎片粉碎，并储存在干燥器中，备用。

将黑龙江4个品种、甘肃6个品种、北京1个品种共11个马铃薯品种的品质特性进行分析。分析了11个品种的53种品质特性，包括马铃薯的基本品质特性、氨基酸、矿物质、维生素及淀粉的基本品质特性。建立了11个马铃薯品种品质特性的评价方法，初步对11个品种进行分类，并以此为依据，对适宜不同加工的马铃薯品种进行预测。

表 3-1  马铃薯品种名称及来源

| 序号 | 品种名称 | 来源 | 序号 | 品种名称 | 来源 |
|---|---|---|---|---|---|
| 1 | 垦薯 1 号 | 黑龙江八一农垦大学 | 7 | 陇薯 9 号 | 甘肃省农科院 |
| 2 | 布尔班克 | 黑龙江八一农垦大学 | 8 | 陇薯 7 号 | 甘肃省农科院 |
| 3 | 抗疫白 | 黑龙江八一农垦大学 | 9 | LY08104-12 | 甘肃省农科院 |
| 4 | 克新 27 | 黑龙江八一农垦大学 | 10 | 陇薯 8 号 | 甘肃省农科院 |
| 5 | 陇 14 | 甘肃省农科院 | 11 | 荷兰薯 | 北京某蔬菜基地 |
| 6 | LZ111 | 甘肃省农科院 | | | |

# 3.1  马铃薯基本品质特性测定与分析

## 3.1.1  测定方法

不同品种马铃薯基本品质特性主要参照国标方法进行测定。水分参考 GB 5009.3—2016，采用直接干燥法测定；总淀粉参考 GB 5009.9—2016，采用酸水解法测定；粗蛋白质参考 GB 5009.5—2016，采用凯氏定氮法测定；粗脂肪参考 GB 5009.6—2016，采用索氏抽提法测定；粗纤维参考 GB/T 5009.10—2003 测定；灰分参考 GB 5009.4—2016 测定，马铃薯中的总灰分和总膳食纤维参考 GB 5009.88—2014 测定。

## 3.1.2  马铃薯基本品质特性分析

表 3-2 为不同马铃薯样品中水分、淀粉、粗蛋白质、粗脂肪、膳食纤维等品质特性。从表 3-2 中可以看出，不同样品间各品质特性差异显著。各样品中水分含量较高，均高于 65%，其中抗疫白水分含量最高，达到 80.36%，在贮藏过程中要加以注意。淀粉是马铃薯中的主要成分，含量范围在 11.18~21.92 g/100 g，大多数集中在 15~20 g/100 g。不同样品中淀粉含量的多少，很大程度上决定了该品种的加工用途。

不同品种中蛋白质的变化范围是 7.46%~14.12%，黑龙江的抗疫白中蛋白质含量最高为 14.12%，克新 27 蛋白质含量最低为 7.47%。各个品种的粗脂肪含量均较低，低于 0.54%，本研究与前人研究的结果中马铃薯是一种高蛋白低脂肪的营养物质来源相一致。不同样品中粗纤维含量变化范围是 1.22%~2.37%，其中北京的荷兰薯中粗纤维含量最高，为 2.37%；其次为黑龙江的布尔班克，含量为 2.24%。灰分在不同样品中差异极显著，变化范围是 0.13%~2.91%，其中甘肃的 LY08104-12 灰分含量最高，为 2.91%，其次为北京的荷兰薯为 2.76%。膳食纤维是一类不能被人体小肠消化吸收，但能完全或部分完全在大肠中发酵的植物可食部分或类似的碳水化合物，具有多种有益健康的生理功效，如通便、降低血胆固醇、降低血糖的功效。本研究发现，马铃薯中膳食纤维占干物质含量的 5.25%~9.00%。马铃薯中所含有的热量明显少于大米或麦片。营养学家指出,每天吃马铃薯可减少脂肪的摄入量,能使多余的脂肪代谢掉,马铃薯是世界性减肥食品。

为了减少后续工作量,依据表 3-2 结果,对于与其他品种淀粉含量差异不显著,不具有典型品种特征的 5 号样品(陇 14)和 7 号样品(陇薯 9 号)删除,接下来对剩下的 9 个品种进行品质特性的分析。

表 3-2 不同品种马铃薯样品基本品质特性 单位:干重%

| 编号 | 名称 | 水分 | 淀粉 | 粗蛋白质 | 粗脂肪 | 粗纤维 | 灰分 | 总膳食纤维 |
|---|---|---|---|---|---|---|---|---|
| 1 | 垦薯 1 号 | 75.50± 0.21$^c$ | 18.21± 0.23$^{cd}$ | 9.37± 0.06$^d$ | 0.26± 0.01$^b$ | 2.17± 0.02$^c$ | 0.13± 0.02$^g$ | 9.00± 0.15$^a$ |
| 2 | 布尔班克 | 75.88± 0.46$^c$ | 17.16± 1.56$^d$ | 10.04± 0.03$^c$ | 0.28± 0.02$^b$ | 2.24± 0.03$^b$ | 0.18± 0.02$^{ef}$ | 7.95± 0.06$^c$ |
| 3 | 抗疫白 | 80.36± 0.30$^a$ | 14.30± 0.51$^e$ | 14.12± 0.03$^a$ | 0.15± 0.01$^d$ | 1.70± 0.02$^e$ | 0.37± 0.02$^d$ | 7.45± 0.09$^d$ |
| 4 | 克新 27 | 68.88± 1.00$^f$ | 21.05± 0.62$^{ab}$ | 7.46± 0.04$^h$ | 0.20± 0.01$^c$ | 1.22± 0.02$^g$ | 0.15± 0.01$^{fg}$ | 7.40± 0.09$^d$ |
| 6 | LZ111 | 72.80± 0.49$^d$ | 21.08± 1.00$^{ab}$ | 7.99± 0.05$^f$ | 0.27± 0.02$^b$ | 1.26± 0.03$^g$ | 0.22± 0.01$^e$ | 5.70± 0.13$^f$ |
| 8 | 陇薯 7 号 | 70.85± 1.00$^{ef}$ | 19.60± 1.10$^{bc}$ | 7.80± 0.03$^g$ | 0.17± 0.02$^d$ | 1.38± 0.03$^f$ | 0.16± 0.01$^{fg}$ | 5.25± 0.16$^g$ |
| 9 | LY08104-12 | 69.25± 0.45$^f$ | 16.75± 0.94$^d$ | 10.87± 0.02$^b$ | 0.28± 0.02$^b$ | 2.07± 0.03$^d$ | 2.91± 0.03$^a$ | 6.75± 0.22$^e$ |
| 10 | 陇薯 8 号 | 69.44± 1.04$^f$ | 20.08± 0.28$^{abc}$ | 8.97± 0.04$^e$ | 0.29± 0.01$^b$ | 1.40± 0.04$^f$ | 2.00± 0.05$^c$ | 5.30± 0.12$^g$ |
| 11 | 荷兰薯 | 77.69± 0.87$^b$ | 11.18± 0.55$^f$ | 10.08± 0.07$^c$ | 0.54± 0.02$^a$ | 2.37± 0.07$^a$ | 2.76± 0.03$^b$ | 8.40± 0.19$^b$ |

注:同列肩标不同字母表示不同样品间的差异显著($P<0.05$),下同。

# 3.2 马铃薯中氨基酸测定与分析

## 3.2.1 测定方法

### 3.2.1.1 氨基酸测定

每个样品(1 g)加入用 1 mL 6 mol/L HCl 放在烘箱中,110℃下水解 24 h;采用茚三酮为柱后衍生,正亮氨酸为内标。蛋氨酸和半胱氨酸的浓度为甲磺酸和半胱氨酸在水解前过甲酸氧化过夜后的浓度。氨基酸结果以每 100 g 样品干物质上可食用部分的毫克氨基酸表示。

### 3.2.1.2　可消化必需氨基酸评分（DIAAS）的计算

采用可消化必需氨基酸评分法（DIAAS）测定马铃薯蛋白质品质。采用 FAO（2013年）推荐的幼儿和较大儿童、青少年和成人的两种氨基酸需求模式进行计算。利用必需氨基酸（IAA）的真回肠可消化系数（%）估算马铃薯蛋白质中 DIAAS 含量。由于 IAA 数据中关于人类的真实回肠消化系数无法获得，我们使用了 Eppendorfer、Eggum 和 Bille（1979）的研究中对生长大鼠的观察所得的数据。为了计算样品的 DIAAS，我们采用如下公式计算每个 IAA 的 DIAA 参考比和 DIAAS，参考 Shaheen（2016）的研究。

可消化必需氨基酸参考比例=每 1 g 日粮蛋白质中可消化的必需氨基酸的毫克数/每 1 g 参考蛋白质中可消化的同类必需氨基酸的毫克数

DIAAS（%）= 100×可消化必需氨基酸参考比例的最低值

所有数据重复测定 3 次，在这里用平均值和标准差（SD）表示。所有统计分析均使用 SPSS 18.0 软件进行分析。采用单因素方差分析对不同样本所得平均数进行差异显著性分析。当 P 值小于 0.05 时，差异有统计学意义。采用主成分分析法，将多个指标转化为几个综合指标（即主成分），简化问题，使数据信息在降维的同时更加科学有效。采用层次聚类分析方法，根据欧几里得距离平方计算特征相似性，将样本划分为同质组。

## 3.2.2　马铃薯氨基酸基本组成

表 3-3 为不同品种马铃薯氨基酸含量，表中可以看出，不同品种马铃薯品质特性差异显著，并且除了含有人体必需的 8 种氨基酸外（苏氨酸、缬氨酸、蛋氨酸、异亮氨酸、亮氨酸、苯丙氨酸、赖氨酸、色氨酸），还含有半必需氨基酸（精氨酸、组氨酸等）。并且含有鲜味氨基酸（天冬氨酸）、甜味氨基酸（甘氨酸、苏氨酸、脯氨酸、丙氨酸）及药效氨基酸（亮氨酸、异亮氨酸、赖氨酸），是一般粮食作物所不能比拟的。

马铃薯蛋白质氨基酸含量丰富，如用 35% 的鸡蛋清与 65% 的马铃薯蛋白混合，可获得最佳的蛋白质。欧美专家指出，每餐只吃全脂牛奶和马铃薯，就可以得到身体所需要的全部营养素。

蛋白质是人类饮食中最重要的常量营养素之一，其组成成分氨基酸在人体生理功能中起着重要的作用。除氨基酸组成对蛋白质品质有明显影响外，干物质含量、淀粉、脂肪、灰分和粗纤维等组成对蛋白质的消化率和生物利用率也有影响。11 个马铃薯品种间的氨基酸含量存在显著差异，说明马铃薯的化学成分受遗传特性的显著影响。所选马铃薯的蛋白质含量差异很大。抗白疫含量最高，为 14.12%，其次是 LY08104-12 和荷兰马铃薯，分别为 10.87% 和 10.08%，克新含量最低，为 7.46%。本研究的平均蛋白质含量为 9.63%，高于其他文献报道的 5.14%（Galdón，2012）和 8.80%（Ngob-ese，2017），文献报道的数据低于 UDSA 国家营养数据库（15.38%）（美国农业部，2016）。不同研究人员报道的结果有差异，因此培育蛋白质含量高的马铃薯品种是未来的一个重要研究方向。

表 3-3  不同品种马铃薯氨基酸含量　　　　　　　　单位：g/100 g（干重）

| 样品名称 | 1 | 2 | 3 | 4 | 6 | 8 | 9 | 10 | 11 | 变化范围 |
|---|---|---|---|---|---|---|---|---|---|---|
| 天冬氨酸（ASP） | 1.29e | 1.35c | 1.32d | 1.06fg | 1.07f | 1.40b | 1.92a | 1.04g | 1.04g | 1.04~1.92 |
| 苏氨酸（Thr） | 0.31b | 0.24d | 0.27c | 0.26cd | 0.25d | 0.20e | 0.27c | 0.34a | 0.20e | 0.2~0.34 |
| 丝氨酸（Ser） | 0.31a | 0.23de | 0.27c | 0.24d | 0.21f | 0.18g | 0.26c | 0.29b | 0.22ef | 0.18~0.31 |
| 谷氨酸（Glu） | 1.03f | 1.33b | 1.18d | 0.86g | 1.16d | 1.17d | 1.71a | 1.11e | 1.26c | 0.86~1.71 |
| 甘氨酸（Gly） | 0.29a | 0.21de | 0.25bc | 0.25bc | 0.23cd | 0.20e | 0.27b | 0.30a | 0.21de | 0.20~0.30 |
| 丙氨酸（Ala） | 0.33a | 0.29c | 0.31b | 0.26d | 0.26d | 0.24e | 0.30bc | 0.34a | 0.26d | 0.24~0.34 |
| 胱氨酸（Cys） | 0.07 | 0.07 | 0.07 | 0.06 | 0.06 | 0.06 | 0.08 | 0.07 | 0.05 | 0.05~0.08 |
| 缬氨酸（Val） | 0.40d | 0.44b | 0.42c | 0.33f | 0.37e | 0.31g | 0.48a | 0.41cd | 0.37e | 0.31~0.44 |
| 蛋氨酸（Met） | 0.08vd | 0.10b | 0.09bc | 0.07d | 0.08cd | 0.08cd | 0.12a | 0.10b | 0.08cd | 0.01~0.08 |
| 异亮氨酸（Ile） | 0.30b | 0.27cd | 0.28c | 0.26d | 0.27cd | 0.21e | 0.33a | 0.32a | 0.22e | 0.21~0.33 |
| 亮氨酸（Leu） | 0.52b | 0.36e | 0.44c | 0.45c | 0.40d | 0.32f | 0.44c | 0.57a | 0.32f | 0.32~0.57 |
| 酪氨酸（Tyr） | 0.13bc | 0.12c | 0.13bc | 0.14ab | 0.13bc | 0.13bc | 0.16a | 0.16a | 0.13bc | 0.13~0.16 |
| 苯丙氨酸（Phe） | 0.37b | 0.33d | 0.35c | 0.30e | 0.33d | 0.27f | 0.40a | 0.41a | 0.28f | 0.27~0.40 |
| 赖氨酸（Lys） | 0.28d | 0.27d | 0.27d | 0.31c | 0.29cd | 0.28d | 0.39b | 0.43a | 0.16e | 0.16~0.43 |
| 组氨酸（His） | 0.14b | 0.12c | 0.13c | 0.11c | 0.12c | 0.11c | 0.16a | 0.16a | 0.11c | 0.11~0.16 |
| 精氨酸（Arg） | 0.23e | 0.25d | 0.24e | 0.27d | 0.32b | 0.30c | 0.40a | 0.29c | 0.19f | 0.19~0.40 |
| 脯氨酸（Pro） | 0.30b | 0.19f | 0.25c | 0.26c | 0.23d | 0.19f | 0.43a | 0.30b | 0.20f | 0.19~0.43 |

### 3.2.3　马铃薯氨基酸典型特性

图 3-1 为马铃薯中氨基酸平均含量分析，从图中可以看出，马铃薯中氨基酸含量最高的为天冬氨酸，其次为谷氨酸，天冬氨酸能够增强肝脏功能，消除疲劳；谷氨酸具有治疗肝性昏迷的功效。这两种氨基酸在不同品种马铃薯样品中均含量较高，说明二者可能是马铃薯的特征性氨基酸，但还未见到相关文献的报道，因此有待进一步研究。

图 3-2 为不同作物中氨基酸含量分析，比较不同种类作物发现，马铃薯中含支链氨基酸，包括缬氨酸、亮氨酸和异亮氨酸，这些支链氨基酸参与肌肉合成、刺激激素分泌，对于提高运动耐力、恢复肌肉疲劳、强化肝功能、保护心脏具有较好的功效。其中马铃薯中的亮氨酸含量显著高于其他原料。

### 3.2.4　马铃薯中可消化必需氨基酸评分

马铃薯被广泛认为只是一种淀粉来源，但也是一种重要的蛋白质来源。此前研究表

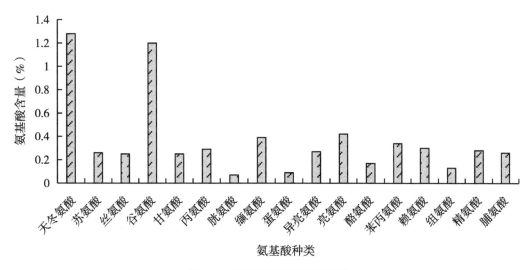

图 3-1　马铃薯氨基酸含量分析

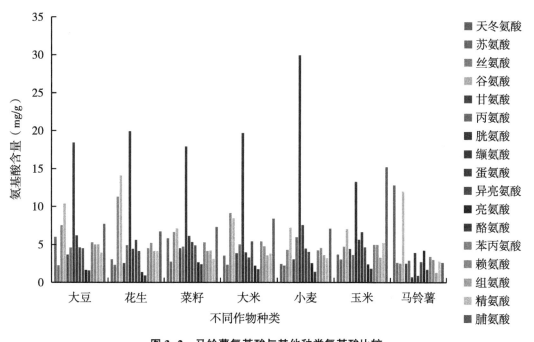

图 3-2　马铃薯氨基酸与其他种类氨基酸比较

明，马铃薯中约 50% 的氮来源于蛋白质，主要由游离氨基酸、酰胺、核酸、无机氮和生物碱氮组成，根据氨基酸组成计算，马铃薯蛋白质品质约为全蛋蛋白质的 70%（Bártová，2015）。Galdón（2010）报道，传统马铃薯品种蛋白质的化学评分在 26.2% ~ 66.5%，可能主要受遗传特征的影响。有趣的是，马铃薯蛋白富含赖氨酸，但缺乏含硫氨基酸（Sampaio，2021）。然而，人类营养试验的结果表明，马铃薯蛋白质具有高品质（Ma，2021）。众所周知，马铃薯蛋白质和氨基酸含量高并不意味着马铃薯的品质好。蛋白质的质量与蛋白质的组成、消化率、生物利用率和个体需求密切相关。因此，了解氨基酸组成与蛋白质质量之间的关系是很重要的，考虑到一个群体的个体氨基酸需求。可消化必需氨基酸评分（DIAAS）由 FAO 推荐，通过计算每单位膳食蛋白质中可消化必需氨基酸的最低含量来评价食品的蛋白质质量（FAO，2013）。与以往的蛋白质质量评价方法（如氨基酸评分、蛋白质效率比、蛋白质消化率修正氨基酸评分）相比，DIAAS 更科学、更准确。原因有以下几点：第一，DIAAS 采用最新的氨基酸参考模式和个体氨基酸消化率来确定氨基酸在食品中的作用；第二，DIAAS 测定的是小肠（或回肠）末端的粗蛋白质消化率，提高了方法的准确性（Shaheen，2016）；第三，DIAAS 考虑了不同年龄阶段氨基酸需求模式的差异（FAO，2013）。许多研究分析了收获时间（Romanucci，2016）、栽培方法（Kammoun，2018）、基因型（Harun，2020）和农艺因素（Bohman，2021）对马铃薯品种质量的影响。另外，采用线性判别分析（linear discriminant analysis，LDA），根据矿物质组成将品种和产区进行区分（Sampaio，2021）。

氨基酸组成特别是必需氨基酸组成是评价食用蛋白质品质的重要因素。每个马铃薯品种的蛋白质含量远高于总氨基酸（表 3-4），这是由于凯氏定氮法高估了总蛋白质的营养价值，这与之前的结果一致（Caldiroli，2021）。此外，Caldiroli（2021）推测全氮中只有65%是由蛋白质和氨基酸组成的。我们的结果还表明，氨基酸占蛋白质的64%。氨基酸含量为 5 300～8 120 mg/100 g。品种间的显著差异明显受到遗传谱的影响。其中，LY08104-12 的氨基酸含量最高（8 120 mg/100 g），荷兰马铃薯的氨基酸含量最低（5 300 mg/100 g）。

表 3-4　不同样品中氨基酸组成及含量　　　单位：mg/100 g（干重）

| 氨基酸名称 | 垦薯1号 | 布尔班克 | 抗白疫 | 克新27 | LZ111 | 陇薯7号 | LY08-104-12 | 陇薯8号 | 荷兰薯 | 平均值 | 变化范围 |
|---|---|---|---|---|---|---|---|---|---|---|---|
| **必需氨基酸（IAA）** | | | | | | | | | | | |
| 苏氨酸（Thr） | 310 | 240 | 270 | 260 | 250 | 200 | 270 | 340 | 200 | 260 | 200～340 |
| 缬氨酸（Val） | 400 | 440 | 420 | 330 | 370 | 310 | 480 | 410 | 370 | 392 | 310～480 |
| 异亮氨酸（Ile） | 300 | 270 | 280 | 260 | 270 | 210 | 330 | 320 | 220 | 273 | 210～330 |
| 亮氨酸（Leu） | 520 | 360 | 440 | 450 | 400 | 320 | 440 | 570 | 320 | 424 | 320～570 |
| 酪氨酸（Tyr） | 130 | 120 | 130 | 140 | 130 | 130 | 160 | 160 | 130 | 137 | 120～160 |
| 苯丙氨酸（Phe） | 370 | 330 | 350 | 300 | 330 | 270 | 400 | 410 | 280 | 338 | 270～410 |
| 赖氨酸（Lys） | 280 | 270 | 270 | 310 | 290 | 280 | 390 | 430 | 160 | 298 | 160～430 |
| 组氨酸（His） | 140 | 120 | 130 | 110 | 120 | 110 | 160 | 160 | 110 | 129 | 110～160 |
| 半胱氨酸（Cys） | 70 | 70 | 70 | 60 | 60 | 60 | 80 | 70 | 50 | 66 | 50～80 |
| 蛋氨酸（Met） | 80 | 100 | 90 | 70 | 80 | 80 | 120 | 100 | 80 | 89 | 80～120 |

（续表）

| 氨基酸名称 | 垦薯1号 | 布尔班克 | 抗白疫 | 克新27 | LZ111 | 陇薯7号 | LY08-104-12 | 陇薯8号 | 荷兰薯 | 平均值 | 变化范围 |
|---|---|---|---|---|---|---|---|---|---|---|---|
| 非必需氨基酸（DAA） | | | | | | | | | | | |
| 天冬氨酸（ASP） | 1 290 | 1 350 | 1 320 | 1 060 | 1 070 | 1 400 | 1 920 | 1 040 | 1 040 | 1 277 | 1 040~1 920 |
| 丝氨酸（Ser） | 310 | 230 | 270 | 240 | 210 | 180 | 260 | 290 | 220 | 246 | 180~310 |
| 谷氨酸（Glu） | 1 030 | 1 330 | 1 180 | 860 | 1 160 | 1 170 | 1 710 | 1 110 | 1 260 | 1 201 | 860~1 710 |
| 甘氨酸（Gly） | 290 | 210 | 250 | 250 | 230 | 200 | 270 | 300 | 210 | 246 | 200~300 |
| 丙氨酸（Ala） | 330 | 290 | 310 | 260 | 260 | 240 | 300 | 340 | 260 | 288 | 240~340 |
| 精氨酸（Arg） | 230 | 250 | 240 | 270 | 320 | 300 | 400 | 290 | 190 | 277 | 190~400 |
| 脯氨酸（Pro） | 300 | 190 | 250 | 260 | 230 | 190 | 430 | 300 | 200 | 261 | 190~430 |
| 总 IAA | 2 600 | 2 320 | 2 450 | 2 290 | 2 300 | 1 970 | 2 830 | 2 970 | 1 920 | | 1 920~2 970 |
| 总 DAA | 3 780 | 3 850 | 3 820 | 3 200 | 3 480 | 3 680 | 5 290 | 3 670 | 3 380 | | 3 200~5 290 |
| 总芳香氨基酸 | 500 | 450 | 480 | 440 | 460 | 400 | 560 | 570 | 410 | | 400~570 |
| 总含硫氨基酸 | 150 | 170 | 160 | 130 | 140 | 140 | 200 | 170 | 130 | | 130~200 |
| 总 AA | 6 380 | 6 170 | 6 270 | 5 490 | 5 780 | 5 650 | 8 120 | 6 640 | 5 300 | | 5 300~8 120 |

注：总芳香氨基酸，苯丙氨酸+酪氨酸；总含硫氨基酸，半胱氨酸+蛋氨酸。

我们研究中的氨基酸含量远高于来自加那利群岛的马铃薯品种（Galdón，2010）。从氨基酸总含量来看，甘肃品种 LY08104-12 和陇薯 8 号除丝氨酸外的大部分氨基酸含量较高，平均值分别为 8 120 mg/100 g 和 6 640 mg/100 g。黑龙江产的垦薯 1 号、抗白疫和布尔班克氨基酸总量较高，分别为 6 380 mg/100 g、6 270 mg/100 g 和 6 170 mg/100 g。而产自北京和黑龙江的荷兰马铃薯和克新 27 的总氨基酸含量普遍偏低，分别为 5 300 mg/100 g 和 5 490 mg/100 g。

在所有必需氨基酸中，亮氨酸（424 mg/100 g）含量最高，其次是缬氨酸（392 mg/100 g）和苯丙氨酸（338 mg/100 g），这与大米和小麦粉的研究结果一致（Shaheen，2016）。亮氨酸补充剂通过减少全身和脂肪增重来改善脂质代谢（Brunetta，2018）。此外，马铃薯样品中赖氨酸含量为 298 mg/100 g，远高于大米和小麦粉（Shaheen，2016），表明马铃薯是赖氨酸的良好来源（Bártová，2015）。赖氨酸是生长和维持代谢所需的氨基酸，被认为是理想蛋白质粮食中的参考氨基酸（Khwatenge，2020）。含硫氨基酸（胱氨酸和蛋氨酸）含量在所有马铃薯品种中最低，为 130~200 mg/100 g。研究发现含硫氨基酸为马铃薯中的限制性氨基酸（Bártová，2015）。低水平的含硫氨基酸降低了蛋白质的质量，抑制了马铃薯的发展，无法满足世界卫生组织（2007）推荐的动物生长要求。因此，今后有必要通过其他食品补充含硫氨基酸（胱氨酸和蛋氨酸），以满足个人的营养需求。

而 LY08104-12、陇薯 8 号和布尔班克的总含硫氨基酸含量最高，是马铃薯的良好限制性氨基酸来源（Kammoun，2018）。总必需氨基酸（IAA）含量以陇薯 8 号（2 970 mg/100 g）最高，其次为 LY08104-12（2 830 mg/100 g），荷兰马铃薯最低，为 1 920 mg/100 g。总必需氨基酸（IAA）约占总氨基酸的 39%，高于小麦粉（34%），也高于大米（41%）和扁豆（40%）（Shaheen，2016）。以上分析表明，马铃薯是重要的膳食蛋白质来源。

大量研究表明，必需氨基酸（DAA）能够满足基本需求，在肠道完整性、营养物质运输、代谢等生理过程中发挥重要作用（Caldiroli，2021）。天冬氨酸在其他氨基酸前体中发挥着重要作用（Shaheen，2016）。本研究中马铃薯品种中天冬氨酸含量最高（1 277 mg/100 g），其次是谷氨酸（1 201 mg/100 g），马铃薯中天冬氨酸含量约为大米和小麦粉的 2 倍（Shaheen，2016）。因此，马铃薯是天冬氨酸的良好来源，有利于其他氨基酸的合成。丝氨酸、甘氨酸、丙氨酸、精氨酸和脯氨酸含量差异不显著，但明显低于天冬氨酸和谷氨酸。

与美国农业部食品成分数据库（USDA，2016）的结果相比，赖氨酸、酪氨酸和精氨酸含量略有差异，可能受不同分析方法、品种类型、环境等原因的影响（Gonzalez，2012）。

### 3.2.5　马铃薯样品蛋白质中必需氨基酸（IAA）的组成

氨基酸分为两大类，即必需氨基酸（IAA）和非必需氨基酸（DAA）。其中，IAA 不能由有机体合成，必须由饮食提供。表 3-5 分别显示了马铃薯样品中的氨基酸谱和 WHO/FAO/UNO 成人 IAA 需求模式（WHO/FAO/UNO，2007）。在马铃薯样品中，IAA 的组成发生了显著变化。从 IAA 总量来看，只有陇薯 8 号、克新 27 号、LZ111 和垦薯 1 号 4 个品种超过 WHO/FAO/UNO 模式建议的成人需求水平（277 mg/g 蛋白质）。在 4 个马铃薯品种中，陇薯 8 号所含氨基酸均较其他品种丰富，表明陇薯 8 号是较好的 IAA 来源。其余 5 个品种的总 IAA 含量均低于推荐日摄入量，其中抗白疫的总 IAA 含量为 174 mg/g 蛋白，比推荐日摄入量低 37%。除陇薯 8 号（48 mg/g）外，所有马铃薯样品的含硫氨基酸和赖氨酸含量均低于 WHO/FAO/UNU 建议的 22 mg/g 蛋白质和 45 mg/g 蛋白质水平。在 Shaheen（2016）的研究中，马铃薯样品与小麦粉的表现一致。与此相反，除抗白疫外，所有分析的马铃薯样品中芳香氨基酸含量均在 34~64 mg/g 蛋白质，高于 WHO/FAO/UNU 提出的 38 mg/g 蛋白质水平。除抗白疫（30 mg/g）和荷兰马铃薯（37 mg/g）外，所有样品的缬氨酸含量均超过建议水平 39 mg/g 蛋白质。由以上分析可知，9 个品种中，陇薯 8 号不可缺少氨基酸含量最高（331 mg/100 g），抗白疫含量最低（174 mg/100 g）。

与总氨基酸和蛋白质含量相比，LY08104-12 的总氨基酸含量最高，为 8 120 mg/100 g，而蛋白质含量不是最高，为 10.87 g/100 g。总氨基酸与蛋白质的相关系数仅为 0.375，说明蛋白质含量高的品种并不代表氨基酸含量高（数据未显示）。部分品种总氨基酸含量较高，而蛋白质含量较低。因此，需要一种新的马铃薯消化吸收特性评价方法来评价马铃薯的蛋白质营养特性。

表 3-5　成人每日必需氨基酸推荐摄取量（DRA）及其样品蛋白质组成　　　　单位：mg/g 蛋白质

| 必需氨基酸 | 成人必需氨基酸日需求量 [a] | | 垦薯1号 | 布尔班克 | 抗白疫 | 克新 27 | LZ111 | 陇薯7号 | LY08-104-12 | 陇薯8号 | 荷兰薯 |
| --- | --- | --- | --- | --- | --- | --- | --- | --- | --- | --- | --- |
| | 每日 | mg/g蛋白 | | | | | | | | | |
| AAA | 25 | 38 | 53 | 45 | 34 | 59 | 58 | 51 | 52 | 64 | 41 |
| His | 10 | 15 | 15 | 12 | 9 | 15 | 15 | 14 | 15 | 18 | 11 |
| Ile | 20 | 30 | 32 | 27 | 20 | 35 | 34 | 27 | 30 | 36 | 22 |
| SAA | 15 | 22 | 16 | 17 | 11 | 17 | 18 | 18 | 18 | 19 | 13 |
| Val | 26 | 39 | 43 | 44 | 30 | 44 | 46 | 40 | 44 | 46 | 37 |
| Leu | 39 | 59 | 55 | 36 | 31 | 60 | 50 | 41 | 40 | 64 | 32 |
| Lys | 30 | 45 | 30 | 27 | 19 | 42 | 36 | 36 | 36 | 48 | 16 |
| Thr | 15 | 23 | 33 | 24 | 19 | 35 | 31 | 26 | 25 | 38 | 20 |
| 总必需氨基酸 | 184 | 277 | 277 | 231 | 174 | 307 | 288 | 253 | 260 | 331 | 190 |

注：[a]WHO/FAO/UNO 成人 IAA 需求模式（WHO/FAO/UNU, 2007）。

### 3.2.6　马铃薯样品蛋白质中可消化必需氨基酸评分

最近的报道表明，传统上认为营养上不需要的氨基酸在膳食中是必不可少的，因为缺乏关于人体充分合成营养上不需要的氨基酸以满足基本需求的实质性研究（Hou 等，2015）。通过计算小肠末端的氨基酸消化率，DIAAS 是评价蛋白质质量的有效推荐方法（Shaheen，2016）。考虑到不同人群可消化必需氨基酸的差异，采用幼儿、大龄儿童、青少年和成人两种氨基酸需求模式（FAO，2013）。本研究中不同人群马铃薯样品蛋白质的 DIAAS 值如表 3-6 所示。用生长大鼠获得的必需氨基酸的真回肠消化率系数计算 DIAAS（Eppendorfer，1979）。根据幼龄参照模式，荷兰马铃薯的 DIAAS 值为 24%（Lys），陇薯 8 号为 60%（SAA）。同时，以陇薯 8 号（SAA）和荷兰马铃薯（Lys）为参照模式，分别以儿童、青少年和成人为参照模式，陇薯 8 号（SAA）和荷兰马铃薯（Lys）分别以 70% 和 29% 的 DIAAS 排名第一和最后。大龄儿童、青少年和成人参考模式的 DIAAS 高于幼龄儿童，主要是因为前者的消化率优于后者。各氨基酸中，除亮氨酸和赖氨酸外，大多数氨基酸的 DIAAS 均超过了两种参考值。根据上述 DIAAS 值，如果 DIAAS≥100，则认为蛋白质质量 "良好"；75<DIAAS<99 为 "中等"；DIAAS≤75 为 "低"（Shaheen，2016）。以上述分类为参考，马铃薯样品中的蛋白质均为 "低" 品质，而 9 个品种马铃薯的蛋白质值均高于大米、扁豆和小麦粉（Shaheen，2016）。"低" 质量可能是由于马铃薯样品的氨基酸组成中缺乏亮氨酸、赖氨酸和含硫氨基酸。以上分析表明，陇薯 8 号蛋白质品质最好，荷兰马铃薯最差。

表 3-6 样品中蛋白质的最低 IAA 和 DIAAS 的膳食 IAA 参考比率

| 项目 | 蛋白质 IAAS 的真回肠消化系数（%）[a] | 参考模式：幼儿[b] | | | | | | | | | | 参考模式：年龄较大的儿童、青少年和成人[c] | | | | | | | | | |
|---|---|---|---|---|---|---|---|---|---|---|---|---|---|---|---|---|---|---|---|---|---|
| | | 垦薯1号 | 布尔班克 | 抗白疫 | 克新27 | LZ111 | 陇薯7号 | LY08-104-12 | 陇薯8号 | 荷兰薯 | 基准模式 | 垦薯1号 | 布尔班克 | 抗白疫 | 克新27 | LZ111 | 陇薯7号 | LY08-104-12 | 陇薯8号 | 荷兰薯 | 基准模式 |
| AAA | 85.5 | 0.87 | 0.74 | 0.56 | 0.97 | 0.95 | 0.84 | 0.86 | 1.05 | 0.67 | 52 | 1.11 | 0.94 | 0.71 | 1.23 | 1.21 | 1.06 | 1.08 | 1.33 | 0.86 | 41 |
| His | 93.7 | 0.70 | 0.56 | 0.42 | 0.70 | 0.70 | 0.66 | 0.70 | 0.84 | 0.52 | 20 | 0.89 | 0.70 | 0.53 | 0.88 | 0.88 | 0.82 | 0.88 | 1.05 | 0.64 | 16 |
| Ile | 84.1 | 0.84 | 0.71 | 0.53 | 0.92 | 0.89 | 0.71 | 0.79 | 0.95 | 0.58 | 32 | 0.90 | 0.76 | 0.56 | 0.98 | 0.95 | 0.76 | 0.84 | 1.01 | 0.62 | 30 |
| SAA | 84.9 | 0.50 | 0.53 | 0.35 | 0.53 | 0.57 | 0.57 | 0.57 | 0.60 | 0.41 | 27 | 0.59 | 0.63 | 0.41 | 0.63 | 0.66 | 0.66 | 0.66 | 0.70 | 0.48 | 23 |
| Val | 85.9 | 0.86 | 0.88 | 0.60 | 0.88 | 0.92 | 0.80 | 0.88 | 0.92 | 0.74 | 43 | 0.92 | 0.94 | 0.64 | 0.94 | 0.99 | 0.86 | 0.94 | 0.99 | 0.79 | 40 |
| Leu | 84.1 | 0.70 | 0.46 | 0.40 | 0.76 | 0.64 | 0.52 | 0.51 | 0.82 | 0.41 | 66 | 0.76 | 0.50 | 0.43 | 0.83 | 0.69 | 0.57 | 0.55 | 0.88 | 0.44 | 61 |
| Lys | 86.5 | 0.46 | 0.41 | 0.29 | 0.64 | 0.55 | 0.55 | 0.55 | 0.73 | 0.24 | 57 | 0.54 | 0.49 | 0.34 | 0.76 | 0.65 | 0.65 | 0.65 | 0.87 | 0.29 | 48 |
| Thr | 75.4 | 0.80 | 0.58 | 0.46 | 0.85 | 0.75 | 0.63 | 0.61 | 0.92 | 0.49 | 31 | 1.00 | 0.72 | 0.57 | 1.06 | 0.93 | 0.78 | 0.75 | 1.15 | 0.60 | 25 |
| DIASS [%(IAA)] | | 46 (Lys) | 41 (Lys) | 29 (Lys) | 53 (SAA) | 55 (Lys) | 52 (Leu) | 51 (Leu) | 60 (SAA) | 24 (Lys) | | 54 (Lys) | 49 (Lys) | 34 (Lys) | 63 (SAA) | 65 (Lys) | 57 (Leu) | 55 (Leu) | 70 (SAA) | 29 (Lys) | |

注：[a] 蛋白质 IAAS 的真回肠消化系数（%）（Eppendorfer, 1979）；

[b] 幼儿 IAA 参考模式表达为毫克氨基酸/克蛋白质（FAO, 2013）；

[c] 大儿童、青少年和成人的 IAA 参考模式表达为毫克氨基酸/克蛋白质（FAO, 2013）。

蛋白质、总氨基酸含量和 IAA 等指标不能很好地反映马铃薯样品的蛋白质品质。这些指标的数值越高并不等于蛋白质质量越好（Fogang，2018）。如 LY08104-12 的总氨基酸含量最高，在蛋白质的 DIAAS 分析中排名第五。其原因可能是部分氨基酸不能被人体很好地消化。大鼠的真回肠消化系数与人体的真回肠消化系数有一定的差异。为了从人的角度获取数据，未来需要对马铃薯蛋白质品质进行深入研究。

### 3.2.7　马铃薯氨基酸的线性判别分析

对黑龙江、甘肃和北京地区的马铃薯样品进行线性判别分析（LDA），根据品种和地理位置进行区分。采用逐步 LDA 方法，100% 的样品根据品种正确分类。图 3-3 给出了第一种判别法，可以看出三个地区马铃薯的区分情况。当选择缬氨酸、异亮氨酸、亮氨酸、酪氨酸、苯丙氨酸和蛋氨酸为变量时，样本根据位置聚类良好（100%）。在之前的研究中，考虑的变量是甘氨酸、组氨酸、亮氨酸和总蛋白（Galdón，2010）。这可能是由于不同品种的氨基酸含量差异较大。由此可见，氨基酸含量与 LDA 联用是确定马铃薯及其品种地理来源的良好手段，与 Galdón（2010）的研究结果一致。

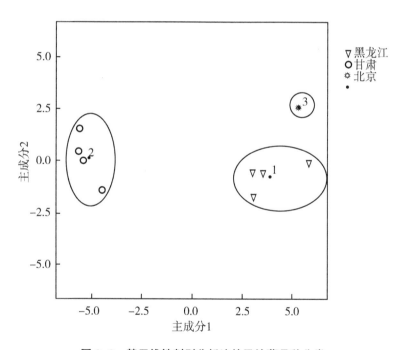

**图 3-3　基于线性判别分析法的马铃薯品种分类**

## 3.3 马铃薯中维生素测定与分析

### 3.3.1 测定方法

维生素 C：参考 GB 5009.86—2016，采用荧光法测定。维生素 $B_6$：参考 GB 5009.154—2016，采用高效液相色谱法测定。

### 3.3.2 维生素的特征性

从表 3-7 中可以看出，不同品种马铃薯中维生素含量丰富，各品种中维生素 C 差异显著，其中含量最高的为陇薯 7 号（60.38 mg/100 g），含量最低的为 LY08104-12（25.69 mg/100 g），研究发现马铃薯中维生素 C 含量是芹菜的 3.4 倍、番茄的 1.4 倍、苹果的 10 倍，因此马铃薯是良好的维生素 C 来源。

维生素 $B_6$ 的变化范围是 0.39~0.95 mg/100 g，其中含量最高的是布尔班克，含量最低的是克新 27。研究发现马铃薯中的水溶性维生素比白菜、黄瓜、苹果、梨等蔬菜和水果要多。

表 3-7　不同品种马铃薯维生素和糖苷生物碱　　单位：mg/100 g（干重）

| 序号 | 样品名称 | 维生素 $B_6$ | 维生素 C | α-卡茄碱 | α-茄碱 | 糖苷生物碱总量 |
|---|---|---|---|---|---|---|
| 1 | 垦薯 1 号 | 0.53±0.01[e] | 45.71±0.09[d] | 3.71±0.03[h] | 0.97±0.03[h] | 4.68±0.05[h] |
| 2 | 布尔班克 | 0.95±0.02[a] | 29.85±0.24[g] | 9.62±0.37[e] | 6.8±0.12[e] | 16.41±0.15[e] |
| 3 | 抗疫白 | 0.51±0.02[e] | 50.41±0.24[b] | 16.47±0.38[d] | 9.05±0.07[c] | 25.52±0.31[c] |
| 4 | 克新 27 | 0.39±0.02[g] | 48.52±0.51[c] | 39.39±0.19[a] | 34.01±0.04[a] | 73.4±0.42[a] |
| 6 | LZ111 | 0.4±0.02[g] | 38.24±0.25[f] | 5.2±0.16[g] | 8.47±0.11[d] | 13.67±0.30[f] |
| 8 | 陇薯 7 号 | 0.48±0.01[f] | 60.38±0.39[a] | 6.27±0.16[f] | 4.97±0.12[f] | 11.25±0.28[g] |
| 9 | LY08104-12 | 0.65±0.01[c] | 25.69±0.23[i] | 22.09±0.11[c] | 2.5±0.11[g] | 24.6±0.22[d] |
| 10 | 陇薯 8 号 | 0.56±0.01[d] | 28.47±0.36[h] | 24.66±0.07[b] | 11.18±0.17[b] | 35.84±0.24[b] |
| 11 | 荷兰薯 | 0.81±0.01[b] | 41.24±0.21[e] | 1.43±0.04[i] | 0.05±0.01[i] | 1.48±0.05[i] |

## 3.4 马铃薯中糖苷生物碱测定与分析

### 3.4.1 测定方法

采用高效液相色谱法测定，参考曾凡逵（2015）方法测定。

### 3.4.2　糖苷生物碱的特征性

马铃薯糖苷生物碱（GAs）是马铃薯的一种次生代谢产物，是一种具有生物活性的化合物，具有抗真菌、抗细菌、抗肿瘤、抗疟、强心、降低血液胆固醇、预防鼠伤寒沙门氏菌感染、果蔬保鲜等作用，因此有很好的药用价值和开发潜力。除此之外，具有一定的毒性，可以帮助植物抵抗和防御外界有害物的入侵。主要成分为 α-茄碱和 α-查茄碱，是马铃薯中主要的抗营养因子，影响人肠胃消化和造成神经紊乱，占总糖苷生物碱的 90% 以上。α-卡茄碱的生物活性比 α-茄碱高 3~10 倍，当 α-茄碱和 α-查茄碱浓度的比率达到 1∶1 时，协同作用最强。通常认为糖苷生物碱含量低于 200 mg/kg 的马铃薯是安全的，其中有很多已经超标。

## 3.5　马铃薯中矿物质测定与分析

### 3.5.1　测定方法

#### 3.5.1.1　试样消解

取 1 g 样品放入消化管中，加入硝酸 3 mL 和过氧化氢溶液 2 mL（30%，$v/v$）。消化 1 h 后，将试管加热至 150℃，加热 2~3 h，直至样品完全消化。冷却至室温后，定量转移消化液至离心管中，用超纯水稀释至 25 mL。所有消化样品共 3 个重复。采用与样品相同的方法进行空白消化。

#### 3.5.1.2　电感耦合等离子体光学发射光谱技术（ICP-OES）测定矿物质含量

经消化后，采用 ICP-OES 轴向观察和电荷耦合器件探测器，测定了 Ca、K、Na、Mg、P、Fe、Cu、Zn、Mn、Mo 和 Cr 等元素。参数设置如下：功率（1.2 kW）；等离子体气体流量（15.0 L/min）；辅助气体流量（1.5 L/min），雾化器气体流量（0.7 L/min）。元素和分析波长（nm）分别为 Ca（422.673）、P（213.613）、K（766.491）、Na（589.592）、Mg（279.553）、Fe（259.940）、Mn（259.372）、Cu（324.754）、Zn（213.857）、Mo（202.030）和 Cr（283.563）。定量采用外标法计算，每一种矿物质的测定均建立 7 点校正曲线，校正曲线与分析样品中矿物质的期望浓度相关，相关系数 ≥ 0.998。马铃薯的矿物质含量按每 100 g 鲜重计算。

#### 3.5.1.3　元素定量分析方法的验证

使用经认证的米粉标准物质（NIST 1568a）进行分析测量的质量控制。表 3-8 总结了相应的检出限（LOD）、定量限（LOQ）和重现性。LOD 和 LOQ 值分别低于 100 μg/100 g 和 400 μg/100 g，明显低于马铃薯中矿物质含量。重现性结果表明，磷和锰的变异系数均小于 10%，分别为 5.28%~8.37%。因此，测定方法具有较高的准确度和精密度。

表 3-8　采用经认证的米粉标准物质进行 ICP-OES 的质量控制

| 元素 | LOD（μg/100 g） | LOQ（μg/100 g） | 重现性（%） |
|---|---|---|---|
| Ca | 84.6 | 291.7 | 6.24 |
| K | 97.7 | 324.3 | 7.19 |
| Na | 96.6 | 277.6 | 6.35 |
| Mg | 12.8 | 76.2 | 6.71 |
| P | 97.2 | 327.0 | 5.28 |
| Fe | 18.8 | 59.2 | 7.49 |
| Cu | 5.1 | 16.0 | 8.01 |
| Zn | 39.1 | 154.1 | 7.57 |
| Mn | 1.3 | 5.8 | 8.37 |
| Mo | 1.8 | 6.2 | 7.23 |
| Cr | 4.8 | 15.0 | 6.35 |

资料来源：NIST，1568a。

### 3.5.2　马铃薯中矿物质含量特点

矿物质元素很重要，因为它们是人体中许多生化过程正常运作的基础，如调节能量代谢、维持健康的神经系统和刺激骨骼发育（Koch，2016）。然而，据估计，世界上 60% 以上的人缺乏铁（Fe），30% 的人缺 Zn，30% 的人缺 I 和 15% 的人缺 Se。此外，Ca、Mg 和 Cu 的缺乏在许多发达国家和发展中国家都很常见。缺乏矿物质元素会导致多种健康问题，包括免疫力低下、学习能力差、贫血等，因此，每天补充矿物质元素可以有效预防某些疾病的发生。一些研究人员证明马铃薯是一种重要的食物，可以将金属传递给人类消费者。由于马铃薯的消费量高，因此食用马铃薯与人体健康的关系是值得考虑的。目前，中国的马铃薯消费量约为每年 40 kg，加那利为 52 kg 和特纳利夫岛 60 kg（Zhang，2017）。推荐膳食摄入量（RDAs）是满足健康人需求的必要营养素的每日摄入量水平（Smith，2017）。根据年龄、性别和生理状况，婴儿、成人或孕妇的 RDA 有所不同（NAP，2019）。因此，有必要估计每天从马铃薯消费中摄入的矿物质。

营养成分和化学成分的研究对于获取食物信息非常重要，这使专业人员能够制定治疗和预防疾病的治疗性饮食（Khouzam，2011）。但马铃薯块茎的复杂性在评价不同品种间的差异时遇到了困难。主成分分析（PCA）是一种多元分析方法，它可以对相关矩阵进行评价，从而将原始化学物质转化为线性组合，有利于区分样品之间的差异或相似，观察影响这种差异或相似的变量。然后将简化后的方程用于分析原始数据，这些数据在评价大米（Xiao，2018）、小麦（Lima，2010）、牛奶（Werteker，2017）等食品的特性方面发挥了重要作用。层次聚类分析（HCA）被广泛应用于"无监督分类"方法，以帮助将相似性数据分离为同质组。主成分分析（PCA）和层次聚类分析（HCA）不仅可以分析马铃薯性状与品种之间的关系，而且可以用图和树状图直观地观察不同性状和品种之间的差异。根据 Wu（2016）的研究，利用 PCA 对中国产山药样品的理化、生物活性和矿物质参数进行评价，从而实现了对不同品种山药化学特征的分类。PCA 和 HCA 也被用于区分葡萄酒、大米、卷心菜和面包中的有机和无机化合物。以前的研究表明，矿物质在马铃薯中是一种相对稳定的元素，可以用来区分不同品种。在 Dos Santos（2019）的报告中，使用 PCA 和 HCA 对矿物质进行了评估，根据矿物质含量将有机甘薯和传统甘薯分开。但应用主成分分析（PCA）和层次聚类分析（HCA）对我国不同品种马铃薯进行综合评价和区分尚未见报道。

采用电感耦合等离子体发射光谱（ICP-OES）测定了 9 种中国马铃薯的矿物质组成。利用相关性分析、主成分分析、层次聚类分析等方法对马铃薯矿物质间的相关性进行评价，将马铃薯分类为同质聚类，有助于对品种进行综合评价，培育具有较高营养价值的新品种。估计矿物质对 RDA 的潜在贡献的目的是根据消费者的需要向他们推荐一个建议的马铃薯品种。

图 3-4 和表 3-9 为不同品种马铃薯矿物质含量分析图表，从图表中可以看出，不同品种各个矿物质含量差异显著，并且含有参与人体代谢活动的 Zn、Ca、K、P、Mg 等元素，其中 Mg、P、K 是马铃薯中含量最高的三种矿物质元素，其次为 Al 和 Ca。通过结果可以看出，不同地区马铃薯各个矿物质含量有显著差异，这不仅与种植地区有关，更与品种有关。P 含量使得马铃薯淀粉具有糊化温度低、黏度大、弹性好等特性。也是心脏病、肾病患者的有益食品，其脂肪和钠含量低，是高血脂、高血压、心血管疾病患者合适的食物。

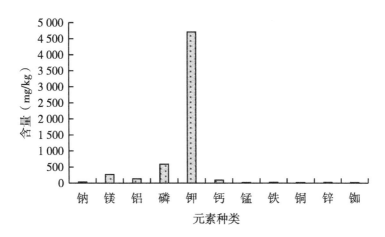

**图 3-4　马铃薯矿物质含量平均值**

黑龙江、甘肃和北京的 9 个马铃薯品种的矿物质含量见表 3-9。不同马铃薯品种间矿物质元素含量存在显著性差异。马铃薯样品中矿物质含量最高的是 K（平均含量为 470.93 mg/100 g），其次是 P（58.98 mg/100 g）、Mg（27.03 mg/100 g）、结果表明，K 是最重要的常量矿物质，黑龙江布尔班克中 K 含量为 238.82 mg/100 g，甘肃陇薯 8 号中 K 含量为 664.44 mg/100 g。此前的研究发现，膳食补充 K 可通过减少活性氧的产生和抑制

表3-9 马铃薯样品中矿质元素的含量

单位：* mg/100 g 鲜重；** μg/100 g 鲜重

| 地域 | 品种 | 元素 | | | | | | | | | | |
|---|---|---|---|---|---|---|---|---|---|---|---|---|
| | | 宏量元素 | | | | | 微量元素 | | | | | |
| | | 钙(Ca)* | 钾(K)* | 钠(Na)* | 镁(Mg)* | 磷(P)* | 铁(Fe)* | 铜(Cu)* | 锌(Zn)* | 锰(Mn)* | 钼(Mo)** | 铬(Cr)** |
| 黑龙江 | 昆薯1号 | 6.13± 0.05^d | 426.85± 6.68^f | 1.29± 0.08^c | 26.48± 1.47^d | 56.17± 0.99^f | 0.73± 0.05^c | 0.18± 0.03^ab | 0.45± 0.06^bc | 0.16± 0.02^c | 2.36± 0.09^f | 8.95± 0.93^c |
| | 布尔班克 | 15.13± 0.12^b | 238.82± 3.37^h | 8.87± 0.08^a | 14.42± 0.46^f | 33.52± 0.57^g | 0.42± 0.06^d | 0.002± 0^d | 0.19± 0.03^d | 0.06± 0.02^d | 0.45± 0.04^f | 5.61± 0.44^f |
| | 抗疫白 | 6.62± 0.05^d | 490.42± 4.45^d | 3.19± 0.13^b | 17.37± 0.38^e | 63.63± 0.74^c | 0.52± 0.07^d | 0.11± 0.02^c | 0.37± 0.03^c | 0.09± 0.02^d | 0.32± 0.02^f | 6.29± 0.67^f |
| | 克新27 | 8.72± 0.09^c | 478.92± 4.12^d | 0.10± 0.03^g | 37.38± 0.62^b | 76.69± 1.57^a | 0.86± 0.13^bc | 0.22± 0.03^a | 0.36± 0.05^c | 0.18± 0.03^c | 0.57± 0.07^f | 22.92± 0.86^c |
| | 平均值 | 9.15 | 408.75 | 3.34 | 23.91 | 57.50 | 0.63 | 0.13 | 0.34 | 0.12 | 0.93 | 10.94 |
| 甘肃 | LZ111 | 15.04± 1.07^a | 601.38± 8.18^b | 0.92± 0.05^c | 27.47± 0.58^d | 51.08± 1.49^e | 0.99± 0.08^b | 0.14± 0.03^bc | 0.62± 0.06^a | 0.15± 0.02^c | 314.95± 4.16^a | 29.62± 1.08^b |
| | 陇薯7号 | 16.66± 0.41^a | 318.85± 8.46^g | 0.62± 0.04^e | 49.32± 1.31^a | 47.58± 1.29^f | 1.32± 0.07^a | 0.14± 0.02^bc | 0.57± 0.08^ab | 0.20± 0.02^ab | 26.26± 0.92^c | 18.26± 0.79^d |
| | LY08104-12 | 5.30± 0.40^d | 572.23± 7.24^c | 0.10± 0.02^g | 25.77± 0.68^d | 61.37± 1.24^c | 0.75± 0.07^c | 0.09± 0.02^c | 0.36± 0.07^c | 0.19± 0.02^ab | 9.37± 0.36^c | 19.87± 0.84^d |
| | 陇薯8号 | 6.70± 0.60^d | 664.44± 5.27^a | 0.39± 0.07^f | 31.53± 1.06^c | 67.11± 1.88^b | 0.52± 0.06^d | 0.17± 0.02^ab | 0.39± 0.08^c | 0.23± 0.02^a | 64.80± 1.53^b | 7.57± 0.59^ef |
| | 平均值 | 10.93 | 539.23 | 0.51 | 33.52 | 56.79 | 0.90 | 0.14 | 0.49 | 0.19 | 103.85 | 18.86 |
| 北京 | 荷兰薯 | 6.60± 0.80^d | 446.47± 5.56^e | 0.14± 0.03^g | 13.49± 0.54^f | 73.66± 1.79^a | 1.45± 0.07^a | 0.10± 0.02^c | 0.42± 0.07^bc | 0.06± 0.01^d | 14.19± 0.23^d | 203.82± 1.87^a |
| | 平均值 | 9.65 | 470.93 | 1.73 | 27.03 | 58.98 | 0.84 | 0.13 | 0.41 | 0.15 | 48.04 | 35.88 |

注：同一列上相同字母表示无显著差异（P<0.05）。

内膜增生来预防高盐摄入引起的血管和肾脏损伤（Wyss，2012）。P、Mg、Ca、Na 的含量在克新 27、陇薯 7 号、陇薯 7 号和陇薯 7 号中含量最高，在布尔班克、荷兰马铃薯、LY08104-12 和克新 27 中含量最低。9 个品种间的 K/Na 值差异显著，从布尔班克的 26.93 到 LY08104-12 的 5 722.35 mg/100 g 不等。Ehret（2011）报道 K/Na 状态可能与血压和心血管疾病呈负相关。因此，LY08104-12 的食用可能降低了这些疾病的风险，而布尔班克可能对这些疾病不利。在微量元素含量方面，马铃薯中 Fe、Zn、Mn、Cu、Mo、Cr 含量依次为 0.84 mg/100 g、0.41 mg/100 g、0.15 mg/100 g、0.13 mg/100 g、48.04 mg/100 g、35.88 mg/100 g。荷兰马铃薯的铁含量较高，平均为 1.45 mg/100 g。在一些国家，缺 Fe 是最常见的营养缺乏症之一，也是贫血的主要原因。因此，经常食用马铃薯能有效补充铁质，进而防止贫血的发生。Zn、Mn、Cu 在 LZ111、陇薯 8 号和克新 27 中含量最高。Mo 和 Cr 的变化非常有趣，布尔班克中 Mo 含量为 0.32 μg/100 g，LZ111 的 Mo 含量为 314.95 μg/100 g，布尔班克的 Cr 含量为 5.61 μg/100 g，荷兰马铃薯的 Cr 含量为 203.82 μg/100 g。显然，品种对矿物质含量有显著影响。

总体来看，除 P、Na、CR 外，甘肃马铃薯的矿物质元素含量均高于其他两个产区。9 个马铃薯品种间矿物质含量存在显著差异，这是由于马铃薯品种矿物质含量受遗传和环境因素的影响。甘肃马铃薯中 Mo 含量最高，为黑龙江马铃薯的 112 倍；黑龙江马铃薯中 Na 含量为北京马铃薯的 24 倍。结果表明，Mo 和 Na 可能受产地的显著影响。另外，3/4 的黑龙江品种中钠含量高于甘肃品种。但甘肃品种中的钼含量高于黑龙江。以上结果表明，矿物质含量不仅受品种的影响，还受产地的影响，这与 Luis（2011）和 Nassar（2012）的趋势相同。

通过与文献结果的比较，发现不同国家马铃薯的矿物质含量差异显著。总体而言，本研究中马铃薯的平均矿物质含量低于加拿大和美国的品种，但高于西班牙品种。Burgos（2007）和 Delgado（2001）研究发现，在不同地点生长的相同基因型可能具有不同的矿物质浓度、培养方法和取样程序。以上结果验证了马铃薯的平均矿物质含量不仅受品种和产区的影响，还受地理位置、土壤条件、施肥、灌溉、天气等因素的影响，与 Lombardo（2013）的报告一致。

### 3.5.3  不同品种马铃薯矿物质的相关性分析

通过以上分析，我们发现每个马铃薯品种都有自己独特的特性。如陇薯 8 号是 K 元素的良好来源，LY08104-12 有利于降低血压和心血管疾病的发病率，荷兰马铃薯铁含量最高。因此，有必要对不同品种中各矿物质之间的关系进行综合分析。不同矿物质之间存在显著的相关性（$P<0.05$）。Ca、K、Na、Mg、P、Fe、Cu、Zn 与各矿物质的相关性均显著（$P<0.05$）。P 与 Ca（$R=-0.729$）、Na（$R=-0.718$）呈显著负相关，与 K（$R=0.577$）、Cu（$R=0.618$）呈正相关。Mg 与 Cu（$R=0.601$）、Zn（$R=0.522$）、Mn（$R=0.814$）呈显著正相关。而 Na 与其余矿物质呈负相关（表 3-10），这与 Rivero（2003）的研究报告一致。正相关表明一种矿物质含量随另一种矿物质含量的增加而增加，负相关表明相反的变化趋势，说明不同矿物质之间可能相互促进或相互抑制。被分析矿物

表 3-10 不同元素的相关性分析

| | Ca | K | Na | Mg | P | Fe | Cu | Zn | Mn | Mo | Cr |
|---|---|---|---|---|---|---|---|---|---|---|---|
| Ca | 1.000 | | | | | | | | | | |
| K | -0.504* | 1.000 | | | | | | | | | |
| Na | 0.398 | -0.635* | 1.000 | | | | | | | | |
| Mg | 0.343 | 0.047 | -0.489 | 1.000 | | | | | | | |
| P | -0.729** | 0.577* | -0.718** | 0.031 | 1.000 | | | | | | |
| Fe | 0.204 | -0.109 | -0.552* | 0.295 | 0.244 | 1.000 | | | | | |
| Cu | -0.271 | 0.471 | -0.741** | 0.601* | 0.618* | 0.199 | 1.000 | | | | |
| Zn | 0.288 | 0.311 | -0.632* | 0.522* | 0.052 | 0.624* | 0.483 | 1.000 | | | |
| Mn | -0.064 | 0.509* | -0.620* | 0.814** | 0.215 | -0.013 | 0.666* | 0.407 | 1.000 | | |
| Mo | 0.427 | 0.455 | -0.176 | 0.087 | -0.185 | 0.161 | 0.127 | 0.653* | 0.155 | 1.000 | |
| Cr | -0.209 | -0.026 | -0.280 | -0.380 | 0.425 | 0.708** | -0.101 | 0.103 | -0.466 | -0.041 | 1.000 |

注：* $P<0.05$；** $P<0.01$。

质之间的变化趋势相同或相反，说明品种和环境对矿物质的影响是不同的（Wu，2016）。

### 3.5.4　马铃薯矿物质含量的主成分分析

　　PCA 是一种数学工具，旨在表示数据集中存在的变化。因此，利用主成分分析可以更直接地反映矿物质对马铃薯性状的影响。主成分分析的目的是将原始数据转换为一组新的独立的正交变量，这些变量的重要性由高到低依次降低，通过使用几个综合指标代替多个指标来降低维数，同时又不会丢失太多的信息。该方法在引入多个变量的同时，将复杂因素简化为多个主成分（PC），简化了问题，获得了更加科学有效的数据信息。在本研究中，11 种矿物质元素按重要性降序自动缩放，得到一组新的正交变量。原始变量的特征值和比例如表 3-11 所示。前四个成分的特征值大于 1，选择前四个成分建模是因为它们解释了总信息的 93.85%。原始变量在前四个主分量上的负荷和各分量解释的方差如表 3-12 所示。负负荷或正负荷表示分量与原始变量之间存在负相关或正相关。其中 Na、Cu、Mn、K、Zn 为第一主成分（PC1）的优势变量，占总方差的 39.03%。而 Na 与 Cu、Mn、K、Zn 呈负相关关系，这与表 3-10 的结果一致。第二主成分（PC2）占总方差的23.47%，Ca、P 为主导变量。Fe 和 Cr 是第三主成分（PC3）的主要变量，占总信息的19.34%。第四个主成分（PC4）占总信息量的 12.01%，Mo 为主导变量。根据各矿物质在总量中的贡献率和矿物质中元素的负荷量，得到各品种的综合得分方程：

$$Y = 0.42PC1 + 0.25PC2 + 0.21PC3 + 0.13PC4$$

表 3-11　相关矩阵的特征值

| 主成分 | 特征值 | 贡献率（%） | 累计贡献率（%） |
| --- | --- | --- | --- |
| 1 | 4.29 | 39.03 | 39.03 |
| 2 | 2.58 | 23.47 | 62.51 |
| 3 | 2.13 | 19.34 | 81.85 |
| 4 | 1.32 | 12.01 | 93.85 |
| 5 | 0.34 | 3.10 | 96.95 |
| 6 | 0.23 | 2.11 | 99.06 |
| 7 | 0.08 | 0.73 | 99.78 |
| 8 | 0.02 | 0.22 | 100 |

表 3-12　前四个主成分的载荷值

| 元素 | PC1 | PC2 | PC3 | PC4 |
| --- | --- | --- | --- | --- |
| Ca | −0.2551 | 0.8769 | 0.3116 | −0.0441 |
| K | 0.6752 | −0.2664 | −0.2758 | 0.6010 |
| Na | −0.9553 | 0.1928 | −0.1284 | 0.0647 |
| Mg | 0.6199 | 0.5827 | −0.1765 | −0.4763 |
| P | 0.6344 | −0.7190 | −0.0084 | −0.0755 |

（续表）

| 元素 | PC1 | PC2 | PC3 | PC4 |
|---|---|---|---|---|
| Fe | 0.4393 | 0.0529 | 0.8442 | −0.2839 |
| Cu | 0.85389 | −0.0220 | −0.2147 | −0.1662 |
| Zn | 0.6992 | 0.4655 | 0.4127 | 0.1712 |
| Mn | 0.7445 | 0.3202 | −0.4926 | −0.1378 |
| Mo | 0.3190 | 0.4949 | 0.2528 | 0.7508 |
| Cr | 0.0827 | −0.5302 | 0.8189 | −0.0259 |

研究样本中前四个成分的得分如表3-13所示。Cu、Mn、K和Zn含量高的样品在PC1上的分数较高，因为这些元素的负载量都是正的。另外，Na含量高的样品在PC1上的得分较低，因为Na的负荷量。因此，陇薯8号、克新27号和LZ111样品中Cu、Mn、K、Zn含量较高，而布尔班克和抗白疫样品中Na含量较高。PC2得分较高的样品（陇薯7号和LZ111）中Ca含量较高，P含量较低。在PC4上，得分最高的样品LZ111中Mo含量也最高。上述描述与表3-9的结果一致。可以看出，正负载量意味着矿物质含量高的样品得分高，负负载量意味着矿物质含量高的样品得分低。

从综合得分来看，样本排序分别为LZ111、陇薯7号、陇薯8号、荷兰马铃薯、克新27号、垦薯1号、LY08104-12、布尔班克、抗疫白。分数越高，矿物质特征越好。甘肃的LZ111、陇薯7号和陇薯8号样品得分较高，矿物质特征较好。而黑龙江布尔班克和抗白疫样品由于得分较低，矿物质特征较差，这可能与生长环境有关。

主成分分析结果表明，Na、Cu、Mn、K和Zn是中国马铃薯样品中主要变异的主导元素。除Cu外，采用因子分析的结果与Rivero（2003）的研究结果一致。甘肃样品矿物质特征优于黑龙江样品。在所有研究样品中，LZ111样品的矿物质特征最好，其次是陇薯7号和陇薯8号。

表3-13　不同品种得分

| 品种 | PC1 | PC2 | PC3 | PC4 | 综合得分 | 排序 |
|---|---|---|---|---|---|---|
| 垦薯1号 | 0.1724 | −0.1253 | −0.4811 | −0.3726 | −0.1064 | 6 |
| 布尔班克 | −2.4253 | 0.5543 | −0.1758 | −0.0365 | −0.9109 | 9 |
| 抗疫白 | −0.5409 | −0.6781 | −0.4923 | 0.4156 | −0.4428 | 8 |
| 克新27 | 0.7530 | −0.3507 | −0.5640 | −0.9730 | −0.0152 | 5 |
| LZ111 | 0.6276 | 1.2847 | 0.7776 | 1.9779 | 0.9956 | 1 |
| 陇薯7号 | 0.4647 | 1.6457 | 0.6639 | −1.5828 | 0.5392 | 2 |
| LY08104-12 | 0.1574 | −0.5387 | −0.5979 | 0.1842 | −0.1689 | 7 |
| 陇薯8号 | 0.7706 | −0.2480 | −1.2077 | 0.5209 | 0.0762 | 3 |
| 荷兰薯 | 0.0207 | −1.5440 | 2.0774 | −0.1337 | 0.0334 | 4 |

### 3.5.5　马铃薯矿物质含量的层次聚类分析

层次聚类分析（HCA）是一种聚类方法，探索样本在组内和组间的组织层次关系。采用 HCA 对 9 个样品中 11 种元素的测定结果进行评价。这些数据采用标度距离的平均连锁法进行自动缩放，以估计样本间点距离和相似性。结果如图 3-5a 和 b 所示。图 3-5a 显示马铃薯样品被分为不同的组，这表明可以根据矿物质组成对品种进行分类。考虑 2 的距离，可以识别出两个聚类：第一个聚类由来自黑龙江的垦薯 1 号、布尔班克和克新 27 三个品种组成；第二类为来自甘肃的 LY08104-12 和陇薯 8 号两个品种组成，因此结果显示可以将马铃薯样品分类建立为地理位置的函数，这与 Granato 等（2018）的发现一致。如图 3-5b 所示，11 个元素在 5 的距离被分成两个组。其中一组由 Cu、Mn、Zn、Fe、Na、Ca、Mg、P、Cr、Mo 组成，另一组仅含 K。与表 3-9 中 K 含量远高于其他元素的结果相一致。因此，以马铃薯为主食可有效预防钾离子缺乏症。

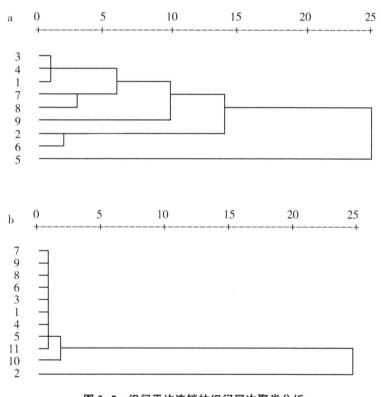

**图 3-5　组间平均连锁的组间层次聚类分析**

（注：图 a 中 1~9 分别代表 1-垦薯 1；2-布尔班克；3-抗疫白；4-克新 27，5-LZ111；6-陇薯 7 号；7-LY08104-12；8-陇薯 8 号；9-荷兰薯。

图 b 中 1~11 分别代表：1-Ca, 2-K, 3-Na, 4-Mg, 5-P, 6-Fe, 7-Cu, 8-Zn, 9-Mn, 10-Mo, 11-Cr）

### 3.5.6　估算食用马铃薯对推荐膳食营养素的潜在贡献

　　成年人的推荐膳食营养素（RDA）摄取量为：Ca 1 000 mg/d、K 4 700 mg/d、Na 1 500 mg/d、Mg 420 mg/d、P 700 mg/d、Fe 8 mg/d、Cu 0.9 mg/d、Zn 11 mg/d、Mn 2.3 mg/d、Mo 45 μg/d、Cr 35 μg/d；女性剂量为 320 mg Mg、18 mg Fe、8 mg Zn、1.8 mg Mn、25 μg Cr（NAP，2018）。据报道，在最近的营养调查中，成年男性和成年女性的每日马铃薯消费量分别为 166.3 g 和 122.7 g（美国农业部，2019）。估算每个马铃薯样品对矿物质元素 RDA 的潜在贡献，结果见表 3-14。结果表明，不同品种间存在显著差异。品种对 RDA 的贡献分别为：Cr，170.47% 和 176.09%；Co，177.66% 和 131.08%；Cu，23.80% 和 17.56%；K，16.67% 和 10.95%；Fe，17.49% 和 5.73%；P，12.07% 和 10.34%；Mg，10.70% 和 10.36%；Mn，10.66% 和 10.05%；Zn，6.27% 和 6.36%；Ca，1.60% 和 1.18%；Na，0.19% 和 0.14%。从 RDA 的贡献率来看，Cr 和 Mo 值均超过 100%，这主要是因为 Mo 和 Cr 含量较高的品种分别有 2 个和 3 个，可能受环境的影响。补充 Cr 可通过改善血糖和血脂稳态显著缓解糖尿病样症状（Guo，2019）。在常量矿物质中，人体摄入量最大的是 K（男性为 16.67%，女性为 10.95%），其次是 P、Mg、Ca 和 Na。该结果与美国农业部（2019）的报告相似，后者报告称，马铃薯对饮食的最重要的矿物质贡献可能是 K，其中 K 含量很高。微量元素中，除 Cr 和 Mo 外，Cu 对摄入量的贡献最大，其次是 Fe、Mn 和 Zn，马铃薯样品是 K、P、Mg、Cu、Fe 和 Mn 的良好来源。此外，可以得出的结论是，除了 Cr 和 Zn，马铃薯对男性推荐矿物质摄入量的贡献高于女性。

## 3.6　马铃薯品质特性的相关性分析

　　11 个品种的 53 个指标之间进行显著性分析（表 3-15），结果发现各个指标之间相关性显著，很难确定哪些指标是马铃薯的典型品质特性。为了进一步分析马铃薯所有品质特性之间的关系，将需要进一步的分析。

## 3.7　马铃薯品质特性的主成分分析

　　马铃薯品质特性之间存在显著的相关性，并且各个指标之间难以判别重要性，很难判断不同品种马铃薯品质特性的差异情况。而主成分分析是将多指标线性组合为较少的综合指标，这些综合指标彼此间既不相关，又能反映原来多指标的信息，不同指标在各个综合主成分中的重要性也能反映出来。表 3-16 至表 3-18 为不同马铃薯及淀粉的 53 个指标的特征值、各主成分方差累计贡献率及主成分得分情况表。表 3-16 显示，前 5 个主成分的特征值均大于 1，方差贡献率分别为 29.96%、21.64%、15.20%、11.73% 和 7.10%，累计贡献率为 85.63%，可以很好地解释马铃薯品质特性的综合信息。

表 3-14　我国男女马铃薯日平均摄入量及其对宏、微量元素日需要量的贡献

| 项目 | | 宏量元素 | | | | | 微量元素 | | | | | |
| --- | --- | --- | --- | --- | --- | --- | --- | --- | --- | --- | --- | --- |
| | | Ca* | K* | Na* | Mg* | P* | Fe* | Cu* | Zn* | Mn* | Mo** | Chromium (Cr)** |
| 推荐饮食量 | 男性 | 1 000 | 4 700 | 1 500 | 420 | 700 | 8 | 0.9 | 11 | 2.3 | 45 | 35 |
| | 女性 | 1 000 | 4 700 | 1 500 | 320 | 700 | 18 | 0.9 | 8 | 1.8 | 45 | 25 |
| 对日常需求的贡献（%） | 垦薯 1 号 男性 | 1.01 | 15.10 | 0.15 | 10.49 | 13.34 | 15.12 | 33.89 | 6.82 | 11.64 | 8.73 | 42.52 |
| | 女性 | 0.75 | 11.14 | 0.11 | 10.16 | 9.84 | 4.96 | 25.01 | 6.92 | 10.98 | 6.44 | 43.93 |
| | 布尔班克 男性 | 2.51 | 8.45 | 0.98 | 5.70 | 7.97 | 8.73 | 0.40 | 2.86 | 4.36 | 1.68 | 26.64 |
| | 女性 | 1.85 | 6.23 | 0.72 | 5.53 | 5.88 | 2.86 | 0.29 | 2.91 | 4.11 | 1.24 | 27.51 |
| | 抗疫白 男性 | 1.10 | 17.35 | 0.35 | 6.87 | 15.12 | 10.91 | 19.96 | 5.55 | 6.57 | 0.33 | 29.92 |
| | 女性 | 0.81 | 12.10 | 0.26 | 6.66 | 11.15 | 3.57 | 14.72 | 5.63 | 6.20 | 0.25 | 30.90 |
| | 克新 27 男性 | 1.45 | 16.95 | 0.01 | 14.80 | 18.23 | 17.94 | 41.03 | 5.37 | 13.24 | 0.67 | 108.89 |
| | 女性 | 1.07 | 12.50 | 0.01 | 14.33 | 13.45 | 5.89 | 30.27 | 5.45 | 12.48 | 0.49 | 112.49 |
| | LZ111 男性 | 2.49 | 21.29 | 0.10 | 10.88 | 12.14 | 20.65 | 26.28 | 9.43 | 11.11 | 1163.92 | 140.74 |
| | 女性 | 1.85 | 15.71 | 0.07 | 10.53 | 8.96 | 6.77 | 19.39 | 9.57 | 10.47 | 858.77 | 145.37 |
| | 陇薯 7 号 男性 | 2.78 | 11.28 | 0.07 | 19.52 | 11.31 | 27.40 | 25.61 | 8.65 | 14.37 | 97.07 | 86.74 |
| | 女性 | 2.05 | 8.32 | 0.05 | 18.91 | 8.34 | 8.98 | 18.90 | 8.77 | 13.55 | 71.62 | 89.61 |
| | LY08104-12 男性 | 0.88 | 20.26 | 0.01 | 10.21 | 14.58 | 15.57 | 15.85 | 5.44 | 13.42 | 34.61 | 94.39 |
| | 女性 | 0.65 | 14.94 | 0.01 | 9.88 | 10.76 | 5.10 | 11.69 | 5.51 | 12.65 | 25.53 | 97.51 |

（续表）

| 项目 | | 宏量元素 | | | | | | | 微量元素 | | | |
| --- | --- | Ca* | K* | Na* | Mg* | P* | Fe* | Cu* | Zn* | Mn* | Mo** | Chromium (Cr)** |
| 对日常需求的贡献（%） | 陇薯8号 男性 | 1.11 | 23.51 | 0.05 | 12.49 | 15.95 | 10.86 | 32.06 | 5.94 | 16.63 | 239.46 | 35.99 |
| | 女性 | 0.82 | 17.35 | 0.04 | 12.09 | 11.77 | 3.56 | 23.66 | 6.02 | 15.68 | 176.68 | 37.17 |
| | 荷兰薯 男性 | 1.10 | 15.80 | 0.01 | 5.34 | 17.49 | 30.22 | 19.12 | 6.39 | 4.56 | 52.45 | 968.43 |
| | 女性 | 0.81 | 11.66 | 0.01 | 5.18 | 12.91 | 9.90 | 14.11 | 6.48 | 4.29 | 38.70 | 1000.34 |
| | 平均值 男性 | 1.60 | 16.67 | 0.19 | 10.70 | 12.07 | 17.49 | 23.80 | 6.27 | 10.66 | 177.66 | 170.47 |
| | 女性 | 1.18 | 10.95 | 0.14 | 10.36 | 10.34 | 5.73 | 17.56 | 6.36 | 10.05 | 131.08 | 176.09 |

注：数据通过网站获得 www.nap.edu。** mg/d；* μg/d。

表 3-15　马铃薯品质特性的相关性分析

| 项目 | 水分 | 淀粉 | 粗蛋白质 | 粗脂肪 | 粗纤维 | 灰分 | 总膳食纤维 | 天冬氨酸 | 苏氨酸 | 丝氨酸 | 谷氨酸 | 甘氨酸 | 丙氨酸 | 胱氨酸 |
| --- | --- | --- | --- | --- | --- | --- | --- | --- | --- | --- | --- | --- | --- | --- |
| 水分 | 1.000 | | | | | | | | | | | | | |
| 淀粉 | -0.724 | 1.000 | | | | | | | | | | | | |
| 粗蛋白质 | 0.688 | -0.696 | 1.000 | | | | | | | | | | | |
| 粗脂肪 | 0.207 | -0.583 | -0.041 | 1.000 | | | | | | | | | | |
| 粗纤维 | 0.532 | -0.757 | 0.454 | 0.587 | 1.000 | | | | | | | | | |
| 灰分 | -0.153 | -0.497 | 0.215 | 0.672 | 0.398 | 1.000 | | | | | | | | |
| 总膳食纤维 | 0.594 | -0.563 | 0.35 | 0.342 | 0.745 | -0.028 | 1.000 | | | | | | | |
| 天冬氨酸 | -0.154 | -0.134 | 0.358 | -0.25 | 0.339 | 0.264 | -0.003 | 1.000 | | | | | | |
| 苏氨酸 | -0.218 | 0.352 | 0.11 | -0.25 | -0.144 | 0.041 | -0.038 | -0.039 | 1.000 | | | | | |

（续表）

| 项目 | 水分 | 淀粉 | 粗蛋白质 | 粗脂肪 | 粗纤维 | 灰分 | 总膳食纤维 | 天冬氨酸 | 苏氨酸 | 丝氨酸 | 谷氨酸 | 甘氨酸 | 丙氨酸 | 胱氨酸 |
|---|---|---|---|---|---|---|---|---|---|---|---|---|---|---|
| 丝氨酸 | 0.099 | -0.043 | 0.38 | -0.071 | 0.24 | 0.142 | 0.377 | 0.066 | 0.886 | 1.000 | | | | |
| 谷氨酸 | -0.005 | -0.406 | 0.416 | 0.244 | 0.509 | 0.617 | -0.058 | -0.796 | -0.173 | -0.083 | 1.000 | | | |
| 甘氨酸 | -0.274 | 0.252 | 0.121 | -0.164 | -0.076 | 0.21 | 0.026 | 0.074 | 0.952 | 0.907 | -0.094 | 1.000 | | |
| 丙氨酸 | 0.118 | -0.042 | 0.441 | -0.085 | 0.251 | 0.177 | 0.195 | 0.122 | 0.89 | 0.936 | 0.069 | 0.844 | 1.000 | |
| 胱氨酸 | -0.172 | 0.15 | 0.416 | -0.444 | 0.153 | 0.095 | -0.032 | 0.711 | 0.619 | 0.596 | 0.488 | 0.598 | 0.695 | 1 |
| 缬氨酸 | 0.171 | -0.321 | 0.633 | 0.101 | 0.55 | 0.432 | 0.237 | 0.583 | 0.435 | 0.549 | 0.709 | 0.421 | 0.667 | 0.794 |
| 蛋氨酸 | -0.159 | -0.171 | 0.442 | 0.029 | 0.352 | 0.562 | -0.157 | 0.722 | 0.302 | 0.289 | 0.847 | 0.306 | 0.484 | 0.789 |
| 异亮氨酸 | -0.246 | 0.206 | 0.283 | -0.183 | 0.068 | 0.264 | -0.012 | 0.373 | 0.86 | 0.791 | 0.303 | 0.855 | 0.825 | 0.849 |
| 亮氨酸 | -0.274 | 0.376 | 0.051 | -0.258 | -0.211 | 0.044 | -0.039 | -0.082 | 0.987 | 0.877 | -0.257 | 0.971 | 0.836 | 0.546 |
| 酪氨酸 | -0.668 | 0.217 | -0.037 | 0.003 | -0.221 | 0.644 | -0.423 | 0.291 | 0.559 | 0.403 | 0.297 | 0.678 | 0.413 | 0.468 |
| 苯丙氨酸 | -0.188 | 0.142 | 0.327 | -0.133 | 0.092 | 0.324 | -0.079 | 0.342 | 0.873 | 0.799 | 0.326 | 0.858 | 0.883 | 0.83 |
| 赖氨酸 | -0.706 | 0.593 | -0.118 | -0.422 | -0.418 | 0.178 | -0.558 | 0.31 | 0.72 | 0.425 | 0.164 | 0.694 | 0.519 | 0.702 |
| 组氨酸 | -0.276 | 0.084 | 0.296 | -0.07 | 0.12 | 0.476 | -0.161 | 0.442 | 0.794 | 0.731 | 0.428 | 0.829 | 0.826 | 0.808 |
| 精氨酸 | -0.699 | 0.474 | -0.159 | -0.347 | -0.341 | 0.229 | -0.617 | 0.64 | 0.157 | -0.097 | 0.542 | 0.214 | -0.022 | 0.551 |
| 脯氨酸 | -0.429 | 0.091 | 0.201 | -0.096 | 0.095 | 0.504 | -0.029 | 0.619 | 0.583 | 0.594 | 0.471 | 0.743 | 0.532 | 0.733 |
| Na | 0.461 | -0.144 | 0.316 | -0.131 | 0.371 | -0.392 | 0.299 | 0.088 | -0.099 | -0.039 | 0.144 | -0.327 | 0.133 | 0.25 |
| Mg | -0.717 | 0.716 | -0.654 | -0.525 | -0.715 | -0.294 | -0.629 | 0.015 | -0.013 | -0.287 | -0.345 | 0.03 | -0.322 | -0.09 |
| Al | -0.261 | 0.348 | -0.406 | -0.371 | -0.402 | -0.322 | -0.572 | 0.135 | -0.41 | -0.58 | -0.066 | -0.402 | -0.492 | -0.216 |
| P | -0.138 | -0.198 | 0.049 | 0.265 | -0.164 | 0.456 | 0.106 | -0.299 | 0.196 | 0.288 | -0.273 | 0.383 | 0.065 | -0.265 |
| K | -0.348 | 0.208 | 0.017 | 0.071 | -0.396 | 0.447 | -0.401 | -0.128 | 0.576 | 0.391 | 0.025 | 0.649 | 0.359 | 0.173 |

（续表）

| 项目 | 水分 | 淀粉 | 粗蛋白质 | 粗脂肪 | 粗纤维 | 灰分 | 总膳食纤维 | 天冬氨酸 | 苏氨酸 | 丝氨酸 | 谷氨酸 | 甘氨酸 | 丙氨酸 | 胱氨酸 |
|---|---|---|---|---|---|---|---|---|---|---|---|---|---|---|
| Ca | -0.1 | 0.421 | -0.467 | -0.267 | -0.335 | -0.577 | -0.42 | -0.116 | -0.528 | -0.765 | -0.102 | -0.704 | -0.614 | -0.3 |
| Mn | -0.844 | 0.733 | -0.516 | -0.405 | -0.638 | 0.041 | -0.644 | 0.1 | 0.476 | 0.17 | -0.167 | 0.54 | 0.152 | 0.262 |
| Fe | -0.052 | -0.203 | -0.404 | 0.442 | -0.03 | 0.199 | -0.095 | -0.188 | -0.714 | -0.652 | -0.057 | -0.55 | -0.751 | -0.778 |
| Cu | -0.426 | 0.502 | -0.474 | -0.225 | -0.606 | -0.177 | -0.169 | -0.437 | 0.379 | 0.252 | -0.711 | 0.476 | 0.32 | -0.243 |
| Zn | -0.172 | 0.315 | -0.417 | -0.064 | -0.486 | -0.142 | -0.483 | -0.211 | -0.18 | -0.351 | -0.222 | -0.11 | -0.385 | -0.418 |
| Rb | -0.699 | 0.291 | -0.323 | 0.262 | -0.306 | 0.652 | -0.513 | 0.003 | 0.398 | 0.166 | 0.195 | 0.5 | 0.172 | 0.122 |
| 维生素 $B_6$ | 0.374 | -0.613 | 0.309 | 0.578 | 0.816 | 0.382 | 0.435 | 0.2 | -0.255 | -0.04 | 0.526 | -0.309 | 0.108 | 0.081 |
| 维生素 C | 0.209 | 0.04 | -0.114 | -0.391 | -0.333 | -0.564 | 0.01 | -0.228 | -0.414 | -0.341 | -0.563 | -0.367 | -0.472 | -0.493 |
| α-卡茄碱 | -0.566 | 0.39 | -0.084 | -0.383 | -0.476 | 0.056 | -0.193 | 0.024 | 0.401 | 0.258 | -0.193 | 0.426 | 0.15 | 0.291 |
| α-茄碱 | -0.426 | 0.521 | -0.348 | -0.402 | -0.648 | -0.352 | -0.134 | -0.374 | 0.143 | -0.032 | -0.593 | 0.102 | -0.191 | -0.144 |
| 糖苷生物碱总量 | -0.526 | 0.47 | -0.212 | -0.409 | -0.578 | -0.133 | -0.174 | -0.162 | 0.298 | 0.133 | -0.39 | 0.293 | -0.004 | 0.099 |

| 项目 | 缬氨酸 | 蛋氨酸 | 异亮氨酸 | 亮氨酸 | 酪氨酸 | 苯丙氨酸 | 赖氨酸 | 组氨酸 | 精氨酸 | 脯氨酸 | 钠 | 镁 | 铝 | 磷 | 钾 | 钙 |
|---|---|---|---|---|---|---|---|---|---|---|---|---|---|---|---|---|
| 缬氨酸 | 1.000 | | | | | | | | | | | | | | | |
| 蛋氨酸 | 0.873 | 1.000 | | | | | | | | | | | | | | |
| 异亮氨酸 | 0.769 | 0.668 | 1.000 | | | | | | | | | | | | | |
| 亮氨酸 | 0.328 | 0.205 | 0.812 | 1.000 | | | | | | | | | | | | |
| 酪氨酸 | 0.343 | 0.556 | 0.653 | 0.595 | 1.000 | | | | | | | | | | | |
| 苯丙氨酸 | 0.771 | 0.7 | 0.976 | 0.815 | 0.664 | 1.000 | | | | | | | | | | |
| 赖氨酸 | 0.37 | 0.569 | 0.767 | 0.708 | 0.819 | 0.764 | 1.000 | | | | | | | | | |

（续表）

| 项目 | 缬氨酸 | 蛋氨酸 | 异亮氨酸 | 亮氨酸 | 酪氨酸 | 苯丙氨酸 | 赖氨酸 | 组氨酸 | 精氨酸 | 脯氨酸 | 钠 | 镁 | 铝 | 磷 | 钾 | 钙 |
|---|---|---|---|---|---|---|---|---|---|---|---|---|---|---|---|---|
| 组氨酸 | 0.731 | 0.758 | 0.916 | 0.749 | 0.77 | 0.965 | 0.783 | 1.000 | | | | | | | | |
| 精氨酸 | 0.303 | 0.584 | 0.47 | 0.143 | 0.625 | 0.423 | 0.717 | 0.493 | 1.000 | | | | | | | |
| 脯氨酸 | 0.617 | 0.641 | 0.826 | 0.596 | 0.804 | 0.779 | 0.687 | 0.834 | 0.651 | 1.000 | | | | | | |
| Na | 0.373 | 0.227 | -0.006 | -0.227 | -0.555 | -0.015 | -0.195 | -0.154 | -0.263 | -0.391 | 1.000 | | | | | |
| Mg | -0.629 | -0.291 | -0.194 | 0.075 | 0.251 | -0.199 | 0.381 | -0.09 | 0.404 | 0.023 | -0.49 | 1.000 | | | | |
| Al | -0.575 | -0.245 | -0.5 | -0.386 | -0.174 | -0.429 | -0.033 | -0.292 | 0.247 | -0.3 | -0.215 | 0.754 | 1.000 | | | |
| P | -0.185 | -0.229 | 0.065 | 0.321 | 0.487 | 0.04 | 0.046 | 0.092 | -0.145 | 0.303 | -0.721 | 0.031 | -0.375 | 1.000 | | |
| K | 0.193 | 0.205 | 0.57 | 0.614 | 0.739 | 0.586 | 0.565 | 0.586 | 0.409 | 0.579 | -0.635 | 0.047 | -0.279 | 0.577 | 1.000 | |
| Ca | -0.437 | -0.257 | -0.54 | -0.578 | -0.547 | -0.54 | -0.197 | -0.57 | 0.099 | -0.652 | 0.401 | 0.343 | 0.628 | -0.729 | -0.504 | 1 |
| Mn | -0.209 | 0.069 | 0.352 | 0.544 | 0.697 | 0.358 | 0.773 | 0.452 | 0.606 | 0.488 | -0.624 | 0.814 | 0.396 | 0.215 | 0.51 | -0.064 |
| Fe | -0.662 | -0.497 | -0.752 | -0.629 | -0.195 | -0.722 | -0.553 | -0.568 | -0.132 | -0.343 | -0.549 | 0.295 | 0.499 | 0.244 | -0.109 | 0.203 |
| Cu | -0.57 | -0.572 | 0.036 | 0.513 | 0.31 | 0.005 | 0.236 | 0.014 | -0.024 | 0.157 | -0.742 | 0.603 | 0.135 | 0.619 | 0.47 | -0.271 |
| Zn | -0.57 | -0.448 | -0.313 | -0.122 | -0.044 | -0.258 | -0.091 | -0.187 | 0.186 | -0.131 | -0.625 | 0.522 | 0.662 | 0.052 | 0.312 | 0.288 |
| Rb | 0.126 | 0.334 | 0.454 | 0.438 | 0.877 | 0.47 | 0.647 | 0.563 | 0.567 | 0.593 | -0.665 | 0.247 | -0.116 | 0.48 | 0.825 | -0.351 |
| 维生素 B$_6$ | 0.501 | 0.455 | -0.046 | -0.357 | -0.212 | -0.005 | -0.299 | 0.012 | -0.279 | -0.154 | 0.627 | -0.668 | -0.362 | -0.346 | -0.483 | -0.004 |
| 维生素 C | -0.773 | -0.749 | -0.682 | -0.322 | -0.494 | -0.674 | -0.474 | -0.637 | -0.367 | -0.5 | -0.217 | 0.484 | 0.599 | 0.091 | -0.376 | 0.262 |
| α-卡茄碱 | 0.039 | 0.127 | 0.385 | 0.47 | 0.595 | 0.275 | 0.603 | 0.243 | 0.33 | 0.424 | -0.208 | 0.288 | -0.331 | 0.502 | 0.376 | -0.325 |
| α-茄碱 | -0.392 | -0.384 | -0.022 | 0.229 | 0.14 | -0.157 | 0.239 | -0.257 | 0.03 | -0.056 | -0.119 | 0.36 | -0.189 | 0.399 | 0.145 | 0.029 |
| 糖苷生物碱总量 | -0.162 | -0.108 | 0.211 | 0.378 | 0.408 | 0.084 | 0.459 | 0.019 | 0.204 | 0.217 | -0.176 | 0.335 | -0.279 | 0.476 | 0.279 | -0.173 |

（续表）

| 项目 | Mn | Fe | Cu | Zn | Rb | 维生素 B₆ | 维生素 C | α-卡茄碱 | α-茄碱 | 糖苷生物碱总量 |
|---|---|---|---|---|---|---|---|---|---|---|
| Mn | 1.000 | | | | | | | | | |
| Fe | -0.012 | 1.000 | | | | | | | | |
| Cu | 0.665 | 0.204 | 1.000 | | | | | | | |
| Zn | 0.409 | 0.624 | 0.483 | 1.000 | | | | | | |
| Rb | 0.658 | 0.084 | 0.373 | 0.235 | 1.000 | | | | | |
| 维生素 B₆ | -0.655 | -0.124 | -0.822 | -0.658 | -0.249 | 1.000 | | | | |
| 维生素 C | 0.02 | 0.475 | 0.411 | 0.456 | -0.517 | -0.5 | 1.000 | | | |
| α-卡茄碱 | 0.455 | -0.393 | 0.399 | -0.38 | 0.392 | -0.337 | 0.148 | 1.000 | | |
| α-茄碱 | 0.286 | -0.177 | 0.519 | -0.172 | 0.11 | -0.47 | 0.178 | 0.828 | 1.000 | |
| 糖苷生物碱总量 | 0.396 | -0.309 | 0.474 | -0.299 | 0.277 | -0.415 | -0.001 | 0.965 | 0.947 | 1.000 |

表 3-16　主成分的特征值、方差贡献率及累计贡献率

| 主成分 | 特征值 | 方差贡献率（%） | 累计贡献率（%） |
|---|---|---|---|
| 主成分 1 | 15.88 | 29.96 | 29.96 |
| 主成分 2 | 11.47 | 21.64 | 51.60 |
| 主成分 3 | 8.06 | 15.20 | 66.80 |
| 主成分 4 | 6.22 | 11.73 | 78.53 |
| 主成分 5 | 3.76 | 7.10 | 85.63 |

在每个主成分中，载荷值越高，表明贡献性越大（表 3-17）。第 1 主成分中起主要作用的有苏氨酸、丝氨酸、甘氨酸、丙氨酸、胱氨酸、缬氨酸、蛋氨酸、异亮氨酸、亮氨酸、酪氨酸、苯丙氨酸、赖氨酸、组氨酸、精氨酸和脯氨酸，它们的载荷值分别为 0.827、0.719、0.877、0.735、0.791、0.620、0.657、0.934、0.818、0.861、0.919、0.884、0.929、0.571 和 0.895，命名第 1 主成分为氨基酸因子；第 2 主成分中其主要作用的是水分、淀粉、组蛋白、粗纤维、总膳食纤维、直链淀粉，它们的载荷值分别为 −0.696、0.791、−0.705、−0.910、−0.704、−0.337，命名第 2 主成分因子为马铃薯基本品质特性因子；第 3 主成分中起主要作用的是磷、钾、钙、铁、钠，它们的载荷值分别为 0.710、0.506、−0.489、0.537、0.556，命名第 3 主成分因子为矿物质因子；第 4 主成分中起主要作用的是碘蓝值、胶稠度、凝沉特性，它们的载荷值分别为 0.362、0.443、−0.477，命名第 4 主成分因子为淀粉功能特性因子；第 5 主成分中起主要作用的是 α-卡茄碱、α-茄碱和糖苷生物碱总量，它们的载荷值分别为 0.611、0.543、0.607，命名第 5 主成分因子为糖苷生物碱因子。

## 3.8　马铃薯品质特性的综合评价

通过主成分分析得到前 5 个主成分的累计贡献率为 85.63%，反映了 53 个指标的 85.63% 的综合信息，因此，用这 5 个主成分评价 11 个马铃薯品质特性是可行的。即可用 $Y_1$ 氨基酸因子、$Y_2$ 马铃薯基本品质特性因子、$Y_3$ 矿物质因子、$Y_4$ 淀粉功能特性因子、$Y_5$ 糖苷生物碱因子的 5 个新的综合值来代替原来的 53 个指标对不同品种马铃薯的品质特性进行分析，得到马铃薯的前 5 个主成分的线性关系式分别为：

$Y_1 = -0.478X_1 + 0.268X_2 + 0.158X_3 - 0.203X_4 - 0.077X_5 + 0.394X_6 - 0.181X_7 - 0.181X_8 + 0.827X_9 + 0.719X_{10} + 0.278X_{11} + 0.877X_{12} + 0.735X_{13} + 0.791X_{14} + 0.62X_{15} + 0.657X_{16} + 0.934X_{17} + 0.818X_{18} + 0.861X_{19} + 0.919X_{20} + 0.884X_{21} + 0.929X_{22} + 0.571X_{23} + 0.895X_{24} - 0.238X_{25} + 0.052X_{26} - 0.366X_{27} + 0.253X_{28} + 0.641X_{29} - 0.593X_{30} + 0.577X_{31} - 0.606X_{32} + 0.200X_{33} - 0.254X_{34} + 0.634X_{35} - 0.155X_{36} - 0.595X_{37} + 0.563X_{38} + 0.097X_{39} + 0.369X_{40} - 0.227X_{41} + 0.161X_{42} - 0.125X_{43} - 0.090X_{44} + 0.788X_{45} + 0.032X_{46} + 0.700X_{47} + 0.601X_{48} + 0.200X_{49} - 0.183X_{50} + 0.656X_{51} - 0.057X_{52} - 0.295X_{53}$

表3-17 主成分特征向量

| 指标 | 主成分1 | 主成分2 | 主成分3 | 主成分4 | 主成分5 | 指标 | 主成分1 | 主成分2 | 主成分3 | 主成分4 | 主成分5 |
|---|---|---|---|---|---|---|---|---|---|---|---|
| 水分 | -0.478 | -0.696 | -0.035 | -0.281 | -0.303 | 磷 | 0.253 | 0.157 | 0.710 | -0.362 | 0.275 |
| 淀粉 | 0.268 | 0.791 | -0.300 | -0.091 | -0.098 | 钾 | 0.641 | 0.256 | 0.506 | 0.011 | -0.175 |
| 粗蛋白质 | 0.158 | -0.705 | -0.189 | -0.090 | -0.104 | 钙 | -0.593 | 0.377 | -0.489 | 0.324 | -0.032 |
| 粗脂肪 | -0.203 | -0.472 | 0.762 | 0.247 | 0.170 | 锰 | 0.577 | 0.760 | 0.069 | 0.123 | -0.119 |
| 粗纤维 | -0.077 | -0.910 | 0.106 | 0.131 | 0.006 | 铁 | -0.606 | 0.291 | 0.537 | 0.354 | -0.007 |
| 灰分 | 0.394 | -0.338 | 0.615 | 0.493 | 0.277 | 铜 | 0.200 | 0.695 | 0.406 | -0.486 | -0.173 |
| 总膳食纤维 | -0.181 | -0.704 | 0.089 | -0.506 | 0.031 | 锌 | -0.254 | 0.601 | 0.308 | 0.255 | -0.614 |
| 天冬氨酸 | 0.394 | -0.263 | -0.468 | 0.516 | -0.004 | 钠 | 0.634 | 0.347 | 0.556 | 0.338 | 0.122 |
| 苏氨酸 | 0.827 | 0.008 | 0.030 | -0.395 | -0.269 | 维生素 B$_6$ | -0.155 | -0.793 | -0.037 | 0.294 | 0.352 |
| 丝氨酸 | 0.719 | -0.343 | 0.103 | -0.503 | -0.263 | 维生素 C | -0.595 | 0.429 | -0.107 | -0.303 | -0.210 |
| 谷氨酸 | 0.278 | -0.497 | -0.137 | 0.767 | 0.084 | α-卡茄碱 | 0.563 | 0.373 | -0.096 | -0.351 | 0.611 |
| 甘氨酸 | 0.877 | 0.011 | 0.183 | -0.345 | -0.256 | α-茄碱 | 0.097 | 0.556 | -0.105 | -0.566 | 0.543 |
| 丙氨酸 | 0.735 | -0.397 | -0.015 | -0.298 | -0.294 | 糖苷生物碱总量 | 0.369 | 0.476 | -0.105 | -0.468 | 0.607 |
| 胱氨酸 | 0.791 | -0.260 | -0.526 | 0.093 | -0.124 | 水分 | -0.227 | 0.411 | 0.512 | 0.262 | -0.212 |
| 缬氨酸 | 0.620 | -0.709 | -0.209 | 0.189 | -0.024 | 纯度 | 0.161 | 0.167 | -0.652 | -0.500 | 0.067 |

（续表）

| 指标 | 主成分 | | | | |
|---|---|---|---|---|---|
| | 主成分 1 | 主成分 2 | 主成分 3 | 主成分 4 | 主成分 5 |
| 蛋氨酸 | 0.657 | -0.435 | -0.244 | 0.538 | 0.128 |
| 异亮氨酸 | 0.934 | -0.210 | -0.104 | -0.079 | -0.162 |
| 亮氨酸 | 0.818 | 0.102 | 0.106 | -0.452 | -0.239 |
| 酪氨酸 | 0.861 | 0.227 | 0.298 | 0.239 | 0.199 |
| 苯丙氨酸 | 0.919 | -0.236 | -0.048 | -0.003 | -0.245 |
| 赖氨酸 | 0.884 | 0.351 | -0.186 | 0.139 | 0.043 |
| 组氨酸 | 0.929 | -0.192 | 0.035 | 0.166 | -0.219 |
| 精氨酸 | 0.571 | 0.361 | -0.271 | 0.585 | 0.017 |
| 脯氨酸 | 0.895 | -0.081 | 0.068 | 0.143 | -0.050 |
| 钠 | -0.238 | -0.528 | -0.668 | -0.087 | 0.132 |
| 镁 | 0.052 | 0.911 | -0.126 | 0.1232 | -0.032 |
| 铝 | -0.366 | 0.599 | -0.239 | 0.454 | -0.313 |

| 指标 | 主成分 | | | | |
|---|---|---|---|---|---|
| | 主成分 1 | 主成分 2 | 主成分 3 | 主成分 4 | 主成分 5 |
| 色泽 L | -0.125 | 0.127 | -0.530 | -0.301 | 0.504 |
| 直链淀粉 | -0.090 | -0.337 | -0.813 | 0.027 | -0.040 |
| 溶解度 | 0.788 | 0.043 | -0.127 | -0.298 | 0.230 |
| 膨胀度 | 0.032 | 0.486 | -0.682 | 0.211 | -0.120 |
| 透光率 | 0.700 | 0.490 | -0.061 | 0.201 | -0.125 |
| 碘蓝值 | 0.601 | 0.188 | -0.212 | 0.362 | 0.561 |
| 胶稠度 | 0.200 | 0.321 | -0.307 | 0.443 | 0.439 |
| 凝沉特性 | -0.183 | -0.608 | 0.376 | -0.477 | 0.224 |
| 硬度 | 0.656 | -0.444 | 0.573 | 0.108 | 0.060 |
| 咀嚼性 | -0.057 | -0.012 | 0.778 | 0.180 | 0.252 |
| 弹性 | -0.295 | 0.257 | 0.557 | 0.117 | 0.309 |

$Y_2 = -0.696X_1 + 0.791X_2 - 0.705X_3 - 0.472X_4 - 0.910X_5 - 0.338X_6 - 0.704X_7 - 0.263X_8 + 0.008X_9 - 0.343X_{10} - 0.497X_{11} + 0.011X_{12} - 0.397X_{13} - 0.260X_{14} - 0.709X_{15} - 0.435X_{16} - 0.210X_{17} + 0.102X_{18} + 0.227X_{19} - 0.236X_{20} + 0.351X_{21} - 0.192X_{22} + 0.361X_{23} - 0.081X_{24} - 0.528X_{25} + 0.911X_{26} + 0.599X_{27} + 0.157X_{28} + 0.256X_{29} + 0.377X_{30} + 0.760X_{31} + 0.292X_{32} + 0.695X_{33} + 0.601X_{34} + 0.347X_{35} - 0.794X_{36} + 0.429X_{37} + 0.373X_{38} + 0.556X_{39} + 0.476X_{40} + 0.411X_{41} + 0.167X_{42} + 0.127X_{43} - 0.337X_{44} + 0.043X_{45} + 0.486X_{46} + 0.490X_{47} + 0.188X_{48} + 0.321X_{49} - 0.608X_{50} - 0.444X_{51} - 0.012X_{52} + 0.257X_{53}$

$Y_3 = -0.035X_1 - 0.300X_2 - 0.189X_3 + 0.762X_4 + 0.106X_5 + 0.615X_6 + 0.089X_7 - 0.468X_8 + 0.030X_9 + 0.103X_{10} - 0.137X_{11} + 0.183X_{12} - 0.015X_{13} - 0.526X_{14} - 0.209X_{15} - 0.244X_{16} - 0.104X_{17} + 0.106X_{18} + 0.298X_{19} - 0.048X_{20} - 0.186X_{21} + 0.035X_{22} - 0.271X_{23} + 0.068X_{24} - 0.668X_{25} - 0.126X_{26} - 0.239X_{27} + 0.710X_{28} + 0.506X_{29} - 0.489X_{30} + 0.069X_{31} + 0.537X_{32} + 0.406X_{33} + 0.308X_{34} + 0.556X_{35} - 0.037X_{36} - 0.107X_{37} - 0.096X_{38} - 0.105X_{39} - 0.105X_{40} + 0.512X_{41} - 0.652X_{42} - 0.530X_{43} - 0.813X_{44} - 0.127X_{45} - 0.682X_{46} - 0.061X_{47} - 0.212X_{48} + 0.307X_{49} + 0.375X_{50} + 0.573X_{51} + 0.778X_{52} + 0.557X_{53}$

$Y_4 = -0.281X_1 - 0.091X_2 - 0.09X_3 + 0.247X_4 + 0.131X_5 + 0.493X_6 - 0.506X_7 + 0.516X_8 - 0.395X_9 - 0.503X_{10} + 0.767X_{11} - 0.345X_{12} - 0.298X_{13} + 0.093X_{14} + 0.189X_{15} + 0.538X_{16} - 0.079X_{17} - 0.452X_{18} + 0.239X_{19} - 0.003X_{20} + 0.139X_{21} + 0.166X_{22} + 0.585X_{23} + 0.143X_{24} - 0.087X_{25} + 0.123X_{26} + 0.454X_{27} - 0.362X_{28} + 0.011X_{29} + 0.324X_{30} + 0.123X_{31} + 0.354X_{32} - 0.486X_{33} + 0.255X_{34} + 0.338X_{35} + 0.294X_{36} - 0.303X_{37} - 0.351X_{38} - 0.566X_{39} - 0.468X_{40} + 0.262X_{41} - 0.500X_{42} - 0.301X_{43} + 0.027X_{44} - 0.298X_{45} + 0.211X_{46} + 0.201X_{47} + 0.362X_{48} + 0.443X_{49} - 0.477X_{50} + 0.108X_{51} + 0.108X_{52} + 0.117X_{53}$

$Y_5 = -0.303X_1 - 0.098X_2 - 0.104X_3 + 0.17X_4 + 0.006X_5 + 0.277X_6 + 0.031X_7 - 0.004X_8 - 0.269X_9 - 0.263X_{10} + 0.084X_{11} - 0.256X_{12} - 0.294X_{13} - 0.124X_{14} - 0.024X_{15} + 0.128X_{16} - 0.162X_{17} - 0.239X_{18} + 0.199X_{19} - 0.245X_{20} + 0.043X_{21} - 0.219X_{22} + 0.017X_{23} - 0.05X_{24} + 0.132X_{25} - 0.032X_{26} - 0.313X_{27} + 0.275X_{28} - 0.175X_{29} - 0.032X_{30} - 0.119X_{31} - 0.007X_{32} + 0.173X_{33} - 0.614X_{34} + 0.122X_{35} + 0.352X_{36} - 0.210X_{37} + 0.611X_{38} + 0.543X_{39} + 0.607X_{40} - 0.212X_{41} + 0.067X_{42} + 0.504X_{43} - 0.040X_{44} + 0.230X_{45} - 0.120X_{46} - 0.125X_{47} + 0.561X_{48} + 0.439X_{49} + 0.224X_{50} + 0.060X_{51} + 0.252X_{52} + 0.309X_{53}$

以每个主成分对应的特征值的方差提取贡献率 $\alpha_i$ 建立不同品种马铃薯的综合评价模型 $Y = 0.3499Y_1 + 0.2527Y_2 + 0.1775Y_3 + 0.1370Y_4 + 0.0829Y_5$，计算不同品种马铃薯的综合评分，结果如表3-18所示，其中排在前三位的分别为甘肃的陇薯8号、甘肃的LY08104-12及黑龙江的克新27，最靠后的为布尔班克。

表 3-18　主成分得分

| 编号 | 名称 | 主成分得分 | | | | | 综合得分 | 排名 |
| --- | --- | --- | --- | --- | --- | --- | --- | --- |
| | | 主成分1 | 主成分2 | 主成分3 | 主成分4 | 主成分5 | | |
| 1 | 垦薯1号 | 0.3269 | -0.4879 | 0.1326 | -1.0902 | -1.6505 | -0.2715 | 7 |

（续表）

| 编号 | 名称 | 主成分得分 | | | | | 综合得分 | 排名 |
|---|---|---|---|---|---|---|---|---|
| | | 主成分 1 | 主成分 2 | 主成分 3 | 主成分 4 | 主成分 5 | | |
| 2 | 布尔班克 | −0.5608 | −1.2293 | −1.5049 | 0.1374 | 0.8720 | −0.6829 | 9 |
| 3 | 抗疫白 | −0.0563 | −0.6965 | −0.7632 | −0.9303 | −0.4695 | −0.4976 | 8 |
| 4 | 克新 27 | 0.0335 | 1.2419 | 0.0534 | −1.499 | 1.5578 | 0.2589 | 3 |
| 6 | LZ111 | −0.4845 | 0.8036 | 0.1834 | 0.4538 | −1.1471 | 0.0332 | 4 |
| 8 | 陇薯 7 号 | −1.0783 | 1.3878 | −0.6933 | 1.1342 | −0.2462 | −0.0147 | 5 |
| 9 | LY08104−12 | 1.5910 | −0.5061 | −0.1896 | 1.4378 | 0.4060 | 0.6257 | 2 |
| 10 | 陇薯 8 号 | 1.4594 | 0.5379 | 0.7936 | 0.0094 | 0.1178 | 0.7985 | 1 |
| 11 | 荷兰薯 | −1.2311 | −1.0519 | 1.9880 | 0.3468 | 0.5597 | −0.2497 | 6 |

# 第4章 马铃薯淀粉品质特性基本概况

马铃薯是碳水化合物的极佳来源，也含有大量的蛋白质、抗坏血酸和其他维生素、酚类物质以及磷、钾和钙等矿物质，这些化学成分的结构和组成直接影响马铃薯及其制品的质量。一直以来，马铃薯被认为是一种高价值的蔬菜作物，作为新鲜或加工食品有多种用途（Garhwal，2020）。马铃薯中淀粉含量约为70%（干基）以上，是重要的植物淀粉来源，其生产量和商品量在所有淀粉种类中居第二位（蔡沙，2019）。马铃薯淀粉颗粒大，支链淀粉分子上结合有磷酸基团，具有较高的峰值黏度、较好的糊透明度、较低的糊化温度、较强的吸水力等特点，表现出良好的糊化、流变及质构等特性，能有效提高面团的弹性、改善面团的流变性，提高面条的复水性等功能（Cao，2019）。马铃薯淀粉与非淀粉多糖和糖类的分子组织及其相互作用是影响马铃薯制品如土豆泥、炸薯条和薯片感官特性和保质期的重要因素。2015年全球淀粉年产量约为8 500万t，其中马铃薯淀粉产量约占四分之一，马铃薯淀粉可以作为食品配料制作各种各样的产品，也可以作为工业原料。

目前关于马铃薯淀粉的研究较多，不同品种马铃薯淀粉具有典型的特征而又有差异，并对不同加工产品具有显著影响，为了更加深入地了解马铃薯淀粉的品质特性以及各品质特性的特点，本章主要从马铃薯淀粉的化学特性和结构、功能特性、消化特性、微观结构特性、流变学特性、黏度特性、热力学特性，淀粉的改性、产品及淀粉品质特性未来发展方向等10个方面进行分析，以期为马铃薯淀粉的加工利用提供一定的依据。

## 4.1 马铃薯淀粉的化学特性和结构

马铃薯的淀粉含量按新鲜重量计算为13.5%~15%，按干重计算为75%~80%。不同品种的马铃薯淀粉含有20%~33%（干重）的直链淀粉（Ma，2020）。但也有低直链淀粉和高直链淀粉的品种，如通过基因工程来抑制颗粒结合淀粉酶的表达，培育的直链淀粉含量极低（0%~3%）的高支链淀粉品种和直链淀粉含量很高（40%~87%）的低支链淀粉品种（Zhong，2020），研究表明直链淀粉含量越高的品种总淀粉越少（Zhao，2018）。直链淀粉和支链淀粉含量及其比例、直链淀粉链长分布、分枝程度和各自支链长度的大小与马铃薯淀粉的消化率、糊化温度和黏度等特性有关，从而直接影响马铃薯品种的用途，如支链淀粉含量高的品种适合用于家庭沙拉或奶油土豆等菜肴，因为这些品种的马铃薯细胞结构在加热过程中保持完整；直链淀粉含量高的品种黏性较低，更适合烘焙、捣碎、油炸和切碎，因为这些品种马铃薯的细胞较大，细胞形状不规则，煮熟后，细胞充满淀粉而易于破裂（Bang，2019）。

马铃薯淀粉在自然界中以不连续的交替结晶和非晶态形式存在,具有明显的折射率。当用偏振光显微镜观察时,形成了一种独特的图案。马铃薯淀粉颗粒直径大小为 10~110 nm,平均直径为 40~50 nm(韩文芳,2020)。淀粉的颗粒结构基本上是由控制淀粉生物合成的遗传因素决定的。马铃薯淀粉是两种多糖混合物,即直链淀粉和支链淀粉。直链淀粉是一种相对较长,分枝少,含有大约 99% 的 $\alpha$-1,4-糖苷键和 1% 的 $\alpha$-1,6-糖苷键;支链淀粉是一种高度支化结构,包含大约 95% 的 $\alpha$-1,4-糖苷键和 5% 的 $\alpha$-1,6-糖苷键,支链淀粉的葡萄糖基通过 $\alpha$-1,4-糖苷键连接构成主链(C 链),支链通过 $\alpha$-1,6 糖苷键与主链连接,支链称为 B 链,B 链又有侧链,称为 A 链,A 链无分支。A 链和 B 链本身由 $\alpha$-1,4-糖苷键连接而成。直链淀粉存在于颗粒状淀粉中,呈晶体阵列排列的单个螺旋状(Li,2020),直链淀粉在淀粉颗粒中的确切位置仍未确定。多项研究表明,直链淀粉与支链淀粉外支链共结晶,在马铃薯淀粉中形成双螺旋(Maizoobi,2020)。

淀粉特性包括直链淀粉含量、支链淀粉含量、糊化特性(低谷黏度、最终黏度、回升值、峰值黏度、降落值、起始糊化温度)、结晶度、相对分子量大小及分布、磷含量、颗粒大小等。马铃薯淀粉的支链淀粉含量达 80% 以上,其直链淀粉的聚合度也较高。马铃薯淀粉糊的黏度峰值平均达 3 000 BU,明显高于玉米淀粉(600 BU)、木薯淀粉(1 000 BU)和小麦淀粉(300 BU)的糊浆黏度峰值。马铃薯淀粉由于有着较大的颗粒(平均粒径为 30~40 μm),具有较高的膨胀力。其内部结构较弱,分子结构中含有磷酸基团,几乎完全以共价键结合于淀粉中,磷酸基电荷间相互排斥,有利于胶化,从而促进了膨胀作用,并具有较高的透明度(Wikman,2014)。马铃薯品种繁杂,同一种属,虽然晶型一致,但是结构仍有差别,如支链淀粉含量、结晶度、相对分子量大小及分布、磷含量、颗粒大小等,而这些差别又会导致性质方面的差别,从而导致产品的不同。Singh 等(2016)对新西兰马铃薯淀粉的物化性质与组成进行相关性分析,结果显示直链淀粉含量与膨润度、峰值黏度呈负相关,磷含量与透光率、峰值黏度呈正相关。Kaur 等(2007)研究发现高粒径淀粉具有较高的直链淀粉含量、较高的抗消化性,糊化峰值黏度、最终黏度、破损值、回升值均高,仅峰值温度稍低。

## 4.2　马铃薯淀粉的功能特性

淀粉在食品和非食品中有许多有用的特性,包括增稠、涂层、胶凝、黏合和封装,其中一些功能特性受直链淀粉和支链淀粉的结构及其组织结构的不同而对聚合物产生影响。膨胀、糊化、老化和流变特性是淀粉功能的基础,是淀粉应用中最重要的方面,许多先进的分析技术用来表征马铃薯淀粉的功能性。然而,马铃薯淀粉功能特性的真实值随马铃薯来源和分析方法的不同而不同。

淀粉颗粒主要由直链淀粉和支链淀粉组成,这 2 种大分子聚合物占淀粉干重的 98%~99%。由于直链淀粉分子呈直链状结构,空间阻碍小,易于回生;支链淀粉分子呈树枝状结构,分支较多,空间阻碍较大,不宜回生。因此,直链淀粉和支链淀粉的含量及特性是影响产品食用品质的重要因素。马铃薯中直链淀粉含量为 18.16%~28.26%(王颖,

2016）；Liu（2011）研究发现小米直链淀粉含量为 11. 15%～25. 21%；玉米淀粉直链淀粉含量为 26. 58%～33. 73%。结果表明，不同类型的淀粉及同一类型中不同品种的直链淀粉含量均差异显著，不仅受基因型影响，也可能与品种差异和产地差异有关。研究发现，直链淀粉含量与支链淀粉含量直接影响产品的品质特性。其中，直链淀粉含量与小米饭的柔软性、香味、色泽、光泽密切相关。直链淀粉含量大于 25%时，小米蒸煮后米饭干燥、蓬松、色暗，冷后变硬夹生，出饭率高；直链淀粉含量小于 18%时，小米蒸煮后米饭较黏湿，富有光泽，冷却后仍柔软，但过热后光泽很快散裂分解，出饭率低；直链淀粉含量 18%～25%的品种蒸煮的米饭既能保持高含量类型的蓬松性，冷却后又能保持低含量类型的柔软质地。

淀粉的组成不仅与传统产品的品质特性密切相关，对产品的透明度、回生程度、贮藏稳定性、加工特性等也影响显著。因此，研究淀粉的胶稠度、碘蓝值、溶解性和膨胀性等功能特性，不仅可以科学地划分评价产品质量特性，也为开发淀粉新产品原料的选择、产品品质特性改善及新品种的培育提出指导意义。

## 4.2.1 糊化和老化

淀粉在水中加热时，颗粒会发生有序到无序的相变；糊化是淀粉颗粒内分子秩序的破坏，它伴随着不可逆的性质变化，如颗粒溶胀、结晶熔解、折射率消失、黏度增大和增溶等。最初的糊化温度和发生糊化的温度范围取决于淀粉浓度、观察方法、颗粒类型和颗粒间的距离。在老化过程中，直链淀粉和支链淀粉重新结合并形成有序结构，该过程影响了面包和许多其他烘焙食品的保藏性（Wand，2015）。

当淀粉被煮熟时，颗粒浆体的流动行为发生明显变化，因为悬浮体变成膨胀颗粒的分散体，然后变成部分分解颗粒，最后变成残余颗粒和游离的直链淀粉和支链淀粉。煮熟淀粉糊一般是由膨胀颗粒的分散相和直链淀粉的连续相组成的两相体系，可以看作一种聚合物复合材料，其中膨胀的颗粒嵌入在直链淀粉分子的连续基质中。

在食品加工过程中，淀粉悬浮液受到高温和剪切速率的双重作用，从而影响淀粉的物理性质和产品的最终特性。根据淀粉浓度的不同，淀粉产品的最终特点是增稠溶液或凝胶结构。如果直链淀粉相是连续的，那么支链淀粉在冷却时与直链淀粉的线状结构聚集会形成一种强凝胶。在商品淀粉中，马铃薯淀粉的黏度最大，糊化温度最低，冷却后黏度略微增加，这表明马铃薯淀粉比其他淀粉更容易成胶，产生更黏稠的糊状物，而且容易断裂。

## 4.2.2 胶稠度

现行《粮油检验 大米胶稠度的测定》（GB/T 22294—2008）标准中规定胶稠度为在一定条件下，一定量的大米粉糊化、回生后的胶体，在水平状态流动的长度（mm）。其反映米胶冷却后的胶稠程度，与米饭的柔软性有关，是米饭蒸煮品质的主要评价指标之一。胶稠度高，则米胶长，米饭柔软、适口性好，反之较硬，适口性差。同时胶稠度能反映稻米中直链淀粉含量及支链淀粉和直链淀粉分子的综合利用。王润奇等（1986）总结中国北方人民喜食的优质小米应具有的胶稠度标准，据米胶延伸的长短分为米胶长度小于

80 mm 为硬胶稠度，80～120 mm 为中胶稠度，大于 120 mm 为软胶稠度。韩俊华等（2012）研究发现，谷子淀粉的胶稠度为52.2～189.3 cm；孙园园（2016）分析797份稻米资源的胶稠度，其变化范围是 22～100 mm。胶稠度除与品种有关，还和测定过程中样品粉粒大小、放置温度、溶液浓度和加热时间有关。研究发现，小米的胶稠度好于稻米，这也与小米适合产妇、术后恢复主要食用原料有很大关系。因此，在同一条件下，比较分析不同品种、不同样品的胶稠度对各类产品的加工利用具有很好作用。

## 4.2.3　碱消值

碱消值是衡量谷物、稻米等蒸煮品质的重要指标。《米质测定方法》（NY/T 83—2017）依据米粒胚乳的分解情况，将碱消值分为 7 级，并将 7 级分为三类，每一类分别与糊化温度范围相对应，其中高糊化温度的样品，碱消值为 1～3 级，糊化温度>74℃；中糊化温度样品，碱消值为 4～5 级；糊化温度范围为 70～74℃；低糊化温度的样品，碱消值为 6～7 级，糊化温度<70℃。糊化时由于米粉糊加热，淀粉粒吸水膨胀，使得大多数淀粉粒丧失其特有的偏振十字图形，变得更透明，且黏滞性上升，使得可溶性物质进入水中。因此，碱消值反映碱溶液对谷物胚乳淀粉粒的消解程度，它与淀粉的结构和性质有关，也可以间接测定淀粉的糊化温度范围。碱消值的高低与直链淀粉含量有线性关系，跟支链淀粉的空间结构及合成也有很大的关联（孙园园，2016）。张艳霞（2007）研究发现，直链淀粉与消减值呈极显著正相关，与稻米淀粉的相对结晶度呈显著负相关。樊巧利等（2016）测定赤峰农科院和清水河县的 22 个谷子品种，结果发现，谷子的碱消值处于中等糊化温度范围，其中糯质品种的糊化温度较高，而非糯类型的品种糊化温度低，小米更容易煮熟，而关于马铃薯淀粉的碱消值与加工产品之间的关系研究未见报道，需要进一步研究。

## 4.2.4　溶解度和膨胀度

当淀粉在过量的水中加热时，其晶体结构被破坏，水分子通过氢键与暴露在外的直链淀粉和支链淀粉的羟基结合，导致颗粒膨胀和溶解度增加。颗粒肿胀的程度采用肿胀因子来衡量，可以通过测量颗粒间和颗粒内的水分含量来表征（刘传菊，2019）。

溶解度和膨胀度都是用来说明待测样品与水之间的相互作用能力。溶解度反映样品的水溶能力，是衡量样品在水中溶解性大小的尺度。膨胀度则反映样品的水合能力，可用来说明样品分子内部化学键的结合强度。此外，溶解度和膨胀度还可间接反映待测样品的糊化程度，糊化程度越高，样品的溶解度和膨胀度也越大（冷雪，2015）。淀粉的溶解度和膨胀度主要与淀粉组成、直/支链淀粉含量、结构、淀粉微晶束结构等因素有关（Li，2014）。李玲伊（2013）研究表明马铃薯及玉米淀粉颗粒大且内部结构较为微弱，小米淀粉颗粒较小，内部结构紧密，使得小米淀粉的溶解度显著低于马铃薯淀粉和玉米淀粉。杨斌（2012）等研究发现，小米淀粉溶解度在50℃之前基本不变，在50～90℃升温过程中，溶解从 0.06～0.95 g/100 mL 增加至 6.4～57.93 g/100 mL，其中 50～60℃时溶解度增加较慢，70～90℃时增加较快。溶解度随着温度升高呈线性上升，是由于在加热过程中，淀粉中的极性基团暴露出来与水形成氢键结合，淀粉开始溶解，随着温度继续升高，淀粉团粒发生崩解，直、支链淀粉游离出来，即溶解度随温度的上升而增加。

膨胀作用是淀粉糊化时的动力学过程。通常是指淀粉颗粒吸水后体积发生膨大，支链淀粉微晶束开始溶解，直链淀粉晶体双螺旋结构打开并溶解，直链淀粉脱离，胶体形成，直链淀粉重新结晶的过程（熊善柏，2000）。小米淀粉的膨胀度介于马铃薯淀粉和玉米淀粉之间，马铃薯淀粉的膨胀度最高，是由于其颗粒内部结构较为疏松，而且其支链淀粉中的磷酸基电荷有相互排斥的作用，促进膨胀作用。杨斌（2012）等研究发现，小米淀粉在 50~90℃ 的升温过程中，膨胀度随着温度的升高而呈增大趋势，膨胀度从 2.09~2.33 g/g 增加到 14.27~26.30 g/g。在 50~60℃升温阶段膨胀体积变化较小，是初始膨胀阶段；60~90℃升温阶段膨胀体积变化较大，是迅速膨胀阶段，显示出典型的二段膨胀过程，属限制型膨胀淀粉。Sandhu（2007）对不同直链淀粉含量的大米、玉米溶解度和膨润性进行研究发现，随支链淀粉含量升高，淀粉具有更加疏松开放的结构允许淀粉的吸水、膨胀，膨润力及溶解度均呈增大趋势。

### 4.2.5 透光率

淀粉的透光率反映淀粉与水互溶的能力及膨胀程度，其大小直接影响淀粉及淀粉产品的外观、用途及可接受性，透光率越大食品的色泽和质地越好。淀粉的透光率与淀粉中直/支链淀粉比例有关，直链淀粉含量越高，透光率越低。淀粉糊化后，其分子重新排列相互缔合的程度是影响淀粉糊透光率的重要因素。如果淀粉颗粒在吸水与受热时能够完全膨润，并且糊化后淀粉分子也不发生相互缔合，淀粉糊就非常透明（张田力，1988）。淀粉在老化回生过程中，直链淀粉分子互相缠绕形成交联网络和凝胶束，减弱光的透射，而淀粉粒中的支链淀粉则逐渐分散于直链淀粉形成的交联网中，由于支链淀粉分子较大，支链数目较多，这一过程需几天至几周才能完成，因此随着支链淀粉的逐渐分散，凝胶的逐步形成，透光率会下降到一极限值。杨斌（2012）等研究发现，谷子淀粉的透光率范围是 4.4%~22.3%，大多数样品透光率在 10% 以下，显著低于马铃薯淀粉。而马铃薯淀粉的颗粒大且结构松散，透光率大，因此，开发新的淀粉的特性品种，对于新产品的研发具有重要意义。

### 4.2.6 冻融稳定性

冻融稳定性主要指淀粉糊经过一段时间的冷冻之后，自然解冻，淀粉糊仍可保持原来胶体结构的性质。淀粉糊在冷冻和解冻过程中会发生脱水收缩，形成海绵状结构，析出的水分越多，失去原来的胶体结构，冻融稳定性越差。随着冻融时间的增加，淀粉分子之间容易发生取向排列，形成氢键，使淀粉分子间的水分子挤压出来，导致淀粉的抗冷冻和持水能力变差，使淀粉食品不能保持原有的质构，影响食品的品质，淀粉中直链淀粉含量高会使淀粉糊在冷却的过程中回生速度更快，冻融稳定性更差，冻融稳定性好的淀粉，适宜于冷冻食品的加工。申瑞玲等（2015）研究发现，谷子淀粉冷冻 24 h 后的析水率为 7.08%~37.79%。比较不同来源的淀粉冻融稳定性发现，小麦（54.2%）（李学红，

2015)、甘薯（69.3% ~ 73.4%）（周婵媛，2017）、大麦（30% ~ 40%）（张黎明，2016）的冻融稳定性均高于谷子，因此，冻融稳定性越好的淀粉在开发冷冻食品方面具有巨大潜力。

### 4.2.7　凝沉性

凝沉主要是由于直链淀粉分子间相互结合形成大的颗粒或束状结构，达到一定程度时便发生沉降，即直链淀粉含量越高，沉降速度越快（杨斌，2012）。申瑞玲等（2015）研究发现，谷子淀粉凝沉过程中上清液随着静置时间的延长而逐渐增加，静置 4 h 后淀粉的凝沉速率显著增加，并于 40 h 后上清液体积基本达到稳定；李玲伊等（2013）研究发现，小米淀粉稳定性显著优于玉米淀粉。放置过程中，淀粉越稳定越有利于淀粉食品的开发。

### 4.2.8　碘蓝值

碘蓝值是评价淀粉与碘发生反应产生蓝色复合物多少的指标。样品中游离淀粉含量越多，直链淀粉含量越高，细胞的破损程度越大，颜色越深。因此，可以通过碘蓝值间接判断细胞破损的难易程度。碘蓝值越小，说明在加工过程中细胞抵抗外界机械力的能力越强，破损的细胞少，基本保持细胞的完整性，因此更能保持原料的天然风味和营养价值（田鑫，2017）。碘蓝值目前已广泛应用于水稻、玉米、小麦等淀粉类食品品质的评价（Hong，2016）。杨斌等（2012）分析谷子淀粉的碘蓝值为 0.568 ~ 0.872；高金梅等（2017）研究发现，普通玉米淀粉中的碘蓝值为 0.32 ~ 0.37，糯玉米淀粉的碘蓝值为 0.10 ~ 0.11。谷子淀粉的碘蓝值显著高于玉米淀粉，初步说明谷子加工过程中更能保证其原有的风味和影响价值。而目前关于马铃薯淀粉碘蓝值与加工产品之间的关系未见报道，需要进一步研究。

## 4.3　马铃薯淀粉的消化特性

淀粉是碳水化合物的主要存在形式，并贮藏于稻米、小麦、玉米及谷类等组织中。Englyst（1992）依据淀粉在人体中消化速率把淀粉分为快速消化淀粉（rapidly digestible starch，RDS）、慢速消化淀粉（slowly digestible starch，SDS）和抗性淀粉（resistant starch，RS）。RDS 能引起血糖迅速升高，而 SDS 可保持饭后血糖缓慢增加，且能维持很长一段时间的血糖水平稳定，有利于糖尿病、心血管疾病和肥胖病患者病情调节和控制。RS 是经过折叠、卷曲形成的更坚实的结晶结构，具有更强的抗酶解性，能改善糖代谢、脂代谢和肠道代谢，从而维持人体健康。

淀粉的品种、粒度、晶体结构、晶体类型、直链淀粉含量与分子聚合度、直链淀粉与脂质形成的包被复合物等与淀粉的消化特性密切相关。Chung（2010）等对不同商业水稻品种研究结果表明，直链淀粉含量与 RDS 含量呈负相关，与 SDS 和 RS 含量呈正相关。缪铭（2009）研究发现，普通玉米、蜡质玉米、小麦、糯米、大米、马铃薯淀粉的 RDS 分别为 26.6%、32.4%、37.1%、33.2%、30.6% 和 8.3%，SDS 分别为 51.8%、49.2%、52.0%、46.1%、45.3% 和 16.9%，RS 分别为 21.6%、18.4%、10.9%、20.7%、24.1% 和 74.8%。结果显示，谷物淀粉是理想的 SDS 原料，而马铃薯淀粉属于典型的 RS 原料。杜文娟等（2014）研究发现，谷子淀粉的 RDS 为 18.42% ~ 56.69%，SDS 为 14.37% ~ 64.07%，RS 为 2.14% ~ 45.29%。不同种类淀粉的各消化特性参数差异显著，可通过品种选育和基因控制，生产出适合心脑血管和糖尿病疾病患者饮食的理想产品。

### 4.3.1 马铃薯淀粉的消化吸收率

RDS 通常被认为是最不健康的部分，因为淀粉的快速水解导致血糖和胰岛素水平快速上升。在马铃薯中，煮沸后的 RDS 含量可高达 53% ~ 86%（Dupuis，2016）。SDS 在体内的消化时间大致相当于食物通过小肠所需的时间，由于这种缓慢的消化特性，SDS 可以持续提供能量，并有助于控制血糖和胰岛素水平，即使在总体血糖指数较高的食物中也是如此。Englyst（1992）研究发现煮熟马铃薯中的 SDS 含量为 10%，Mishra（2008）发现速食土豆泥中的 SDS 高达 45%。这两项研究中 SDS 含量的差异很大程度上是由于速食土豆泥中加了冷却处理，有利于沉淀和 SDS 的形成。由于淀粉的消化吸收率不同，使得 SDS 含量高的食物比 RDS 含量高的食物更符合消费者的需求，因此，SDS 含量高的食品可以作为糖尿病患者的一种功能性食品。RS 是一种有效的淀粉基纤维部分，可以抵抗肠道淀粉酶分解，因此不能被消化进入大肠。未煮熟的马铃薯中 RS 含量高达 75%，然而，煮熟后，RS 含量下降到 5% ~ 10%（Englyst，1992），但一些食品 RS 可能会在冷却期间恢复（即煮土豆后再冷藏），并导致血糖指数降低（Dupuis，2016）。在大肠中，RS 可能作为大肠内益生菌的发酵底物发挥着益生元的作用，同时 RS 也促进了其他益生菌的生长。den Besten（2013）研究发现 RS 能增加肠道乳酸菌和双歧杆菌的数量。这些微生物和其他有益微生物发酵 RS 并排泄短链脂肪酸（乙酸、丙酸和丁酸），对结肠腺细胞和结肠健康有积极作用，从而有助于预防结肠癌。尽管 RS 对健康有明显的积极影响，但在德国、印度、新西兰、澳大利亚和美国，RS 的日消耗量为每天 2 ~ 10 g；在中国及其他发展中国家，摄取量可能高达 18 ~ 40 g/d。然而，每天摄入 20 g/d 的 RS 对于人体的生长代谢是必要的，但是不同加工工艺会显著降低 RS 的含量，这对加工工艺和贮藏环节提出了新的挑战。

由于熟马铃薯产品具有较高的 RDS 水平和高血糖指数（hyperglycemic index，GI），因此，全球马铃薯消费量受其影响而降低（Fernqvist，2015）。以白面包为参照（GI = 100），经过各种烹饪处理（烘烤、煮沸、微波、薯片或薯条）的马铃薯的 GI 值始终在 100 以上。这些结果可能会误导普通消费者，但马铃薯（以及许多富含碳水化合物的食物，如面食和米饭）通常不是单独食用，而是餐中辅助食物。当与其他食物一起食用时，马铃薯的 GI 值显著降低。例如，当马铃薯涂上奶酪或与肉、油和沙拉一起食用时，马铃薯的 GI 值降低了 50% 或更多；与花椰菜一起食用时血糖反应降低了约 20%（Schwingshackl，2019）。Kalita（2018）研究发现白色、红色、紫色和黄色马铃薯提取物中的多酚部分具有抑制消化酶的作用，可以部分调节马铃薯的血糖指数。因此，马铃薯提取物可能对控制 Ⅱ 型糖尿病有贡献。

## 4.3.2　提高马铃薯抗性淀粉含量的方法

增加马铃薯淀粉 RS 含量的方法有很多种，如采用酶水解或细菌分解等方法可以开发出新的富含 RS 的马铃薯淀粉衍生物。许多提高 RS 的方法对不同的淀粉类型有相似但不同的效果。

### 4.3.2.1　基因工程或选择性育种

在马铃薯生长代谢过程中改变淀粉的性质，可以提高 RS 的含量。通过 RNA 干扰或反转录 RNA 抑制会增加转基因马铃薯直链淀粉含量。一般来说，高直链淀粉含量的马铃薯在煮熟状态具有较高的 RS 含量。由于磷酸化酶的过度表达，转基因方法也会增加支链淀粉的长度和磷含量，而降低 RS 含量。由于马铃薯淀粉的天然消化率较低，磷含量高于大多数淀粉，磷的增加可能会降低高直链淀粉的消化率。

### 4.3.2.2　热水老化处理

热水处理（heat moisture treatment，HMT）改变包装内直链淀粉和支链淀粉颗粒的物理特性，但可以保持颗粒完好无损。一般来说，老化是在远低于凝胶化温度和过量水中进行的。但高温（90~120℃）高压下的老化水分要低得多（10%~30%），这使得高温高压能在特殊条件下有效地进行高压灭菌。当典型的高压灭菌在超过水分的情况下进行时，会发生完全的颗粒破坏。在未糊化的马铃薯淀粉中，HMT 降低了 RS 含量，增加了 SDS 含量，提高了颗粒的整体热稳定性。然而，煮熟的马铃薯样品 RS 含量更高（Hung，2017）。此外，简单的淀粉煮沸后再进行回生（一次或循环）以及煮熟的全马铃薯，有利于淀粉凝胶中 RS 含量和 SDS 含量的增加（Dupuis，2016）。高压灭菌和 HMT 与酸处理相结合可以进一步提高 RS 水平。酸部分水解淀粉颗粒的无定形区域，形成许多更小的链。在对酸处理马铃薯淀粉进行 HMT 或高压灭菌时，这些小链在老化过程中更容易结晶，形成热稳定、耐消化的 RS3 淀粉。HMT 处理或老化后的马铃薯淀粉具有高热稳定性、低回生性而使得这些技术广泛应用在罐头和冷冻食品加工中。

### 4.3.2.3　化学改性

淀粉的化学修饰是建立新的官能团或化学键，以减少碳水化合物的酶解，从而降低消化率。化学改性包括酯或醚的形成，氧化淀粉的羟基，或应用 γ-射线照射。酯化引进了新的化学基团阻止了酶的有效吸附或交联的形成，导致淀粉消化吸收率降低。磷酸化通过改变 pH 值及不同磷基团的相对数量，来产生高度抗消化的淀粉。当淀粉的 10% 官能团被乙酰化后，可以改进抗淀粉转葡糖苷酶的水解。脉冲电场增加了乙酰基含量，并破坏淀粉颗粒，使得 RS 转化为 SDS（Hong，2018）。酯化交联琥珀酸酐衍生物导致马铃薯淀粉 RS 和 SDS 显著增加（Remya，2017）。乙酰化的淀粉会产生非常清晰的凝胶，放置时几乎不会分离，并且在低温下成胶状，这些淀粉非常适合做肉汁、馅饼馅料和沙拉酱。磷酸盐单酯或辛烯基琥珀酸酐取代的淀粉具有良好的冻融稳定性，在冷冻食品中具有良好的乳化作用。交联淀粉（如双淀粉-磷酸盐）具有很高的增稠能力，可以在长时间加热后保持其黏度，非常适合用于罐装产品。氧化会增加糊化马铃薯淀粉的 RS 和 SDS 含量（Zhou，2016）。有机酸处理淀粉是一个比较新的研究领域。有机酸比无机酸具有更多的官能团，因此对淀粉的修饰方式不同。有机酸除了能裂解直链淀粉或支链淀粉外，还能使淀粉的羟基酯化。酒石酸和柠檬酸各有两个羧基，在处理时，淀粉可以交联生成双淀粉柠檬酸盐，添加的基团或交联抑制消化，增加 RS 含量。Wickrasinghe（2009）研究了用 10% 的面粉替代面包中的柠檬酸对马铃薯淀粉的影响，发现面包中的 RS 含量比对照增加了 5 倍，但面包体积（cm³/100 g 面粉）下降不到 2%。

#### 4.3.2.4　酶法

酶法是改变蜡质淀粉功能性和活性的常用方法。对淀粉进行热处理后再进行回生，有利于增加 RS 含量。这种处理增加直链淀粉含量，并在热处理和回生后形成具有高耐消化能力的紧密排列的结晶。虽然这可能降低原生 RS 的水平，但 RS 从 RS2 转化为 RS3，且大体上更具有热稳定性；这种淀粉在加工后可能会保留大部分的 RS。在蜡质马铃薯淀粉上使用分支酶，淀粉中葡萄糖的释放降低。通过使用更多的酶来增加分支点的数量，进而提高淀粉的 RS 特性。脱分支和酶分支改性淀粉在烘焙行业中被广泛应用，用于为特定产品定制淀粉的特性（Park，2018）。

#### 4.3.2.5　直链淀粉-脂混合物

疏水化合物（最常见的是脂肪酸或脂类）复合成直链淀粉螺旋线，可降低消化吸收率。马铃薯淀粉与脂肪酸（碳个数不同）混合的预糊化淀粉中，RS 含量在所有样品中是相近的，然而，SDS 的含量因复合脂质的种类和数量差异而不同。马铃薯淀粉具有高度结晶性质，能最大限度地减少络合团对颗粒的渗透。因此，当淀粉颗粒顺序改变（膨胀）或破坏（糊化淀粉）后形成的复合物基团更接近直链淀粉的结构。淀粉-脂质复合物可以防止不含麸质面包的变质并改善面包屑的质地，还可以替代酸奶和蛋黄酱等产品中的脂肪。当引入新的络合剂时，在不同程度上成功抑制消化吸收率，其中许多化合物，特别是生物活性物质和药物，单独服用时消化吸收性差，但复合物的形成可以克服许多缺点，并成功地将缓释生物活性物或药物送到小肠或大肠。

#### 4.3.2.6　食物基质成分相互作用

Escarpa（1997）研究了食品基质对马铃薯淀粉消化特性的模型系统，结果表明碳水化合物（如单糖、树胶、纤维）、蛋白质、油和其他成分——多酚、植酸和盐对 RS 含量有不利影响，将直接影响马铃薯淀粉的消化特性。人们认为油脂会由于淀粉-脂质复合作用而增加 RS 的含量，但与传统使用的脂肪酸相比，三酰甘油的大量存在可能会阻碍它们成功地与淀粉分子相互作用。在马铃薯淀粉中添加蛋白质可能有助于或阻碍 RS 的形成。马铃薯蛋白和马铃薯淀粉的结合减少了酶的攻击增加了 RS 含量（Lu，2016），然而，Escarpa（1997）发现在马铃薯淀粉中加入牛血清白蛋白阻碍了 RS 的形成；添加树胶或纤维也可能降低消化率；黄原胶、瓜尔胶、果胶和葡甘露聚糖的添加均显著提高马铃薯淀粉凝胶的 RS 含量。在体内，除葡甘露聚糖外，5% 的上述纤维降低了小鼠的总血糖水平。由于 RS 测定方法和制备系统（如淀粉与添加剂的比例、固体与水的比例和蒸煮处理）的不同，可能会出现相互冲突的结果。

## 4.4　马铃薯淀粉的微观结构特性

淀粉是广泛存在于大米、马铃薯、玉米、小麦等作物中的高分子碳水化合物。它以颗粒的形式储存在淀粉体中，是饮食的主要组成部分。淀粉颗粒的形态取决于其生物起源，如大米淀粉颗粒是多边形的，其平均直径通常小于 5 μm，马铃薯淀粉颗粒的形状为椭圆形，直径大于 75 μm。颗粒可以单独（简单）或团簇（化合物）的形式存在。这些颗粒含有由直链淀粉和支链淀粉组成的复杂网络组成的非晶态和晶体结构环，这些结构环以 120~400 nm 厚度的交替同心壳状结构的形式组织起来（Chakraborty，2020）。

天然淀粉含有 15%~45% 的结晶物质。一般认为，晶体区域是由超过 10 个葡萄糖单位的线性链交织而成，形成双螺旋，它们被包裹并形成结晶；无定形区域对应于分支点。直链淀粉分子被认为以单个分子的形式出现在颗粒中，随机地散布在支链淀粉分子之间，晶体和非晶态区域彼此靠近。根据淀粉的植物来源，直链淀粉有的分布在无定形区域（如小麦淀粉），有的分散在支链淀粉簇中、分布在无定形和结晶区域（如普通玉米淀粉），也有在支链淀粉簇之间成束，或与支链淀粉共结晶（如马铃薯淀粉）。因此，直链淀粉含量和植物来源对晶体结构有很大影响。淀粉的理化性质主要受直链淀粉与支链淀粉的比例及其非淀粉组分如脂质、蛋白质和磷的影响。近年来，发现淀粉颗粒的大小和均匀性是淀粉应用的决定性因素（Kumar，2017）。

## 4.4.1　显微镜法测定淀粉微观结构

### 4.4.1.1　光学显微镜法

光学显微镜使用可见光和透镜放大样本的图像，并通过数字化方式记录。该方法可以用来精确地确定样品的大小和形状，并在最小的光损伤下进行活细胞成像。在光学显微镜下，通过对淀粉形态的破坏，可以观察到酶对淀粉颗粒的影响。在生理上，淀粉被酶分解成单一的葡萄糖单位，并被用作能量来源。只有深入了解淀粉-水、淀粉-淀粉酶的相互作用，优化加工工艺，才能获得理想的淀粉类食品质量。

### 4.4.1.2　偏振显微镜法

偏振显微镜是研究样品光学性质（如折射和吸收）局部各向异性的简单技术之一。在样品前加偏光器，在检测器前加分析仪，可使光学显微镜变为偏振显微镜，从而产生双折射率。偏振光学显微镜是光学各向异性的对比增强技术材料，如淀粉、纤维素和活细胞成像。光学各向异性是晶体中分子顺序的结果，它为分析样品中的分子取向或精细结构形式提供了灵敏的工具。由于它的本质，偏光显微镜提供了亚微观层次上的结构信息。在天然淀粉颗粒中，直链淀粉和支链淀粉的分枝点以及直链淀粉的线性分支是非晶态区域的主要组成部分，直链淀粉和支链淀粉双重螺旋，形成水晶线结构。由于晶体在这些区域排列有序，这些淀粉颗粒显示双折射现象。

Wang（2018）研究了番石榴、玉米、马铃薯和豌豆中淀粉的理化性质，用偏振光显微镜观察淀粉颗粒的形态。结果表明番石榴淀粉呈球状、多角形和椭圆形，中间有脐；玉米淀粉颗粒呈多边形，中心有脐；马铃薯淀粉有小的球形颗粒和大的椭球状颗粒，有中心脐和偏心脐；豌豆淀粉的颗粒呈椭圆形，中心有脐。还观察到，番石榴淀粉显示单峰粒径分布，颗粒大小均小于玉米和马铃薯淀粉。玉米淀粉、马铃薯淀粉和豌豆淀粉的粒径分布呈双峰分布颗粒大小不一。淀粉的糊化是淀粉分子在水和热存在下，分子间键被破坏的过程，使氢键位置被占据，从而导致淀粉失去其顺序，也因此失去其双折射性质。这一点可以使用偏振显微镜研究得很清楚。因此，它是检测任何处理后双折射样品结构变化的一种有效技术。

#### 4.4.1.3 共焦扫描激光显微镜法

共焦扫描激光显微镜（CSLM）是一种光学显微镜的类型，它允许从主焦平面获取图像。在样品成像过程中，物镜的主焦平面被转换为靠近检测系统的"共轭"焦平面。打开孔径膜片可以使更多的平面产生所形成的图像。使用 CSLM 的淀粉成像可以不使用任何切片技术检查淀粉的不同截面。它提供高分辨率的图像使得不同部分的淀粉可以堆叠在一起，获得一个三维的淀粉颗粒。CSLM 被用于呈现各种植物来源可视化淀粉颗粒（Chakraborty，2020）。

#### 4.4.1.4 扫描电子显微镜法

扫描电子显微镜（SEM）用一束聚焦的电子束对样品进行扫描，以产生比使用显微镜所能得到的更高倍率的反射像光学显微镜。首先在样品上涂上一层非常薄的合适的金属涂层，如银或金。试样上的金属加镀层用于表面拓扑结构和化学组成产生的二次电子反射图像（Chakraborty，2020）。可见光衍射限制了光学显微镜的空间分辨率，而该方法解决了可以降低入射光的波长。在扫描电镜中，电子被加速以产生高能光束，因此产生的波长比可见光短得多。SEM 提供高分辨率的图像，但是这些照片缺乏对比偏振图像。扫描电镜（SEM）被广泛用于研究颗粒中壳层的组织结构，但对于片层的分子结构和排列所能获得的信息非常有限。由于这一结果在经济和工业方面有显著的相关性，人们越来越认识到食品和淀粉工业的重要性。

在一项研究中，AmyBS-I（原淀粉消化的淀粉酶基因）从枯草芽孢杆菌菌株 AS01a 克隆并在大肠杆菌 BL21 细胞中表达。纯化后的酶在 7℃、pH 值 6.0 时具有最佳活性，Roy（2013）研究发现，AmyBS-I 可以水解多种生淀粉（小麦、大米和马铃薯），将 5.0 mL 2%（$w/v$）淀粉加入 50 mM 磷酸钠缓冲液中制备样品（pH 值 6.0），AmyBS-I 浓度为 10 g/mL，60℃孵育 6 h。在扫描电镜下观察了 AmyBS-I 对原淀粉的消化效果。图 4-1 对比了 AmyBS-I 酶水解淀粉前后的 SEM 图像，发现降解后的淀粉颗粒表面出现浅孔和深孔。

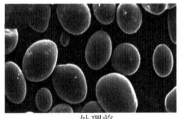 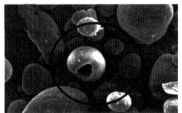

a. 处理前　　　　　　　　　　　　b. 处理后

**图 4-1　AmyBS-I 处理前后 SEM 图像的变化（Roy，2013）**

Cai（2013）比较研究了正常和高直链淀粉玉米淀粉的形态，结果显示正常玉米淀粉的扫描电镜呈均质多边形颗粒，放大图像显示颗粒表面有多个空腔；高直链淀粉具有显著的异质性，由单个、聚集和细长三种不同类型的颗粒组成（图 4-2）。单粒玉米比普通玉米表面更光滑，尺寸更小，形状更圆。聚集型和细长型颗粒与单个颗粒有显著差异，表现出粗糙和块状的形状。所有颗粒表面均无气孔。

综上所述，与光学显微镜相比，SEM 提供了更高放大倍数的图像，这有助于区分不同的基因品种的淀粉，即使相位对比不能与偏振显微镜相比。但它提供了关于表面拓扑和组成的详细信息，可用于研究/监测淀粉酶在各种条件下的降解效果，也可以用于区分不同来源的淀粉形态结构。

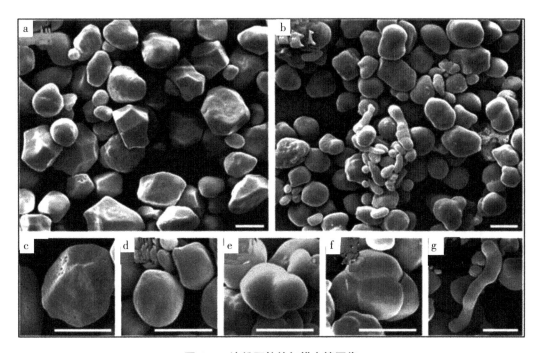

**图 4-2　淀粉颗粒的扫描电镜图像**

注：a、c 为普通玉米；b、d、e、f、g 为高直链淀粉玉米；c 为单个颗粒表面有许多气孔；d~g 分别观察了单个、集合体和细长颗粒的形貌（Cai，2013）。

### 4.4.1.5　原子力显微镜法

原子力显微镜（AFM）是一种扫描探针显微镜，它根据悬臂梁的晶尖与样品之间的相互作用力，提供样品的三维地形和结构信息，已广泛应用于表面识别纳米级分辨率的样品，评估蛋白质分子的结构和动力学（Ando，2018）。AFM 不需要复杂的程序（如金属涂层和冷冻或干燥样品），比传统的显微技术更受青睐。它可以在水或大气条件下对样品进行成像，具有很高的分辨率。SEM 需要制备样品，样品的制备会引起淀粉结构的变化，从而阻碍观察。Ando（2018）发现，样品制备过程中涉及的冻融过程的多次循环会破坏马铃薯淀粉颗粒的结晶顺序，从而影响其结晶。此外，淀粉颗粒的结构可能会被水或任何塑化剂（如甘油）打乱。Cox（2011）利用 AFM 研究了马铃薯和玉米淀粉颗粒的内部结构。结果表明，AFM 可以直观地显示淀粉的内部结构，样本弹性模量的差异会增加图像的对比度，这些存在于 45~85 nm 范围内的球状结构是可鉴别的真实特征淀粉颗粒，AFM 为在自然条件下观察样品提供了一种新的方法，未着色和未修改的系统。这种技术也可用于鉴定来自不同植物源的突变或加工标本的结构变化。

### 4.4.1.6 二次谐波显微镜法

二次谐波显微镜（SHG）是近年来发展起来的一种强大的非线性光学成像技术。SHG是在非中心对称分子中观察到的一种非线性光学效应，同样的频率"结合"可以产生两倍频率的单个光子，通过将样品置于高度聚焦的短脉冲辐射中并记录发射信号，该方法已被用于获取活性分子的图像。Zhuo（2010）通过对已知直链淀粉/支链淀粉比值的不同类型和品种样品的 SHG 信号进行定量分析，结果显示支链淀粉在淀粉颗粒中的取向和结构排列影响 SHG 信号的产生，并可以通过研究 SHG 信号的变化关系从轴向上得到支链淀粉的三维方向，使 SHG 成为淀粉成像的理想工具。SHG 已经用于胶原蛋白、肌球蛋白和淀粉成像。此外，在增强共振 SH 信号的不同电子水平，可以从特定分子中采集信号，进而能够在生物样本中绘制这些分子的分布（Ando，2018）。

## 4.4.2 X-衍射法测定淀粉的微观结构

X 射线衍射（XRD）可以用来检测淀粉的晶体结构和定性分析晶体类型。依据典型的淀粉颗粒表现出的衍射模式，可以将淀粉晶体类型分为 A 型、B 型和 C 型。衍射模式的类型主要取决于双螺旋支链淀粉链的排列。A 型是由于双螺旋结构之间的水分子紧密排列而形成的，而 B 型则是由于中心腔中有水分子而形成的更开放的六角形堆积（Zhang，2017）（图 4-3）；C 型淀粉是 A 型和 B 型淀粉的混合物，因为它的 X 射线衍射图样可以通过 A 型和 B 型淀粉的结合来解决。虽然淀粉的生物起源在决定衍射模式中起着重要作用，但支链淀粉链长度、淀粉酶和水分含量等其他因素也会影响相同母系来源中的衍射模式（Chen，2019）。

Zhang（2012）研究发现天然玉米淀粉具有 A 型结晶特征，在 2θ 的 13°、15°、17°具有较强的反射率；Aravind（2012）研究表明小麦淀粉颗粒按其大小和形状可分为 A 型（一般直径大于 9.8 μm）和 B 型（一般直径小于 9.8 μm）。马铃薯淀粉在 2θ 的 17°附近有最强的衍射峰，在 2θ 的 5°、15°、22°和 24°附近有中等强度的衍射峰，在 2θ 的 10°和 19°附近有一对弱的衍射峰，属于典型的 B 型结晶结构。水稻淀粉在 2θ 的 15°和 23°，以及一个双重区域的 17°和 18°具有较强的衍射峰，为 A 类型晶体的特点。不论粉末模式如何，一般认为淀粉颗粒包括无定形和晶态薄片的交替区域。

X 射线衍射（XRD）可以根据衍射峰的位置判断淀粉的晶体类型，可以通过 origin 软件计算出淀粉凝胶的相对结晶度，相对结晶度越低，淀粉的老化程度就越低。淀粉老化时，晶体的含量会不断增加，淀粉的结晶含量越高，结晶区域就越完整，所得的衍射峰就越高越窄，淀粉老化的程度就越强（Chen，2019）。Manek（2012）研究得到香附子淀粉、玉米淀粉、马铃薯淀粉的结晶度分别为 39.4%、38.3%和 20.9%。直链淀粉含量最高的马铃薯淀粉结晶度最低，说明直链淀粉似乎破坏了淀粉颗粒的结晶性质，香附子与玉米淀粉直链淀粉含量相近，结晶度也相应相近。Chen（2019）研究发现不同样品的 X-衍射图有差异的主要原因是与淀粉颗粒的大小有关，淀粉颗粒尺寸较大的具有较高的结晶度。

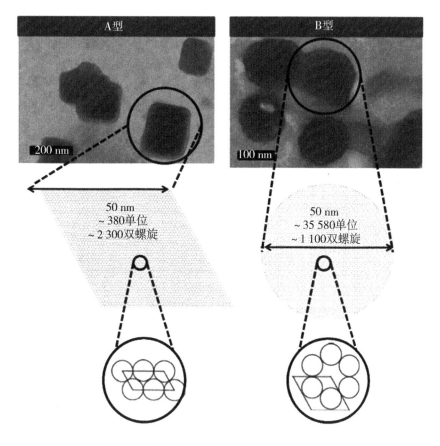

**图 4-3　淀粉的 A 型和 B 型（Zhang，2017）**

### 4.4.3　淀粉微观结构与理化、功能特性之间的关系

不同类型的淀粉颗粒具有不同的理化性质和加工特性（Li，2016）。不同类型的淀粉颗粒在食品和非食品应用中有不同的用途（Vamadevan，2015）。淀粉颗粒的大小分布对淀粉的化学成分（Li，2016）、黏度特性（Kumar，2017）、流变特性（Lindeboom，2010）、膨胀性（Zhang，2017）、凝胶化（Shang，2016）等均有显著的影响。

淀粉颗粒由直链淀粉、支链淀粉、少量的蛋白质和脂质组成。Li（2019）研究表明，中、小淀粉粒较多的籽粒蛋白质含量高，直链淀粉含量低，大淀粉粒较多的籽粒蛋白质含量低，直链淀粉含量高。大颗粒体积百分比的降低，降低了玉米直链淀粉含量。淀粉的相对结晶度受淀粉颗粒粒径的影响（Lindeboom，2010），淀粉的颗粒较大，其相对的结晶度就越大，主要原因可能是直链淀粉含量的差异和支链淀粉的链长分布。直链淀粉分布在淀粉颗粒的晶体层中会降低晶体结构的稳定性，而支链淀粉的短支链可以为淀粉颗粒提供较高的外部有序度。淀粉热性质随颗粒大小而变化，而颗粒大小又受到植物源、矿物质、脂质、蛋白质、直链淀粉含量，以及双螺旋和单螺旋结构的数量等多种因素的影响。Diego（2017）报道了随着淀粉颗粒尺寸的增大，凝胶化的峰值温度略有降低；糊化焓随着颗粒尺寸的增加而增加。凝胶的峰值温度和最终温度随着颗粒大小的降低而略增加。此外，凝胶化的吸热焓随着淀粉的颗粒尺寸减小而减少。

淀粉的微观结构在糊化前后发生显著的变化，未糊化的玉米淀粉颗粒呈现完整、圆形或多边形结构，而糊化后的玉米淀粉呈现无规则、疏松的多孔片状结构（图4-4）。孔的大小与水分分布有关，孔越大，说明淀粉碎片间的纠缠力越大。某些物质抑制了部分玉米淀粉颗粒在糊化过程中破损，从而抑制淀粉糊化，降低淀粉糊化的峰值黏度。不同青稞多糖与玉米淀粉产生不同相互作用关系，从而影响淀粉的糊化和黏度性质，可减缓淀粉的酶解速率，降低餐后血糖响应（章乐乐，2020）。

a. 未糊化的玉米淀粉　　　　　　　b. 糊化后的玉米淀粉

**图4-4　糊化前后玉米淀粉微观结构的变化**

### 4.4.4　淀粉微观结构在实际生产中的应用

#### 4.4.4.1　揭示淀粉水解过程微观结构的变化

微观结构揭示淀粉颗粒水解过程与淀粉酶相互作用后的分子和结构变化。Li（2011）研究了不同的水解时间点（12 h、24 h）时，α-淀粉酶对山药淀粉颗粒的影响。当水解12 h后，淀粉颗粒内部结构被降解，而淀粉表面仍然很光滑，有一些裂缝。水解24 h后，在扫描电镜下观察颗粒完全破碎成小块。在颗粒的核心部位容易被α-淀粉酶水解，并且它可以水解淀粉颗粒表面非晶态直链淀粉内部的α-1,4-糖苷键和结晶部分。Mu（2015）研究了在不同的高静水压力（HHP）水平下，淀粉颗粒对不同浓度α-淀粉酶的敏感性和淀粉水解程度，发现酶浓度越高，降解程度越高。

#### 4.4.4.2　微观结构特性对产品品质特性的影响

直链淀粉和支链淀粉含量能通过影响淀粉粒晶体结构，从而影响淀粉的黏度、弹性、坚韧度和保水性等（Diego，2017）。淀粉的回生指淀粉颗粒内部由无序态向有序态转化的过程。在贮藏期间，无序态淀粉分子重新排列形成重结晶，热焓值反映了熔化支链淀粉重结晶所需的能量，热焓值越大说明淀粉重结晶越多，回生程度越大。淀粉由有序排列的结晶区和无序排列的无定形区（非结晶区）两部分组成。结晶区呈尖峰特征，主要由支链淀粉组成；无定形区呈弥散特征，由排列杂乱的直链淀粉构成。相对结晶度反映了支链淀粉的重排，与米饭的长期回生有关（Li，2016）。马铃薯淀粉颗粒大，平均粒径范围大于玉米、甘薯、小麦淀粉，其粒径范围呈正态分布，含有相对较高的直链淀粉含量；天然马铃薯淀粉的晶型绝大部分为 B 型，其内部结构较弱，因此膨胀性较好，峰值黏度大，适宜添加到方便面、膨化食品与肉制品中（Liu，2015）。另外主要含有小颗粒的淀粉可以用作脂肪替代品、纸涂层、化妆品的载体材料，而淀粉具有高百分比的大淀粉颗粒，可用于制造生物可降解塑料薄膜、无碳复写纸、酿造啤酒等（Lindeboom，2010）。

## 4.5　马铃薯淀粉的流变学特性

淀粉是广泛存在于大米、马铃薯、玉米、小麦等作物中的高分子碳水化合物。它以颗粒的形式储存在淀粉体中，是人类膳食中最主要的能量来源（Sundarram，2014）；也是食品加工利用过程中的主要原材料之一。食品加工过程中原料的品质特性，直接影响产品的质量及加工工艺。在食品加工中，淀粉悬浮液将承受高温和高剪切速率，这将使得其流变学特性的改变以至于产品特性也随之改变。淀粉的流变特性能预测、解释流动和形变以及不同淀粉基食品处理时发生的质地变化（Kumar，2018）。因此，淀粉糊的流变学特性在食品生产加工中的优化生产工艺、控制食品品质、评价食品质量、改善食用品质、提高食品稳定性等方面的应用与实际生产提供依据（Stephanie，2012）。

### 4.5.1　淀粉流变学常见应用参数

（1）剪切应力。当载荷平行作用于淀粉糊表面时，此加载类型称为剪切，产生的应力称为剪应力，单位 $N/m^2$ 或 Pa（姜松，2016）。

（2）剪切应变。指淀粉糊物体变形量与初始尺寸之比，是无量纲量（姜松，2016）。

（3）弹性或储存模量（G'）。指淀粉糊在外力作用下产生单位弹性变形所需要的应力，即应力与应变的比值为弹性模量。弹性模量可视为衡量淀粉糊产生弹性变形难易程度的指标，其值越大，淀粉糊发生一定弹性变形所需的应力也越大，亦即在一定应力作用下，发生变形越小。弹性模量表示应力能量在实验中暂时储存，以后可以恢复的弹性性质；弹性模量是衡量胶凝强度的重要指标，由卷曲链构象熵的变化引起，在试验中暂时存储，以后可以恢复（张兆琴，2013）。

（4）黏性模量或损失模量（G″）。黏性模量表示初始流动所需能量是不可逆损耗，已转变为剪切热的黏性性质；表示链段和分子链相对移动造成的黏性形变和内摩擦引起的能量损耗，不可恢复（Yuvaret，2008）。

（5）损失正切（tanδ）。为 G″和 G'的比值，表示被检测的流体中所含黏性和弹性的比例，tanδ 值越小，被检测物质中黏性所含的量就越小。tanδ 值<1 表示更具弹性的固体材料，而 tanδ>1 描述了更具黏性的液体材料。tanδ 值越大，表明体系的黏性比例越大，可流动性越强，反之即弹性比例越大（Nep，2016）。

（6）角变形。剪切变形不是轴向长度变化而是旋转的变化（扭转或扭曲），剪切变形可以表示为角变形（宋洪波，2016）。

（7）剪切变稀。在温度不发生变化时，黏度随着剪切速率（剪切应力）的增大而降低（宋洪波，2016）。

（8）触变性。剪切应力和黏度随着剪切力作用的时间增加而减小，即流动性增大（宋洪波，2016）。

### 4.5.2 淀粉流变特性的应用

天然淀粉是一种重要的工业原料，淀粉在外力作用下表现出不同的变形和流动特性，称为淀粉的流变行为。淀粉的主要流变特性包括淀粉在加热过程中的流变特性、淀粉糊的黏度和淀粉凝胶的流变特性，常采用动态流变学特性和静态流变学特性来表征。

淀粉的流变学特性与淀粉的糊化和回生密切相关，包括淀粉糊化过程中的流变学行为、淀粉糊的流变学以及回生过程和回生后淀粉凝胶的黏弹性。淀粉的流变学可以使得淀粉样品小变形动态变化，可以在样品无损条件下测量黏弹性特性。小变形方法包括动态振荡试验、蠕变顺应性/恢复试验和应力松弛试验（Iqbal，2021），其中前两个测试为动态过程，后两个测试为静态过程。通过动态流变学测试获得的信息对于研究凝胶形成机制、凝胶形成过程中的分子相互作用以及老化过程中凝胶模量（抗变形能力）的发展是非常有用的。为了充分了解淀粉凝胶的黏弹性特性，通常需要两种或两种以上的方法相结合，即动态流变学和静态流变学相结合（Chen，2020）。

#### 4.5.2.1 动态流变学分析

淀粉的动态流变学特性，即动态黏弹性，是指在交变的应力（或应变）作用下，物料表现出的力学相应规律。常用的评价指标为弹性模量（$G'$）、黏性模量（$G''$）和损失因子（$\tan\delta = G''/G'$）。动态流变学可用来测定不同样品的黏弹性，对食品加工特性和质量控制具有很大应用价值。

##### 4.5.2.1.1 测定方法

动态流变学的测定方法是将 5% 的淀粉糊在 95℃ 条件下，糊化 15 min 的样品冷却至室温后，在流变仪上进行测量，测量过程中在测量瓶的边缘覆盖着一层薄的低密度硅油（二甲聚硅氧烷；黏度为 50 cPa），以尽量减少蒸发。测定温度为 25℃，测量应变固定为 1% 或 2%，固定扫描频率范围为 0.01~16.00 Hz 或适合仪器的范围，测定样品的弹性模量（$G'$）、黏性模量（$G''$）、损角正切 $\tan\delta$ 随角频率变化的情况，测定样品的黏弹性（刘敏，2018）。

##### 4.5.2.1.2 不同因素对淀粉动态流变学特性的影响

（1）食品基本组分。淀粉是许多食用植物的主要成分，广泛应用于食品、原料、化工、医药等行业。淀粉自然形成半结晶颗粒，具有层次结构，由直链淀粉分子（大多不分枝）和支链淀粉分子（高度分枝）组成。这两个主要成分在淀粉发生糊化和回生过程中的结构会发生显著的变化，进而直接影响淀粉产品的品质。当淀粉悬浮液加热到糊化温度时，淀粉颗粒吸水膨胀，支链淀粉双螺旋解离，直链淀粉分子滤出，形成淀粉糊或凝胶（Ren，2017）。冷却后，解离的淀粉链逐渐重结晶为有序结构，淀粉凝胶的黏弹性和硬度逐渐增加。在回生过程中，直链淀粉的凝胶化首先有利于淀粉凝胶结构的形成，因此随着直链淀粉含量的增加，淀粉凝胶 $G'$ 值普遍增加。支链淀粉的重结晶有利于凝胶结构的长期形成。几乎所有浓度为 6%~8% 的非蜡质淀粉在老化后都能形成强凝胶。目前，淀粉的流变学广泛用于表征淀粉糊或凝胶的行为（Li，2018），该特性在淀粉类食品的品质和保质期上具有很大的推动作用。

淀粉在糊化过程中的流变行为也取决于淀粉中的脂质和蛋白质。由于蛋白质对淀粉颗粒完整性的保护作用，随着蛋白质含量的增加，玉米淀粉的峰值 $G'$ 出现在较高的温度下。在蒸煮过程中，淀粉中的脂质由于形成直链淀粉-脂质复合物而使 $G'$ 和 $G''$ 值降低，抑制了淀粉颗粒的膨胀（Singh，2014）。

马铃薯、大米和小麦淀粉等具有较大粒径的淀粉具有较高的 $G'$、$G''$ 值和较低的 $\tan\delta$ 值。在加热过程中，淀粉的 $G'$ 和 $G''$ 值随着直链淀粉含量的增加而增加；蜡质淀粉（几乎完全由支链淀粉组成）一般具有最低的 $G'$ 和 $G''$ 值（Agi，2019）。

（2）温度。淀粉的颗粒特性是影响淀粉流变行为的主要因素，在高浓度体系里，直链淀粉在糊化期间的渗漏程度是影响流变行为的因素。淀粉颗粒在水溶液中加热的初期阶段时，直链淀粉几乎不溶解于水，故贮能模量（$G'$）和损失因子（$\tan\delta$）都非常小。随着温度的升高，淀粉分子发生膨胀而包裹在胶体体系网络结构中，使得 $G'$ 和 $G''$ 逐渐增加，当糊化达到峰值时，$G'$ 和 $G''$ 达到最大值，但 $\tan\delta$ 逐渐降低，说明随着温度的升高，胶体颗粒中的直链淀粉渗出并溶解，并且相互缠绕，形成三维凝胶网络结构。当继续加热，使得凝胶基质被破坏，即膨胀的淀粉颗粒中的结晶区的熔融和支链淀粉分子的松懈舒展，使得淀粉颗粒软化，因此 $G'$ 降低，$\tan\delta$ 增加。当继续加热淀粉糊，使得部分支链淀粉的短小分支链渗漏增加，与直链淀粉基质一起形成了连续的网络结构，使得 $G'$、$G''$、$\tan\delta$ 都有所增加。该过程是监测整个糊化过程中各项数据的变化情况，因此，可以通过动态流变学中 $G'$ 和 $G''$ 数据的变化，跟踪直链淀粉和支链淀粉的状态变化，该过程主要是跟踪了淀粉结构的变化（Zhang，2018）。

（3）添加物。添加剂也会影响淀粉凝胶的黏弹性。盐的加入导致了淀粉凝胶结构的不同，淀粉的凝胶强度随着 $Na_2SO_4$、$MgCl_2$、$CaCl_2$、$NaCl$ 和 $KCl$ 的添加而增加，但随着 $NaI$、$NaSCN$、$KI$ 和 $KSCN$ 的添加而降低；脂肪酸有利于淀粉凝胶的形成，而糖则降低了淀粉的凝胶强度。

回生初期，弹性模量的快速升高主要是直链淀粉的快速聚集形成了三维凝胶网络结构，通常将此过程中弹性模量的变化用来度量淀粉短期回生的程度。淀粉中随着黄原胶添加量的增大，弹性模量与黏性模量随频率均呈规律性的逐渐增加，并且 $\tan\delta$ 小于1，淀粉与胶体之间表现出一种典型的弱凝胶动态流变学特性。绿豆淀粉、马铃薯淀粉、玉米淀粉、莲藕淀粉随着黄原胶添加后体系黏性和弹性都增强，这是大量的黄原胶与淀粉以及水通过氢键聚集成难以运动的大分子，导致内部缠节点增多，凝胶体系网络结构得到巩固，形成了更强的三维凝胶网络结构。$\tan\delta$ 越大，体系流动性强，$\tan\delta$ 越小，固体特性越强。所有体系 $\tan\delta$ 随着扫描频率的增加而降低，而且添加黄原胶能明显降低 $\tan\delta$，说明加入黄原胶的体系显示出更加弹性的固体性质。$\tan\delta$ 随着黄原胶比例的增加而减小，这一结果表明，复配体系具有更好的稳定性（刘敏，2018）。

#### 4.5.2.2　静态流变学分析

淀粉糊是典型的非牛顿流动性质，具有剪切变稀的效应。淀粉在酸奶、面包、布丁等食品中被广泛用作增稠剂，黏度是表征淀粉糊流变特性的一个重要参数。因此，研究淀粉的静态流变学特性对于在食品饮料生产灌制、面团制作、粉条加工等淀粉类食品的生产工艺改进具有重要意义（Witczak，2014）。

#### 4.5.2.2.1 测定方法

静态流变学是将5%的淀粉糊在95℃条件下，糊化15 min的样品冷却至室温后，放入流变仪上进行测定，测定瓶口加上盖板，并加入硅油防止水分蒸发。在25℃条件下，研究不同剪切速率条件下，淀粉糊的特征指标的变化情况，常见的剪切速率（Y）从0.100～300.000 s$^{-1}$递增，再从300.000～0.100 s$^{-1}$递减。采用Bingham模型、幂律模型和Herschel-Bulkley模型建立了淀粉糊流变学的数学模型。在稳态剪切下，随着剪切速率（即剪切减薄行为）的增加，形成淀粉糊的黏度降低，这是由于剪切诱导的膨大颗粒的破坏和浸出的淀粉组分向搅拌方向定向。淀粉糊的稳态黏度随着淀粉浓度的增加而增加，而随着温度的升高而降低。

#### 4.5.2.2.2 常见表示方法

对静态剪切数据点进行回归拟合，方程式为：

$$\tau = K \cdot \gamma^n$$

式中 $\tau$ 为剪切应力（Pa），$\gamma$ 为剪切速率（s$^{-1}$），$K$ 为稠度系数（Pa·sn），$n$ 为流动指数（刘敏，2018）。

静态流变学是对样品施加线性增大或减少的稳态剪切速率，反映样品结构随剪切速率变化的规律。$K$ 值与增稠能力有关，$K$ 值越大，增稠效果越好（胡珊珊，2012）。流体指数 $n$ 值降低，表明复配体系的假塑性增强，剪切易变稀。

#### 4.5.2.2.3 添加物对淀粉静态流变学特性的影响

淀粉样品在一定剪切速率（如0.100～300.000 s$^{-1}$）时，样品的表观黏度随剪切速率的增大而降低，呈现出剪切变稀的现象，即为剪切稀化流体，其流动行为指数都小于1，为非牛顿流体。出现剪切稀化现象的原因是淀粉糊中分子链互相缠绕，阻碍淀粉分子的运动，产生很大的黏性阻力。当受到剪切应力时，缠绕的分子链被拉直取向，缠结点减少，流层间的剪切应力减少，从而使表观黏度下降。

黄原胶是"五糖重复单元"结构聚合体，由于自身负电荷间的相斥性使分子内无法形成氢键，分子链较为舒展，因而，易于与淀粉分子间相互作用形成氢键，使得分子链段间的缠结点增加，对流动产生的黏性阻力增强。当受到外力高速剪切时，体系内会有部分氢键断裂，分子间产生解旋作用，同时，淀粉分子链与黄原胶分子链段间的缠绕作用增加了流体中分子链节的顺向性，从而体系剪切变稀性增强，$n$ 值降低。黄原胶添加到绿豆淀粉、玉米淀粉中后，体系稠度系数 $K$ 有所增加，即体系的稠度增强，主要原因是分子缠结使得体系黏度增加，因此，复配体系表现出更高的黏性。

淀粉样品中随着菊糖含量的增加，$n$ 越来越接近1，说明复配体系的假塑性逐渐减弱，流动性得到改善。在淀粉糊中，线性大分子链间某些部分所形成的物理结点随着剪切速率的增加遭到破坏，表观黏度降低。在测试初期，淀粉糊的黏度快速下降，随着剪切速率的进一步增加，下降速度逐渐变缓，淀粉糊黏度趋于稳定。

淀粉被广泛应用于许多食品配方中，以提高食品的品质和保质期。两种主要用途是作为增稠剂和胶凝剂，这是由淀粉的流变学、糊化和结构特性决定的。当加热到糊化温度以上时，淀粉悬浮液可以产生显著的黏度。所得淀粉糊的黏度决定了淀粉在各种应用中的增稠能力（Kaur，2015）。作为增稠剂，淀粉被用于汤、肉汁、沙拉酱、酱汁和浇头中。淀粉糊的剪切稀释行为对许多食品也具有实际意义，如加工过的奶酪、酸奶和挤压生产的食品（Li，2018）。有些淀粉糊在冷却和储存后可以形成黏弹性凝胶。在复杂的食品系统中，淀粉的流变学受到其他食品成分的影响，如蛋白质、脂类和盐，它们影响食品的质量和保质期。因此，未来的工作应该建立一个由淀粉和其他食物成分组成的食物模型，研究食物成分之间的相互作用对淀粉功能和相关的淀粉基食品质量的影响。

## 4.6　马铃薯淀粉的黏度特性

淀粉是植物产生能量储备的主要碳水化合物之一，主要包括直链淀粉和支链淀粉。一般直链淀粉含量为 15%~35%，支链淀粉含量为 65%~85%。直链淀粉为线性大分子链及一些分支结构，而支链淀粉则是高度支化的结构。淀粉结构可分为多个结构层次，第一级为单个淀粉链（分支）；第二级完全由支链淀粉分子组成；第三级描述了淀粉分子的构象，包括天然未加工谷物的淀粉链聚集，缠绕成螺旋结构、螺旋线形成微晶、最后结晶形成交替的非晶和晶片。淀粉的结构特点将直接影响着淀粉的物理化学性质，如高比例的长支链淀粉将导致老化率增加；同时，高含量直链淀粉和长的支链淀粉可能会降低原淀粉的凝胶性。因此，淀粉类原料的功能取决于淀粉的特性，也决定食用品质、烹饪和加工特性。

淀粉加热过程中会发生糊化，该过程中会引起颗粒膨胀、双折射和黏度的变化。当淀粉分子间结构破坏，导致其功能性质发生不可逆的变化。在加热阶段，淀粉颗粒吸水膨胀，融化内部的晶体结构，导致颗粒分解；支链淀粉达到糊化温度，随后达到膏体黏度达到峰值黏度；颗粒水合并膨胀，导致直链淀粉和小支链淀粉分子滤出；当保持糊化温度继续加热时，膏体黏度下降，这种黏度的突然下降与支链淀粉、直链淀粉、脂质和蛋白质组分含量、分子结构的变化导致的淀粉颗粒的膨胀和硬化有关；冷却后，随着可溶性淀粉的老化，包括糊化淀粉中直链淀粉和支链淀粉链的重新排列和结合，再次形成有序的结晶结构，黏度再次上升，形成一种含有糊化淀粉颗粒的凝胶（Chen，2018）。

淀粉在加热过程中会发生糊化现象，冷却后会出现回生现象，而淀粉的糊化和回生现象直接影响着富含淀粉原料的加工利用，如加热温度、贮藏温度、贮藏时间、产品质地、口感、复配工艺等（Wang，2020）。快速黏度测定仪（RVA）可以模拟谷物的蒸煮过程，即当面粉-水的悬浮物受到热-冷-冷的温度循环（Chen，2018）。目前 RVA 已广泛应用在面条、面包、啤酒发酵（Fox，2018）等领域，为了更加明确黏度特性的意义、在食品加工利用领域的应用性，本部分将以 RVA 测定淀粉样品黏度特性为切入点，分析黏度测定过程中常用的术语、样品可能发生的变化，以及黏度特性在食品加工利用过程中的应用。

### 4.6.1　快速黏度分析仪测定条件及常用术语

在控制温度和剪切力的情况下，淀粉-水系统在糊化和颗粒破坏过程中发生的变化定义为糊化。通过测定淀粉悬浮液在加热和冷却过程中的黏度，可以定量淀粉的糊化特性。在加热过程中，黏度随淀粉颗粒的变化而先增大后减小。在冷却过程中，淀粉糊的黏度随着时间的增加而增加，这表明淀粉中发生了回生。快速黏度分析仪（RVA）是日常淀粉糊化特性分析中最常用的仪器（Wang，2015）。

#### 4.6.1.1 常见测定方法

将淀粉末按照干重配成一定质量浓度的溶液，然后开始升温过程，在升至最高温度后保留一定时间后，再降温，用 RVA 黏度仪测定在不同的阶段条件下，淀粉样品黏度的变化情况。常见的测定方法如：配成质量分数为 6% 的悬浮液于 RVA 专用铝盒中，在 50℃ 条件下保持 1 min，然后以 12℃/min 速率上升到 95℃（3.75 min），保持 2.5 min，然后以 12℃/min 的速率下降到 50℃（3.75 min），保持 2 min。搅拌器在起始 10 s 内转动速率为 960 r/min，之后保持在 160 r/min（Fox，2018）。

#### 4.6.1.2 常见表示指标

采用 RVA 仪器测定淀粉糊化发生凝胶化，包括颗粒肿胀、低分子量聚合物浸出、最终颗粒完全降解的过程。该加热和冷却循环过程中出现了典型的糊化曲线，通过 RVA 专用测试软件 TCW 分析得到一系列表征淀粉该过程变化的黏度参数。

（1）糊化温度（peak temperature，PT）。淀粉糊黏度开始上升的温度，PT 提供了烹饪面粉所需的最低温度（罗舜菁，2017）。

（2）峰值黏度（peak viscosity，PV）。淀粉糊在加水加热时的最大黏度，颗粒在破裂前膨胀的能力。PV 是淀粉或其混合物持水能力的一个指标（Chen，2019）；支链淀粉含量越高，峰值黏度越大；黏度值越大，抗剪切能力越强，表明具有更好的增稠性。

（3）峰值时间（time to peak，TP）。达到峰值黏度的时间，用来表示样品达到峰值黏度所需要的时间；峰值时间越短，表明糊化越容易（Chen，2019）。

（4）谷值黏度（trough viscosity，TV）。淀粉糊达到峰值黏度后，继续加热，淀粉颗粒破裂，黏度下降，达到最低点（Chen，2019）。

（5）最终黏度（final viscosity，FV）。淀粉糊达到谷值黏度后随温度下降，淀粉分子间以氢键相连重新缔合成聚集体，黏度再次上升，达到最终黏度淀粉糊冷却后的稳定黏度（Wang，2015）。

（6）崩解值（breakdown，BD）。峰值黏度与谷值黏度的差值，反映淀粉糊的热稳定性、抗剪切性能及颗粒糊化过程中的破损程度（Li，2016）。该值越大说明淀粉热糊的稳定性越差；崩解值越大，耐剪切性越差。

（7）回生值（setback，SB）。最终黏度与谷值黏度的差值，反映淀粉的冷糊稳定性和老化趋势，表示淀粉糊化后分子重结晶的程度，回生值越大说明越容易老化，凝胶性越强，淀粉的短期老化主要与直链淀粉分子的重结晶有关，可反映淀粉糊的回生程度；支链淀粉具有树枝形高支化结构，分子间相互作用受到较强的抑制，表现为较缓慢的回生现象；回生黏度越低，淀粉颗粒回生的趋势越低（Chen，2015）。

#### 4.6.1.3 淀粉的糊化曲线

RVA 是一个加热和冷却黏度计，测量样品在搅拌过程中给定时间内的黏度。在 RVA 测试中，记录淀粉和水在搅拌及加热下的糊化过程，即在糊化后淀粉颗粒膨胀和完全错位时形成凝胶。试验分为 5 个阶段：①淀粉样品加水；②加热；③最高温度保温；④冷却；⑤最后保持阶段。因此，RVA 曲线图反映了受温度和时间影响的淀粉和水的复杂相互作用。标准 RVA 曲线图包括以下内容：初始温度设置为 50℃，50℃保温 1 min；加热至 95℃历时 3 min 42 s；在 95℃保持 2 min 30 s；冷却至 50℃历时 3 min 48 s；最后，在 50℃温度下保持 2 min（图 4-5）。

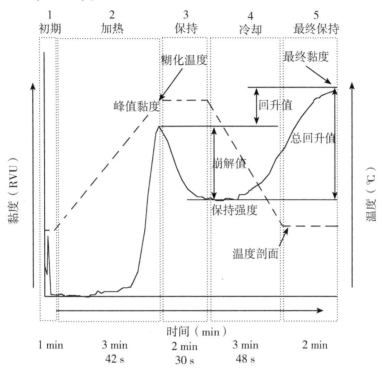

**图 4-5　谷物的典型 RVA 黏度剖面（使用标准剖面），表明分析**
**过程中测量的主要参数（Wang，2020）**

（1）初期（initial stage）。初始阶段包括将样品和溶剂放入一个罐中，在高于环境温度下放入 RVA 中，然后进行混合。在这一阶段，水合作用正在发生，水进入淀粉内部，并与其他成分结合，如蛋白质。在温度低于 50℃时，淀粉颗粒的膨胀很小，但在较高的温度下，淀粉颗粒会出现剧烈的膨胀和破裂。

（2）加热阶段（heating stage）。加热阶段模拟烹饪循环。这一阶段黏度突然增加，糊化发生时，淀粉在水中加热，由于水合作用导致膨胀，淀粉颗粒破裂导致氢键断裂。当糊化的颗粒不断加热时，直链淀粉从颗粒中滤出，形成糊状。糊状物由溶解淀粉分子的分散体、膨胀颗粒和颗粒碎片的不连续相组成。因此，在加热过程中可以观察到黏度的增加，随着温度的升高，黏度的增加可能是由于颗粒膨胀时渗出的直链淀粉中除去了水所导致的。

（3）保持阶段（holding stage）。在最高温度的保持阶段，黏度下降，曲线开始变平。这种降低是由于淀粉颗粒的结晶区域融化允许水快速进入颗粒。因此，可用的水减少，颗粒之间的碰撞增加。由于糊化是一种与温度有关的现象，升温速率也是一个重要因素。加热速度越快,颗粒的膨胀速度就越快,从而产生更多的颗粒在崩解前达到最大值或黏度开始下降。膨胀和分解的速率和程度取决于淀粉的种类和数量、温度梯度、剪切力和混合物的组成。不同基因型糊化特性的差异归因于颗粒硬度、直链淀粉从颗粒中浸出的程度、磷酸盐和脂质含量、直链淀粉含量和淀粉颗粒结晶度等。

(4)冷却阶段(回生)[cooling stage(setback)]。冷却阶段,也称为回生阶段。在冷却阶段,随着淀粉颗粒的冷却和回生,黏度再次增加。在这一阶段,直链淀粉和支链淀粉链重新组合,形成一个更水晶化的结构。冷却期间黏度的增加表明热糊中的直链淀粉与温度降低再结合的趋势。

(5)最终保持阶段(final holding stage)。最后的保持阶段,温度保持不变,黏度继续增加,直到达到一个平台期。为了确定给定淀粉的特定特性或功能,任何阶段的时间或温度都会被改变,从而改变峰值黏度、保持强度和最终黏度。

淀粉的糊化特性受淀粉颗粒大小、直链淀粉、脂肪或蛋白质含量和支链淀粉结构的影响。淀粉的糊化特性也可以通过添加硝酸银等成分而改变。由于在 RVA 试验中,α-淀粉酶导致淀粉的黏度降低,而小麦蛋白可以增加或减少淀粉的黏度。脂类的加入只稍微降低了峰值黏度,而洗涤剂的加入却使峰值黏度大幅增加。因此,图 4-5 为常规淀粉糊化特性的变化情况,在实际生产应用可以通过改变影响糊化特性的因素加以调整。

## 4.6.2 不同因素对淀粉黏度特性的影响

### 4.6.2.1 食品基本组成及结构

淀粉的糊化性能受多种因素的影响,包括淀粉的组成(直链淀粉/支链淀粉比、蛋白质和脂质含量)、支链淀粉分子的结构(单位链长、支链度)、颗粒结构、颗粒形态、颗粒大小和分布等。直链淀粉可以抑制淀粉颗粒的膨胀,而支链淀粉的链长分布和直链淀粉的分子量对淀粉的糊化有协同作用。一般情况下,淀粉中直链淀粉含量越高,糊化温度越高,老化值越高,峰值黏度越低。因此,高直链淀粉产品具有黏稠度低、质硬、色暗、味差的特点。相反,直链淀粉含量低的食品容易糊化,崩解值高,产品又软又黏,煮后味道很好(Shubhneet,2014)。

不同淀粉颗粒的功能表明,更大的孔和通道使水、化学物质和酶更容易进入颗粒内部,从而增强淀粉糊化(Li,2017)。高直链玉米淀粉颗粒,当暴露于水时,由于在少量结晶支链淀粉之间填充了大量的直链淀粉而缓慢膨胀,因此,结晶度的高低以及较高数量的长链部分(直链淀粉)作为淀粉的功能性质在淀粉的回生过程中起着重要的作用(Li,2017)。软质玉米含有松散的淀粉颗粒,减少了蛋白质与淀粉的结合,与紧密堆积的硬玉米颗粒相比,颗粒易于水合,在高温下膨胀得更快(Yin,2018)。对于精米来说,缺乏周围的蛋白质基质使水合和膨大的淀粉颗粒更加脆弱,在加热过程中增加黏度的能力更小,有助于破坏(Chen,2019)。

淀粉颗粒中的脂类、磷酸酯等微量组分对淀粉的糊化行为有显著影响。在加热过程中,可能形成的直链淀粉-脂复合物与支链淀粉分子缠绕在一起,抑制了颗粒的膨胀,导致膏体糊化温度升高,峰值黏度降低(Dou,2017)。马铃薯淀粉分子中磷壬酯的存在,使淀粉颗粒间带负电荷且相互排斥，增强了淀粉颗粒的溶胀，大大降低了糊化温度，提高了峰值黏度（Guelpa，2015）。

#### 4.6.2.2 添加物

食品添加剂如蛋白质、脂类、盐或糖已经证明在改善淀粉的糊化特性方面起着重要作用。蛋白质的加入通常会延缓淀粉的糊化过程，这是由于蛋白质和淀粉颗粒之间的水竞争抑制了淀粉糊化的进程，导致峰值黏度的形成延迟（Wang，2018）。脂类的加入形成了淀粉-脂类复合物，阻碍了淀粉颗粒的膨胀使糊化温度升高，淀粉糊的黏度降低（Chao，2018）。近年来，由于淀粉-蛋白质-脂肪三元复合物在烹饪过程中相互作用，影响成品食品的感官、质构和消化性能，引起了人们的关注。由于蛋白质的乳化作用，形成的淀粉-蛋白质-脂肪酸三元配合物在冷却和保温阶段比二元配合物具有更高的黏度（Zheng，2018）。蔗糖、葡萄糖、果糖、麦芽糖、半乳糖、乳糖等糖的添加可以增加淀粉的黏度。在烹饪过程中，盐对几乎所有淀粉的糊化性能影响最小。然而，盐的阳离子可以屏蔽磷酸酯的负电荷，减少电荷排斥，从而形成低黏度的马铃薯淀粉糊（Chantaro，2010）。

淀粉中添加黄原胶和秋葵多糖时，糊化过程中与淀粉竞争吸附体系中的水分，黄原胶与渗透出的直链淀粉通过氢键结合，会抑制淀粉分子移动重排，抑制淀粉颗粒的膨胀破裂，提高了淀粉糊的热稳定性，降低了崩解值，降低回生值（刘敏，2018）。

### 4.6.3 黏度测定在食品加工领域中的应用

淀粉的糊化是淀粉利用的基础。在糊化过程中，淀粉颗粒吸水破裂不可逆地膨胀。最终破裂淀粉的晶体结构被破坏，表现出独特的物理性质属性。因此，黏度性能作为淀粉加工和利用的衡量指标具有重要意义。

#### 4.6.3.1 育种计划中的应用

通过淀粉黏度特性可以确定淀粉质量参数，Ketthaisong（2014）研究表明黏度特性参数是所有主要谷物育种计划中选择过程一个重要的组成部分。如可以预测小麦的面条质地（He，2013）；小麦面粉的面包制作潜力；全谷物产品加工过程中淀粉和蛋白质的功能；大麦和麦芽品质等。He（2013）利用 RVA 参数，即峰值黏度、最终黏度、回生值、峰值时间、糊化温度与直链淀粉含量的相关性，表征小麦粉的黏度特性可以通过基因优化促进面条质量的改善，可以鉴定出理想杂交亲本。黏糯嫩嫩的玉米是消费者选择作为熟的绿穗食用的主要原料，黏稠度和嫩度由籽粒中淀粉的理化性质决定，黏度性状用作质量评定标准，因此通过黏度特征提高糯玉米品质是育种计划的首选方法（Ketthaisong，2014）。

#### 4.6.3.2 加工利用方面

研究表明，淀粉的黏度特性与其加工制品品质密切相关。Crosbie（1999）研究发现日本面条（乌冬面和拉面）的质地与峰值黏度有关；Ram（2013）对印度糯小麦品种进行了评估，建立了淀粉糊化特性和面条质量之间的关系，发现少量减少部分蜡质小麦的直链淀粉含量，可以显著改善面条的柔软弹性纹理、柔软质地等食用品质；Leon（2010）研究表明小麦淀粉的峰值、崩解值、回生值和最终黏度的理化和功能特性有助于面包的制作质量。回生值被证明与米饭的黏性有强的相关性，米饭的蒸煮质量与峰值黏度、崩解值和回生值有显著的相关性。Tong（2014）将 RVA 应用于不同水稻品种基因型与环境的相互作用的研究，结果表明直链淀粉含量、冷膏黏度、崩解值和回生值主要受基因型影响，而峰值黏度主要受环境影响。Tikapunya（2017）根据高、中、低直链淀粉含量的回升值和最终黏度对全米样品进行了分类，可作为全米功能特性选择的指标。Vázquez-Carrillo（2019）研究表明，黏度特性可以快速筛选玉米品种的品质特性，用于评价玉米粉圆饼的加工专用品种。Rithesh（2018）利用黏度特性指标来表征商业和传统栽培水稻品种中淀粉的理化特性，结果发现精米面粉比糙米面粉具有更高的峰值、保持、崩解、最终和回生黏度范围，说明了大米抛光对糊化曲线的主要影响，为水稻的合理加工利用提供了一定的依据。

在模拟酿酒厂捣碎过程时，黏度特性指标可用于测量麦芽和大米辅料的糊化温度，将直链淀粉结构与可发酵糖的发酵联系起来（Fox，2018）。大量的黏度分析结果表明，糊化开始时间和最大黏度时间与直链淀粉链长分布呈正相关，而直链淀粉链长分布又与高温灌注醪液中可发酵糖的量呈负相关。

#### 4.6.3.3　α-淀粉酶活性抑制研究

Crosbie（1999）研究表明 α-淀粉酶的失活对面条质地有较大的影响。Batey（2007）利用 RVA 测定淀粉的黏度特性，并用于预测亚洲面条质量，证实 α-淀粉酶改变了面粉和全粉的糊化黏度。Purna（2015）为了评估蛋白质和 α-淀粉酶在不同直链淀粉含量的小麦粉中对糊化特性中的影响，用蛋白酶处理和在硝酸银溶液中进行黏度特性的测定。当在过量的水中加热时，蜡质小麦淀粉缺乏颗粒硬度，导致较低的糊化温度和最终黏度，较高的峰值黏度表明蜡质面粉更容易发生淀粉降解。因此，直接影响黏度性质差异的因素是蛋白质基质，影响淀粉颗粒膨胀以及对 α-淀粉酶活性的敏感性。Zhou（2005）研究表明黏度特性的测量值与麦芽质量显著相关。在水浆中加入 0.1 mol/L 的硝酸银，糊化温度与麦芽质量密切相关，硝酸银被认为是 α-淀粉酶和麦芽酶最有效的抑制剂。

## 4.7　马铃薯淀粉的热特性

淀粉是自然界中最重要、含量最丰富的多糖之一，它们可以从可再生资源中获得，成本相对较低，有多种应用可能性。除此之外，淀粉是一种非常通用的材料，用于许多工业，如食品、造纸、纺织、化工和制药。由于淀粉的广泛应用，了解淀粉的性质对于确定其可能的用途和满足工业需求是很重要的。淀粉在食品加工利用中会发生糊化、老化，使得产品具有增稠、稳定、黏着等特点，影响产品的贮存与口感（Kumar，2017）。淀粉在糊化过程中受热吸水膨胀，淀粉分子扩散，分子间和分子内的氢键断裂，糊化的淀粉经存放后会有不同程度的老化，即直链淀粉定向排列，支链淀粉外侧短链的缓慢重排重结晶，在这些过程中伴有能量变化。淀粉热力学特性表现为淀粉颗粒加热过程中双螺旋晶体相转变温度和吸热焓的变化等，是影响淀粉基食品质量和货架期的关键因素，差示量热扫描仪（DSC）可以测定淀粉的热力学特性。

### 4.7.1　测定方法

DSC 检测淀粉结构的物理状态可能发生的变化。主要是描述淀粉-水加热过程中热传递变化，以及淀粉糊化过程中破坏淀粉的颗粒结构所需要的能量，因为淀粉结晶熔融需要吸收热量，分析实验数据可得到淀粉糊化的起始温度（$T_0$）、峰值温度（$T_p$）、终止温度（$T_c$）、糊化焓（$\Delta Hg$）、老化焓（$\Delta Hr$）等，分析淀粉糊化难易程度、糊化和老化需要的能量，可为淀粉的加工利用提供一定的依据（Ek，2014）。

#### 4.7.1.1　淀粉糊化特性的测定

将一定比例的淀粉与去离子水混合后并充分平衡，不断升温至淀粉糊温度，使得所有淀粉完全糊化，通过仪器软件计算出样品的糊化初始温度（$T_0$），峰值温度（$T_p$），终止温度（$T_c$）以及糊化焓值（$\Delta Hg$）。

Meyer（2011）的测定方法如下：准确称取 2.5 mg 的淀粉置于去离子水的坩埚中，按 1：3 的比例（$m/m$）加入去离子水。于室温密封放置使体系平衡 24 h 后进行 DSC 测试。程序设置：初始温度 30℃，样品平衡 1 min，终止温度 100℃，升温速率 10℃/min。以空坩埚作为参比，氮气作为载气，流速设置为 20 mL/min。

#### 4.7.1.2　淀粉老化特性的测定

将糊化后的淀粉糊在 4℃ 贮藏，模拟淀粉食品的贮藏过程，然后再通过加热方式测定，计算淀粉的老化率（R）和老化焓值（$\Delta Hr$）。

Meyer（2011）常用测定方法：将经糊化测试后的淀粉样品在 4℃ 环境下贮存 7 d 后，利用 DSC 测试淀粉老化特性。程序设置：初始温度 20℃，样品平衡 1 min，终止温度 90℃，升温速率 10℃/min，以空坩埚作为参比，氮气作为载气，流速设置为 20 mL/min。通过软件计算出样品的糊化温度以及焓值。老化率（R）= $\Delta Hr/\Delta Hg \times 100\%$，式中：$\Delta Hr$ 为老化焓值。

### 4.7.2　常见评价指标

淀粉颗粒由结晶区与无定形区两部分组成，支链淀粉的侧链分子通过氢键形成双螺旋结构、彼此连接、有序排列形成结晶区，直链淀粉散乱分布于支链淀粉分子之间，形成无定形区（Zhang，2017）。当对淀粉颗粒溶液加热时，水分子进入淀粉颗粒的无定形区，无定形区的直链淀粉会不断渗漏出来，在氢键的作用下，与部分水分子结合而扩散，淀粉颗粒发生可逆性溶胀，黏度增加缓慢；继续加热，淀粉颗粒吸收大量水分，分子间连接的氢键断裂，淀粉的双螺旋结构被破坏，黏度迅速增加；在加热后期，淀粉颗粒发生不可逆地溶胀，完全破碎，形成黏度很高的胶体体系；冷却放置一段时间后，淀粉颗粒开始聚集，形成凝胶体系（Chen，2019）。

#### 4.7.2.1　糊化温度

反映淀粉结构的稳定性和抗凝胶化能力，糊化温度越高，表明晶体结构越完整，淀粉颗粒内部微晶部分排列和结晶度越大，淀粉结构的稳定性和抗凝胶化能力越强（刘星，2018），小颗粒组分比大颗粒组分表现出更高的糊化温度（Qian，2019）。

#### 4.7.2.2 起始糊化温度（$T_0$）

表示无定形区中最弱微晶的熔点，这与过程的开始有关（杨伟军，2018）。

#### 4.7.2.3 峰值温度（$T_p$）

为吸热峰值温度（杨伟军，2018）。

#### 4.7.2.4 最终糊化温度（$T_c$）

即淀粉完全糊化的结论温度，$T_c$ 则表示无定形区中最强微晶的熔点（杨伟军，2018）。

#### 4.7.2.5 糊化温度范围（$T_c-T_0$）

代表了微晶的不均匀程度（Chen，2019）。

#### 4.7.2.6 糊化焓值（$\Delta H_g$）

反映糊化时破坏淀粉双螺旋结构所需能量，淀粉的结晶度越高，结晶区面积就越大，使其完全糊化就需要更多的热能，因此糊化焓值就越大（Chen，2019）。

#### 4.7.2.7 老化焓值（$\Delta H_r$）

反映了熔化支链淀粉重结晶所需的能量，老化焓值越大说明淀粉重结晶越多，回生程度越大（Kumarasamy，2016）。

### 4.7.3 不同因素对淀粉热特性的影响

#### 4.7.3.1 淀粉原有组成及特征

淀粉的热性质随颗粒大小而变化，而颗粒大小又受到植物源、矿物质、脂质、蛋白质、糖类和直链淀粉含量，以及双螺旋和单螺旋结构的数量等多种因素的影响。

（1）直/支链淀粉。Diego（2017）研究发现大的淀粉颗粒中直链淀粉含量较高，高直链淀粉的糊化温度和糊化焓值均高于普通淀粉和蜡质淀粉，说明高直链淀粉颗粒更能抵抗热糊化和溶胀。糊化后的淀粉在4℃保存7 d后，结果显示蜡质淀粉没有老化，与普通淀粉相比，高直链淀粉老化淀粉较多，具有较高的老化焓值，老化淀粉的熔化温度低于其天然淀粉（Chen，2019）。Vamadevan（2015）研究发现三种谷物中糯米淀粉的糊化温度最低，这可能是由于糯米淀粉的支链淀粉含量较高，且支链淀粉侧链的短链含量较高。周颖辉（2018）研究发现26个水稻品种中支链淀粉的平均外链长与 $T_0$、$T_p$ 呈极显著正相关，与 $T_c$ 呈显著正相关；支链淀粉的链长与 $T_0$、$T_p$、$T_c$ 呈显著正相关；支链淀粉平均内链长与 $T_0$ 呈显著负相关，可能与支链淀粉侧链形成的双螺旋结构主要是由中长链形成有关。

（2）分子尺寸。Monjezi（2019）研究发现随着淀粉颗粒尺寸的增大，凝胶化的峰值温度 $T_p$ 降低，而糊化焓增加；凝胶的峰值温度和最终温度降低，凝胶化的吸热焓增加，而 $\Delta H$ 和凝胶化温度范围呈负相关。

（3）蛋白质。Chul（2015）研究发现淀粉中随着板栗全粉添加量的增大，混合粉的 $T_0$、$T_p$ 和 $T_c$ 值逐渐增大，说明板栗粉的添加降低了混合粉的热稳定性。而热焓值随着板栗粉添加量的增加逐渐减小，这可能是因为板栗全粉添加量的增大使混合粉中蛋白质的含量逐渐增加。淀粉与蛋白质竞争性吸水，减少了供淀粉糊化的水分，淀粉的糊化度降低，导致混合粉的熔值降低。

#### 4.7.3.2　油酸

杨伟军（2018）研究发现添加油酸的大米淀粉起始糊化温度、峰值温度、最终糊化温度以及焓变值均低于原大米淀粉，并且随着油酸含量的增加，其值逐渐减小。可能的原因是油酸分子与支链淀粉络合形成的螺旋结构降低了淀粉分子的稳定性，且油酸糊化温度较低，因此导致复合物糊化时的温度减小。而焓变值减小的原因可能是由于淀粉糊化时吸收的热量与复合物形成时放出的热量相抵消所导致的。

#### 4.7.3.3　水解度（DP）

Diego（2017）认为支链淀粉 DP 为 6~9 的短链引起糊化温度下降；DP 为 12~22 的链使得起始糊化温度上升；DP 值为 6~9 和 DP 大于 25 的支链淀粉降低了支链淀粉终结糊化温度及糊化焓。

#### 4.7.3.4　不同处理方法

de Siqueira（2019）分别研究了湿热处理（HMT）结合酸水解玉米淀粉和松仁淀粉，结果显示两种淀粉的 $\Delta H$、$T_0$、$T_p$ 和 $T_c$ 均有显著的提高。主要原因有 7 个，一是 HMT 导致了晶型的改变，形成了难以凝胶化的晶体结构，结构越有序，糊化所需的能量就越大；二是温度升高可能与增强直链淀粉-支链淀粉相互作用有关，从而降低链的迁移率；三是 HMT 可以增强直链淀粉-支链淀粉和直链淀粉-脂质相互作用，从而降低非晶态链的流动性，从而需要更高的温度才能实现淀粉的相变；四是 HMT 处理后淀粉颗粒的水渗透受到限制，从而提高了最终熔；五是 HMT 降低了颗粒的膨胀电位和促进了淀粉链的断裂；六是增加的水分含量可能导致团聚体的形成，从而干扰淀粉的糊化，因为团聚体可以减少热交换；七是转变范围的增大应考虑链的分子量分布的增大，从而导致熔点温度的分布。

### 4.7.4　淀粉的热特性与实际生产应用的关系

#### 4.7.4.1　判断食品的贮藏性

在食品贮藏的过程中，淀粉的老化会导致食品持水力下降、变硬、变脆、口味变差，不单单品质劣变，消化率也降低，货架期也随之变短，导致消费者接受度和喜爱度降低。但适度的老化能够改善食品的质构、感官品质，比如米线、粉丝等。

#### 4.7.4.2　判断食品中直链淀粉含量

直链淀粉越多，糊化焓变越大。主要原因是直链淀粉比支链淀粉在溶液中更紧密地结合在一起，因此能够与溶液产生更高水平的相互作用。

## 4.8　马铃薯淀粉类面条产品

不同来源的天然淀粉的糊化作用、溶胀力和溶解度差别很大。过量的水加热淀粉分子会破坏其晶体结构，水分子与直链淀粉和支链淀粉的羟基之间形成氢键。因此，颗粒的溶胀和溶解度可能增加。在加热循环中，淀粉颗粒会吸收大量的水分，然后膨胀。在高温下，一部分多糖进入溶液并从颗粒中滤出。溶胀力表示某一特定温度下每克淀粉所能吸收的水分，而该温度下的可溶性则对应于浸出的直链淀粉和支链淀粉的百分比。甘薯淀粉的溶胀力远远高于其他谷类淀粉，主要是因为甘薯淀粉颗粒吸收的热水量大于谷类淀粉。相比之下，小麦淀粉的膨胀力最低。在 50～90℃ 下测量的淀粉溶解度变化从 0.1% 到 75.79%）。从普通淀粉颗粒中提取直链淀粉和支链淀粉，而从蜡状淀粉中只提取支链淀粉。一般来说，直链淀粉浸出在过量的水开始在一个相对较低的温度（<70℃），而支链淀粉浸出只在高温（>90℃）。这种现象在块茎、根和谷类淀粉中已经观察到。溶胀力和溶解度是淀粉链间无定形和结晶结构域内相互作用程度的表现。这种相互作用的程度受直链淀粉和支链淀粉在淀粉分子的分子量分布、分枝度、链长分布和构象等方面的比例和特性之间的影响。颗粒肿胀主要归因于支链淀粉，由直链淀粉预防。因此，含蜡淀粉的溶胀能力大于直链淀粉组成的等价物。

虽然脂质含量很少，但淀粉中脂质的存在可以延缓颗粒膨胀，防止淀粉在过量水中加热过程中碳水化合物的浸出，这种现象可能归因于直链淀粉和脂质分子之间形成的包合物。去除内源淀粉脂减少了直链淀粉-脂复合物的形成，增加了小麦淀粉和玉米淀粉的溶胀力，但增加的溶胀力不超过木薯淀粉的溶胀力。外源性脂质对淀粉颗粒膨胀特性的影响取决于脂质类型和加热温度。当水渗透到颗粒中时，颗粒由于无定形相的水化而膨胀，导致结晶度和分子秩序的丧失时，就会发生糊化。淀粉热行为的评估包括起始温度（$T_0$）、峰值温度（$T_p$）、结束温度（$T_c$）和焓（$\Delta H$）等因素，这些因素可以通过不同的仪器进行检测，如差示扫描量热仪（DSC），它们也依赖于淀粉浓度。$\Delta H$ 是熔化所有晶体所需的能量。不同来源淀粉的糊化温度和与糊化吸热相关的焓有所不同。例如，块茎类淀粉（如马铃薯）和谷物类淀粉（如燕麦、大米、苦荞和大麦）的糊化温度高于其他淀粉。相比之下，小麦淀粉的糊化温度最低，因此小麦淀粉比其他淀粉熟得快。不同来源、不同生长条件、不同淀粉颗粒组成和支链淀粉含量的淀粉之间的转变温度差异的主要原因。高的淀粉转变温度可能是由于淀粉颗粒的致密性和高分子顺序。糊化温度是淀粉晶体结构的质量，$\Delta H$ 是支链淀粉晶体的质量和数量，是颗粒内分子秩序丧失的指标。相对较多的短 AP 链（DP<14）的存在有利于降低糊化温度，而相对较多的长链则有助于提高糊化温度。不同淀粉的糊化行为存在差异。苦荞麦淀粉的 $\Delta H$ 远高于谷类淀粉（如 19 J/g），燕麦淀粉的 $\Delta H$ 最低（7～10 J/g）。糯玉米淀粉的糊化温度高于普通玉米淀粉的糊化温度。糊化温度最低的是小麦淀粉，其次是马铃薯、木薯和玉米淀粉。马铃薯和木薯淀粉的糊化温度低于谷类淀粉的糊化温度，由于马铃薯淀粉中含有大量的带负电荷的磷酸基团，糊化在低温下就开始了。小麦和大麦淀粉的糊化起始温度与普通荞麦淀粉相似，但普通燕麦淀粉的糊化起始温度高于其他淀粉。

### 4.8.1 原生淀粉在面条加工中的应用

亚洲的面条在全世界都很受欢迎，面条行业也在快速发展。"亚洲面条"一词广泛用于指来自东亚、东南亚或太平洋地区的以小麦粉、米粉或其他淀粉材料为主要结构成分制成的面条类产品。因此，只有14%～20%的小麦粉用于生产成品面条，而新鲜面条广泛地在小工厂和家庭规模。亚洲面条可以根据不同的加工工艺进行分类，其中一些类别是生鲜面、干面、冷冻面、蒸面和方便面。目前，由于中国快速城市化引发的社会经济变化，在广泛和工业化水平上生产新鲜面条的趋势正在成为不可避免的。面条是通过将磨细的小麦粉和水混合、揉捏和定型，制成一种未发酵的面团而制成的。这种面团出现于4000年前的中国，在亚洲国家尤其是中国、韩国、日本、泰国、马来西亚和印度尼西亚。从经济上讲，优选的方法是使用软面粉或普通小麦粉来制作面条。然而，许多消费者不喜欢最终产品的低感官特征和烹饪质量。致力于提高低质量的最终产品的努力主要基于使用辅助材料或添加剂，包括淀粉及其常见的改性形式。谷物面条和淀粉面条与小麦面条有显著不同。它们的面团容易生产，充分混合和揉面粉和水，以促进片状转化为面条生产。面筋是小麦中的主要蛋白质，其特点是具有形成黏性、弹性和可伸长面团的显著特性。熟面条的质量受到淀粉的糊化和小麦面粉蛋白质网络的形成的影响。淀粉产品的不同质地和烹饪品质归因于这两种生物聚合物与水混合时的特性。淀粉是制作淀粉面条的主要原料，与小麦粉相比，由于没有面筋，淀粉的物理、热和流变特性可以用来评价淀粉面条的质量。淀粉功能对淀粉面条质量的影响可能是生产链中所涉及的老化阶段的结果。淀粉面条是亚洲面条的主要类型，由各种植物来源的纯淀粉制成。米粉（也被认为是玻璃面条）不同于其他类型的面条，如意大利面和小麦面，因为它们是由无麸质原料制成的。马铃薯和木薯淀粉通常用于方便面和普通的盐味面条，作为一种纹理增强成分。淀粉添加量为面粉重量的5%~25%。马铃薯和木薯淀粉的特点是糊化率低、膨胀快、黏度高。这些外来淀粉的加入增加了面条的弹性和嚼劲，从而增强了面条的质地。煮熟的面条的外观更吸引人，因为添加淀粉使面条光滑、干净、有光泽。在配方中加入淀粉后，方便面保证了短的补水时间和一致的质地。马铃薯淀粉适用于方便面，而木薯淀粉一般用于普通的盐面。Noda（2006）研究了马铃薯淀粉的性质对小麦粉与马铃薯淀粉混合制成的方便面品质的影响。他们报告说，在小麦粉中加入马铃薯淀粉，提高了磷含量、峰值黏度和分解特性，从而增强了断裂力，这反映了方便面在短烹饪时间内的硬度。高黏度的马铃薯淀粉制成的淀粉面条坚硬而有黏性。木薯淀粉是制作透明面条的合适原料，成本低，淀粉糊透明。

Charles（2007）研究了小麦面粉-木薯淀粉和木薯胶的复合混合物对中国面条的影响。他们发现，由小麦粉和木薯淀粉制成的面条具有很高的拉伸强度、剪切力和咬合力，可以通过添加木薯胶来降低。此外，烹饪实验表明，当添加30%的木薯淀粉时，这些面条的烹饪和质地特性都得到了增强。一般来说，木薯淀粉含有直链淀粉，加入木薯淀粉的面条的黏弹性和咀嚼性可以改善，和面条用明亮的表面纯甘薯淀粉不太适合面条生产与其他淀粉相比，包括绿豆，所以添加剂和其他方法应该用于部分解决这个问题。在中国，富含甘薯淀粉的碳酸钾或芋粉经常被用来提高面条的质量。利用质构和感官评价变异分析仪对干、熟淀粉面条中的属性进行了评价。Collado（1997）研究了菲律宾14种甘薯基因型制成的面条的淀粉品质。他们观察到，由不同基因型制成的淀粉面条的质地和烹饪品质存在显著差异。在中国所有的甘薯淀粉中，干的和熟的 Sushi 8 型淀粉面条质量很好。用寿司甘薯制作的干淀粉面条的质量与绿豆面条相似。在另一项研究中，发现淀粉的添加减少了烹饪时间，但增加了膨胀指数，这不利于面条的硬度。玉米淀粉也可以用来制作面条，但传统的制作经验和初步研究表明，玉米淀粉面条不如绿豆淀粉面条。

关于利用淀粉组分（直链淀粉和支链淀粉）来满足食品加工的各种要求的可能性，

还没有得到充分的解释。支链淀粉用于食品生产是因为它的贮存稳定性得到了提高。此外，高直链淀粉具有突出的胶凝和成膜特性，可用于增加加工食品的有益功能特性。对于普通玉米来说，淀粉通常含有 25% 的直链淀粉和 75% 的支链淀粉。通过遗传杂交，可以将玉米中直链淀粉-支链淀粉的含量进行修饰，得到直链淀粉含量更高的淀粉，其支链部分的长链含量比糯玉米和普通玉米淀粉的长链含量更高。当直链淀粉和支链淀粉含量较高时，直链淀粉产生连续的网状结构。由绿豆淀粉生产的淀粉面条由于直链淀粉含量高，颗粒膨胀有限，品质优良。Singh（2002）比较了玉米淀粉和马铃薯淀粉面条的品质和特性，发现熟玉米淀粉面条的重量低于马铃薯淀粉面条。由膨胀力更强的淀粉制成的面条煮熟后重量更高，反之亦然。Li（2017）指出，面条中淀粉颗粒的膨胀是不同的。面条表面膨胀程度高的淀粉使直链淀粉滤出，从而产生表面光滑的面条；然而，增加的淀粉膨胀在面条的核心区域创造了柔软的质地。高直链淀粉含量的玉米淀粉（70%）具有低自然膨胀，可用于替代小麦粉，以改善面条的营养和质地。由于颗粒玉米淀粉的脂质含量高、糊化程度高、结构稳定，玉米淀粉面条的蒸煮损失评分显著低于马铃薯淀粉面条。玉米淀粉面条的质地参数，如硬度和内聚性，比马铃薯淀粉面条的质地参数要低。直链淀粉释放不足，由于内部键强，会降低玉米淀粉制备面条的内聚性。来自东南亚的米线是亚洲最受欢迎的面条之一。它们的制作方法主要有两种：挤压制作粉丝，压扁制作面条。米粉是用含高直链淀粉的大米，通过湿磨米粒并将其浸泡在水里几个小时制成的。米粉经过滤、粉碎，形成碎屑；然后，将碎屑预先煮 20 min 或在沸水中蒸一下，以促进表面糊化或加入部分是面团，起到黏合剂的作用。面团随后通过挤压机或面条成型机转移来生产面条。面条也可以直接放在架子上蒸 10~15 min，之后，它们被清洗和干燥。米粉的特性与米粉的膨胀力、黏度和凝胶质地密切相关。传统上，米粉是由中到高直链淀粉含量的长粒大米生产的，长粒大米在形成凝胶网络和提高最终产品的质量方面发挥着独特的作用。Li（1980）发现，直链淀粉含量高、糊化温度低、凝胶硬度好的水稻品种最适合生产面条。Umali（1981）发现，直链淀粉含量高的大米会降低膨胀效率，使面条颜色鲜艳，容重低，相比之下，直链淀粉含量适中的大米则有高堆积密度的深色面条。荞麦面，在日本也叫荞麦面和乌冬面，通常含有 70% 的硬面粉、30% 的荞麦和 28% 的水的混合物。但是，由于荞麦粉没有面筋，所以混合物应该结合在一起形成面条结构（Hatcher，2001）。Hatcher（2008）研究了不同类型的荞麦粉对荞麦面的影响，荞麦面是由小麦和荞麦粉以 40∶60 的比例混合而成的。他们发现，用含有大量淀粉的白荞麦粉制成的面条，在面条生产 2 h 和 24 h 后，比用全麦粉或黑荞麦粉制成的面条要亮得多（$L^*$ 值更高）。一般来说，黑荞小麦粉作为面条原料的比例越高，面条的强度越低。Jia（2019）报道称，配方面条中苦荞粉的比例越来越高，会对面团的颜色和面条的质地产生有害影响。Rani（2018）使用 10%~50% 的高粱面粉代替小麦粉。由于高粱粉的糊化温度和糊化熔高，延长了蒸煮时间。苋菜淀粉具有糊状清晰性的特点，其颗粒直径在淀粉颗粒中最小，可用于功能面条的开发，因此，该淀粉具有良好的功能特性。他们还描述了不同淀粉或面粉的混合适宜性，以生产面条。如果可以用一种更便宜的原料来部分替代淀粉，使用混合原料也可以带来经济效益。Sandhu（2010）研究了马铃薯和大米淀粉混合料对面条品质的影响。他们发现，以 1∶1 的比例加入马铃薯和大米淀粉，就烹饪时间短、烹饪重量高、透明度和滑度的感觉得分高而言，面条的烹饪和感觉质量最好。Zhang（2018）研究了 5 种不同来源的淀粉（小麦、玉米、木薯、甘薯和马铃薯淀粉）对淀粉面筋面团流变学和结构特征的影响。他们发现，这些淀粉对淀粉-面筋模型面团的流变特性有很大不同的影响。小麦淀粉的应用提高了面团结构的稳定性，但降低了面团的强度和抗变形能力。玉米淀粉面筋面团的老化速度最慢，但对变形和恢复的抵抗力相对较差。木薯淀粉提高了模型面团的抗变形能力，但降低了模型面团的回复能力。甘薯淀粉的存在使面团发育时间最短，但面团强度进一步降低。马铃薯淀粉的加入降低了面团的结构稳定性和恢复能力，扩大了面团的强度和抗变形能力。降低直链淀粉的小麦品种和高直链淀粉表型是可能的，因为不同类型面条的质地规格不同，从而生产出具有优良质地一致性的面条。糯玉米淀粉（WMS）最早在中国发现，随着支链淀粉含量的增加（99%），它有几个不同的特点，是一种成功的食品生产原料。各种有利的特性，包括低糊化温度、高峰值黏度、低回升率、低最终黏度、快速膨胀、低回升率，是延缓倒退和促进复水必不可少的。通过添加含蜡淀粉或含蜡小麦粉可以降低面粉中的直链淀粉含量，从而提高面条的柔软度。方便面可以通过添加蜡状淀粉或面粉在较低的烹饪温度和较短的烹饪时间下烹饪。但是，直链淀粉含量低于 12.4% 的重建面粉，脂肪吸收增加，颜色较深，表面外观不佳，不适合制作方便面。这种方法被用来制作高质量的日本乌冬面、方便面或白盐渍面。Epstein（2002）指出，淀粉的直链淀粉含量对白色盐渍面条的质地有重要影响。日本白盐面条和乌冬面所偏爱的质地是由高比例的部分蜡小麦粉获得的，由于其直链淀粉含量低、峰值黏度高，糊化和焓值高，因此具有柔软和弹性的质地。Huang（2010）报道，利用育种或转基因方法选择不同颗粒大小和糊化特性的小麦淀粉，可以预测面条品质的改变。综上所述，尽管在面食制作过程中实际使用了混合淀粉或谷物面粉，但由于淀粉-淀粉或淀粉-面粉之间复杂的相互作用，面条的质量很难预测。但是，改性淀粉可以应用于淀粉或面粉生产面条，提高面条的食用质量。

## 4.8.2　淀粉与面条品质特性间的关系

淀粉是一种碳水化合物或多糖，由大量通过糖苷键连接在一起的葡萄糖单位组成，它含有大分子的直链淀粉和支链淀粉。淀粉在所有绿色植物中都是一种能量储存物质，是人体必需的能量来源。它存在于多种食物中，如马铃薯、小麦、大米和其他食物。一般来说，淀粉面条有三种类型取决于原材料的类型，如豆类淀粉（绿豆、豇豆、扁豆和红豆），不同块茎或根淀粉（马铃薯、木薯和甘薯），以及大量的谷物淀粉（玉米、荞麦、青稞、高粱、大麦）。然而，以往的研究表明，绿豆淀粉面条是最好的，因为其直链淀粉含量高。如果面条的丝质清晰或透明、细细的，抗拉强度高，煮熟后黏稠度低，即使长时间煮熟，煮失量也小，那面条的质量就很好。

### 4.8.2.1　淀粉与面条感官品质的关系

面条的感官品质包括色泽、表观状态、透明度、硬度、黏性、弹性、光滑性、韧性、食味值等。目前关于小麦淀粉、玉米淀粉、大米淀粉的理化特性与面条感官品质的研究较多，分析了直链淀粉、支链淀粉、总淀粉含量、淀粉糊化特性与面条感官品质特性之间的关系。如宋健民等（2008）和王宪泽等（2004）的研究结果表明直链淀粉含量与面条总评分之间呈极显著负相关关系（$r = -0.54$，$P < 0.01$；$r = -0.6423$，$P < 0.01$）。Noda

（2001）对日本17个小麦品种的淀粉理化特性与面条品质进行相关分析，得出直链淀粉含量与面条感官评价的硬度、弹性、光滑性呈极显著负相关，相关系数分别为-0.82、-0.68和-0.69（$P<0.01$）。董凯娜（2012）分析了85个小麦品种淀粉特性与面条感官特性分析，结果表明总淀粉含量与面条的色泽、表观状态、弹性、光滑性和总分呈显著或极显著的正相关，直链淀粉含量、直/支比例与面条感官质量要素中的弹性和总评分呈极显著正相关。关于马铃薯淀粉与面条感官品质特性的关系，仅有张豫辉等（2015）研究了马铃薯淀粉的添加量对面条色泽的影响，结果表明随着马铃薯淀粉的添加，面片的整体色泽得到改善，添加5%的马铃薯淀粉面条感官评分最好。

#### 4.8.2.2　淀粉与面条质构特性的关系

面条的质构特性包括硬度、黏着性、弹性、黏聚性、胶着性、咀嚼性、回复性等（Niu，2017）。董凯娜等（2012）分析了85个小麦品种淀粉特性与面条质构特性，结果表明总淀粉含量、直链淀粉含量和直/支比例与面条黏聚性、回复性呈显著或极显著正相关，淀粉糊化特性各指标与面条单位截面积硬度、咀嚼性呈极显著正相关。Lagassé（2006）的研究表明随着直链淀粉含量的增加，面条的硬度增加，黏度减小。张翼飞（2011）的研究表明，添加马铃薯淀粉可增加熟面条的黏结性及回复性，面条品质好。

#### 4.8.2.3　淀粉与面条蒸煮品质的关系

面条的蒸煮品质包括最佳煮制时间、煮制吸水率、煮制损失率、总有机物测定值、蛋白质损失率等。王晓曦（2010）采用分离重组法进行研究，结果表明总淀粉的添加量与面条的干物质吸水率、干物质损失率、蛋白质损失率呈显著的正相关；支链淀粉添加量与面条的干物质吸水率呈正相关，与干物质损失率、蛋白质损失率呈负相关。Huang（2010）利用分离后重组的面粉（小麦粉中添加不同量的蜡质大米、小麦、玉米淀粉）制作面条，通过测定面团的流变学特性和应用激光共聚焦扫描显微镜分析，得出面条的最佳蒸煮时间和干物质吸水率会随直链淀粉和支链淀粉含量的变化而变化。Kawaljit等（2010）研究表明，马铃薯淀粉可降低面条蒸煮时间，但蒸煮损失率也较高。淀粉含量与煮制面条的吸水率、干物质损失率、蛋白质损失率呈正相关。张豫辉（2015）研究表明，添加马铃薯淀粉的面条，糊化温度低，制成的面条最佳蒸煮时间短；添加5%~10%的马铃薯淀粉，面条的蒸煮品质最好，当马铃薯淀粉添加量小于10%时，面条的拉伸品质较好，随着马铃薯淀粉的添加，面条的最佳蒸煮时间缩短，干物质吸水率减少，干物质损失率及断条率先减小后增加。赵登登（2014）研究发现，添加6%的马铃薯淀粉制作的面条品质最好，感官得分最高，质构的硬度、黏着性、弹性和咀嚼性最大。

#### 4.8.2.4　淀粉与面条微结构的变化

面条的微观结构决定面条的宏观特性。在面条的内部结构中，蛋白质和淀粉间的空间排列以及两者间结合键的不同所形成的面筋网络等，均直接或间接地影响面条的加工特性。因此，对面条分子水平的微观结构上的观察，可为面条品质特性的变化提供直观的证据，有利于其宏观现象的改善研究。Dexter（1979）采用电镜观察结果表明，面条内部是包被淀粉颗粒的完全不定向的蛋白质网络结构，且此结构的数量和质量直接影响面条及煮面的强度和质地。袁艳林（2013）通过 SEM 观察不同压面阶段和不同煮面时间的面条结构，结果发现随着面团熟化、压面过程的进行，裸露在面筋外面的淀粉颗粒减少，面筋网状结构变得均匀、紧密。随着煮面时间的延长，面条中的淀粉颗粒逐渐吸水膨胀、破裂，完整的淀粉颗粒逐渐变少。当蒸煮时间相同时，游离脂含量高的面条中完整的淀粉颗粒比含量低的面条中显著减少。

目前关于马铃薯淀粉结构和性质的研究，多数是对不同品种马铃薯淀粉含量的统计，或是对其淀粉品质特性进行分析，但是关于加工品种淀粉的特性研究较少；在马铃薯全粉面条加工方面，仅有少数研究说明马铃薯全粉加工成面条的品质特性，并未开展在马铃薯全粉面条加工过程中淀粉品质特性的变化情况分析；在淀粉与面条品质特性的关系上，主要研究了小麦、玉米、大米粉中的淀粉与面条品质特性之间的关系，关于马铃薯全粉中淀粉品质特性与面条品质特性之间的关系研究较少。为了加快马铃薯主粮化的步伐，在未来研究中加强马铃薯全粉面条加工过程中马铃薯淀粉特性、淀粉的变化情况及其与面条品质变化的对应规律及其相关关系，是目前亟须解决的关键科学问题；同时也有利于马铃薯全粉主粮化新产品开发，提供马铃薯产品规模化、规范化、标准化生产的市场需求；有助于解决中国马铃薯主粮化面临的问题，加快马铃薯主粮化的进程。

# 4.9　马铃薯淀粉品质特性未来发展方向

## 4.9.1　构建淀粉功能特性与产品品质特性的关系模型

淀粉的功能特性与淀粉的形态结构，化学组成及颗粒的晶体结构有关，如刘东莉（2016）研究玉米淀粉的结晶结构与淀粉吸水能力、老化速度、结晶度、蛋白质的影响情况，但淀粉功能特性与产品之间关系的研究不足。

## 4.9.2　深入研究淀粉的营养消化特性

血糖生成指数（GI）可以直接反映食物与葡萄糖相比升高血糖的速度和能力，其代表一种食物的生理学参数，能确切反映食物摄入后人体的生理状态，是衡量食物引起人体餐后血糖反映的一项重要指标，而关于不同种类淀粉的差异及在不同产品中的变化方面研究较少，有待于进一步研究。

## 4.9.3　完善淀粉微观结构与实际生产应用关系研究

文献中大多将微观结构与淀粉的凝胶性、黏度特性、流变特性等相互关联研究，但微观结构的变化将如何导致食品品质的变化研究较少。

## 4.9.4　建立淀粉微观结构特征与加工专用品种的品质特性间关系

文中介绍了淀粉的微观结构和米饭的老化有关，但未见微观结构与其他产品品质特性的报道，需要进行深入研究，为筛选适宜加工的专用品种提供一定的依据。

### 4.9.5 建立淀粉微观结构的快速检测方法

淀粉微观结构的测定对样品有一定损失，且测定方法精密高，时间长，为了更好地满足实际生产需要，建立淀粉微观结构的快速检测方法对于新品种的培育和加工专用品种的筛选具有重要意义。

### 4.9.6 分析不同因素对淀粉黏度特性的影响

目前关于食品组成、外来添加物对淀粉的黏度特性指标的变化情况进行了研究，但如何能更好地加工生产出适合人们食用的产品需要进一步深入研究，以期帮助实际产业生产。

### 4.9.7 完善黏度特性指导加工专用品种的培育

目前关于现有品种在加工不同产品时的黏度特性有一定的变化要求，但是关于不同加工品种的加工专用品种需要依据产品需求进行培育。

### 4.9.8 构建黏度特性与产品品质特性关系模型

黏度特性会直接影响产品品质特性，产品品质特性与黏度特性之间有一定的关系，但是黏度特性与产品品质特性之间的具体的数据关系变化不清楚，为了更好地指导生产、帮助育种专家培育加工专用品种，需要建立产品与黏度特性之间的关系评价模型。

### 4.9.9 建立马铃薯 RS 和 SDS 的生理效应模型

测定马铃薯新品种（如高直链淀粉）的 RS 和 SDS 特征，分析马铃薯淀粉在人体或动物模型中消化吸收率、饱腹感、营养物质吸收率、能量平衡情况、肠道生理影响以及代谢过程，构建马铃薯淀粉的 RS、SDS 评价模型，为马铃薯新品种的培育提供一定的依据。

### 4.9.10 构建马铃薯 RS 消化吸收率与微观结构的关系模型

RS 是一种高附加值的食品成分，具有与纤维相似的特性，具有保健和预防疾病的功效。一般来说，RS 在加热过程中导致颗粒结构和细胞壁结构破坏，使得熟马铃薯中淀粉在体内迅速被消化。因此，可以通过控制马铃薯的不同加工工艺，监测加工过程中淀粉微观结构的变化，测定慢、快可消化淀粉和抗性淀粉的变化规律，构建马铃薯 RS 消化吸收率与微观结构的关系模型，为马铃薯的加工工艺设计提供一定的依据。

### 4.9.11 创新马铃薯淀粉加工利用新技术

马铃薯淀粉是食品工业的重要原料之一，如无脂肉类加工工业。食用 RS 和 SDS 含量高的食物可能有助于降低与代谢综合征相关疾病的风险，如 Ⅱ 型糖尿病、肥胖和心脏病。因此，创新马铃薯淀粉基食品的加工技术，控制马铃薯淀粉的结构变化，掌握马铃薯淀粉结构与健康之间的关系，为生产具有特定加工和消费需求的马铃薯淀粉及具有不同营养特性的淀粉馏分提供依据。

# 第5章 不同品种马铃薯淀粉品质特性研究

马铃薯是仅次于小麦、稻谷、玉米的世界第四大粮食作物（FAO，2021）。马铃薯含有淀粉、纤维素、脂类、蛋白质等营养成分，其中淀粉含量高达 70% 以上，是马铃薯的主要成分，也是食物淀粉的主要来源之一（利辛斯卡，2019）。食品的结构取决于淀粉的性质以及淀粉在加热、冷却、剪切等过程中性质的变化（Kumar，2018）。在许多食品中，黏度、加工特性、质地或者一些食品的味道是由淀粉或淀粉衍生物主导的（van der Sman，2014）。淀粉的性质取决于植物来源、品种、生长条件（Monjezi，2019）。马铃薯淀粉在食物结构系统领域具有它的特殊性，它们形成相对清晰的糊状物，具有高黏度，结合力强，糊化温度低，形成凝胶的倾向高等特点而广泛应用在食品加工行业中。

世界上推出并种植的马铃薯品种总计 3 000 余个，其中 700 余个品种仍在栽培（利辛斯卡，2019）。我国各地（黑龙江、山西、内蒙古、甘肃等）也在不断培育更新马铃薯新品种，以适应马铃薯种植业和加工业的需求。王颖（2019）等研究表明，不同品种马铃薯淀粉品质特性差异显著，在所研究品种中，淀粉膨胀度的变化范围是 10.07% ~ 14.43%；荷兰 7 号淀粉溶解度的变化范围是 15.01% ~ 30.00%；淀粉透明度的变化范围是 43.65% ~ 56.88%。马铃薯淀粉颗粒可分为两类，一类是较大的颗粒呈椭圆形，另一类是偏小的颗粒呈圆形。马铃薯淀粉的颗粒大小为 5 ~ 100 μm，淀粉颗粒粒度分布影响淀粉的物理化学性质和功能性质。通常，较大的颗粒组分直链淀粉含量较高，而脂肪、蛋白质和矿物质含量较低，结晶度较高，这将直接影响淀粉的、透明度、溶解性、膨胀性、质构特性、黏度性能和热性能的差异。

本章将以 11 个马铃薯品种为原料，优化马铃薯淀粉的提取方法，分析马铃薯淀粉的品质特性，建立马铃薯淀粉的品质评价方法，明确马铃薯淀粉功能特性的差异及特点，本章研究将对适当开发利用不同特点的马铃薯淀粉产品具有重要帮助作用，对于马铃薯新品种的培育具有重要的指导意义。

## 5.1 马铃薯淀粉的提取

马铃薯淀粉是马铃薯中最主要的成分，占马铃薯总量的 12% ~ 18%（干重）。马铃薯淀粉中由于含有直链淀粉和支链淀粉而具有半晶状的结构。其中支链淀粉对结晶度有贡献，直链淀粉为非结晶态。二者的比例对淀粉的膨润度、水溶性、吸水能力均具有较好的贡献性。直链淀粉比支链淀粉消化吸收慢而对降低血糖指数具有较好的作用（Ek，2014）。一般来说，马铃薯淀粉比玉米、大米和小麦淀粉具有更好的膨润力和溶解性，并且颗粒较大，表面平滑、规则。因此，马铃薯淀粉作为食品加工中的增稠剂和保型剂，并且在化工、纺织、医药、饲料等行业也得到了广泛的应用。

据文献报道，我国马铃薯淀粉的年产量为 10 万 t，但国内马铃薯淀粉的年供应量约为 30 万 t，每年需进口 20 万 t，市场缺口很大，每年除了需要从国外进口，其余靠低品质淀粉补充。因此，寻找高效提取马铃薯淀粉的方法势在必行。王大为（2013）和刘婷婷（2013）分别采用超声波辅助和微波提取马铃薯淀粉，结果发现，支链淀粉含量比水提法具有显著的降低，而直链淀粉显著的增加。该研究结果与 Chan（2010）Hida（2008）研究结果相一致。许力（2006）通过水提法提取马铃薯淀粉，得到马铃薯淀粉的含量、斑点、细度和水分含量等品质指标均优于优级标准。直链淀粉和支链淀粉含量是决定淀粉品质的重要因素之一。因此，本研究采用水提法和溶剂提取法提取马铃薯淀粉，比较分析不同提取方法对直链淀粉和支链淀粉含量的影响，将对马铃薯淀粉行业的发展及未来高品质淀粉产品的开发利用提供依据。

## 5.1.1　马铃薯淀粉的提取方法

（1）样品 1：直接烘干法。称取去皮马铃薯 1 500 g，切片后 40℃烘干，粉碎过 80 目筛，放入封口袋中保存备用。

（2）样品 2：水提取法。称取去皮马铃薯 1 500 g，切片后再切丁，用组织搅碎机加水打碎，将打碎的马铃薯放入蒸馏水中进行浸泡，2~3 h 静置沉淀后放于 80 目筛上过滤并弃液体，反复 4~5 次后将沉淀放入烘箱中 40℃烘干，粉碎过 80 目筛，放入封口袋中保存备用。

（3）样品 3：溶剂提取法。称取去皮马铃薯 1 500 g，切片后再切丁，用组织搅碎机加（1%氯化钠溶液：0.2%亚硫酸钠溶液＝1：1）混合液体中打碎，将打碎的马铃薯放入混合溶液中进行浸泡，2~3 h 静置沉淀后放于 80 目筛上过滤并弃液体，反复 4~5 次后将沉淀用清水反复冲洗浸泡 2~3 次后放入烘箱中 40℃烘干，粉碎过 80 目筛，放入封口袋中保存备用。

## 5.1.2　马铃薯淀粉品质特性的测定与分析

### 5.1.2.1　测定方法

水分的测定：按照 GB 5009.3—2016 方法测定。

直链淀粉和支链淀粉含量的测定：称取 0.1 g 样品加入 0.5 mol/L KOH 溶液 10 mL，在（80±1）℃水浴中溶解 10 min 后，定容于 50 mL 容量瓶中，吸取样品液 2.5 mL，加入 20 mL 双蒸水，用 0.1 mol/L HCl 将溶液 pH 值调至 3.0，加入碘试剂 0.5 mL，用双蒸水定容至 50 mL 容量瓶中，静置 20 min 待测，在优化方法条件下测定直链淀粉和支链淀粉含量，直链淀粉和支链淀粉的最大吸收波长分别是 609 nm（$\lambda_1$）和 546 nm（$\lambda_2$）；直链淀粉和支链淀粉的参比波长分别为 473 nm（$\lambda_3$）和 734 nm（$\lambda_4$）（王丽，2017）。

直链淀粉和支链淀粉浓度采用标准曲线方程进行计算；

$$直链淀粉(\%) = \frac{Y_直 \times 50 \times 50 \times (1 - W_1 - W_2 - W_3 - W_4)}{2.5 \times M \times 1\,000\,000} \times 100$$

$$支链淀粉(\%) = \frac{Y_支 \times 50 \times 50 \times (1 - W_1 - W_2 - W_3 - W_4)}{2.5 \times M \times 1\,000\,000} \times 100$$

式中，$Y$ 为标准曲线中计算出的直链淀粉或支链淀粉浓度（μg/mL）；

50 为两次定容的体积（mL）；

$W_1$ 为原有样品中水分含量（%）；

$W_2$ 为原有样品中脱脂后减少量（%）；

$W_3$ 为原有样品中脱糖后减少量（%）；

$W_4$ 为原有样品脱糖脱脂减少量（%）；

2.5 为吸取测定样品体积数（mL）；

M 为测定用样品重（g）。

试验数据重复 3 次，采用平均数±标准差表示，所有数据采用 SPSS 18.0 进行方差分析、显著性分析。

### 5.1.2.2 样品中水分含量分析

三种不同处理方法样品中水分含量如表 5-1 所示，通过表 5-1 中可以看出，三个样品中水分含量差异显著且均小于 9%，该样品中的水分含量符合我国关于马铃薯淀粉的基本要求（GB 8884—2007 中规定小麦粉的水分含量≤20%）。其中样品 3 采用 1%氯化钠溶液：0.2%亚硫酸钠溶液=1：1 浸泡的马铃薯淀粉水分含量最低，而采用水直接浸泡提取的马铃薯淀粉中水分含量最高。三种样品中水分含量差异显著，说明不同的制备工艺对马铃薯淀粉的品质特性具有一定的影响。

表 5-1　三种样品中水分含量

| 样品名称 | 水分含量（%） |
| --- | --- |
| 样品 1 | 7.92±0.01[b] |
| 样品 2 | 8.30±0.06[a] |
| 样品 3 | 7.62±0.09[c] |

注：肩标不同字母表示不同样品间的差异显著（$P<0.05$）。

### 5.1.2.3 样品色泽的分析

在马铃薯淀粉提取制作过程中，根据不同方法对其进行了提取方法优化，样品 3 的淀粉呈现出白色粉末状，粉质细腻而且无杂质，偏乳白色。而样品 1 和样品 2 处理后的样品呈现出灰色，褐色的颗粒状，粉质粗糙含有颗粒，不易溶于有机溶剂中，即使经过粉碎机进行粉碎依旧颗粒居多，不易测量。

### 5.1.2.4 样品中直链淀粉和支链淀粉含量分析

表 5-2 为三种样品中直链淀粉、支链淀粉、淀粉总量结果。表 5-2 结果显示样品 2 中淀粉总量最高，达到 96.18%，但结合表 5-1 可知，样品 2 中水分含量为 8.30%，使得二者之和大于 100%。分析其原因是样品 2 在溶解测定过程中溶解性较差，部分样品未溶解，在紫外可见分光光度分析时，影响了测定结果。样品 3 中的直链淀粉含量、支链淀粉含量、总淀粉含量均显著高于样品 1，说明样品 3 提取淀粉时可以较准确地测定其中的直

链淀粉和支链淀粉含量。并且曾凡逵（2011）报道马铃薯中直链淀粉含量占淀粉总量的15%~25%，与本研究相一致。

**表 5-2　三种样品中直链淀粉和支链淀粉含量**

| 样品名称 | 支链淀粉含量（%） | 直链淀粉含量（%） | 总量（%） |
| --- | --- | --- | --- |
| 样品 1 | 70.27±0.05[b] | 12.38±0.32[c] | 82.65±0.37[c] |
| 样品 2 | 68.04±0.03[c] | 27.68±0.21[a] | 96.18±0.21[a] |
| 样品 3 | 73.97±0.39[a] | 15.28±0.55[b] | 89.89±0.16[b] |

注：肩标不同字母表示不同样品间的差异显著（$P<0.05$）。

本实验通过与直接烘干样品进行分析比较，发现溶剂提取法（1%氯化钠溶液：0.2%亚硫酸钠溶液=1:1）得到样品水分含量低（7.62%），颜色白，粉质细腻，测定的支链淀粉、直链淀粉含量高，是一种较好的提取马铃薯淀粉的方法。接下来采用该方法进行淀粉的提取及相关指标的测定。

## 5.2　马铃薯直链淀粉和支链淀粉含量的测定与分析

鲜马铃薯中淀粉含量为9%~25%，还原糖含量为0.22%~1.6%，粗蛋白质含量为0.2%~2.6%，脂肪含量为0.1%~0.5%（张良，2014）。马铃薯淀粉中有12%~20%的直链淀粉和70%~82%的支链淀粉，并且不同品种中直链淀粉和支链淀粉的含量变化幅度很大（Ngobese，2017）。研究表明，直链淀粉含量越高，抗消化性越强，糊化峰值黏度、最终黏度、破损值、回复值也较高，支链淀粉含量越高，抗老化性越强，冻融稳定性好，膨胀性高、吸水性强（Nazarian-Firouzabadi，2017）。马铃薯中直链淀粉-碘结合物的吸收波长为500~800 nm，支链淀粉-碘结合物的吸收波长为500~600 nm，前者覆盖了后者，对马铃薯直链淀粉含量的测定会产生一定的干扰作用。Zhu（2008）将双波长比色法同 DSC 法、HPSEC 法和酶法（直链淀粉/支链淀粉试剂盒）进行了比较，发现双波长比色法是最准确和最有应用价值的方法。曾凡逵（2012）和刘轶（2016）均是直接优化了马铃薯中直链淀粉和支链淀粉的双波长测定范围，未对样品预处理方法进行优化，而马铃薯中的脂肪和糖类对淀粉含量的测定会有一定的影响，因此，优化马铃薯淀粉测定前处理方法，可以较准确地测定马铃薯淀粉中的直链淀粉和支链淀粉含量。

为了准确测定马铃薯中直链淀粉和支链淀粉的含量，本部分优化了马铃薯中直链淀粉和支链淀粉测定的前处理方法，完善了马铃薯直链淀粉和支链淀粉的双波长测定范围，通过该预处理方法的建立和双波长测定范围的界定，可以准确测定马铃薯样品中直链淀粉和支链淀粉含量，为不同品种马铃薯的鉴定和马铃薯新品种的育种提供了依据，为马铃薯淀粉的加工利用提供了技术支撑。

### 5.2.1　直链淀粉和支链淀粉标准曲线的绘制

（1）直链淀粉、支链淀粉标准原液。精确称取 0.1000 g 直链淀粉/支链淀粉标准品，加入几滴无水乙醇润湿后，加入 0.5 mol/L KOH 溶液 10 mL，在（80±1）℃水浴溶解后定容至 100 mL 容量瓶中，得到 1 mg/mL 的直链淀粉/支链淀粉标准原液。

（2）直链淀粉和支链淀粉波长范围扫描及标准吸收曲线。吸取 1 mg/mL 直链淀粉标准原液 1 mL，加入双蒸水 20 mL，用 0.1 mol/L HCl 将溶液 pH 值调至 3.0，加入碘试剂 0.5 mL，用双蒸水定容至 50 mL 容量瓶中，静置 20 min，待测；吸取 1 mg/mL 支链淀粉标准原液 3 mL，其他处理同直链淀粉；不加任何标准品，其他试剂同标准液制备，作为空白液；将直链淀粉和支链淀粉的标准液在紫外可见分光光度计（波长范围为 400～900 nm）中扫描，根据峰图分析最大吸收波长和参比波长。根据确定的最大吸收波长和参比波长进行直链淀粉和支链淀粉吸光度的测量。直链淀粉分别在最大吸收波长（$\lambda_1$）和参比波长（$\lambda_3$）下测定吸光度，以直链淀粉浓度（μg/mL）为横坐标，以 $\Delta A_{直} = (A_{\lambda_1} - A_{\lambda_3})$ 为纵坐标，绘制直链淀粉标准曲线。支链淀粉分别在最大吸收波长（$\lambda_2$）和参比波长（$\lambda_4$）下测定吸光度，以支链淀粉浓度（μg/mL）为横坐标，以 $\Delta A_{支} = (A_{\lambda_2} - A_{\lambda_4})$ 为纵坐标，绘制支链淀粉标准曲线。

（3）直链淀粉和支链淀粉测定波长的选择。将直链淀粉和支链淀粉分别在 400～900 nm 光谱范围内进行扫描，结果如图 5-1 所示。图 5-1 中可以看出，直链淀粉和支链淀粉的最大吸收波长分别是 609 nm（$\lambda_1$）和 546 nm（$\lambda_2$）。根据等吸收点作图法确定直链淀粉和支链淀粉的参比波长分别为 473 nm（$\lambda_3$）和 734 nm（$\lambda_4$）。

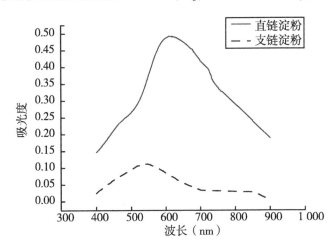

**图 5-1　直链淀粉和支链淀粉扫描图谱**

（4）双波长法测定直链淀粉和支链淀粉标准曲线。直链淀粉标准曲线如图 5-2 所示。回归方程为 $y = 0.0125x - 0.0035$，回归系数 $R^2 = 0.9996$。支链淀粉标准曲线如图 5-3 所示。回归方程为 $y = 0.0021x - 0.0015$，回归系数 $R^2 = 0.9992$。直链淀粉和支链淀粉回归方程的回归系数均大于 0.999，均达到了极显著水平，说明使用该双波长法绘制的标准曲线线性好。

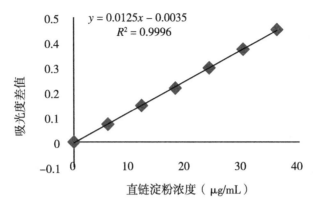

**图 5-2　直链淀粉的标准曲线**

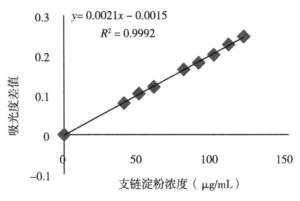

**图 5-3　支链淀粉标准曲线**

（5）样品中直链淀粉和支链淀粉含量的测定方法。分别称取 0.1 g 样品 1~5 （5.2.2 中得到的 5 个样品）各加入 0.5 mol/L KOH 溶液 10 mL，在（80±1）℃水浴溶解 10 min 后，定容于 50 mL 容量瓶中，在吸取样品液 2.5 mL，加入 20 mL 双蒸水，用 0.1 mol/L HCl 将溶液 pH 值调至 3.0，加入碘试剂 0.5 mL，用双蒸水定容至 50 mL 容量瓶中，静置 20 min。

直链淀粉和支链淀粉浓度采用标准曲线方程进行计算；

$$直链淀粉(\%) = \frac{Y_{直} \times 50 \times 50 \times (1 - W_1 - W_2 - W_3 - W_4)}{2.5 \times M \times 1\,000\,000} \times 100$$

$$支链淀粉(\%) = \frac{Y_{支} \times 50 \times 50 \times (1 - W_1 - W_2 - W_3 - W_4)}{2.5 \times M \times 1\,000\,000} \times 100$$

式中，$Y$ 为标准曲线中计算出的直链淀粉或支链淀粉浓度（μg/mL）；

50 为两次定容的体积（mL）；

$W_1$ 为原有样品中水分含量（%）；

$W_2$ 为原有样品中脱脂后减少量（%）；

$W_3$ 为原有样品中脱糖后减少量(%);

$W_4$ 为原有样品脱糖脱脂减少量 (%);

2.5 为吸取测定样品体积数 (mL);

M 为测定用样品重 (g)。

实验数据重复 3 次,采用平均数±标准差表示,所有数据采用 SPSS 18.0 进行方差分析、显著性分析。

### 5.2.2 样品预处理方法的优化

(1) 未经过脱糖脱脂处理样品。称取 0.1 g 样品加入 0.5 mol/L KOH 溶液 10 mL,在 (80±1)℃ 水浴中溶解 10 min 后,定容于 50 mL 容量瓶中,吸取样品液 2.5 mL,加入 20 mL 双蒸水,用 0.1 mol/L HCl 将溶液 pH 值调至 3.0,加入碘试剂 0.5 mL,用双蒸水定容至 50 mL 容量瓶中,静置 20 min 待测,记作样品 1,同时做空白样品。

(2) 脱脂处理样品。称取 0.5 g 样品,用 20 mL 石油醚分 4 次洗出脂肪,放入恒重铝盒中在通风橱内进行完全挥发。随后在 105℃ 的烘箱中烘干至恒重,称量脱脂样品按照方法 (1) 继续处理备用,记作样品 2。

(3) 脱糖处理样品。称取 0.5 g 样品,用 20 mL 85% 乙醇分 4 次洗出可溶性糖,残留物转移至恒重铝盒中在通风橱内进行完全挥发。随后在 105℃ 烘箱中进行烘干至恒重,称量脱糖样品按照方法 (1) 继续处理备用,记作样品 3。

(4) 先脱糖后脱脂处理样品。称取 0.5 g 样品,按照上述方法 (2)、方法 (3) 先脱糖后脱脂的方法处理样品,残留物转移至恒重铝盒中在通风橱内进行完全挥发。随后在 105℃ 的烘箱中进行烘干至恒重,称量脱糖脱脂样品按照方法 (1) 继续处理备用,记作样品 4。

(5) 先脱脂后脱糖处理样品。称取 0.5 g 样品,按照上述方法 (2)、方法 (3) 先脱脂后脱糖的方法处理样品,残留物转移至恒重铝盒中在通风橱内进行完全挥发,随后在 105℃ 的烘箱中进行烘干至恒重,称量脱脂脱糖样品按照方法 (1) 继续处理备用,记作样品 5;

(6) 不同预处理方法对样品中直链淀粉和支链淀粉含量的影响。只进行脱糖或经过先脱糖后脱脂的样品成凝结的颗粒状,在方法 (4) 处理过程中出现不溶的情况,影响了吸光度的测定,而只进行脱脂或先脱脂再脱糖的样品在方法 (4) 处理中溶解性较好(表 5-3)。

从表 5-3 中可以看出,不同样品中直链淀粉和支链淀粉差异显著 ($P<0.05$),其中样品 1 和样品 4 淀粉总含量大于 100%,而样品中还含有脂类、糖类、水分等其他物质,因此,得知这两种预处理方法不能准确测定样品中直链淀粉和支链淀粉的含量,样品 2 和样品 3 中的淀粉总含量分别为 95.79% 和 95.57%,而由水分测定结果可知,样品中的水分含量为 7.92%,与淀粉总量之和同样大于 100%,因此以上四种方法均不是测定马铃薯淀粉中直链淀粉和支链淀粉的有效方法,分析其原因,主要是以上四种预处理方法中淀粉在测定过程中有难以溶解的颗粒,使得紫外分光光度测定过程汇中阻碍了光线的透过,影响了测定结果。该研究结果与曾凡逵 (2012) 研究结果相一致,可能是由于这些样品中淀粉

颗粒溶胀不够充分，仍然呈颗粒状的淀粉与碘试剂反应时，颗粒表面的淀粉分子与碘结合形成在水溶液中肉眼能观察到的悬浮物，这种悬浮物静置后会同普通淀粉一样沉降，由此对检测结果造成影响。而样品 5 通过先脱脂后脱糖的方法，获得样品的溶解度好，透明性好，测定得到支链淀粉含量为 70.27%，直链淀粉含量为 12.38%，测定结果准确，该结果与文献研究结果相一致，黄立飞（2016）比较分析了脱脂、脱糖和脱脂脱糖三种预处理方法对甘薯中直链淀粉含量的测定分析，结果表明未脱糖处理的样品中测定结果最小。王广鹏（2013）研究了脱糖、脱脂、脱糖脱脂对板栗支链淀粉含量的影响，结果表明经过脱脂脱糖处理后，支链淀粉含量比其他处理方法高 5%，说明糖和脂肪存在对支链淀粉的测定具有显著的干扰作用。

表 5-3　直链淀粉和支链淀粉在不同处理条件下的含量及溶解性

| 样品名称 | 支链淀粉含量（%） | 直链淀粉含量（%） | 总量（%） | 溶解性 |
|---|---|---|---|---|
| 样品 1 | 74.72±0.39[c] | 29.79±0.32[c] | 104.51±0.07[c] | 有微小凝结颗粒 |
| 样品 2 | 71.85±0.93[b] | 23.93±0.60[b] | 95.79±0.33[b] | 全部溶解 |
| 样品 3 | 72.03±0.71[b] | 23.53±0.22[b] | 95.57±0.50[b] | 有凝结颗粒 |
| 样品 4 | 80.56±0.19[d] | 33.44±0.07[d] | 114.00±0.13[d] | 有凝结颗粒 |
| 样品 5 | 70.27±0.05[a] | 12.38±0.32[a] | 82.65±0.37[a] | 全部溶解 |

注：肩标不同字母表示不同样品间的差异显著（$P<0.05$）。

直链淀粉和支链淀粉含量与加工产品品质之间关系密切，准确测定两种淀粉含量对原料的加工利用具有较好的推动作用。如 Noda（2001）得出直链淀粉含量与面条感官评价的硬度、弹性、光滑性呈极显著负相关。董凯娜等（2012）分析结果表明，总淀粉含量、直链淀粉含量和直/支链淀粉比例与面条黏聚性和回复性呈显著或极显著正相关。Lagassé（2006）研究了随着直链淀粉含量的增加，面条的硬度增加，黏度减小。目前关于小麦的直链淀粉和支链淀粉含量与面条的品质特性之间具有显著的关系，而关于马铃薯直链淀粉和支链淀粉与产品品质间关系的研究未见报道，因此，通过本研究可以为马铃薯的加工利用提供较好的理论依据。

## 5.3　马铃薯淀粉的基本品质特性

研究发现，不同品种马铃薯淀粉品质特性差异显著，为了更好地评价不同品种马铃薯品质特性，本研究收集了我国三个产区的 11 个马铃薯品种见表 5-4。其中垦薯 1 号、布尔班克、抗疫白和克新 27 产自黑龙江；LZ111、陇薯 7 号、LY08104-12、陇薯 8 号来自甘肃；荷兰马铃薯是在北京种植的。黑龙江和甘肃是我国马铃薯主产区，所选品种具有代表性。北京近年来不断引进新品种，荷兰马铃薯就是其中的典型代表。

表 5-4　马铃薯品种名称及来源

| 序号 | 品种名称 | 来源 | 序号 | 品种名称 | 来源 |
|---|---|---|---|---|---|
| 1 | 垦薯 1 号 | 黑龙江八一农垦大学 | 7 | 陇薯 9 号 | 甘肃省农科院 |
| 2 | 布尔班克 | 黑龙江八一农垦大学 | 8 | 陇薯 7 号 | 甘肃省农科院 |
| 3 | 抗疫白 | 黑龙江八一农垦大学 | 9 | LY08104-12 | 甘肃省农科院 |
| 4 | 克新 27 | 黑龙江八一农垦大学 | 10 | 陇薯 8 号 | 甘肃省农科院 |
| 5 | 陇 14 | 甘肃省农科院 | 11 | 荷兰薯 | 北京某蔬菜基地 |
| 6 | LZ111 | 甘肃省农科院 | | | |

## 5.3.1　测定方法

（1）淀粉色泽的测定。取马铃薯淀粉放入 WSC-S 测色色差计样品杯中，并填满样品杯，测定各样品的 L*、a*、b* 值。其中 L 值越大，说明亮度越大，+a* 方向越向圆周，颜色越接近纯红色；-a* 方向越向外，颜色越接近纯绿色。+b* 方向是黄色增加，-b* 方向蓝色增加。匀色空间 L*、a*、b* 表色系上亮点间的距离两个颜色之间的总色差 $\Delta E^{*} = \sqrt{(\Delta L^{*})^{2} + (\Delta a^{*})^{2} + (\Delta b^{*})^{2}}$，每个样品测定 3 组平行。

（2）淀粉纯度的测定。提取得到淀粉质量占提取物的质量百分比。

$$淀粉纯度（\%）= \frac{提取物中淀粉质量}{提取物质量} \times 100$$

（3）淀粉水分的测定。参考 GB 5009.3—2016，采用直接干燥法测定。

直链淀粉和支链淀粉测定：参考王丽（2017b）方法，采用双波长法测定。

所有样品均测定 3 次，取其平均值作为最终结果。分析和处理结果以平均值±标准差（SD）表示。各组数据间的显著性和相关性均采用 SPSS 软件进行分析。主成分分析采用 SAS 软件进行分析。

## 5.3.2　马铃薯淀粉基本品质特性分析

表 5-5 为不同品种马铃薯淀粉基本品质特性分析表，表 5-5 中结果显示各品种提取得到的淀粉水分含量均低于 12%，符合我国淀粉类产品的保藏要求（GB 31637—2016《食品安全国家标准　食用淀粉》）。不同品种的淀粉纯度有显著差异，其变化范围是 60.26% ~ 88.77%，该差异可能与不同品种马铃薯中的粗纤维等基本成分和淀粉的品质特性差异有关（王丽，2017）。不同品种淀粉的色泽的 ΔE 值差异显著，说明不同品种淀粉样品中残留的色素类物质不同。直链淀粉含量在各品种中的变化范围是 10.96% ~ 16.64%，在各品种中差异显著，其中含量最高的为黑龙江的布尔班克，含量最低的为克新 27 号。直链淀粉含量的多少直接影响着淀粉糊的透明度、糊化温度、糊化时间、老化程度、黏度特性，进而影响加工产品的韧性、黏结性、老化特性等产品的品质特性（蔡沙，2019）。Zhorina（2018）研究发现直链淀粉含量越高、透明度越低、糊化温度高、回生速度快，膨胀势低。理想的淀粉应该

是含有较少的直链淀粉、较低的糊化温度、较高的峰值黏度。对于面制品来说，直链淀粉含量越高，淀粉的糊化吸水能力下降，面团韧性差、黏结性大、易于拉断，面条回生黏度大、光滑性变差、干物质吸水率也较低、蛋白质损失率大。不同加工需求的产品需要的原料特性不同，因此，每个品种有其适宜的加工用途需要进一步研究。

**表 5-5　马铃薯淀粉基本品质特性**

| 编号 | 名称 | 水分（%） | 纯度（%） | ΔE | 直链淀粉（%） |
|---|---|---|---|---|---|
| 1 | 垦薯 1 号 | 8.68±0.40[d] | 83.42±0.52[b] | 91.34±0.91[b] | 12.26±0.07[ef] |
| 2 | 布尔班克 | 8.36±0.60[d] | 83.39±2.16[b] | 91.00±2.56[b] | 16.64±0.27[a] |
| 3 | 抗疫白 | 6.57±0.08[f] | 79.66±0.42[e] | 85.26±0.44[cd] | 14.76±0.17[b] |
| 4 | 克新 27 | 8.38±0.30[d] | 87.13±0.16[a] | 95.09±01.9[a] | 12.00±0.17[g] |
| 5 | 陇 14 | 10.08±0.01[b] | 81.72±2.9b[c] | 90.88±3.28[b] | 12.53±0.06[ef] |
| 6 | LZ111 | 11.06±0.11[a] | 79.75±0.65[c] | 89.67±0.63[b] | 14.10±0.15[c] |
| 7 | 陇薯 9 号 | 9.32±0.07[c] | 83.99±0.80[b] | 92.62±0.81a[ab] | 14.56±0.12[b] |
| 8 | 陇薯 7 号 | 9.29±0.06[c] | 77.01±0.97[d] | 84.89±1.12c[d] | 12.58±0.17[e] |
| 9 | LY08104-12 | 7.53±0.05[e] | 79.70±2.15[c] | 86.18±2.30[c] | 13.00±0.14[d] |
| 10 | 陇薯 8 号 | 10.17±0.52[b] | 74.11±0.30[e] | 82.51±0.80[d] | 12.12±0.11f[g] |
| 11 | 荷兰薯 | 9.75±0.48[bc] | 69.34±0.38[f] | 76.84±0.83[e] | 10.96±0.15[h] |

注：肩标不同字母表示不同样品间的差异显著（$P<0.05$）。

# 5.4　马铃薯淀粉的功能品质特性

## 5.4.1　测定方法

（1）淀粉质构特性的测定。称取一定量马铃薯淀粉样品放入烧杯中，加入去离子水（固液比 1∶5）搅拌混匀后，于沸水浴中加热并缓慢搅拌 30 min，使淀粉充分糊化，冷却至室温，置于 0~4℃冰箱中成胶 24 h。将凝胶切成直径 15 mm、高 10 mm 的圆柱体，放在质构仪载物台上，选用 TA41 探头，选取 TPA 模式进行试验。质构仪设定参数为：测试速度 8 mm/s，触发力 4.5 g，压缩时间 1 s，压缩距离 1.5 mm。测定指标为：Hardness（硬度）、Adhesiveness（黏着性）、Springiness（弹性）、Chewiness（咀嚼性）。每个样品重复 6 次平行试验。

（2）淀粉碘蓝值的测定。称取 0.1 g 左右干基淀粉于 25 mL 刻度试管中，加 1 mL 无水乙醇，充分润湿样品，再加入 1 mol/L 氢氧化钠溶液 9 mL，于沸水浴中分散 10 min，迅冷，转移至 100 mL 容量瓶中，定容，取 5 mL 淀粉分散液于 100 mL 容量瓶中，加水 50 mL 后，再加入 1 mol/l 乙酸溶液 1 mL，碘试剂 1 mL，用水定容至 100 mL，显色 10 min后 580 nm 上机测吸光度。

$$碘蓝值 = \frac{吸光度}{样品浓度}$$

（3）淀粉透光率的测定。称取 0.2 g 马铃薯淀粉，在沸水浴中搅拌 30 min，冷却至室温，用水调整体积至原浓度，以蒸馏水作空白液，在 647 nm 波长下测定其吸光度（A），根据朗伯比尔定律计算透光率（T%）。

$$透光率 T\% = 10^{-A} \times 100$$

（4）淀粉胶稠度的测定。称取 0.05 g 马铃薯淀粉于 25 mL 刻度试管中，加入 0.2 mL 的 0.025%（质量分数）百里香酚蓝溶液，振荡器振荡使淀粉充分润湿分散。然后准确加入 0.15 mol/L 氢氧化钾溶液 2.5 mL，再次用振荡器振荡，混匀后放入沸水浴中，将试管口用棉球塞上，调节水面高度，使沸腾样品高度始终维持在试管长度的 2/3 左右。加热 15 min 后取出试管，取下棉球，室温放置 5 min 后再放入冰水中冷却 20 min。在室温下将试管水平放在平台上，静止，记下样品伸延长度。

（5）淀粉凝沉曲线的测定。取 10 g/L 的淀粉乳 25 mL 于刻度试管中，沸水浴煮沸 10 min，在 30℃条件下，每隔 2 h 记录上层清液体积，绘制清液体积百分比与时间的变化曲线，即得凝沉曲线。沉降 72 h 时，下层淀粉糊体积即为沉降体积，单位为 mL/L。

（6）淀粉膨胀度和溶解度的测定。取 50 mL 20 g/L 的淀粉乳于 35℃、45℃、55℃、65℃、75℃、85℃、95℃搅拌 30 min 后，于 3 000 r/min 离心 20 min，上清液倾入恒重铝盒中，90℃水浴上蒸干后，在 105℃干燥箱中烘干至恒质量，得溶解淀粉质量 A（g），称取离心管中沉淀物的质量 P（g），以 M 为淀粉干基质量（g）。溶解度（S）和膨胀度（B）的计算公式分别为：

$$S(\%) = \frac{A}{M} \times 100$$

$$B(\%) = \frac{P}{M \times (1 - S)} \times 100$$

所有样品均测定 3 次，取其平均值作为最终结果。分析和处理结果以平均值±标准差（SD）表示。各组数据间的显著性和相关性均采用 SPSS 软件进行分析。主成分分析采用 SAS 软件进行分析。

## 5.4.2 淀粉质构特性

表 5-6 结果显示，不同品种淀粉质构特性差异显著，其中硬度最大的为 LY08104-12，弹性最大的陇 14。淀粉糊化后形成具有一定弹性和强度的半透明凝胶，凝胶的黏弹性、强度等特性对凝胶体的加工、成型性能以及淀粉质食品的口感、速食性能等都有较大影响。为了更明确不同品种淀粉的质构特性的影响因素，需要将不同品种的品质特性进行进一步的分析。

表 5-6 不同品种淀粉的透光率、碘蓝值和质构特性

| 序号 | 名称 | 透光率（%） | 碘蓝值 | 硬度（g） | 咀嚼性（gmm） | 弹性（mm） |
|---|---|---|---|---|---|---|
| 1 | 垦薯 1 号 | 57.29±0.58[d] | 7.99±0.10[f] | 32±2.12[abc] | 62.36±10.90[cd] | 6.92±1.36[cd] |
| 2 | 布尔班克 | 42.61±1.53[h] | 8.83±0.21[d] | 25±6.36[cd] | 106.04±19.30[bcd] | 10.01±0.06[abc] |

（续表）

| 序号 | 名称 | 透光率（%） | 碘蓝值 | 硬度（g） | 咀嚼性（gmm） | 弹性（mm） |
|---|---|---|---|---|---|---|
| 3 | 抗疫白 | 53.72±1.53[f] | 8.56±0.31[de] | 26.25±2.47[bcd] | 75.59±16.16[bcd] | 8.41±0.78[abd] |
| 4 | 克新27 | 55.29±1.53[e] | 9.01±0.32[c] | 26.5±1.32[bcd] | 113.28±28.32[bcd] | 10.72±1.47[abc] |
| 5 | 陇14 | 58.11±1.03[d] | 9.97±0.34[a] | 26.67±1.61[bcd] | 170.46±19.06[ab] | 12.68±0.14[a] |
| 6 | LZ111 | 48.67±0.58[g] | 7.91±0.02[f] | 25.17±0.58[cd] | 156.00±7.17[abc] | 12.19±0.03[ab] |
| 7 | 陇薯9号 | 64.09±1.18[c] | 9.06±0.10[c] | 16.75±0.35[e] | 104.07±6.94[bcd] | 11.21±0.71[abc] |
| 8 | 陇薯7号 | 64.04±1.22[c] | 9.08±0.06[c] | 19.75±3.89d[e] | 84.06±18.89[bcd] | 9.79±2.16[abcd] |
| 9 | LY08104-12 | 66.12±1.37[b] | 9.74±0.07[ab] | 38.00±9.90[a] | 93.06±12.48[bcd] | 7.57±6.86[bcd] |
| 10 | 陇薯8号 | 68.38±0.58[a] | 9.50±0.17[b] | 34.25±0.35[ab] | 216.71±24.30[a] | 12.74±0.86[a] |
| 11 | 荷兰薯 | 42.05±1.13[h] | 8.22±0.55[e] | 34.17±2.57[ab] | 232.80±17.65[a] | 12.95±0.22[a] |

注：同列肩标不同小写字母表示差异显著（$P<0.05$）。

### 5.4.3　马铃薯淀粉碘蓝值

（1）全波长扫描。通过全波长扫描发现，马铃薯淀粉碘蓝值在590nm处具有最大吸收峰，因此确定590nm为最大吸收波长（图5-4）。

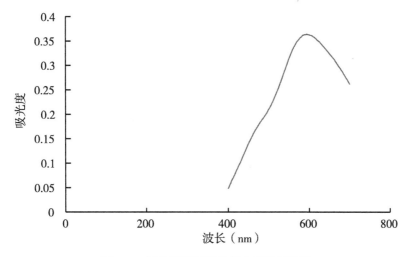

**图5-4　马铃薯淀粉碘蓝值全光谱扫描图**

（2）不同品种淀粉碘蓝值的测定。碘蓝值是评价淀粉与碘发生反应产生蓝色复合物多少的指标。样品中游离淀粉含量越多，直链淀粉含量越高，细胞的破损程度越大，颜色越深。因此，可以通过碘蓝值间接判断细胞破损的难易程度。碘蓝值越小，说明在加工过程中细胞抵抗外界机械力的能力越强，破损的细胞少，基本上保持了细胞的完整性，因此更能保持原料的天然风味和营养价值。碘蓝值目前已广泛应用于水稻、玉米、小麦等淀粉类食品品质的评价。表 5-6 为不同品种马铃薯淀粉的碘蓝值，从结果可以看出，不同品种淀粉碘蓝值差异显著，陇 14 的碘蓝值最大，为 9.97，其直链淀粉含量为 12.53%，处于含量相对较小的品种，LZ 111 的碘蓝值最小，为 7.91，其直链淀粉含量为 14.10%，处于含量相对较大的品种。以上碘蓝值和直链淀粉含量没有直接的变化趋势，说明可能是由于淀粉的破损程度不同而影响到碘蓝值的差异，具体碘蓝值和直链淀粉含量的关系需要进一步研究。

### 5.4.4 马铃薯淀粉透光率

淀粉的透光率反映了淀粉与水互溶的能力及膨胀程度，其大小直接影响淀粉及淀粉产品的外观、用途及可接受性，透光率越大食品的色泽和质地越好，相应的淀粉越不易老化。不同品种淀粉的透光率结果如表 5-6 所示。表 5-6 结果显示，不同品种的透光率差异显著，其中陇薯 8 号的透光率最好，为 68.38%，荷兰薯的透光率最低，为 42.05%。淀粉的透光率与直、支链淀粉比例有关，直链淀粉含量越高，透光率越低。淀粉糊化后，其分子重新排列相互缔合的程度是影响淀粉糊透光率的重要因素。杨斌（2012）和李玲伊（2013）研究发现，谷子淀粉的透光率范围是 4.4%～22.3%，唐健波（2020）发现甘薯淀粉的柔光率为 2.05%，荞麦淀粉的透光率为 0.67%。大多数样品透光率在 10% 以下，显著低于马铃薯淀粉。而马铃薯淀粉的颗粒大且结构松散，是透光率大的主要原因。

### 5.4.5 马铃薯淀粉胶稠度

我国现行《粮油检验 大米胶稠度的测定》（GB/T 22294—2008）标准中规定，即在一定条件下，一定量的大米粉糊化、回生后的胶体，在水平状态流动的长度（mm）。其反映了米胶冷却后的胶稠程度，与米饭的柔软性有关，是米饭蒸煮品质的主要评价指标之一。胶稠度高，则米胶长，米饭柔软、适口性好，反之较硬，适口性差。同时胶稠度能反映出稻米中直链淀粉含量以及支链淀粉和直链淀粉分子的综合利用。王润奇（2013）总结了中国北方人民喜食的优质小米应具有的胶稠度标准，据米胶延伸的长短分为米胶长度小于 80 mm 为硬胶稠度，80～120 mm 为中胶稠度，大于 120 mm 为软胶稠度。韩俊华（2004）研究发现，谷子淀粉的胶稠度为 52.2～189.3 cm；孙园园（2016）分析了 797 份稻米资源的胶稠度，其变化范围是 22～100 mm。比较分析发现，小米的胶稠度好于稻米，这也与小米适合产妇、术后恢复主要食用原料有很大关系。胶稠度除与品种有关，还和测定过程中样品粉粒大小、放置温度、溶液浓度和加热时间有关。因此，在同一条件下，比较分析不同品种、不同样品的胶稠度对各类产品的加工利用具有很好的作用。

从图 5-5 中可以看出，马铃薯淀粉的胶稠度随着放置时间的延长，在起初阶段是逐渐增长，但在后期有逐渐缩短的趋势，即淀粉回生趋势，在 48h 后有回生趋势。该研究与马铃薯主粮化的馒头、面条的回生特性有显著关系。

我国现行《粮油检验　大米胶稠度的测定》（GB/T 22294—2008）标准中规定，即在一定条件下，一定量的大米粉糊化、回生后的胶体，在水平状态流动的长度（mm）。其反映了米胶冷却后的胶稠程度，与米饭的柔软性有关，是米饭蒸煮品质的主要评价指标之一。胶稠度高，则米胶长，米饭柔软、适口性好，反之较硬，适口性差。同时胶稠度能反映出样品中直链淀粉含量以及支链淀粉和直链淀粉分子的综合利用。王润奇（1986）总结了中国北方人民喜食的优质小米应具有的胶稠度标准，据米胶延伸的长短分为米胶长度小于 80 mm 为硬胶稠度，80~120 mm 为中胶稠度，大于 120 mm 为软胶稠度。对于淀粉而言，不同胶稠度表征相应产品的软硬程度。从图 5-5 中可以看出，马铃薯淀粉的胶稠度随着放置时间的延长，在起初的 2 h 以内是逐渐增长的，陇 14 和 LZ 111 的胶稠度变化较大；在 2~18 h 基本处于平稳阶段，抗疫白在 5 h 后有先上升后下降的趋势；18 h 后大多数品种的胶稠度有下降趋势。随着贮藏时间的延长，淀粉的胶稠度有逐渐缩短的趋势，即淀粉回生趋势，在 46 h 后有回生趋势。从整体胶稠度可以看出，陇 14、陇薯 9 号、陇薯 7 号品种的胶稠度相对较高，而陇薯 8 号和荷兰薯的胶稠度相对较低。本研究中马铃薯淀粉的胶稠度在 2 h 后，除了陇薯 8 号和荷兰薯以外，其他品种均大于 115 mm。说明本实验所研究品种均属于中软胶稠度的样品。黄洁（2015）研究发现马铃薯淀粉的胶稠度为 96.21 mm；孙园园（2016）分析了 797 份稻米资源的胶稠度，其变化范围是 22~100 mm。说明不同品种样品间的胶稠度差异显著，因此在制作马铃薯主粮化的馒头、面条时，要考虑胶稠度对产品回生特性的影响。

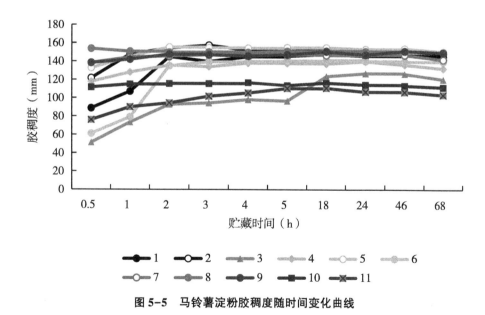

图 5-5　马铃薯淀粉胶稠度随时间变化曲线

## 5.4.6　马铃薯淀粉的沉凝曲线

淀粉的凝沉性越强，说明形成淀粉糊及其凝胶的稳定性越差。研究表明，淀粉构成中直链淀粉比例越大，上清液占比越大，则其凝沉性越强。图 5-6 结果显示，不同品种马铃薯淀粉在静置 0 h 时没有发生沉淀，随着贮藏时间的延长，不同品种马铃薯淀粉的凝沉体积逐渐增加，在 2 h 时各品种均出现明显的沉降，其中荷兰薯的凝沉体积百分比最大，为 70.67%，直链淀粉含量最低，陇薯 9 号的凝沉体积最小，为 50.67%，直链淀粉含量相对较高。该研究与唐健波（2020）、申瑞玲（2015）等分别研究了甘薯（30%）、荞麦（60%）、谷子（55%）淀粉的凝沉曲线变化趋势一致。不同样品中淀粉的沉降比存在显著差异的主要原因可能与直支链淀粉比、淀粉颗粒结构及淀粉分子链长短等有关。

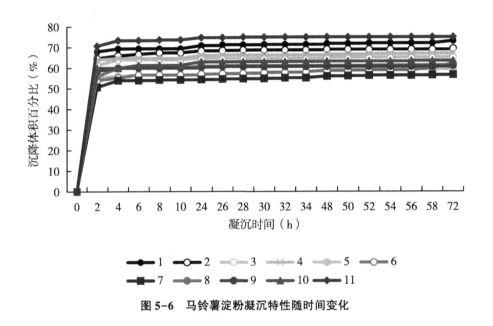

图 5-6　马铃薯淀粉凝沉特性随时间变化

### 5.4.7　马铃薯淀粉膨胀度和溶解度

淀粉的溶解度和膨胀度反映了淀粉糊中淀粉与水之间相互作用的大小，影响着淀粉及其制品的品质。吸水膨胀是溶解的基础，而膨胀度却可以在一定程度上反映颗粒内部化学键的结合程度，淀粉从相对比较松散的无定形区域先开始膨胀，其次是在接近结晶区的无定形区域膨胀，最后是结晶区的膨胀。

（1）溶解度。淀粉的溶解主要是直链淀粉从膨胀的颗粒中溢出，可以用来评价淀粉链之间的交互作用程度，包括淀粉颗粒的非结晶区和结晶区。图 5-7 为不同品种马铃薯淀粉的溶解度数据，从图中可以看出，不同品种溶解度随着温度升高呈逐渐上升趋势，当温度在 65℃时，突然显著上升，随着温度的上升逐渐上升，并且在 95℃时基本上得到稳定趋势。随着温度的升高，达到 65℃时，部分淀粉发生糊化，溶解度较低，逐渐升高温度，溶解度也在逐步增大，温度达到 80℃和 95℃时，淀粉发生完全糊化现象，部分双螺旋结构发生解旋，结构变得疏松，致使样品的溶解度变大。黄洁

（2015）研究发现马铃薯淀粉在 90℃ 条件下的溶解度为 58.82%；刘珂（2019）报道了马铃薯淀粉的溶解度在 65℃ 时为 20%，在 80℃ 为 40%，95℃ 时为 60%；王颖（2019）在所研究品种中，荷兰 7 号淀粉具有最好溶解度为 30.00%。本实验研究结果中溶解度相对较小，分析其主要原因可能是本实验中各样品的胶稠度相对较高，导致溶解度测定过程中，马铃薯淀粉与水混合成一体，单独存在的水分较少，故而测定的结果偏低。

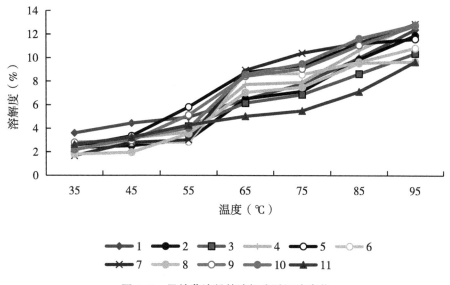

图 5-7　马铃薯淀粉的溶解度随温度变化

（2）膨胀度。淀粉颗粒膨胀的能力不仅是试样水化能力的一种度量，而且反映了颗粒间的结合力。马铃薯淀粉的吸水性较好，容易糊化膨胀、其原因是支链淀粉中磷酸基团含量较高，相邻磷酸基团之间斥力减弱了晶域内黏合程度从而增加了水化作用。图 5-8 为马铃薯淀粉不同品种的膨胀度随时间的变化情况，膨胀度的变化趋势与溶解度的变化趋势相一致，即随着温度的升高，膨胀度逐渐增加，在 65℃ 时为一个转折点，与其糊化温度有关，并且在开始糊化时，直链淀粉和支链淀粉伸展，并吸收大量的水分，使得淀粉膨胀。本研究发现，在 95℃ 淀粉的膨胀度的变化范围是 21.17 ~ 39.44 g/g。黄洁（2015）研究发现，马铃薯淀粉的膨润力 13.06 g/g；刘珂（2019）报道马铃薯淀粉的膨胀度在 65℃ 时为 17 g/g，在 80℃ 为 17 g/g，在 95℃ 时为 22 g/g；王颖（2019）研究发现 885 号马铃薯淀粉膨胀度最高为 14.43%。本研究的膨胀度高于以上研究的报道，说明本研究中的马铃薯淀粉的膨胀度优于研究报道。颗粒大小和脂质含量的差异是导致膨胀度差异的最主要因素。

## 5.5　马铃薯淀粉基本品质、功能品质特性的相关性分析

以上分析不同品种中各指标的差异情况，同时也分析了不同品质指标的影响因素，

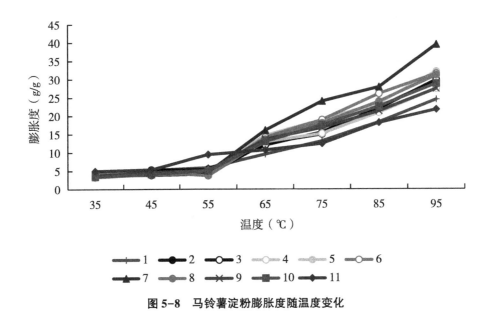

**图5-8　马铃薯淀粉膨胀度随温度变化**

但各数据的变化趋势不具有唯一性，各指标之间关系复杂，为了进一步分析不同品质指标之间的相关关系，将马铃薯淀粉品质指标进行相关性分析，结果如表5-7所示，结果显示马铃薯淀粉品质特性之间存在显著的相关性。如水分含量与淀粉的纯度（$r=-0.4866$）和色泽（$r=-0.5428$）分别呈显著的负相关性，水分含量与咀嚼性（$r=0.6634$）和弹性（$r=0.7661$）分别呈显著的正相关。直链淀粉与淀粉纯度（$r=0.4683$）、膨胀度（$r=0.5209$）、硬度（$r=-0.4721$）、咀嚼性（$r=-0.4496$）分别呈显著的相关性。胶稠度与咀嚼性，溶解性与透光率、膨胀度与凝沉体积、硬度分别呈显著的相关性。这些指标之间存在显著的相关性，但很难表征不同指标之间的关系，为了进一步分析各指标之间的关系，并能很好地评价不同样品品质特性的综合值，将采用主成分分析进行分析。

## 5.6　马铃薯淀粉基本品质、功能品质特性的主成分分析

主成分分析（PCA）是一种统计学分析技术，广泛应用于经济学、农学、食品品质分析等相关领域的数学分析方法。主成分分析方法可以将多维数据进行降噪处理，找到数据分析中的关键因子，为食品的品质评价提供一定的依据。经过主成分分析，选取特征根大于1的主成分即可表征原始数据的信息（Jones，2021），试验结果显示前4个主成分的特征根大于1，因此选取前4个主成分作为本试验的数据分析（表5-8）。

表 5-7　马铃薯淀粉品质特性的相关性分析

| 项目 | 水分 | 纯度 | 色泽 | 直链淀粉 | 胶稠度 | 溶解度 | 膨胀度 | 凝沉体积 | 透光率 | 碘蓝值 | 硬度 | 咀嚼性 | 弹性 |
|---|---|---|---|---|---|---|---|---|---|---|---|---|---|
| 水分 | 1.0000 | | | | | | | | | | | | |
| 纯度 | -0.4866* | 1.0000 | | | | | | | | | | | |
| 色泽 | -0.5428* | 0.3053 | 1.0000 | | | | | | | | | | |
| 直链淀粉 | -0.3019 | 0.4683* | 0.3099 | 1.0000 | | | | | | | | | |
| 胶稠度 | 0.1537 | 0.5269* | -0.1650 | 0.2528 | 1.0000 | | | | | | | | |
| 溶解度 | -0.1063 | 0.5680* | -0.0868 | 0.0938 | 0.4199 | 1.0000 | | | | | | | |
| 膨胀度 | 0.1574 | 0.3421 | 0.1850 | 0.5209* | 0.4034 | 0.2197 | 1.0000 | | | | | | |
| 凝沉体积 | -0.3298 | -0.1889 | 0.0428 | -0.2758 | -0.4474 | -0.2550 | -0.8564** | 1.0000 | | | | | |
| 透光率 | -0.0409 | 0.0907 | 0.0367 | -0.2465 | 0.2709 | 0.4505* | 0.3812 | -0.5439* | 1.0000 | | | | |
| 碘蓝值 | -0.0831 | 0.1020 | 0.2923 | -0.0844 | 0.3650 | 0.3893 | 0.3219 | -0.4690* | 0.6150* | 1.0000 | | | |
| 硬度 | -0.1219 | -0.3569 | -0.3743 | -0.4721* | -0.3173 | 0.1608 | -0.7720** | 0.4665* | 0.0084 | 0.0694 | 1.0000 | | |
| 咀嚼性 | 0.6634** | -0.7471** | -0.2757 | -0.4496* | -0.4076* | -0.1614 | -0.2268 | 0.0590 | -0.2004 | 0.0920 | 0.3445 | 1.0000 | |
| 弹性 | 0.7661** | -0.5163* | -0.0887 | -0.2329 | -0.1967 | -0.1673 | 0.1810 | -0.2417 | -0.1917 | 0.1292 | -0.1432 | 0.8678** | 1.0000 |

注：胶稠度为 2h，膨胀度为 95℃，溶解度也为 95℃，凝沉曲线为 4h。**：$P<0.01$；*：$P<0.05$。

表5-8  主成分的特征值及累计贡献率

| 主成分 | 特征值 | 贡献率（%） | 累计贡献率（%） | 主成分 | 特征值 | 贡献率（%） | 累计贡献率（%） |
|---|---|---|---|---|---|---|---|
| 1 | 4.192 | 32.243 | 32.2435 | 6 | 0.598 | 4.599 | 93.759 |
| 2 | 3.030 | 23.308 | 55.552 | 7 | 0.510 | 3.922 | 97.681 |
| 3 | 2.081 | 16.006 | 71.558 | 8 | 0.182 | 1.400 | 99.081 |
| 4 | 1.420 | 10.920 | 82.478 | 9 | 0.111 | 0.851 | 99.932 |
| 5 | 0.869 | 6.682 | 89.160 | 10 | 0.009 | 0.068 | 100.000 |

将提取的前4个主成分进行载荷值和特征向量分析，给出了主成分载荷矩阵，每一列载荷值都显示了各个变量与有关主成分的相关系数。其系数的大小表征对该主成分影响的大小，数值前面的正负符号表征该指标对该主成分影响的正负值。表5-9结果显示，第一主成分中的淀粉纯度、直链淀粉含量、胶稠度、膨胀度具有较大的正向影响，凝沉体积、硬度、咀嚼性、弹性具有负向的影响。第二主成分中的水分含量、膨胀度、咀嚼性和弹性具有较大的正向影响，凝沉体积、具有较大的负向影响；第三主成分中的透光率和硬度具有正向影响；第四主成分中的色泽具有正向影响。

表5-9  主成分的载荷值和特征向量

| 指标 | 主成分1 | | 主成分2 | | 主成分3 | | 主成分4 | |
|---|---|---|---|---|---|---|---|---|
| | 载荷值 | 特征向量 | 载荷值 | 特征向量 | 载荷值 | 特征向量 | 载荷值 | 特征向量 |
| 水分 | −0.4010 | −0.0957 | 0.7970 | 0.2630 | −0.1371 | −0.0659 | −0.3626 | −0.2554 |
| 纯度 | 0.8217 | 0.1960 | −0.3001 | −0.0990 | 0.0289 | 0.0137 | −0.1924 | −0.1355 |
| 色泽 | 0.3742 | 0.0893 | −0.2589 | −0.0854 | −0.2680 | −0.1288 | 0.7831 | 0.5516 |
| 直链淀粉 | 0.6008 | 0.1433 | −0.1438 | −0.0475 | −0.5344 | −0.2568 | −0.0822 | −0.0580 |
| 胶稠度 | 0.6342 | 0.1513 | 0.2719 | 0.0897 | 0.1765 | 0.0848 | −0.4707 | −0.3315 |
| 溶解度 | 0.4842 | 0.1155 | 0.1222 | 0.0403 | 0.5903 | 0.2837 | −0.1970 | −0.1388 |
| 膨胀度 | 0.7015 | 0.1674 | 0.5752 | 0.1898 | −0.3218 | −0.1547 | 0.0703 | 0.0495 |
| 凝沉体积 | −0.5579 | −0.1331 | −0.7369 | −0.2432 | 0.0272 | 0.0131 | −0.0082 | −0.0058 |
| 透光率 | 0.4325 | 0.1032 | 0.3546 | 0.1170 | 0.6274 | 0.3015 | 0.2446 | 0.1723 |
| 碘蓝值 | 0.3703 | 0.0883 | 0.4255 | 0.1404 | 0.5181 | 0.2490 | 0.4990 | 0.3515 |
| 硬度 | −0.5514 | −0.1315 | −0.2791 | −0.0921 | 0.6935 | 0.3333 | −0.0356 | −0.0251 |
| 咀嚼性 | −0.7589 | −0.1811 | 0.5476 | 0.1807 | 0.0283 | 0.0136 | 0.1599 | 0.1126 |
| 弹性 | −0.4585 | −0.1094 | 0.7549 | 0.2491 | −0.2758 | −0.1325 | 0.1738 | 0.1224 |

特征向量为各主成分中不同指标的系数，各主成分与马铃薯品质指标之间的关系式如下：

$$F_1 = -0.0957X_1 + 0.196X_2 + \cdots - 0.1811X_{12} - 0.1094X_{13}$$
$$F_2 = 0.263X_1 - 0.0990X_2 + \cdots + 0.1807X_{12} + 0.2491X_{13}$$

$$F_3 = -0.0659X_1 + 0.0137X_2 + \cdots + 0.0136X_{12} - 0.1325X_{13}$$
$$F_4 = -0.2554X_1 - 0.1355X_2 + \cdots + 0.1126X_{12} + 0.1224X_{13}$$

通过主成分与各指标之间关系可以计算不同品种的主成分得分，依据不同主成分的贡献率，计算各品种的综合主成分得分，结果如表 5-10 所示。

$$F = 0.3909F_1 + 0.2826F_2 + 0.1941F_3 + 0.1324F_4$$

表 5-10 结果显示，陇薯 9 号的综合值排名第一，荷兰薯的综合值最低，通过该评价可以为马铃薯的加工利用提供一定的依据。

表 5-10　主成分得分

| 样品名称 | $F_1$ | $F_2$ | $F_3$ | $F_4$ | 综合得分 |
|---|---|---|---|---|---|
| 垦薯 1 号 | −0.0606 | −2.2481 | 1.2378 | −2.1539 | −0.7039 |
| 布尔班克 | 1.3018 | −1.2565 | −1.5264 | −0.3814 | −0.1930 |
| 抗疫白 | 0.7009 | −2.5595 | −1.3374 | 1.8678 | −0.4616 |
| 克新 27 | 0.7789 | −0.8056 | 0.5774 | 0.5009 | 0.2552 |
| 陇 14 | 0.3675 | 2.3112 | 0.4695 | 0.2482 | 0.9208 |
| LZ111 | −0.9150 | 1.5816 | −1.6816 | −1.8595 | −0.4833 |
| 陇薯 9 号 | 2.7236 | 1.9095 | −0.7797 | −0.2519 | 1.4196 |
| 陇薯 7 号 | 0.7502 | 0.4317 | −0.7467 | 0.7657 | 0.3717 |
| LY08104-12 | 1.0175 | −0.8087 | 2.7580 | −0.1493 | 0.6848 |
| 陇薯 8 号 | −1.4741 | 1.9683 | 1.6300 | 1.2038 | 0.4558 |
| 荷兰薯 | −5.1908 | −0.5237 | −0.6009 | 0.2096 | −2.2660 |

## 5.7　马铃薯淀粉的微观结构及物性测定与分析

马铃薯是仅次于小麦、稻谷、玉米的世界第四大粮食作物（FAO，2021）。马铃薯含有淀粉、纤维素、脂类、蛋白质等营养成分，其中淀粉含量高达 70% 以上，是马铃薯的主要成分，也是食物淀粉的主要来源之一（利辛斯卡，2019）。食品的结构取决于淀粉的性质以及淀粉在加热、冷却、剪切等过程中性质的变化。在许多食品中，黏度、加工特性、质地或者一些食品的味道是由淀粉或淀粉衍生物主导的。淀粉的性质取决于植物来源、品种、生长条件。马铃薯淀粉在食物结构系统领域具有它的特殊性。它们形成相对清晰的糊状物，具有高黏度。它们的结合力强，糊化温度低，形成凝胶的倾向高。这使得它们特别适合用于清汤、肉类制品、亚洲面条、零食和馅料等。

淀粉的组成、颗粒大小、结构、流变性和黏度特性是决定其应用的主要微观及物性特性，这些特性在很大程度上受到淀粉在糊化和回生过程中结构变化的影响。当淀粉悬浮液加热到糊化温度时，淀粉颗粒吸水膨胀，支链淀粉双螺旋解离，直链淀粉分子滤出，形成淀粉糊或凝胶。冷却后，解离的淀粉链逐渐重结晶为有序结构，淀粉凝胶的黏弹性和硬度

马铃薯品质评价与加工利用

逐渐增加。淀粉类食品的品质和保质期很大程度上取决于淀粉的功能特性。因此，明确马铃薯淀粉微观结构和物性特性的差异及特点，对于适当利用开发不同特点的马铃薯淀粉产品具有重要帮助作用，对于马铃薯新品种的培育具有重要的指导意义。

### 5.7.1 测定方法

（1）直链淀粉和支链淀粉。参照王丽（2017）先脱脂后脱糖的方法处理样品，采用双波长法进行测定。马铃薯去皮、切片，40℃条件下烘干，粉碎过80目筛，放入干燥器中保存备用。称取0.5 g样品，取20 mL石油醚分4次浸提脂肪，残余物挥干石油醚后再用20 mL 85%乙醇分4次浸提可溶性糖，挥干乙醇后烘干至恒重。称取恒重样品0.1 g加入10 mL 0.5 mol/L的KOH溶液，在（80±1）℃振荡器中溶解10 min后，转移至50 mL容量瓶中。定容后吸取样品溶液2.5 mL，加入20 mL双蒸水，用0.1 mol/L HCl调整pH值为3.0后，加入0.5 mL碘试剂，转移至50 mL容量瓶中并用双蒸水定容，静置20 min后，等待测定。将直链淀粉和支链淀粉的最大吸收波长609 nm和546 nm及参比波长473 nm和734 nm条件下进行测定。依据直链淀粉和支链淀粉的标准曲线方程计算样品中直链淀粉和支链淀粉含量。

$$Y_{直} = 0.0125X + 0.0035$$
$$Y_{支} = 0.0021X - 0.0015$$

所有样品均测定3次，取其平均值作为最终结果。分析和处理结果以平均值±标准差（SD）表示。各组数据间的显著性和相关性均采用SPSS软件进行分析。

（2）粒度分布。利用LS13 320型激光粒度分析仪测定，称取0.05 g淀粉样品，加入5 mL蒸馏水振荡分散成悬浊液，设定仪器泵速为45 r/min，运行时间为35 s，注入1 mL待测液，待遮蔽率显示OK后开始分析，每个样品重复5次。所有样品均测定3次，取其平均值作为最终结果。分析和处理结果以平均值±标准差（SD）表示。各组数据间的显著性和相关性均采用SPSS软件进行分析。

（3）热特性。分别进行糊化过程和老化过程热特性的分析测定，具体方法如下：

①糊化过程。准确称取2.5 mg的淀粉置于去离子水的坩埚中，按1∶3的比例（m/m）加入去离子水。于室温密封放置使体系平衡24 h后进行DSC测试。程序设置：初始温度30℃，样品平衡1 min，终止温度100℃，升温速率10℃/min。以空坩埚作为参比，氮气作为载气，流速设置为20 mL/min。②老化过程。将经糊化测试后的淀粉样品在4℃环境下贮存7 d后，利用DSC测试淀粉老化特性。程序设置：初始温度20℃，样品平衡1 min，终止温度90℃，升温速率10℃/min，以空坩埚作为参比，氮气作为载气，流速设置为20 mL/min。通过软件计算出样品的糊化温度以及焓值。老化率（R）= ΔHr/ΔHg×100%，式中：ΔHr为老化焓值。所有样品均测定3次，取其平均值作为最终结果。分析和处理结果以平均值±标准差（SD）表示。各组数据间的显著性和相关性均采用SPSS软件进行分析。

（4）微观结构。秤取5 mg淀粉样品于1 mL 50%乙醇溶液中，超声匀化成淀粉悬浊液。将洁净的铝箔片黏附在样品台上，将上述淀粉悬浊液滴在铝箔片上，在红外灯下烘干液体，在15 mA电流下喷金90 s。样品取出后，装入扫描电镜观察室，进行观察。所有样品均测定3次，取其平均值作为最终结果。分析和处理结果以平均值±标准差（SD）表示。各组数据间的显著性和相关性均采用 SPSS 软件进行分析。

（5）黏度特性。配制质量分数为 6% 淀粉溶液，加入测定样品瓶中，设定以 1.5℃/min 的速率从 35℃升至 95℃，在 95℃保温 30 min，再以 1.5℃/min 的速率降温至 50℃，在 50℃保温 30 min 转速 75 r/min，测试范围 700 cmg。

（6）流变学特性。配制质量分数为 6% 淀粉溶液，设定角频率为 5 rad/s，应变频率 2%，测定样品时从 28℃升温至 100℃使淀粉糊化，升温速率为 5℃/min，平衡 1 min，从 100℃降温至 28℃，降温速率为 5℃/min，测定糊化及冷却过程中淀粉凝胶贮能模量、损耗模量随温度的变化。所有样品均测定 3 次，取其平均值作为最终结果。分析和处理结果以平均值±标准差（SD）表示。各组数据间的显著性和相关性均采用 SPSS 软件进行分析。

## 5.7.2　不同样品中直链淀粉和支链淀粉含量

表 5-11 为不同品种马铃薯中水分、直链淀粉和支链淀粉含量。从表 5-11 中可以看出，不同样品中各品质指标差异显著。其中直链淀粉含量最高的品种为布尔班克，为 16.64%，而荷兰薯中支链淀粉含量最高，为 89.04%。Diego 等（2017）研究发现，直链淀粉含量与淀粉的流变学特性、糊化温度、老化值、峰值黏度、糊化焓值等均具有显著的相关性。Cai（2013）研究结果显示正常玉米淀粉的扫描电镜呈均质多边形颗粒，放大图像显示颗粒表面有多个空腔；高直链淀粉具有显著的异质性，由单个、聚集和细长三种不同类型的颗粒组成。以上不同研究分别发现了直链淀粉和支链淀粉含量的高低影响着淀粉的流变学特性、黏度特性、热力学特性、微观结构特性等，而这些结构特性的变化将直接影响着产品的加工特性，因此，进一步深入研究马铃薯中直链淀粉和支链淀粉含量与淀粉微观结构特性和物性特性的关系，对于不同品种马铃薯的加工利用性具有很好的帮助作用。

表 5-11　不同品种马铃薯直链淀粉和支链淀粉含量

| 样品编号 | 样品名称 | 水分含量（%） | 直链淀粉含量（%） | 支链淀粉含量（%） |
| --- | --- | --- | --- | --- |
| 1 | 垦薯 1 号 | 8.68±0.40[d] | 12.26±0.07[ef] | 87.64[cd] |
| 2 | 布尔班克 | 8.36±0.60[d] | 16.64±0.27[a] | 83.36[h] |
| 3 | 抗疫白 | 6.57±0.08[f] | 14.76±0.17[b] | 85.24[g] |
| 4 | 克新 27 | 8.38±0.30[d] | 12.00±0.17[g] | 88.00[b] |
| 5 | 陇 14 | 10.08±0.01[b] | 12.53±0.06[ef] | 87.47[cd] |
| 6 | LZ111 | 11.06±0.11[a] | 14.10±0.15[c] | 85.90[f] |
| 7 | 陇薯 9 号 | 9.32±0.07[c] | 14.56±0.12[b] | 85.44[g] |
| 8 | 陇薯 7 号 | 9.29±0.06[c] | 12.58±0.17[e] | 87.42[d] |
| 9 | LY08104-12 | 7.53±0.05[e] | 13.00±0.14[d] | 87.00[e] |
| 10 | 陇薯 8 号 | 10.17±0.52[b] | 12.12±0.11[fg] | 87.88[bc] |
| 11 | 荷兰薯 | 9.75±0.48[bc] | 10.96±0.15[h] | 89.04[a] |

注：同列肩标不同小写字母表示差异显著（$P<0.05$）。

### 5.7.3 不同样品中淀粉粒径分布

图 5-9 为布尔班克和 LY08104-12 粒度分布图，其中图 5-9a 为两峰图，图 5-9b 为三

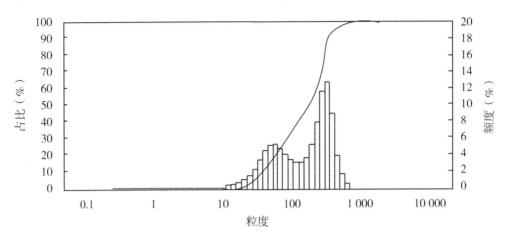

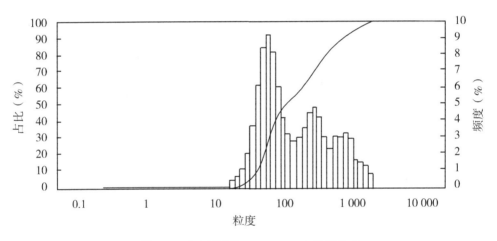

**图 5-9 布尔班克和 LY08104-12 粒度分布**

峰图，说明不同样品具有不同的粒度大小分布。表 5-12 为不同样品颗粒大小的峰值及平均粒度大小。从表 5-12 可以看出，除了 LY08104-12 和荷兰薯以外，其他品种均为两峰品种（峰 3 和峰 4），峰值分别出现在 40~59 μm 和 123~344 μm，LY08104-12 和荷兰薯分别在 758.83 μm 和 723.13 μm 处出现峰值（峰 2），荷兰薯在 1 404 μm 处又出现了一个峰值（峰 1），说明 LY08104-12 和荷兰薯两个品种中具有较大的淀粉颗粒。从所有品种的 $D_{50}$ 值也可以看出，不同品种差异显著，其中荷兰薯的 $D_{50}$ 值最高为 323.90 μm，LZ111 颗粒的 $D_{50}$ 值最小为 54.90 μm，本研究中有 50% 左右品种的 $D_{50}$ 值小于 100 μm，其余品种的 $D_{50}$ 值大于 100 μm，小于 350 μm。本研究与其他研究者略有差别，Fuentes（2019）研究发现马铃薯的淀粉粒径相对为 100 μm 左右。

柳宁（2021）研究发现，小麦淀粉粒大小分布的不同对面团流变学特性有重要的影响。王龙飞（2021）研究发现，玉米淀粉粒大小与淀粉颗粒的起始糊化温度、峰值糊化温度及终止糊化温度等热力学性状间存在显著正相关性。Liu（2015）等研究发现马铃薯淀粉颗粒的平均粒径范围大于玉米、甘薯、小麦淀粉，具有膨胀性较好，峰值黏度大，适宜添加到方便面、膨化食品与肉制品中。

表 5-12　不同品种粒度峰值及 $D_{50}$ 值

| 样品名称 | 样品名称 | $D_{50}$（μm） | 峰 1（μm） | 峰 2（μm） | 峰 3（μm） | 峰 4（μm） |
|---|---|---|---|---|---|---|
| 1 | 垦薯 1 号 | 184.80±8.97[c] | | | 274.83±21.81[c] | 50.48±0.38[b] |
| 2 | 布尔班克 | 61.95±1.52[fg] | | | 181.57±7.36[e] | 40.02±0.44[e] |
| 3 | 抗疫白 | 168.36±7.87[d] | | | 265.83±11.24[c] | 44.69±1.47[d] |
| 4 | 克新 27 | 76.30±10.11[f] | | | 240.2±6.54[d] | 48.37±0.22[bc] |
| 5 | 陇 14 | 61.93±1.50[fg] | | | 192.03±6.72[e] | 58.58±2.67[a] |
| 6 | LZ111 | 59.40±2.08[h] | | | 123.47±2.30[f] | 46.99±1.54[cd] |
| 7 | 陇薯 9 号 | 69.36±8.26[fg] | | | 235.07±8.55[d] | 46.11±0.89[cd] |
| 8 | 陇薯 7 号 | 255.57±11.00[b] | | | 343.37±23.36[a] | 45.36±1.19[d] |
| 9 | LY08104-12 | 119.33±14.52[e] | | 758.83 | 252.93±12.56[cd] | 57.90±1.86[a] |
| 10 | 陇薯 8 号 | 187.77±1.19[c] | | | 324.93±2.27[a] | 58.14±1.07[a] |
| 11 | 荷兰薯 | 323.90±11.46[a] | 1 404 | 723.13 | 301.03±2.17[b] | 44.48±2.69[d] |

注：同列肩标不同小写字母表示差异显著（$P<0.05$）。

## 5.7.4　不同样品淀粉热特性

### 5.7.4.1　不同样品淀粉热特性的差异

表 5-13 为不同品种马铃薯淀粉的热特性及同一品种在不同储藏时间下的热特性。淀粉的热特性反映了淀粉在加热过程中的糊化过程，糊化温度反映了淀粉的稳定性和抗凝胶化能力，糊化焓值反映了淀粉糊化过程中破坏淀粉双螺旋结构所需能量（Qian，2019）。从表 5-13 中可以看出，不同品种的起始糊化温度（$T_0$）、峰值温度（$T_p$）和糊化焓值差异显著。在所有品种中，荷兰薯的 $T_0$ 最高，为 65.54℃，陇薯 9 号的 $T_0$ 最低，为 61.25℃，说明荷兰薯淀粉结构的稳定性和抗凝胶化能力最强。荷兰薯开始糊化的温度较高，而陇薯 9 号开始糊化的温度较低，这与粒径分布类似，即荷兰薯的粒径最大，陇薯 9 号的粒径相对较小。颗粒较大的淀粉膨胀、破裂所需要的温度更高，而颗粒较小的淀粉更易于糊化（Liu，2014）。

$T_p$ 和 $T_0$ 有类似的变化趋势。即荷兰薯的峰值温度最高，而陇薯 9 号的峰值温度最低，糊化焓值荷兰薯最高，克新 27 最低，这与 Monjezi（2019）的研究结果一致，即随着淀粉颗粒尺寸的增大，凝胶化的糊化焓增加。

表 5-13　不同样品热力学特性

| 序号 | 名称 | 平衡 24 h | | | 放置 18 h | | | 放置 54 h | | |
|---|---|---|---|---|---|---|---|---|---|---|
| | | 糊化初始温度 $T_0$（℃） | 峰值温度 $T_p$（℃） | 糊化焓值 $\Delta Hg$（J/g） | $T_0$（℃） | $T_p$（℃） | 老化焓值（$\Delta Hr$）（J/g） | $T_0$（℃） | $T_p$（℃） | $\Delta Hr$（J/g） |
| 1 | 昆薯 1 号 | 64.26± 0.31$^{cA}$ | 68.58± 0.69$^{bA}$ | 11.22± 0.21$^{bcA}$ | 58.28± 0.33$^{aB}$ | 65.63± 0.57$^{aB}$ | 1.86± 0.06$^{bB}$ | 58.21± 0.32$^{aB}$ | 64.04± 0.23$^{abcC}$ | 0.68± 0.03$^{gC}$ |
| 2 | 布尔班克 | 63.89± 0.16$^{cdA}$ | 68.31± 0.23$^{bA}$ | 11.62± 1.15$^{abcA}$ | 55.26± 0.19$^{B}$ | 63.95± 0.53$^{bB}$ | 1.40± 0.23$^{cB}$ | 54.45± 0.63$^{fC}$ | 64.72± 1.01$^{aB}$ | 1.53± 0.09$^{dB}$ |
| 3 | 抗疫白 | 64.84± 0.14$^{bA}$ | 68.34± 0.16$^{bA}$ | 11.03± 0.31$^{bcA}$ | 55.21± 1.07$^{B}$ | 64.01± 0.49$^{bccB}$ | 1.14± 0.05$^{dB}$ | 52.87± 0.12$^{gC}$ | 62.97± 0.20$^{cdC}$ | 1.49± 0.01$^{dB}$ |
| 4 | 克新 27 | 63.58± 0.36$^{deA}$ | 67.01± 0.30$^{dA}$ | 7.31± 1.00$^{eA}$ | 56.13± 0.28$^{C}$ | 62.76± 0.05$^{dC}$ | 0.72± 0.04$^{eB}$ | 58.25± 0.98$^{aB}$ | 63.99± 0.52$^{abcB}$ | 1.00± 0.09$^{fB}$ |
| 5 | 陇 14 | 62.81± 0.36$^{fA}$ | 66.97± 0.35$^{dA}$ | 10.56± 0.67$^{cA}$ | 55.65± 0.33$^{B}$ | 63.88± 0.15$^{cB}$ | 1.45± 0.04$^{cB}$ | 55.86± 0.50$^{cdeB}$ | 63.59± 0.36$^{abcdB}$ | 1.45± 0.12$^{dB}$ |
| 6 | LZ111 | 62.75± 0.39$^{fA}$ | 66.55± 0.41$^{dA}$ | 10.67± 0.13$^{bcA}$ | 58.53± 0.66$^{aB}$ | 61.38± 1.04$^{eC}$ | 0.26± 0.02$^{fC}$ | 57.60± 0.82$^{aB}$ | 64.21± 0.47$^{hB}$ | 0.47± 0.03$^{hB}$ |
| 7 | 陇薯 9 号 | 61.25± 0.19$^{gA}$ | 64.56± 0.36$^{fA}$ | 9.36± 0.38$^{dA}$ | 58.29± 0.88$^{aB}$ | 64.32± 0.47$^{bcA}$ | 0.40± 0.04$^{fC}$ | 56.66± 0.58$^{bcC}$ | 62.73± 0.48$^{dB}$ | 0.89± 0.01$^{fB}$ |
| 8 | 陇薯 7 号 | 61.75± 0.22$^{gA}$ | 65.31± 0.60$^{eA}$ | 11.63± 0.29$^{abcA}$ | 54.77± 0.4$^{8C}$ | 61.88± 0.87$^{deC}$ | 1.42± 0.17$^{cB}$ | 56.11± 0.78$^{cdB}$ | 63.29± 0.64$^{bcdB}$ | 1.69± 0.02$^{cB}$ |
| 9 | LY08104-12 | 63.09± 0.37$^{dA}$ | 67.64± 0.39$^{cA}$ | 11.00± 0.21$^{bcA}$ | 58.02± 0.69$^{aB}$ | 64.39± 0.36$^{bcB}$ | 1.99± 0.09$^{bB}$ | 54.89± 1.35$^{defC}$ | 63.45± 0.70$^{bcdB}$ | 1.86± 0.12$^{bB}$ |
| 10 | 陇薯 8 号 | 62.96± 0.46$^{fA}$ | 66.96± 0.26$^{dA}$ | 11.68± 0.52$^{abA}$ | 55.71± 0.96$^{B}$ | 65.01± 0.54$^{abB}$ | 1.58± 0.02$^{cB}$ | 54.62± 0.12$^{efB}$ | 62.64± 1.28$^{dC}$ | 1.24± 0.04$^{eB}$ |
| 11 | 荷兰薯 | 65.54± 0.46$^{aA}$ | 69.56± 0.06$^{aA}$ | 12.39± 0.26$^{aA}$ | 54.89± 1.13$^{B}$ | 62.84± 0.71$^{dB}$ | 3.79± 0.14$^{aB}$ | 51.22± 0.66$^{hC}$ | 60.54± 0.24$^{eC}$ | 3.45± 0.11$^{aB}$ |

注：肩标小写字母为同一列的差异显著（$P<0.05$），大写字母为同一行的差异显著（$P<0.05$）。

#### 5.7.4.2　贮藏时间对淀粉热特性的影响

表 5-13 数据显示，针对同一品种而言，大多数品种随着贮藏时间的延长，糊化温度、峰值温度和糊化焓值逐渐降低。糊化温度的降低表明淀粉在贮藏过程中淀粉结构松散；糊化焓值降低表明淀粉中颗粒的有序结构被破坏。即贮藏时间的延长，使得淀粉糊中有更多的老化淀粉（Wei，2010）。但贮藏 18 h 和 54 h 的各项数据差异不显著，说明在贮藏过程中淀粉的结构趋于稳定。

### 5.7.5　淀粉颗粒形貌特征

图 5-10 为抗疫白和陇薯 7 号的电子显微镜扫描图，从图中可以看出，马铃薯淀粉的颗粒大小不同，不同颗粒间差异显著，也与淀粉的颗粒直径结果相一致，即同一品种的淀粉颗粒不同。淀粉颗粒以圆形和椭圆形为主。同时发现马铃薯淀粉表面有一些杂质存在，可能是淀粉在提取过程中残留物的影响。

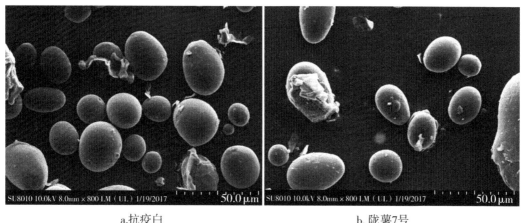

a.抗疫白　　　　　　　　　　　　　　b.陇薯7号

**图 5-10　抗疫白和陇薯 7 号的电子显微镜扫描图**

### 5.7.6　不同样品淀粉黏度特性

表 5-14 为不同品种淀粉的黏度特性，不同品种各黏度特性指标差异显著。淀粉的糊化温度表明淀粉糊化的难易程度，糊化温度越低，淀粉越易于糊化，淀粉糊化的难易程度直接影响着淀粉的加工特性。荷兰薯的糊化温度最高，为 69.60℃，陇薯 9 号的糊化温度最低，为 62.27℃，说明陇薯 9 号更易于加工，淀粉的糊化温度越高，糊化后越容易老化。崩解值越高，说明淀粉糊的稳定性、抗剪切力和耐搅拌力较差。回升值是淀粉冷却后的重新排列，与产品的老化程度有关，回升值越大，产品越容易老化。

### 5.7.7　不同样品淀粉流变学特性

图 5-11 至图 5-16 为不同样品在升温和降温过程的贮能模量（$G'$）、耗能模量（$G''$）和损耗因子（$\tan\delta$）。贮能模量表征淀粉糊产生弹性变形难易程度的指标，值越大，

表5-14 不同样品黏度特性

| 序号 | 名称 | 峰值时间 TP（min） | 峰值黏度 PV（BU） | 谷值黏度 TV（BU） | 最终黏度 FV（BU） | 崩解值 BD（BU） | 回生值 SB（BU） | 糊化温度 PT（℃） |
|---|---|---|---|---|---|---|---|---|
| 1 | 垦薯1号 | 47.30±0.61^b | 416.33±3.03^k | 378.03±1.79^h | 548.03±1.35^g | 38.23±1.08^h | 169.75±1.85^g | 68.63±0.93^ab |
| 2 | 布尔班克 | 51.20±0.56^h | 484.67±2.02^h | 461.78±2.01^de | 641.67±1.04^f | 23.45±0.93^i | 180.53±2.03^f | 67.80±0.60^bc |
| 3 | 抗疫白 | 44.51±0.03^c | 648.02±2.34^c | 560.38±1.82^a | 798.05±1.21^a | 88.05±0.59^e | 238.64±1.98^c | 67.50±0.50^bcd |
| 4 | 克新27 | 46.46±0.43^b | 512.54±2.56^g | 451.67±2.06^ef | 682.00±1.38^e | 57.47±0.83^f | 227.59±2.37^d | 66.27±0.85^cde |
| 5 | 陇14 | 43.16±0.70d^e | 561.00±2.12^f | 465.09±1.92^d | 721.28±1.27^c | 98.65±1.24^d | 256.75±1.75^b | 65.33±0.55^ef |
| 6 | LZ111 | 42.46±0.72d^e | 666.00±2.43^b | 506.54±2.65^b | 810.56±1.82^a | 160.39±0.92^b | 304.64±1.46^a | 64.04±0.85^f |
| 7 | 陇薯9号 | 41.33±0.45^f | 713.67±2.51^a | 495.33±1.51^c | 807.33±1.03^a | 219.25±0.51^a | 312.54±0.63^a | 62.27±0.60^g |
| 8 | 陇薯7号 | 43.36±0.57^d | 594.33±1.51^d | 496.67±1.97^bc | 741.48±1.61^b | 97.38±1.64^d | 244.58±1.18^b | 64.73±0.67^e |
| 9 | LY08104-12 | 42.19±0.72^ef | 577.67±2.51^e | 445.23±1.67^f | 642.28±1.27^f | 133.73±0.74^c | 197.92±1.52^e | 66.06±1.15^de |
| 10 | 陇薯8号 | 42.10±1.01^ef | 594.02±1.54^d | 462.67±2.54^d | 699.06±1.58^d | 133.85±1.63^c | 237.64±1.86^c | 65.43±0.46^ef |
| 11 | 荷兰薯 | 50.78±0.30^a | 463.67±2.49^i | 417.24±1.99^g | 554.83±1.52^g | 46.90±0.76^g | 136.94±1.17^h | 69.60±0.86^a |

注：肩标不同字母代表同一列的差异显著（P<0.05）。

表明淀粉糊在一定外力作用下，所发生的变形越小；耗能模量表征能量消散的黏性性质。图 5-11 和图 5-12 结果显示，贮能模量大于耗能模量，说明马铃薯淀粉糊的弹性大于黏性，符合非牛顿流体。图 5-11 中不同样品的贮能模量随着温度的升高而逐渐减低，说明随着温度的升高，淀粉逐渐糊化，并逐渐形成柔软的凝胶体，在一定外力作用条件下，淀粉所发生的变形随着温度的升高而增大。同时随着温度的升高，淀粉颗粒逐渐膨胀，淀粉颗粒中残留的结晶区域熔化，淀粉颗粒变形、破裂、崩解，分子流动性增加，导致链间相互作用减弱，进而导致 G′逐渐降低（Fuentes，2019）。从图 5-11 中可以看出，在同一温度条件下，陇 14 和陇薯 7 号的贮能模量显著高于其他品种，说明这两种淀粉糊体系内部的分子链之间的缠结点更多，凝胶体系网络结构更强，即具有更强的三维网络结构。而 LZ 111 的贮能模量最低，说明在相同外力作用条件下陇 14 形成的淀粉糊变形较小，而 LZ 111 形成的淀粉糊变形较大。图 5-12 为不同品种随着温度升高耗能模量的变化情况，耗能模量表示初始流动所需能量，表明淀粉糊黏性程度的变化，从图 5-12 中发现不同品种的耗能模量变化不显著，在相同温度条件下，陇 14 和陇薯 7 号显著高于其他品种，而 LZ 111 的耗能模量最低。

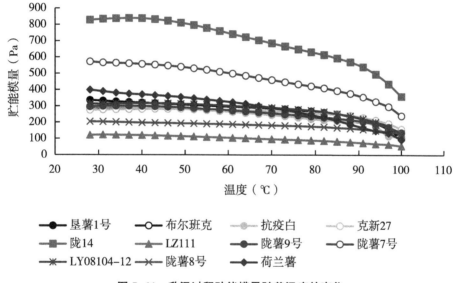

**图 5-11　升温过程贮能模量随着温度的变化**

损耗因子（tanδ）为 G″和 G′的比值，tanδ 越小，说明体系的弹性成分越多，tanδ 越大，表明体系的黏性比例越大，流动性越强，反之则弹性比例较大。图 5-13 中结果显示，随着温度的升高，tanδ 值逐渐增大，说明淀粉糊体系的弹性、刚性逐渐增加。

图 5-14 为温度降低过程贮能模量的变化，是先升高后降低，然后再逐渐升高的过程，说明糊化后在降温冷却期间淀粉糊的黏弹性增加（张玲，2018）。说明随着温度的降低，糊化的淀粉开始凝胶化，淀粉颗粒间通过相互作用而形成的网络结构逐渐增强。在相同温度条件下，陇 14 和陇薯 7 号均显著高于其他品种，说明陇 14 的凝胶强度最强，LZ 111 凝胶强度最弱。图 5-15 为降温过程中耗能模量的变化，总体趋势为随着温度的降低，数值逐渐降低，说明随着淀粉糊的逐渐老化，体系的黏度逐渐减低，表示链段和分子链相

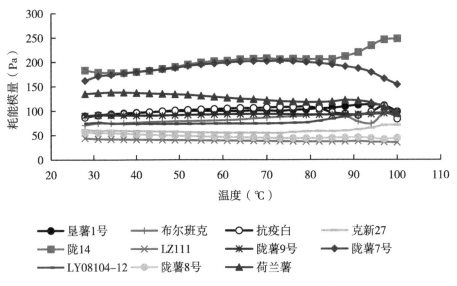

**图 5-12 升温过程耗能模量随着温度的变化**

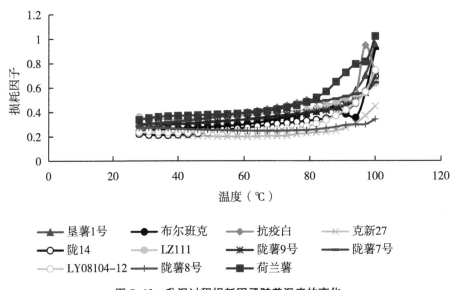

**图 5-13 升温过程损耗因子随着温度的变化**

对移动造成的黏性形变和内摩擦引起的能量损耗，说明淀粉糊的结构逐渐趋于稳定状态（Ek，2014）。

## 5.7.8 马铃薯淀粉微观结构及物性特性间的相关性分析

将马铃薯的直链淀粉含量、颗粒 $D_{50}$ 值、平衡 24 h 热特性的 $T_0$、$T_p$、$\Delta H_g$，黏度特性、流变特性升温过程的 28℃条件下的贮能模量、耗能模量和损耗因子进行相关性分析（表 5-15），比较分析马铃薯淀粉不同微观结构特性与功能特性之间的关系，为马铃薯淀

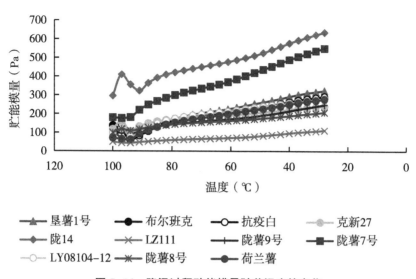

**图 5-14　降温过程贮能模量随着温度的变化**

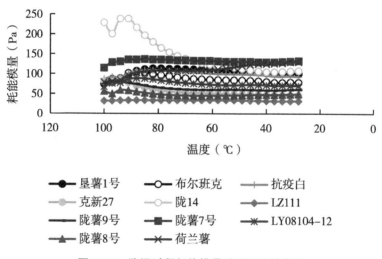

**图 5-15　降温过程耗能模量随着温度的变化**

粉的进一步加工利用及育种提供一定的依据。表 5-15 结果显示，马铃薯的很多指标之间呈显著的相关性。如直链淀粉含量与 $D_{50}$ 值之间呈显著负相关（$r=-0.5765$），即淀粉颗粒越大，直链淀粉含量越小（Dhital, 2011）；$D_{50}$ 值与淀粉的糊化焓值（$r=0.5963$）、糊化温度（$r=0.5024$）呈显著正相关，与回生值（$r=-0.5518$）呈显著负相关；淀粉热特性的起始糊化温度与峰值温度呈极显著正相关（$r=0.9610$），与黏度特性的峰值时间（$r=0.7336$）、糊化温度（$r=0.9339$）呈极显著正相关，说明热特性和黏度特性得到了类似的结论（Fuentes, 2019），与糊化特性的峰值黏度（$r=-0.6265$）、最终黏度（$r=-0.5950$）、崩解值（$r=-0.7320$、回生值（$r=-0.7660$）呈显著负相关，说明起始糊化温度越低，淀粉越不易回生（Diego, 2017）。黏度特性的峰值温度与峰值时间（$r=0.7305$）、糊化温度（$r=0.9508$）有极显著正相关，与峰值黏度（$r=-0.7118$）、最终黏

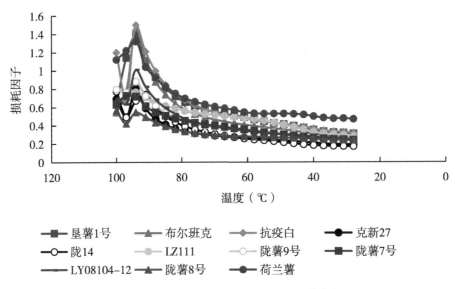

**图5-16 降温过程耗能模量随着温度的变化**

度（$r=-0.7096$）、崩解值（$r=-0.7493$）、回生值（$r=-0.8496$）呈极显著负相关；谷值黏度与最终黏度呈极显著正相关（$r=0.9026$）；最终黏度与崩解值（$r=0.7037$）、回生值（$r=0.9249$）呈极显著正相关，与糊化温度（$r=-0.7898$）呈极显著负相关；崩解值与回生值（$r=0.8151$）呈极显著正相关，与糊化温度（$r=-0.8755$）呈极显著负相关；流变特性的贮能模量与耗能模量呈极显著正相关（$r=0.9442$），与 Zhu（2012）结果相一致。

Purna（2015）研究发现小麦淀粉的黏度特性参数的峰值时间与面条的质地和品质相关；小麦淀粉的峰值黏度与面条的质地有关（Diego，2017）。而马铃薯淀粉的微观结构和功能特性对面条、馒头、香肠的品质特性的影响很少见报道，为了更好地推广马铃薯主粮化，不断研究马铃薯淀粉的品质特性与产品品质特性的关系，对于优化马铃薯产品的品种选择、品种培育具有重要的意义。

不同地区不同品种马铃薯淀粉的微观结构特性和功能特性差异显著。淀粉的粒形为圆形或椭圆形，颗粒大小的 $D_{50}$ 值为 $59.40\sim323.90\ \mu m$，除了所有品种在 $40\sim59\ \mu m$ 和 $123\sim344\ \mu m$ 出现峰值以外，在 $723.13\ \mu m$、$758.83\ \mu m$ 和 $1404\ \mu m$ 左右分别出现了大量的颗粒，不同品种颗粒差异显著。荷兰薯的热力学特性和黏度特性显著高于其他品种，其变化趋势与粒径一致。陇14和陇薯7号的流变学特性显著高于其他品种。淀粉的微观结构特性和功能特性的相关性分析，进一步揭示了淀粉各品质间的关系及变化趋势，即淀粉颗粒越大，直链淀粉含量越小；$D_{50}$ 值越大，淀粉的糊化焓值、糊化温度越大，而回生值越小；淀粉热特性的起始糊化温度与黏度特性的峰值时间、糊化温度具有相同的变化趋势，而与糊化特性的峰值黏度、最终黏度、崩解值、回生值具有相反的变化趋势，说明起始糊化温度越低，淀粉越不易回生。流变特性的贮能模量与耗能模量呈极显著的正相关。不同淀粉品质特性之间的差异及相互关系，为马铃薯淀粉的进一步加工利用和品种选育提供依据。

表 5-15　不同品种马铃薯微观结构及物性特性相关性分析

| 指标 | 直链淀粉 | D₅₀值 | 起始糊化温度 | 峰值温度 | 糊化焓值 | 峰值时间 | 峰值黏度 | 谷值黏度 | 最终黏度 | 崩解值 | 回生值 | 糊化温度 | 贮能模量 | 耗能模量 | 损耗因子 |
|---|---|---|---|---|---|---|---|---|---|---|---|---|---|---|---|
| 直链淀粉 | 1.000 | | | | | | | | | | | | | | |
| D₅₀值 | -0.5765* | 1.000 | | | | | | | | | | | | | |
| 起始糊化温度 | -0.1666 | 0.4141 | 1.000 | | | | | | | | | | | | |
| 峰值温度 | -0.1460 | 0.3594 | 0.9610** | 1.000 | | | | | | | | | | | |
| 糊化焓值 | 0.000 | 0.5963* | 0.3047 | 0.4167 | 1.000 | | | | | | | | | | |
| 峰值时间 | 0.0419 | 0.2919 | 0.7336** | 0.7305** | 0.2397 | 1.000 | | | | | | | | | |
| 峰值黏度 | 0.3569 | -0.3337 | -0.6265* | -0.7118** | -0.2066 | -0.7897** | 1.000 | | | | | | | | |
| 谷值黏度 | 0.5222* | -0.2432 | -0.2948 | -0.4299 | -0.1120 | -0.4580 | 0.8220** | 1.000 | | | | | | | |
| 最终黏度 | 0.4386 | -0.44450 | -0.5950* | -0.7096** | -0.3183 | -0.6908* | 0.9303** | 0.9026** | 1.000 | | | | | | |
| 崩解值 | 0.1278 | -0.3176 | -0.7320** | -0.7493** | -0.2113 | -0.8558** | 0.8813** | 0.4556 | 0.7037** | 1.000 | | | | | |
| 回生值 | 0.2998 | -0.5518* | -0.7660** | -0.8406** | -0.4359 | -0.7898** | 0.8796** | 0.6715 | 0.9249** | 0.8151** | 1.000 | | | | |
| 糊化温度 | -0.2135 | 0.5024* | 0.9339** | 0.9508** | 0.4062 | 0.8231** | -0.8243** | -0.4939 | -0.7898** | -0.8755** | -0.9250** | 1.000 | | | |
| 贮能模量 | -0.2752 | 0.1165 | -0.1360 | -0.0853 | 0.1194 | -0.0184 | -0.1727 | -0.0900 | -0.0823 | -0.1866 | -0.0625 | -0.0122 | 1.000 | | |
| 耗能模量 | -0.3385 | 0.3669 | -0.0752 | -0.0656 | 0.2682 | 0.0464 | -0.1455 | -0.0634 | -0.0969 | -0.1670 | -0.1114 | 0.0627 | 0.9442** | 1.000 | |
| 损耗因子 | 0.0007 | 0.3508 | 0.0684 | -0.0370 | 0.3375 | -0.0479 | 0.3532 | 0.2621 | 0.2617 | 0.3350 | 0.2213 | -0.1023 | -0.3966 | -0.1307 | 1.000 |

注：* $P<0.05$；** $P<0.01$。

# 第6章 不同品种马铃薯全粉品质特性研究

马铃薯在世界各地种植广泛，每年全球产量为3.68亿t，其中中国产量占比约1/4，居世界首位（FAO，2021）。马铃薯作为全球排名第三，仅次于小麦和玉米的粮食作物，具有很高的营养价值，富含碳水化合物及多种营养物质，如蛋白质、淀粉、粗纤维、无机盐、矿物质、维生素等。马铃薯中水分含量为70%以上，为季节性作物，在贮藏过程中会发芽、产生龙葵素等有毒物质，为了延长马铃薯的使用时间、增强马铃薯的保藏性，降低运输成本，保证食品安全性，常被加工成全粉进行综合利用（王丽，2017）。马铃薯全粉是以干物质含量高的优质马铃薯为原料，经过清洗、去皮、切片、漂烫、冷却、蒸煮、混合、调质、干燥、筛分等工序制成的含水率在10%以下的粉状料，复水后可获得具有新鲜马铃薯营养和风味的薯泥。马铃薯全粉不仅具有很高的营养价值，如淀粉（77.2%~81.5%）、蛋白质（9.95%~11.55%）、脂类（2.19%~3.13%）、食用纤维（6.7%~8.6%）、灰分（2.7%~3.7%）；而且在食品加工方面也有很大的优势，具有黏度高、吸水性强等特性，通常用于食品增稠剂；分子聚合度、膨胀度较高，使它的保水性能十分优异（Kim，2015）。

以马铃薯全粉为原料也已开发出面条、面包、馒头、蛋糕、松饼、饼干、膨化点心、汤等产品（Joshi，2018）。马铃薯的农艺性状、化学性状和理化性状的多样性可以改善马铃薯粉的品质特性（Zhang，2017），进而改善马铃薯全粉相关产品的品质特性，马铃薯基因型的鉴定和筛选是马铃薯理想功能和独特特性的必要条件。本研究以马铃薯全粉为分析对象，归纳总结马铃薯全粉的基本化学组成、物理特性、加工品质特性以及各品质特性之间的相互关系，并以黑龙江、甘肃、北京的主产马铃薯为原料，优化马铃薯全粉的制备工艺，分析马铃薯全粉的品质特性，筛选适宜马铃薯全粉的加工工艺及品种，为马铃薯全粉更好地加工利用提供一定的依据。

## 6.1 马铃薯全粉概述

马铃薯全粉是脱水马铃薯制品中的一种。以新鲜马铃薯为原料，经清洗、去皮、挑选、切片、漂洗、预煮、冷却、蒸煮、捣泥等工艺过程，经脱水干燥而得的细颗粒状、片屑状或粉末状产品统称为马铃薯全粉。在马铃薯全粉加工过程中，干物质含量高的原料出粉率高，薯肉白的全粉色泽浅，芽眼多又深的出品率低，还原糖含量和多酚氧化酶含量高的全粉色泽深，龙葵素含量高的，去毒素的难度大，工艺复杂。因此，生产马铃薯全粉需选用芽眼浅、薯形好、薯肉色白、还原糖含量低和龙葵素含量少的品种。目前关于马铃薯全粉的加工处于起步阶段，仅有少数研究者对全粉加工工艺进行优化，并对不同加工工艺得到产品的基本功能特性进行了比较分析。如吴卫国等（2006）比较分析了制片、制泥和微波工艺对不同品种马铃薯全粉的吸油力、冻融稳定性、吸水力的影响，优化了加工工艺。沈晓平等（2004）研究结果表明雪花全粉的游离淀粉率、相对黏度、吸水能力、吸油能力、还原糖含量等指标均高于颗粒全粉，复水速度则低于颗粒全粉。

马铃薯全粉是最古老的商业马铃薯加工产品。它是一种用途广泛的原料，可用于多种加工食品。马铃薯全粉在美国和一些欧洲国家大量生产。它是全球贸易中的主要加工产品。荷兰、德国、美国和比利时是马铃薯全粉的最大出口国，2007 年共出口了 27 万 t 马铃薯全粉。长期以来，马铃薯全粉一直与面包的烘焙联系在一起，它可以减少面包的老化，改善面包的烘焙性能。面包师传统上使用去皮、煮熟和土豆泥来赋予土豆风味，并提高面包的新鲜度。马铃薯全粉长期以来一直被认为是一种很好的酵母食品，因为马铃薯全粉中含有大量的矿物质，如钾、镁和磷，这些都是发酵所必需的。马铃薯全粉的成分有独特的能力，刺激酵母细胞的生长和激活发酵的糖。据报道，马铃薯全粉还能提供一种独特的风味，减少产品的紧致和变质，并有助于产品的膨松。

## 6.2　马铃薯全粉的种类

由于脱水干燥的工艺不同，马铃薯全粉在名称、性质、使用方法上存在较大差异（表 6-1）。以滚筒干燥工艺生产，厚度为 0.1~0.25 mm、片径 3~10 mm 大小的不规则片屑状马铃薯全粉，因其外观如雪花状，称为马铃薯雪花全粉（potato flakes），简称"雪花全粉"。以热气流干燥工艺生产，产品主要以马铃薯细胞单体颗粒或数个细胞的聚合体形态存在的粉末状马铃薯全粉，称为马铃薯颗粒全粉（potato granules），简称"颗粒全粉"。采用脱水马铃薯制品经粉碎而得的粉末状马铃薯全粉称为马铃薯细粉（fine potato flour/powder），简称"细粉"。其中以雪花全粉和颗粒全粉的生产量最大，应用范围也最为广泛。

表 6-1　马铃薯雪花全粉和马铃薯颗粒全粉的品质特性对照

| 序号 | 项目 | 雪花全粉 | 颗粒全粉 |
|---|---|---|---|
| 1 | 干燥工艺 | 滚筒干燥 | 气流干燥 |
| 2 | 外观 | 3~10 mm 薄片 | 0.5~0.07 mm 细颗粒 |
| 3 | 淀粉形态 | α 化 | 老化回生 |
| 4 | 细胞受损程度 | 较高，20%~70% | 较低，12%~17% |
| 5 | 复水性 | 较好 | 好 |
| 6 | 复水耐热性 | 稍差，水温应低于 70℃ | 好，冷热水均可复水 |
| 7 | 加工耐受性 | 较差，对剪切敏感 | 好，对剪切不甚敏感 |

马铃薯品质评价与加工利用

（续表）

| 序号 | 项目 | 雪花全粉 | 颗粒全粉 |
|---|---|---|---|
| 8 | 容重 | 2.2 kg/L | 7.8 kg/L |
| 9 | 黏度 | 较高 | 较低 |
| 10 | 产品价格 | 较低 | 较高 |
| 11 | 设备投资 | 较低 | 较高 |
| 12 | 包装、储运成本 | 较高 | 低廉 |

## 6.3 马铃薯全粉品质特性概述

### 6.3.1 马铃薯全粉物理特性

（1）质量密度。是决定原料用于加工成不同包装方式和不同摄入量食品的重要依据。Klang（2019）研究结果显示质量密度和食物摄入量具有相反的作用，质量密度的变化范围是 0.60~0.70 g/mL，不同品种间差异不显著。

（2）pH 值。影响着马铃薯粉的功能特性，如食品的可消化性，持水性和持油性及食品的可接受性，不同品种马铃薯粉的 pH 值变化范围是 5.00~5.70，而食品的最佳 pH 值推荐值为 6.00~6.80，因此马铃薯粉可以和碱性食品混合加工使用。

（3）持水性/持油性。该指标主要与碳水化合物和蛋白质在乳化液中油水界面的吸附能力有关，反映了油水的结合能力。持水和持油的能力越好对复杂的食品体系越有利，如甜甜圈、蛋糕、麦片粥。Mingle（2017）研究结果显示不同品种持水性/持油性比值的变化范围是 1.41~1.70，并发现马铃薯全粉中高碳水化合物含量使得马铃薯粉对水分的固定性大于对油的固定性。

（4）膨胀性。即淀粉颗粒聚合物的非晶态和晶态区域的内聚力强度，淀粉颗粒膨胀性的增加与内聚力强度增加呈负相关。Klang（2019）研究结果表明，淀粉颗粒的膨胀性在 30.00~50.00℃没有发生明显的变化。主要原因是淀粉分子之间的氢键阻碍了淀粉和水分子之间氢键的结合，进而使得膨胀性没有发生变化。另外，非碳水化合物如蛋白质、脂类和纤维与淀粉分子的羟基相互作用，阻碍了与水分子的结合性和膨胀性。

### 6.3.2 马铃薯全粉理化品质

#### 6.3.2.1 化学组成

马铃薯全粉的化学组成通常反映了其制备的马铃薯块茎的化学组成。表 6-2 给出了来自英国、美国、尼日利亚和印度的马铃薯品种组成（平均值）。从表中可以看出，产自英国和美国的马铃薯品种的化学价值是相似的。然而，在其他两个国家的品种中具有一定

· 158 ·

的差异。这些差异可能是由于品种、生长地点、作物生长期间的环境条件和使用分析方法的不同而不同。此外，表格中也显示马铃薯是钾和抗坏血酸的良好来源。

表 6-2　马铃薯全粉的组成（每 100 g）

| 指标 | 马铃薯全粉 | | | |
|---|---|---|---|---|
| 水分（%） | 7.6 | 7.4 | 10.0 | — |
| 碳水化合物（g） | 79.9 | 79.0 | 78.4 | 87.3 |
| 粗纤维（g） | 1.6 | 1.6 | 2.9 | 1.3 |
| 粗蛋白质（g） | 8.0 | 7.6 | 3.9 | 8.1 |
| 脂肪（g） | 0.8 | 1.0 | 1.3 | — |
| 抗坏血酸（mg） | 19 | — | — | — |
| 维生素 $B_1$（mg） | 0.4 | — | — | — |
| 维生素 $B_2$（mg） | 0.1 | — | — | — |
| 维生素 $B_3$（mg） | 3.4 | — | — | — |
| 灰分（g） | 3.7 | 3.3 | 3.3 | 2.5 |
| 钙（mg） | 33 | 34.3 | — | — |
| 磷（mg） | 178 | 176 | — | — |
| 铁（mg） | 17.2 | 13.9 | — | — |
| 钠（mg） | — | 41.3 | — | — |
| 钾（mg） | — | 1373 | — | — |

### 6.3.2.2　物理化学性质

马铃薯全粉的理化性质因基因型和制备方法不同而有差异。煮熟的块茎（糊化）全粉比生块茎（未糊化）全粉具有更高的吸水率、总糖和还原糖。Pant 和 Kulshrestha（1995）测定了 6 个马铃薯品种制作的全粉的理化品质，发现吸水率与粒径指数之间存在显著正相关关系。Singh（2003）测定了三个马铃薯品种全粉的理化性质发现，马铃薯全粉的直链淀粉含量为 9.1%~10.8%。不同品种间直链淀粉含量差异显著，其中 Kufri Jyoti 全粉直链淀粉含量最高，库弗里 Pukhraj 全粉直链淀粉含量最低。Kufri Jyoti 粉的吸水指数（WAI）较高（6.6），而 Kufri Pukhraj 全粉吸水指数最低（5.6）。直链淀粉含量越高的马铃薯全粉，其 WAI 和水溶性指数越高。Singh（2005）测定了 6 个马铃薯品种制成的全粉的理化性质，发现容重、灰分和直链淀粉含量分别为 0.77~0.92 g/mL、2.98%~4.08% 和 5.9%~8.88%。

马铃薯全粉的化学组成直接受马铃薯品质特性的影响，也受天气条件、基因变化、品种培育技术和土壤条件等影响。研究表明，不同品种马铃薯全粉品质特性差异显著，并将直接影响马铃薯全粉加工产品的质量，具体内容见表 6-3。

表6-3　马铃薯粉中化学组成及作用

| 化学组成 | 范围 | 作用 | 参考文献 |
| --- | --- | --- | --- |
| 水分 | 9.36%~10.95% | 预测马铃薯粉稳定性和贮藏性非常重要的指标 | Ndangui（2015） |
| 直链淀粉/支链淀粉 | 0.14~0.31 | 预测粉末流变学特性的重要指标 | Tambo（2019） |
| 蛋白质 | 9.95%~11.55% | 对马铃薯粉的品质及加工产品的质量有重要的影响 | Klang（2019） |
| 脂类 | 2.19%~3.13% | 但是不同样品脂类含量有差异的主要原因是检测过程中过滤导致的脂类变化，或在处理过程中由于温度的升高导致脂类的氧化 | Klang（2019），Klang（2019），Igbokwe Akubor（2016），Haile（2015） |
| 灰分 | 4.50%~8.50% | 与加工产品质量密切相关 | Olatunde（2016） |
| 磷 | 70.00~190.00 mg/100 g | 与加工产品质量密切相关 | Zhu（2020） |

## 6.3.3　马铃薯全粉加工品质

### 6.3.3.1　流变学特性

在加热过程中，马铃薯全粉的动态模量（$G'$）和损耗模量（$G''$）升高到一定温度后降低，$G'$表征体系的弹性，$G''$表征体系的黏性，表明马铃薯粉的弹性和黏性随着温度的升高先增加后降低，这在很大程度上是由于淀粉颗粒的膨胀和随后的塌陷导致的。在冷却过程中，由于糊化淀粉分子的重新排序，$G'$增加。研究表明马铃薯粉的$G'$、$G''$比玉米粉高，这可能是由于在玉米粉中存在脂质和玉米淀粉颗粒较硬的性质。马铃薯粉的$G'$的变化范围是2 467.00~3 383.00 Pa，$G''$的变化范围是593.00~739.00 Pa，损耗因子（tanδ为损耗模量与动态模量的比值）的变化范围是0.22~0.25，该值越小，表明弹性越强，该值越大，表明黏性越大；动态黏度（$\eta'$）的变化范围是4.58~11.15 Pa·s，该值越大，表明流动性越大。不同品种$G'$、$G''$和$\eta'$的数值差异显著，这些差异可能是由于它们的天然颗粒大小和形状的不同。马铃薯全粉中大淀粉颗粒的存在可能是造成$G'$和$G''$值高于玉米粉的原因（Zhu，2020）。

马铃薯全粉中具有较低的转变温度（起始温度$T_0$、峰值温度$T_p$、结束温度$T_c$）而具有较高的糊化焓（$\Delta H_{gel}$），淀粉的高转变温度是由于较高的结晶度，这提供了结构稳定性，并使颗粒更难以凝胶化，这可能影响了淀粉颗粒的膨胀性，从而引起了马铃薯粉流变学性质的变化。马铃薯粉含有较多数量的小颗粒可能是导致具有低的$G'$、$G''$和$\eta'$的原因。马铃薯粉的tanδ随频率的增加而降低。高$G'$、$G''$和$\eta'$和低的tanδ表明淀粉颗粒具有更硬的黏度结构。马铃薯淀粉的流变性与颗粒结构、直链淀粉与支链淀粉的比例以及磷酸盐酯的存在有关。

Singh（2003）研究了 3 个品种制备的马铃薯全粉的流变学参数存在显著差异。流变参数即储存模量（G′）、损耗模量（G″）、损耗因子（tanδ）和动态黏度（η′）在不同温度下 0.1~20 Hz 的频率测试中显示出马铃薯全粉之间的显著变化。在马铃薯全粉中，Kufri Badshah 粉的 G′、G″和 η′最高，Kufri Pukhraj 粉的 G′、G″和 η′最低。马铃薯全粉的 Tanδ 随着频率的增加而减少。据报道，马铃薯淀粉的流变特性取决于颗粒结构、直链淀粉与支链淀粉的比例及磷酸酯的存在。马铃薯全粉的稠度系数和流动特性指数分别为 5.89~14.94 Pa·s$^n$和 0.27~0.35 n。一般而言，直链淀粉含量较低、吸水率较高的面粉具有较高的稠度系数。

### 6.3.3.2　黏度特性

马铃薯粉的黏度特性（如糊化温度、峰值黏度、保持黏度、衰减值、最低黏度、回升值、稳定性、回升率等）主要用于估算产品的黏度和烹饪特性，也用于归纳总结食品配方中马铃薯全粉的功能特性。马铃薯全粉的糊化温度一般与淀粉的颗粒大小、直链淀粉/支链淀粉比值和淀粉-脂类或淀粉-蛋白质的相互作用有关，为食品加工和凝胶化的最低温度提供一定的信息。Shimelis（2006）研究发现，马铃薯全粉的糊化温度为 70.90~77.87℃，Eke-Ejiofor（2015）研究发现木薯粉的糊化温度为 70.20℃，木薯比马铃薯中含有更低的蛋白质和脂类，降低了淀粉-脂类或淀粉-蛋白质的相互作用而使得木薯粉的糊化温度较低。Tumwine（2019）研究发现谷物中含有大量酚类化合物，可能会阻碍淀粉分子的热量转换，进而影响谷物的糊化。

峰值黏度表征马铃薯粉中直链淀粉含量、持水能力和淀粉膨胀性的重要指标，也预示着淀粉在凝胶形成过程中达到最大黏度值的程度。Klang（2019）研究发现不同品种马铃薯粉的峰值黏度的变化范围是 550.00~3 990.50 cP，其中直链淀粉含量高的品种具有较高的峰值黏度，不同品种峰值黏度差异显著的主要原因是磷、直链淀粉、脂类和蛋白质组成，对山药淀粉的研究也得到的同样的结论。Tumwine（2019）研究发现直链淀粉的含量较低的品种具有较低的峰值黏度，而直链淀粉是对持水性和膨胀性有主要作用的物质。具有较低的峰值黏度更加适合婴儿食品的配方，而具有较高峰值黏度的品种更加适合蛋糕和面包的配方。

最终黏度是指经过一定温度保持后的黏度，该指标也表征了淀粉稳定性，间接提供了直链淀粉/支链淀粉比值的信息。Tumwine（2019）研究发现，马铃薯全粉最终黏度的变化范围是 1 053.00~4 543.00 cP，最终黏度偏小的主要原因是淀粉颗粒被破坏，导致凝胶化温度早已经达到，说明最终黏度高的样品可能更适合用于加工面包和熟食肉制品。

衰减值指淀粉凝胶化后黏度的降低程度，该降低程度可以预测面团凝固和被酶消化的难易程度。从研究结果可以看出，衰减值降低较小的样品更加适合加工婴幼儿食品，因为它们具有较低的黏性并易于消化吸收。

回升值与直链淀粉含量和链长呈正相关。该指标是反映淀粉的降解程度或者是淀粉经糊化后，舒展的分子链重新定向排列，形成微晶结构的过程。该指标进一步证实了衰减值的变化。Tumwine（2019）研究结果显示，不同样品回升值的变化范围是 503.00~

1 762.00 cP，该指标表明样品在处理过程中直链淀粉降解作用程度，低的回升值意味着低的降解程度，因此更加适合作为婴幼儿食品的配方。

保持黏度指剪切最后阶段的黏度，不同样品间的变化范围为 0~3 198.00 cP，各样品差异显著的主要原因是膨胀淀粉颗粒化学键的稳定性、营养组成的差异所导致的，尤其是蛋白质和脂类保护了淀粉颗粒，使得淀粉在糊化阶段很难被水解。高的剪切力值意味着膨胀的淀粉可以抵挡低的温度变化和剪切力。

回生率和稳定性是表征淀粉能力的重要指标，因此给维持淀粉结构和加工利用提供了很好的建议。回生率的减少可能归因于直链淀粉分子中 α-1,4 糖苷键在加工过程中的水解而减少。另外研究发现具有高回升率的样品受其中直链淀粉含量的比例影响，使得样品具有较高的最终黏度而不推荐作为婴幼儿食品的配方。稳定性受支链淀粉含量、淀粉链分支的长度和磷含量的影响，具有高稳定性的样品在加工过程中具有较高的凝胶稳定性。

马铃薯全粉的糊化特性为每个品种的全粉提供了独特的功能指纹，体现了马铃薯组织的结构和分子成分。快速黏度分析仪和布氏粘淀粉仪用于测量全粉的糊化行为和糊化时间、糊化温度、峰值黏度、破裂、回生和最终黏度。这些特性被认为是品种分化的潜在特征。Singh（2005）测定了 6 个品种制备的全粉的糊化特性，发现糊化温度大约比用差示扫描量热法（DSC）测定的糊化温度低 1℃。他们得出的结论是，感官评分较高的马铃薯导致全粉具有较低的过渡和糊化温度、挫折、峰值和最终黏度（表 6-4）。3 个马铃薯品种天然全粉的峰值黏度分别为 3 020~3 660 cP、140~512 cP、4 164~6 237 cP 和 1 655~2 180 cP，而糊化全粉的峰值黏度为 140~384 cP、12~22 cP、210~588 cP 和 83~226 cP。与天然全粉相比，糊化全粉的糊化参数较低，可能是由于颗粒的破坏和分子组织的丧失。Higley（2003）研究了由两种质地不同的马铃薯品种制备的马铃薯全粉的糊化特性：粉状质地的 Russet Burbank 和蜡状质地的 IdoRose。有研究表明，马铃薯全粉黏度可以通过在块茎中特异性表达低分子量谷蛋白（LMW-GS-MB 1）基因来提高。高表达 LMW-GS-MB1 mRNA 的转基因块茎在 23℃ 时，其全粉黏度比非转基因块茎的全粉黏度增加了 3 倍。

**表 6-4  不同品种马铃薯全粉的黏度特性**

| 品种 | 糊化温度（℃） | 峰值黏度（RVU） | 谷值黏度（RVU） | 崩解值（RVU） | 回生值（RVU） | 最终黏度（RVU） | 回生率（RVU） |
|---|---|---|---|---|---|---|---|
| Kufri Bahar | 66.5[a] | 343[ab] | 177[b] | 166[b] | 140[b] | 317[b] | 1.8[b] |
| Kufri Ashoka | 67.6[b] | 328[a] | 145[a] | 183[c] | 107[a] | 252[a] | 1.7[ab] |
| Kufri Kanchan | 68.1[c] | 346[ab] | 158[a] | 188[c] | 108[a] | 266[a] | 1.7[a] |
| Kufri Kunden | 66.7[a] | 419[c] | 245[d] | 144[a] | 207[c] | 482[d] | 2.0[c] |
| Kufri Dewa | 66.9[ab] | 351[ab] | 202[c] | 149[a] | 156[b] | 358[b] | 1.8[b] |
| Kufri Lalima | 67.2[b] | 376[b] | 221[c] | 155[ab] | 168[b] | 389[c] | 1.8[b] |

注：同一列中肩标不同字母的值差异显著（$P>0.05$）。

#### 6.3.3.3  热力学特性

马铃薯全粉的热力学特性主要转化阶段取决于淀粉的凝胶特征。研究结果表明，制备得到的马铃薯全粉中淀粉的凝胶温度和焓值转化阶段比分离出的淀粉的数值低，因为粉末中的其他非淀粉多糖、蛋白质等稀释了反应。Méndez-Montealvo（2005）研究结果表明所有的处理方法与对照相比均可以增加峰值温度，降低焓值，同样该结果也与物质的属性和淀粉的组成密切相关，其他因素如颗粒的类型和大小、异质性程度、淀粉与脂类、蛋白质和纤维的相互作用类型都将影响着热力学特性。

据报道，不同马铃薯品种的面粉糊化起始温度、峰值温度、结论温度和糊化焓存在显著差异（表6-5）。粉状马铃薯的淀粉颗粒糊化温度明显低于粉状马铃薯的淀粉颗粒糊化温度。

表6-5　不同品种马铃薯全粉的热特性

| 品种 | $T_0$（℃） | $T_p$（℃） | $T_c$（℃） | $\Delta H_{gel}$（J/g） |
|---|---|---|---|---|
| Kufri Bahar | 55.6[a] | 61.6[a] | 67.5[a] | 11.3[c] |
| Kufri Ashoka | 57.8[b] | 63.7[b] | 68.8[bc] | 9.5[a] |
| Kufri Kanchan | 61.6[c] | 65.4[c] | 69.3[c] | 9.6[a] |
| Kufri Kunden | 55.7[a] | 61.9[a] | 67.3[a] | 9.7[a] |
| Kufri Dewa | 56.0[a] | 62.2[a] | 67.0[a] | 11.6[c] |
| Kufri Lalima | 55.8[a] | 62.4[a] | 67.9[ab] | 10.4[b] |

注：$T_c$，最终温度；$T_0$，起始温度；$T_p$，峰值温度；$\Delta H_{gel}$（J/g），糊化焓。

同一列中肩标不同字母的值差异显著（$P>0.05$）。

资料来源：Singh，2005。

### 6.3.3.4　老化特性

当煮熟的全粉冷却后，直链淀粉和支链淀粉链重新排列成晶体结构，形成凝胶。该过程被称为老化。通过测定4℃储存时排出的水分来测定由马铃薯粉制成的糊状物的老化程度，这被称为脱水。马铃薯全粉的熟面团的脱水值（%）差异显著。Kufri Jyoti 和 Kufri Badshah 马铃薯全粉糊表现出更强的脱水作用。熟马铃薯全粉糊的脱水作用在贮藏过程中逐渐增强。淀粉粒较大的马铃薯全粉具有较高的脱水值，而淀粉粒大小较小的马铃薯粉具有较低的脱水值。

### 6.3.3.5　微观特性

微观结构特征是粉末通过电子扫描显微镜（SEM）观察马铃薯粉中淀粉结构的变化情况。Trancoso-Reyes（2016）研究发现马铃薯全粉中的淀粉颗粒具有不同的大小，主要是椭圆和多边形的形状（图6-1）。Lee（2011）研究表明马铃薯淀粉的颗粒表面光滑无裂纹即颗粒保持完好。马铃薯全粉的微观结构受预处理时间的增加而发生明显的变化，如水热处理由于凝胶化影响着结构和淀粉颗粒的多孔性，影响着它们的完整性和初始形状；当蒸汽和微波处理6 min 将显著影响着淀粉颗粒的损失形式，同样显著影响着热力学特性和X-射线衍射结果（Trancoso-Reyes，2016）。在微观结构图中，当预处理时间为4 min 比预处理时间为2 min 的样品中有更多的膨胀淀粉颗粒，预处理时间为6 min 的样品具有更高的淀粉凝块，主要原因是长时间的水热处理导致糊化淀粉的产生（图6-2）。

目前关于马铃薯全粉产品的研究处于起步阶段，仅有少数研究者对全粉的添加量进行

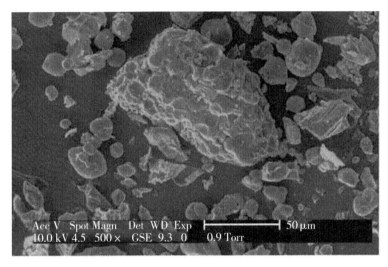

**图 6-1　马铃薯粉的淀粉微观结构**

优化，并初步分析了产品的品质特性。王春香（2005）分析了马铃薯粉、小麦粉及二者不同比例混合后的粉质特性的变化情况，通过天然添加剂改善马铃薯面团的加工性能，当马铃薯全粉添加量为 35% 时，马铃薯方便面具有较好的品质。孙平等（2010）研究了马铃薯全粉酥性饼干，优化了全粉添加量、白砂糖、色拉油、酥松剂等添加量对酥性饼干感官品质的影响，结果表明全粉添加量为 30% 时，饼干的品质最好。陈代园（2013）对马铃薯淀粉添加量对面包的烘焙特性、质构特性及感官特性的影响进行分析，结果表明添加 15% 左右的马铃薯粉制作马铃薯面包，可获得较为理想的产品。

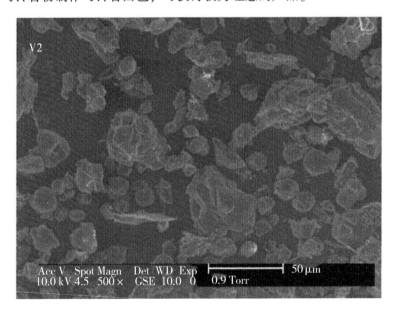

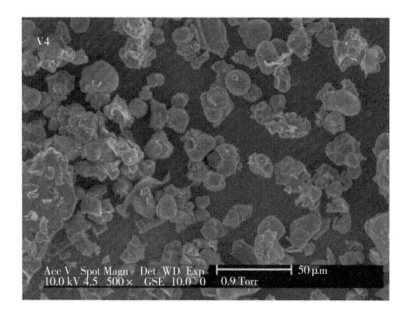

**图 6-2　不同处理时间对马铃薯淀粉微观结构的影响**

（注：V2 表示蒸汽和微波处理 2 min，V4 表示蒸汽和微波处理
4 min，V6 表示蒸汽和微波处理 6 min）

## 6.4 马铃薯全粉不同品质特性间相关性概述

### 6.4.1 理化品质特性间的相关性

马铃薯全粉中含有淀粉、蛋白质、脂类、灰分、纤维等多种成分，各组分在溶液中会相互作用，相互之间促进或抑制功能特性，进而影响马铃薯全粉的加工特性。Svihus（2005）研究发现粉末中的蛋白质含量与直链淀粉含量（$r=0.78$）和持水性（$r=-0.77$）具有显著的相关性，主要原因是蛋白质和脂类存在于淀粉分子的表面，与淀粉分子形成复合物结构，蛋白质遮盖了淀粉成分的亲水基团限制了其与水的相互作用。另外，蛋白质中具有较多的非极性氨基酸因为不能束缚更多的水分子而降低淀粉的亲水性。Klang（2019）研究发现灰分含量与蛋白质（$r=0.70$），直链淀粉含量（$r=0.71$），持水性（$r=-0.52$）呈显著的相关性。灰分是植物或动物组成中的无机物质，其代表性成分是金属离子。在细胞中，金属离子和蛋白质、淀粉相结合，如血红蛋白中的铁和淀粉表面磷的存在方式，这些金属离子阻碍了粉末持水能力。

淀粉的两个主要成分直链淀粉和支链淀粉。直链淀粉代表着少部分组分和小分子质量，当粉末中富含直链淀粉时将具有较低的分子质量。pH 值和可滴定酸度受化合物中电离势和有机酸的影响，直链淀粉中具有磷离子，表面有蛋白质，这些物质在一定条件下会发生离子化反应进而影响 pH 值和可滴定酸度。粉末中含有较高的直链淀粉时具有很强的降解趋势，因此降低了水分的保留水平。直链淀粉含量越高，在较高的温度条件下具有较低的持水性，研究发现直链淀粉与持水性（$r=-0.91$）有显著的负相关性。

还原糖是表面含有羟基的化合物，这些极性基团具有很强的结合和保留水分子的能力，还原糖与持水性具有显著的正相关性（$r=0.51$）。同样纤维和还原糖（$r=0.79$）、质量密度（$r=0.70$）呈显著的正相关。纤维是具有较高分子质量的化合物，它们将增加质量密度，富含纤维的粉末会形成不稳定的凝胶并且在一定温度条件下它们会重新结合水分。质量密度和 pH 值（$r=-0.88$）、可滴定酸度（$r=-0.71$）、持水性（$r=0.77$）具有显著的相关性，质量密度受分子大小和营养成分的影响，尤其是脂肪、蛋白质和碳水化合物。碳水化合物具有很强的亲水性和与水的相互作用，这些化学成分具有较差的电离能力，因此可以降低 pH 值。pH 值与持水性具有显著的负相关性（$r=-0.85$），因此，持水性的最高峰表现在 7~7.5（Klang，2019）。pH 值的降低将导致亲水基团离子化的改变，因此导致固定水分子的能力降低。可滴定酸度与持水性、持油性均呈显著的负相关，可滴定酸度受植物组成中的有机化合物的影响，如乳酸。这些极性有机化合物与水的相互作用很弱，进而导致低的凝胶黏度。

### 6.4.2 理化品质特性与加工品质特性间的相关性

研究发现，适当添加马铃薯全粉可以改善面包、馒头、面条的营养价值、口感、弹性、柔软度、适口性和货架期等。Liu（2016）研究表明添加 0.00%～35.00%的马铃薯粉可以显著影响馒头的品质；Curti（2016）研究表明，当添加 15.00%～20.00%马铃薯粉时，面包的品质最好。同时，适量地添加马铃薯粉可以减缓面包的老化程度，有助于保持面包的新鲜度，还能带来一种独特的、令人愉悦的味道，并改善烤面包的质量，延长货架期。Xu（2017）研究表明，添加马铃薯粉可以改善面条的口感和风味，当马铃薯全粉添加量为 35.00%左右时，面条具有很好的品质。

碳水化合物是亲水性化合物，在其表面上有羟基可以束缚水分子的能力，因此可以增加膨胀性。淀粉分子中的直链淀粉/支链淀粉比值影响着其功能特性，尤其是膨胀能力和稳定性。直链淀粉含量和膨胀力（$r=0.81$）间具有显著的相关性，当在高温条件下，富含直链淀粉颗粒分子打开，逐渐释放直链淀粉分子；直链淀粉在较低温度条件下将重新组合导致最终黏度增加和膨胀度降低。淀粉与酚类化合物（$r=0.67$）和糊化温度（$r=0.69$）呈显著的相关性。酚类化合物是极性化合物限制了水−淀粉的相互作用，因此限制了淀粉的膨胀。由于酚类化合物分子的束缚将需要较高的温度形成凝胶。糊化温度与膨胀力呈显著的负相关（$r=-0.66$），当淀粉分子的凝胶性达到最高峰值时也具有较高的膨胀性，同时看到分子化合物的断裂和散开而变成他们原始的状态，这个高的膨胀性将导致较低的凝胶化温度。

峰值黏度和保持黏度与直链淀粉含量相关，而膨胀性和支链淀粉含量相关，峰值黏度和保持黏度具有显著的正相关性（$r=0.98$）。峰值黏度代表了凝胶化温度的黏度，淀粉的膨胀性越高，峰值黏度越大，保持黏度表征当温度下降时凝胶的稳定性。衰减值与最终黏度（$r=0.97$）、回升值（$r=0.87$）呈显著的正相关。衰减值反映淀粉抵抗剪切和温度的能力，衰减值导致直链淀粉分解释放水分并回归到原始状态的能力。最终黏度提供了淀粉凝胶的能力，回升值反映了淀粉分解的能力。当超过淀粉最终凝胶化温度时，淀粉分子，尤其是富含直链淀粉的，分解加速并释放了它们的含量。再变大的直链淀粉分子重新相互结合导致最终黏度增加。Srichuwong（2005）证明最终黏度和回升值具有显著的正相关，主要原因是分解的淀粉分子颗粒的重新结合。最终黏度和回升值具有显著的正相关（$r=0.96$）可以被解释为富含淀粉的粉末具有较高比例的直链淀粉分解而使得在较低温度下具有较高一致性的凝胶特性。

淀粉是马铃薯的主要成分，其对马铃薯粉的物理化学特性具有很大的影响。研究发现马铃薯淀粉的分子结构、组成、微观结构、流变学性能、热特性等性质的显著差异影响了马铃薯粉性质的差异。未来的研究应该探索马铃薯中淀粉的结构和功能特性，进一步探讨马铃薯淀粉与马铃薯粉品质特性之间的关系，将马铃薯粉开发新的"健康"食品，如马铃薯粉可用于制作面包、面条和饼干等一系列产品，以马铃薯粉代替小麦粉可提高产品的膳食纤维和多酚含量等营养品质。

# 6.5 马铃薯全粉的应用

马铃薯全粉是重要的马铃薯深加工产品，主要是作为原辅材料加工制作马铃薯食品，是其他食品深加工的基础。马铃薯全粉的增稠性、成壳性、填充增量性、持油/持水性等特性在速冻食品、方便食品、调理食品等的加工制造过程中有着广泛的应用。

马铃薯全粉在食品方面主要应用于两个方面：一是用作冲调马铃薯泥、马铃薯脆片等各种风味和各种营养强化的食品原料；二是作为食品添加剂在面条、馒头、面包、蛋糕、月饼、饼干中使用，可改善其品质。用马铃薯全粉可加工出许多方便食品，它的可加工性远远优于鲜马铃薯原料，可制成各种形状，可添加各种调味和营养成分，制成各种休闲食品，故马铃薯全粉也可作为马铃薯食品的一种。李远恒等（2016）以马铃薯全粉、面粉、糖、植物黄油等为原料，添加绿茶粉，通过焙烤方式得到绿茶薯片，确定了产品的配方和加工工艺条件，产品评价为：结构有层次，外形平整，外观呈绿茶色泽，口感松脆，具有鲜明马铃薯产品风味和绿茶风味。新鲜马铃薯块茎的长期保存已经成为世界难题，而马铃薯全粉不但储运安全，保质期较长，且贮藏储运成本远远低于新鲜马铃薯块茎。以马铃薯全粉代替新鲜马铃薯可以大大简化生产过程，提高作为原料的相对于新鲜马铃薯的标准化程度。马铃薯全粉被公认为是大规模转化、保存马铃薯块茎的有效途径。

### 6.5.1 马铃薯全粉在面条中的应用

目前，面条主要以小麦粉为原料加工而成的面条营养结构比较单一，无法满足人们日益增长的对主食产品的营养需求。小麦粉和马铃薯全粉按一定比例混合制成的面条具有高蛋白质、低脂肪、高膳食纤维、高维生素等特点。当小麦粉中的马铃薯全粉添加量达到15%时，所制作的面条呈现出较好的质构特性和蒸煮品质。但马铃薯全粉的过多添加会影响面条的质构特性，因此在制作面条时马铃薯全粉的添加量不宜超过20%。添加马铃薯生全粉，不仅能够提高面条色泽和口感风味，同时可以提高面条的硬度和蒸煮性，减少蒸煮过程中的断条情况，且其添加量可达50%。

### 6.5.2 马铃薯全粉在馒头中的应用

在馒头生产过程中，由于对小麦粉的过度精加工处理，导致利用小麦粉制作的馒头营养成分减少、营养价值降低。制作馒头时，添加马铃薯全粉能够增加馒头的营养价值，改善小麦粉营养不全的问题。但是，当向面粉中加入过量的马铃薯全粉时，面粉中的面筋蛋白会被稀释，导致馒头比体积减少、硬度增大。从营养价值和生产成本两方面综合考虑，当马铃薯全粉与小麦粉的添加比例为3∶7时，所制作的馒头营养价值高，且生产成本低，适于产业化。

### 6.5.3 马铃薯全粉在焙烤食品中的应用

制作面包时，适量添加马铃薯全粉能够提高面包的营养价值，并且可通过提高面包黏性而改善其感官品质。马铃薯全粉中的膳食纤维会对面包中的水分活度和水分含量产生影响，使面包中的结晶水含量升高，面包变得更柔软。当面包中马铃薯雪花粉的添加量达到5%~15%时，面包比体积未出现明显的变化，但面包的质地和风味有所改善，当添加量达到15%~30%时，面包体积比会随着添加量的增加而逐渐降低。

制作饼干时，添加适量的马铃薯全粉可以改善饼干的品质，降低饼干的硬度，提高饼干的酥性。但由于马铃薯全粉不含面筋蛋白，全粉的添加会降低饼干面团的结合力和黏弹性，过量会影响饼干的品质。当马铃薯全粉添加量在 15%～30%时，不论在色泽、香味，还是口感上，饼干都呈现出良好的品质。当马铃薯全粉的添加比例高于 20%时，饼干的感官评价会随着添加量的增加而降低。

### 6.5.4　马铃薯全粉在其他食品中的应用

马铃薯全粉应用于水饺，可以增加煮熟饺子皮的硬度和生水饺皮的韧性，显著降低速冻水饺的冻裂率，但同时也会降低水饺皮的延伸性和剪切力，致使水饺的蒸煮损失率稍高。此外，马铃薯全粉应用于膨化食品、速溶奶茶、沙拉酱、虾片、甜甜圈、牛肉片和肉丸等产品的生产，可有效改善产品品质，丰富产品的营养结构成分，进一步提高产品的营养价值。

## 6.6　马铃薯全粉制备工艺的优化

马铃薯富含碳水化合物、膳食纤维、维生素、矿物质等营养素，其蛋白质为完全蛋白质，氨基酸种类齐全，脂肪含量低，食用后有很好的饱腹感，是满足人体健康需求的佳品。据 FAO 数据统计，2019 年我国马铃薯种植面积和产量均占世界的 1/4 左右，是世界马铃薯生产和消费第一的大国（FAO，2021）。目前，我国马铃薯主要以鲜食为主，仅有10%左右用于加工，主要产品有淀粉、全粉等 10 余种；而欧美各国生产的马铃薯约有80%用于加工，产品种类 2000 余种之多，如风味土豆泥、油炸薯条、速冻炸薯条、各式风味薯片、焙烤食品的辅料等，并将马铃薯全粉作为战略储备物资。

为了加快我国马铃薯产业的快速发展，丰富人们餐桌的营养食品，促进马铃薯产品种类的开发进程，2015 年我国提出了马铃薯主粮化的战略思想，呼吁将马铃薯加工成面条、馒头、饺子等餐桌上常见的主粮产品。而目前关于马铃薯产品的加工过程中受到了原料组成、加工工艺等因素的影响而限制了马铃薯主粮化的进程。马铃薯全粉中因不含有面筋蛋白而使得面条加工过程中成型难、易断条、易浑汤等问题，目前大多通过添加小麦粉、大豆蛋白等方式改善原料对面条品质降低的影响。陈金发（2017）研究了不同工艺对马铃薯颗粒全粉营养成分的影响，研究表明，110℃烘干条件下经过漂烫处理得到的马铃薯全粉营养成分最佳。沈存宽（2016）研究了马铃薯全粉的糊化度对面条品质特性的影响，结果显示糊化度越低，面条品质特性越好。目前关于马铃薯全粉的制备工艺进行了初步的研究，发现不同制备条件对全粉的营养特性、氨基酸组成及物化特性等有显著影响。马铃薯全粉制备工艺是面条生产的关键工序，其质量好坏直接影响面条的口感、质量和生产效益。不合理的全粉制备工艺将导致面条蒸煮损失率高、口感差、色泽不美观、粘牙等，严重时将导致面条无法成型，是马铃薯全粉面条生产的主要技术瓶颈之一。而马铃薯全粉的制备工艺与面条品质特性之间关系的研究鲜有报道，因此，本研究以不同条件下制备的马铃薯全粉为研究对象，分析各样品品质特性的差异情况，分析全粉制备工艺与面条品质特性的关系，该研究对于确定合理的马铃薯全粉制备参数，稳定和提升马铃薯全粉面条的品质和产量，降低生产成本等均具有重要的意义。

本部分内容以荷兰马铃薯（北京某蔬菜基地）、陇薯 8 号（甘肃省农业科学院）和小麦粉（金沙河面粉）为原料，优化马铃薯全粉的制备工艺。

## 6.6.1　马铃薯全粉制备工艺优化

### 6.6.1.1　马铃薯全粉制备方法

马铃薯全粉制备流程包括清洗→去皮→切片（3~5 mm）→熟化→干燥→磨粉→备用。

在前期优化基础条件下，本部分对马铃薯熟化温度和干燥温度进一步优化。

①处理 1。马铃薯 40℃烘至恒重；②处理 2。马铃薯熟化条件为 100℃ 水浴 10 min，干燥温度为 40℃；③处理 3。马铃薯熟化条件为 40℃ 水浴（含 1% NaCl 和 0.2% Na₂SO₃）10 min，干燥温度为 40℃；④处理 4。马铃薯熟化条件为 55℃水浴（含 1% NaCl 和 0.2% Na₂SO₃）10 min，干燥温度为 40℃；⑤处理 5。马铃薯 55℃烘至恒重；⑥处理 6。马铃薯熟化条件为 100℃水浴 10 min，干燥温度为 55℃；⑦处理 7。马铃薯熟化条件为 40℃水浴（含 1% NaCl 和 0.2% Na₂SO₃）10 min，干燥温度为 55℃；⑧处理 8。马铃薯熟化条件为 55℃水浴（含 1% NaCl 和 0.2% Na₂SO₃）10 min，干燥温度为 55℃。

以上 8 个处理条件下的样品烘干至恒重后，粉碎过 80 目筛后备用。

### 6.6.1.2　马铃薯全粉品质特性测定方法

（1）马铃薯全粉出粉率。

$$出粉率 = \frac{马铃薯全粉质量}{鲜马铃薯质量} \times 100$$

（2）马铃薯淀粉含量的测定。参考 GB 5009.9—2016《食品安全国家标准　食品中淀粉的测定》。

（3）马铃薯全粉水分的测定。参考 GB 5009.3—2016《食品安全国家标准　食品中水分的测定》。

（4）马铃薯全粉色泽的测定。取马铃薯全粉放入 WSC-S 测色色差计样品杯中，并填满样品杯，测定各样品的 L*、a*、b* 值。其中 L* 值越大，说明亮度越大，+a* 方向越向圆周，颜色越接近纯红色；-a* 方向越向外，颜色越接近纯绿色。+b* 方向是黄色增加，-b* 方向蓝色增加。匀色空间 L*、a*、b* 表示色系上亮点间的距离，两个颜色之间的总色差 $\Delta E^* = \sqrt{(\Delta L^*)^2 + (\Delta a^*)^2 + (\Delta b^*)^2}$，每个样品测定 3 组平行。

采用 SPSS 软件对数据进行方差分析和显著性分析，选择 Duncan 检验在 $P<0.05$ 水平下对数据进行统计学处理。

## 6.6.2　不同提取方法得到样品基本特性的差异

将荷兰马铃薯和陇薯 8 号两个品种分别进行 8 个熟化和干燥温度的处理，结果如表 6-6 所示。

**表 6-6　马铃薯基本特性**

| 处理 | 荷兰马铃薯（淀粉含量 11.18 g/100 g） | | | 陇薯 8 号（淀粉含量 20.08 g/100 g） | | |
|---|---|---|---|---|---|---|
| | 出粉率（%） | 水分含量（%） | ΔE | 出粉率（%） | 水分含量（%） | ΔE |
| 1 | 17.29±0.16[e] | 14.59±0.13[a] | 57.31±0.14[h] | 46.83±0.34[a] | 4.59±0.08[a] | 57.10±0.50[g] |
| 2 | 19.07±0.18[b] | 12.67±0.04[b] | 72.99±0.11[b] | 39.38±0.34[b] | 3.49±0.06[c] | 72.73±0.04[a] |
| 3 | 17.59±0.22[d] | 8.73±0.15[c] | 68.20±0.11[e] | 31.05±1.16[cd] | 4.52±0.04[ab] | 64.69±0.08[c] |
| 4 | 16.34±0.24[f] | 7.10±0.05[d] | 65.77±0.11[g] | 32.43±0.41[c] | 4.41±0.06[b] | 59.71±0.11[f] |
| 5 | 18.65±0.16[c] | 5.49±0.06[e] | 65.96±0.20[f] | 31.86±0.13[cd] | 3.30±0.08[d] | 63.97±0.13[d] |
| 6 | 13.97±0.24[g] | 5.39±0.05[e] | 71.76±0.21[c] | 29.39±0.37[e] | 2.86±0.09[e] | 66.37±0.24[b] |
| 7 | 18.76±0.24[c] | 5.42±0.03[e] | 74.33±0.12[a] | 30.96±0.21[d] | 2.88±0.02[e] | 63.69±0.38[d] |
| 8 | 19.53±0.26[a] | 5.50±0.18[e] | 68.50±0.22[d] | 31.92±0.46[cd] | 2.90±0.04[e] | 61.29±0.25[e] |

注：肩标不同小写字母表示同一列差异显著（$P<0.05$）。

荷兰马铃薯和陇薯 8 号的淀粉含量分别为 11.18% 和 20.08%，淀粉含量差异显著，是两个典型的马铃薯品种。本部分以这两个品种为代表，分析马铃薯全粉制备工艺及面条品质特性。

从表 6-6 中可以看出，两个品种的马铃薯分别进行 8 种处理，得到的出粉率差异显著。荷兰马铃薯出粉率最高的为处理 8（19.53%）；其次为处理 2（19.07%）；出粉率最低的为处理 6（13.97%）。陇薯 8 号出粉率最高的为处理 1（46.83%），其次为处理 2（39.38%），出粉率最低的为处理 6（29.39%）。两个品种在处理 6 的出粉率均为最低，说明熟化温度为 100℃，干燥温度 55℃不适合马铃薯全粉的提取。对于出粉率而言，不同品种的马铃薯差异显著，可能是由于样品中纤维结构等特性影响而导致。

从制备全粉的水分含量来看，两个马铃薯品种各个样品水分含量差异显著，当干燥温度为 55℃时样品的水分含量显著低于干燥温度为 40℃的样品，说明干燥温度为 55℃时制备得到的全粉更易于保存。通过研究结果可以看出，马铃薯样品的制备，除了荷兰马铃薯的处理 1 和处理 2 以外，其他样品的水分含量均在 10% 以下，达到了我国小麦粉的国家标准规定中要求小麦粉的水分含量分别为 ≤14.5% 和 ≤14%）。沈存宽（2016）测定了马铃薯生全粉、马铃薯雪花全粉和马铃薯颗粒全粉的水分含量分别为 8.06%、6.65%、7.91%，与本研究结果相一致。

色泽是全粉品质评价的重要指标，直接影响人们对面条品质优劣的判断。马铃薯全粉加工过程中由于酶促褐变和非酶促褐变而使得全粉呈现灰暗色和黄褐色的变化。当通过护色剂处理后，马铃薯中的多酚氧化酶（Polyphenol Oxidase，PPO）得到抑制，抑制率越高，全粉的 $\Delta E^*$ 越大，色泽越白（孙平，2010）。本试验在全粉制备过程中采用 1% NaCl 和 0.2% $Na_2SO_3$ 作为护色剂处理马铃薯样品。表 6-6 结果显示，荷兰马铃薯全粉 $\Delta E^*$ 最大的为处理 7（74.33），其次为处理 2（72.99），$\Delta E^*$ 值最小的为处理 1（57.31）；陇薯 8 号全粉 $\Delta E^*$ 值最大的为处理 2（72.73），其次为处理 6（66.37），$\Delta E^*$ 值最小的为处理 1（57.10）。两个品种在马铃薯熟化温度为 100℃，干燥温度为 40℃时，得到样品的色泽均较好，而马铃薯熟化温度和干燥温度均为 40℃时得到样品的色泽最差。本研究采用 1%

NaCl 和 0.2% Na$_2$SO$_3$ 作为护色剂处理马铃薯样品（处理 3，4，7，8），从表 6-6 中可以看出，这 2 个品种的 4 个处理的色泽没有比未经护色剂处理有明显的规律性差异，与 Wang（2011）研究发现 0.25% Na$_2$SO$_3$ 可以显著抑制多酚氧化酶的活性有一定的差异。沈存宽（2016）通过正交试验优化护色条件为亚硫酸 0.018%，柠檬酸 0.4%，抗坏血酸 0.05% 时，制备得到的马铃薯生全粉的亮度 L$^*$ 为 92.59。为了更好地保护马铃薯全粉的色泽，下一步拟对不同护色剂进行优化，以获得最优的护色剂组合。

### 6.6.3 不同提取方法对淀粉糊化度的影响

#### 6.6.3.1 测定方法

淀粉糊化度测定采用测定淀粉饲料热加工程度的方法。

（1）根据样品含淀粉程度不同，准确称取 6 份样品各 150 mg 分别置于 25 mL 刻度试管内，其中一份为制备全糊化样品，另一份为测定样品，各有 3 个平行。

（2）制备全糊化样品中加入 15 mL 缓冲液，混匀后将试管置于沸水浴中加热 1 h（其间摇动 2~3 次，即在计时到 20 min 时摇匀，计时到 40 min 时摇匀，期间带好手套），即为全糊化样品。

（3）用自来水冷却试管，滴加适量蒸馏水，使液面恢复到加热前的位置，与测定样品一起进行以下步骤。

（4）向测定样品中加入 15 mL 缓冲液。分别向全糊化样品与测定样品中加入 1 mL 酶溶液。另取一空试管加入 15 mL 缓冲液和 1 mL 酶溶液，作为空白。

（5）在 40℃ 水浴中保温 1 h，起初摇动 1 次，以后每 15 min 摇动 1 次。

（6）保温达 1 h 时，加 2 mL 10% ZnSO$_4$·7H$_2$O，混匀，再加 1 mL 0.5 N NaOH。用水稀释至 25 mL，混匀，过滤。

（7）准确吸取 0.1 mL 滤液和 2 mL 铜试剂，置于 25 mL 刻度试管中。

（8）将该试管置沸水浴中 6 min，保持沸腾，加 2 mL 磷钼酸试剂，继续加热 2 min。

（9）用自来水将试管冷却，加蒸馏水定容至 25 mL，用戴好手套的拇指堵住试管口，反复颠倒试管使之混匀。

（10）用分光光度计在 420 nm 测定并读取吸收值。

（11）计算测定样品糊化度。测定公式为：糊化度（%）=（测定样品光吸收-空白光吸收）/（全糊化样品光吸收-空白光吸收）×100

#### 6.6.3.2 不同处理条件下淀粉的糊化度

（1）淀粉糊化度随烘干温度的变化。①当蒸煮温度为 40℃ 条件下，三种不同烘干温度加工而成的淀粉的糊化度。从图表中我们可以看出在相同的蒸煮温度下提高烘干温度，淀粉的糊化度会随着温度的提高而提高，在蒸煮温度控制在 40℃ 时，提高烘干温度，淀粉的糊化度可以从 55℃ 时的 8.3% 提高到 100℃ 时的 16.6%，糊化度提高近 1 倍（表 6-7，图 6-3）。淀粉中晶质与非晶质态的淀粉分子间的氢键断开，微晶束分离，形成间隙较大的立体网状结构，使得淀粉颗粒中原有的微晶结构被破坏，当温度不断提高，淀粉颗粒充分吸水至膨胀，淀粉颗粒体积增大最终破裂而成为黏稠状胶体溶液，这说明在不改变蒸煮温度时，只提高烘干温度即能提高淀粉糊化度。同时通过图表也发现，在不改变蒸煮温度下，烘干温度越高，淀粉糊化度的增幅越小，当温度达到一定程度，糊化到达临界点，增长幅度变小。②当蒸煮温度为 55℃时，在三种不同的烘干温度下淀粉的糊化度。如表 6-8 及图 6-4 所示，当蒸煮条件保持在 55℃时，淀粉糊化度可以从 55℃时的 10.7%提高到 85℃时的 20.8%，糊化度提高近一倍，进一步提高烘干温度到 100℃时，淀粉糊化度可以提高到 26.4%。这一情况进一步证明在相同的烘干温度下，蒸煮温度越高淀粉的糊化度越高，且当烘干温度提高到一定程度时，淀粉的糊化度提高幅度减小。通过对比 40℃蒸煮温度和 55℃蒸煮温度时不同烘干温度下淀粉糊化度，我们发现蒸煮温度为 55℃时，各阶段的烘干温度下，淀粉的糊化度均高于蒸煮 44℃时淀粉的糊化度，且淀粉糊化度随着烘干温度的提高而提高。

表 6-7　40℃蒸煮温度下不同烘干温度时淀粉的糊化度

| 项目 | 烘干温度（℃） | | | |
| --- | --- | --- | --- | --- |
| | 40 | 55 | 85 | 100 |
| 蒸煮 40℃糊化度（%） | 8 | 8.3 | 15 | 16.6 |

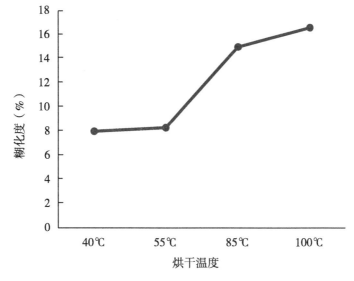

图 6-3　蒸煮温度为 40℃时淀粉糊化度数据分析

表 6-8　55℃蒸煮温度下不同烘干温度时淀粉的糊化度

| 项目 | 烘干温度（℃） | | |
| --- | --- | --- | --- |
| | 55 | 85 | 100 |
| 蒸煮 55℃糊化度（%） | 10.7 | 20.8 | 26.4 |

（2）淀粉糊化度随蒸煮温度的变化。如表 6-9 所示，当烘干温度为 40℃时，提高蒸煮温度后淀粉的糊化度从 7.9%提升到 50.3%，当烘干温度调整为 100℃时，将蒸煮温度从 40℃提高到 100℃，淀粉的糊化度也从 19.6%提高到 67.3%。在加工工艺中提高蒸煮温度更能提高淀粉糊化度。

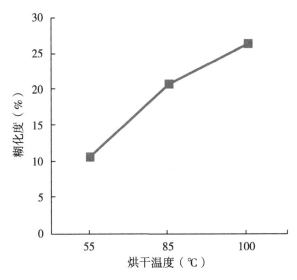

图6-4 蒸煮温度为55℃时淀粉糊化度数据分析

表6-9 相同烘干温度下不同蒸煮温度时淀粉的糊化度

| 项目 | 蒸煮温度（℃） | | |
|---|---|---|---|
| | 40 | 80 | 100 |
| 烘干40℃糊化度（%） | 7.9 | 50.3 | — |
| 烘干100℃糊化度（%） | 19.6 | — | 67.3 |

对淀粉糊化度的检测表明，发现无论是改变蒸煮温度还是改变烘干温度，都会影响淀粉的糊化度。而淀粉糊化度的高低在很大程度上决定了淀粉的品质。当前的一些研究已经表明，不同原料质地的淀粉其合适的温度也不相同。研究表明，大多数谷物在水分充足时的糊化温度在60~80℃，例如甘薯类淀粉的制作温度在53~64℃时最佳，而大米淀粉则在82℃左右达到最佳，常用的玉米和小麦类淀粉在65~73℃最为合适。蒸煮过程本身就是淀粉物理性质改变的一个过程。淀粉作为一种亲水胶体，具有一定能力的吸水性，而这种吸水性正好与温度成正比。有研究进一步表明，当温度在40℃以下时，淀粉的吸水量在20%~25%。而当温度提升到40℃以上时，淀粉会立刻膨胀50~100倍，此时淀粉颗粒溶解处于不同程度的溶解状态，其糊化度也得到了大幅的提升。当温度超过一定水平（约60℃）时，直链淀粉开始溶解、链断裂，由于支链开始脱落，支链淀粉开始丧失其双折射特性。当双折射现象几乎完全丧失时，淀粉就处于完全糊化状态。加水继续加热，导致更多的直链、支链淀粉溶解，至120℃所有淀粉粒均完全溶解，黏度提高。溶解、糊化的程度取决于蒸煮的最终温度。为了确保终产品的最佳质量，尤其是产品中谷物原料不止一种时，为每种谷物选择最佳蒸煮条件是非常重要的。

实验发现，不同的蒸煮温度与烘干温度对于淀粉的糊化度影响很大，通过对比我们认为提高蒸煮时间对于淀粉的糊化度的影响最为明显。蒸煮温度与烘干温度在不同的淀粉类型中的最佳值需要进行更多的探索，目前还尚不得知。温度过低，不利于淀粉对水的吸收，最终糊化度低，影响淀粉品质；温度过高，例如有报道指出采用高压蒸煮会降低抗性淀粉的含量，也会对淀粉品质造成影响。

淀粉的糊化度受到多种理化因素的影响，不是某一个方面的改变决定的。改进淀粉食品加工工艺中的温度对于提高淀粉糊化度有着较大的影响，蒸煮温度和烘干温度是淀粉加工中的重要内容。在淀粉加工中要综合考虑加工过程中的各大要素，比如温度、时间、制粒、膨化等，并建立一个完善的淀粉糊化模型，积极研究最佳糊化温度。

综上所述，不同的加工工段必然会对淀粉糊化度产生一定的影响，改进加工工段中不同的温度条件是改变糊化度的重要方面，在日常的食品工业加工中，要努力探索最佳加工温度，提高淀粉糊化度，提高淀粉品质。

# 6.7　马铃薯全粉品质特性研究

马铃薯富含碳水化合物、蛋白质、维生素等多种对人体有益的物质。但有些地区的马铃薯没有得到充分和及时的加工利用，导致大片腐烂和被遗弃的问题，使马铃薯的价值没有得到充分发挥（王丽，2017）。马铃薯全粉是指以新鲜马铃薯为原料，经过清洗、去皮、切分、蒸煮、破碎、干燥等工序加工而成。

马铃薯全粉是马铃薯除薯皮外的全部干物质的脱水产物，具有营养全面且易于贮存和运输的特点。具有马铃薯的天然风味和固有营养价值，是马铃薯加工转化的重要途径。随着马铃薯主粮化战略思想的提出，以马铃薯全粉为原料开发了面包、馒头、面条等一系列主粮产品，受到了广大消费者的青睐，为了提高人们食用产品的营养价值，改善产品的品质特性，不断扩大马铃薯全粉的应用范围，如蔡沙（2020）将马铃薯全粉应用在火腿肠的开发利用中，得到了很好的效果。马铃薯全粉是一个相对复杂的体系，在食品加工过程中全粉中各组成成分相互作用，对产品的凝胶特性、组织状态、风味口感等产品质量有重要作用。本部分内容通过分析不同品种马铃薯全粉的基本品质特性及功能特性，对了解马铃薯全粉的营养价值、加工产品适宜性提供一定的依据，也为马铃薯全粉的实际生产应用和育种提供一定的指导意义。

本研究选取4个黑龙江及6个甘肃的马铃薯样品（表6-10）。以前面优化的马铃薯全粉制备方法制备10个样品的马铃薯全粉，分析10个样品中马铃薯全粉的品质特性，建立马铃薯全粉品质评价方法，构建马铃薯全粉品质特性评价指标体系，为不同品种马铃薯全粉的加工利用提供一定的依据。

表 6-10　马铃薯样品名称及来源

| 序号 | 品种名称 | 来源 | 序号 | 品种名称 | 来源 |
|---|---|---|---|---|---|
| 1 | 垦薯1号 | 黑龙江省 | 3 | 抗疫白 | 黑龙江省 |
| 2 | 布尔班克 | 黑龙江省 | 4 | 克新27 | 黑龙江省 |

（续表）

| 序号 | 品种名称 | 来源 | 序号 | 品种名称 | 来源 |
|---|---|---|---|---|---|
| 5 | 陇14 | 甘肃省 | 8 | 陇薯7号 | 甘肃省 |
| 6 | LZ111 | 甘肃省 | 9 | LY08104-12 | 甘肃省 |
| 7 | 陇薯9号 | 甘肃省 | 10 | 陇薯8号 | 甘肃省 |

### 6.7.1　测定方法

（1）马铃薯全粉制备方法。参考王丽（2018）方法制备马铃薯全粉，即马铃薯清洗→去皮→切片（3~5 mm）→熟化（55℃水浴10 min，水浴中含有1% NaCl和0.2% Na$_2$SO$_3$）→干燥（55℃，12 h）→磨粉→备用。10个品种的马铃薯全粉。

（2）水分的测定。参考GB 5009.3—2016直接干燥法测定。

（3）淀粉的测定。参考GB 5009.9—2016测定。

（4）粗蛋白质的测定。参考GB 5009.5—2016，采用凯氏定氮法测定。

（5）粗脂肪的测定。参考GB 5009.6—2016，采用索氏抽提法测定。

（6）粗纤维的测定。参考GB/T 5009.10—2003测定。

（7）灰分的测定。参考GB 5009.4—2016。

（8）碘蓝值的测定。取1.25 g马铃薯全粉于500 mL三角瓶中，倒入65.5℃蒸馏水250 mL，保持65.5℃搅拌5 min，静止1 min后过滤，滤液保持在65.5℃并趁热吸取2.5 mL于25 mL显色管中，加入0.5 mL 0.1 mol/L碘标准溶液，定容至刻度，同时做空白试验，以试剂空白调零点，测定样品在波长650 nm处吸光度值。

$$碘蓝值 = \frac{吸光度}{样品浓度}$$

（9）吸水指数的测定。称取（2±0.05）g（$M_1$）马铃薯全粉于50 mL的恒重离心管（$M_2$）中，加入30 mL蒸馏水，充分震荡均匀后，放入30℃水浴中震荡30 min后，3 000 r/min离心15 min，倒出离心管中的上清液，将样品倒置在滤纸上吸附残留的水渍，称量离心管及残留物的重量（$M_3$）

$$吸水指数 = \frac{M_3 - M_2 - M_1}{M_1} \times 100\%$$

（10）透明度的测定。称取0.2 g马铃薯全粉，在沸水浴中搅拌30 min，冷却至室温，用水调整体积至原浓度，以蒸馏水作空白液，在647 nm波长下测定其吸光度（A），根据朗伯比尔定律计算透光率（$T\%$）。

$$透光率(T\%) = 10^{-A} \times 100$$

所有数据均重复3次以上，方差分析和显著性分析采用SPSS软件。

### 6.7.2　马铃薯全粉基本品质特性

表6-11为不同品种马铃薯全粉的基本品质特性。从表中可以看出，不同品种马铃薯

全粉品质特性差异显著，各品种的全粉水分含量均低于13.40%，符合我国粉状食品的优级品和安全保藏要求（GB 8884—2017 中规定马铃薯淀粉的水分含量≤20%）。淀粉含量在各品种中差异显著，含量最高的陇14，其次为克新27和LY08104-12，这些品种全粉中淀粉含量高的原因有两个方面，一是原有马铃薯中淀粉含量相对较高，二是在全粉加工过程中有一个水煮环节，说明在这个过程中淀粉损失较少，也从另外一个方面说明这些品种适合加工马铃薯全粉。蛋白质含量在各品种中差异显著，其中含量最高的品种是抗疫白，其次为垦薯1号和陇薯9号，蛋白质含量越高，营养价值越高，同时蛋白质含量越高对马铃薯全粉的加工利用有利，如加工面条时需要蛋白质来提高面条的筋性，加工香肠时需要高蛋白质含量来增加香肠的保水性和凝胶性。粗纤维在各样品中含量差异显著，含量均高于1%。脂肪在各样品中含量较低，均低于0.60%，非常适合营养健康原料食品。马铃薯全粉蛋白质含量和粗纤维含量高，脂肪含量低，非常适合当前营养健康食品的加工。膳食纤维由于在胃中吸水膨胀，易使人产生饱腹感，因而成为国际上较推崇的减肥食品。表 6-11 中可以看出，马铃薯全粉营养价值高，加工过程中可以与其他原料进行营养互补，加工性能互补的作用。

表6-11　马铃薯全粉基本品质特性

单位:%

| 序号 | 样品名称 | 水分 | 淀粉 | 蛋白质 | 脂肪 | 粗纤维 | 灰分 |
|---|---|---|---|---|---|---|---|
| 1 | 垦薯1号 | 11.70±0.21[d][e] | 76.24±0.26[d] | 9.25±0.07[b] | 0.26±0.01[b] | 2.17±0.02[c] | 0.13±0.02[g] |
| 2 | 布尔班克 | 11.00±0.23[f] | 76.50±0.47[cd] | 9.37±0.05[b] | 0.27±0.02[b] | 2.25±0.03[b] | 0.14±0.03[g] |
| 3 | 抗疫白 | 12.20±0.19[c] | 72.95±0.27[g] | 12.42±0.15[a] | 0.28±0.02[b] | 2.24±0.03[b] | 0.18±0.02[ef] |
| 4 | 克新27 | 13.40±0.23[a] | 77.48±0.39[ab] | 6.52±0.03[g] | 0.15±0.01[d] | 1.70±0.02[e] | 0.37±0.02[d] |
| 5 | 陇14 | 12.00±0.24[cd] | 78.00±0.16[a] | 8.59±0.07[d] | 0.20±0.01[c] | 1.22±0.02[g] | 0.15±0.01[fg] |
| 6 | LZ111 | 12.20±0.12[c] | 77.02±0.18[bc] | 8.85±0.02[c] | 0.27±0.02[b] | 1.26±0.03[g] | 0.22±0.01[e] |
| 7 | 陇薯9号 | 11.80±0.11[d][e] | 77.57±0.41[ab] | 9.33±0.01[b] | 0.17±0.02[d] | 1.38±0.03[f] | 0.16±0.01[fg] |
| 8 | 陇薯7号 | 12.60±0.15[b] | 73.73±0.64[f] | 7.99±0.14[e] | 0.28±0.02[b] | 2.07±0.03[d] | 2.91±0.03[a] |
| 9 | LY08104-12 | 11.17±0.21[f] | 77.42±0.15[ab] | 7.87±0.06[e] | 0.29±0.01[b] | 1.40±0.04[f] | 2.00±0.05[c] |
| 10 | 陇薯8号 | 11.60±0.25[e] | 74.91±0.14[e] | 7.68±0.07[f] | 0.54±0.02[a] | 2.37±0.07[a] | 2.76±0.03[b] |

## 6.7.3　碘蓝值

碘蓝值是评价全粉中淀粉与碘发生反应产生蓝色复合物多少的指标。样品中游离淀粉含量越多，直链淀粉含量越高，细胞的破损程度越大，颜色越深。因此，可以通过碘蓝值间接判断细胞破损的难易程度。碘蓝值越小，说明在加工过程中细胞抵抗外界机械力的能力越强，破损的细胞少，基本上保持了细胞的完整性，因此更能保持原料的天然风味和营养价值。目前碘蓝值已广泛应用于水稻、玉米、小麦等淀粉类食品品质的评价。表6-12为不同品种马铃薯全粉碘蓝值。从表中可以看出，不同品种马铃薯全粉碘蓝值差异显著，其中碘蓝值最小的为 LY08104-12，其次为 LZ111，说明这两个品种在加工过程中对细胞结构破坏较小，适合加工马铃薯全粉。

表 6-12　马铃薯全粉的功能特性

| 序号 | 样品名称 | 碘蓝值 | 吸水指数（%） | 透明度（%） |
|---|---|---|---|---|
| 1 | 垦薯 1 号 | 303.64±1.08[d] | 187.33±0.58[a] | 70.40±4.83 |
| 2 | 布尔班克 | 308.52±0.54[d] | 185.07±4.56[ab] | 56.87±2.98 |
| 3 | 抗疫白 | 279.25±1.08[e] | 140.43±6.65[d] | 61.00±8.77 |
| 4 | 克新 27 | 347.82±2.44[c] | 155.07±4.45[c] | 75.07±1.40 |
| 5 | 陇 14 | 340.23±4.61[c] | 177.40±4.63[b] | 83.23±1.64 |
| 6 | LZ111 | 268.95±7.05[ef] | 154.33±3.06[c] | 74.10±2.35 |
| 7 | 陇薯 9 号 | 495.78±2.37[a] | 142.83±3.55[d] | 73.10±3.08 |
| 8 | 陇薯 7 号 | 500.66±1.62[a] | 155.90±4.55[c] | 88.70±5.91 |
| 9 | LY08104-12 | 265.66±1.13[f] | 187.20±1.59[a] | 84.60±2.01 |
| 10 | 陇薯 8 号 | 428.57±0.27[b] | 162.83±8.25[c] | 75.13±4.03 |

## 6.7.4　吸水指数

马铃薯全粉的吸水指数是表征物质组分与水分子之间相互作用大小的物理指标。马铃薯全粉的吸水指数越高，作为配料时可保留较多的水分，增加产品的含水量。吸水指数的大小与马铃薯全粉中游离葡萄糖和游离淀粉的含量有关。表 6-12 中显示不同品种马铃薯全粉的吸水指数差异显著，吸水指数较高的为 LY08104-12 和垦薯 1 号，吸水指数较低的为抗疫白和陇薯 9 号，吸水指数最高品种和最低品种之间差距有 46.9%。不同品种马铃薯全粉吸水指数差异显著的原因有四个方面，一是不同品种马铃薯全粉组分、结构等不同，导致与水的结合程度不同；二是因为马铃薯全粉在加工过程中短链淀粉、蛋白质、脂肪等物质与淀粉发生交联作用不同，使不同组分与水分子的作用变化减弱，故吸水指数改变；三是由于马铃薯全粉在加工过程中部分已经糊化，破坏了淀粉分子间的氢键，增强了颗粒亲水性，使其吸收大量水分；四是马铃薯全粉在加工过程中受热作用，使部分长链淀粉裂为短链分子，增强其活动性，使淀粉颗粒更容易吸水膨胀。

## 6.7.5　透明度

马铃薯全粉的透光度与食品的加工质量密切相关。透光度反应淀粉分子与水结合的能力，透光度的高低用透光率表示。通过表 6-12 可以看出，不同品种的马铃薯全粉的透光度差异显著，可能是与不同品种全粉中淀粉、蛋白质、粗纤维等物质的含量和组成差异有关。马铃薯全粉的透光度与淀粉糊化、老化程度密切相关，一般较容易老化的淀粉样品的透明度比较差。研究发现，马铃薯全粉的透光率与直、支链淀粉比例有关，直链淀粉含量越高，透光率越低。淀粉糊化后，其分子重新排列相互缔合的程度是影响淀粉糊透光率的重要因素。如果淀粉颗粒在吸水与受热时能够完全膨润，并且糊化后淀粉分子也不发生相互缔合，那么淀粉糊就非常透明。淀粉在老化回生过程中，直链淀粉分子互相缠绕形成交联网络和凝胶束，减弱了光的透射，而淀粉粒中的支链淀粉则逐渐分散于直链淀粉形成的交联网中，由于支链淀粉分子较大，支链数目较多，因此随着支链淀粉的逐渐分散，凝胶的逐步形成，透光率会下降到一极限值。

## 6.7.6　马铃薯全粉品质特性相关性分析

表 6-13 为不同品种马铃薯全粉品质特性的相关性分析表，通过相关性分析结果发现，马铃薯全粉的淀粉含量与粗纤维含量呈负相关，蛋白质含量与透明度呈显著的负相关，脂肪含量与灰分含量呈显著的正相关。其他品质指标之间没有显著的相关性，说明马铃薯全粉的品质特性指标之间存在独立性，为了更好地评价不同品种马铃薯全粉品质特性的差异情况，需要进一步分析。

**表 6-13　马铃薯全粉品质特性相关性分析**

| 指标 | 水分（%） | 淀粉（%） | 蛋白质（%） | 脂肪（%） | 粗纤维（%） | 灰分（%） | 碘蓝值 | 吸水指数（%） | 透明度（%） |
|---|---|---|---|---|---|---|---|---|---|
| 水分（%） | 1.000 | | | | | | | | |
| 淀粉（%） | −0.1157 | 1.000 | | | | | | | |
| 蛋白质（%） | −0.2594 | −0.4818 | 1.000 | | | | | | |
| 脂肪（%） | −0.3897 | −0.4758 | −0.0413 | 1.000 | | | | | |
| 粗纤维（%） | −0.1279 | −0.7428 | 0.2524 | 0.5508 | 1.000 | | | | |
| 灰分（%） | −0.0456 | −0.4121 | −0.4380 | 0.6545 | 0.2867 | 1.000 | | | |
| 碘蓝值 | 0.2185 | −0.1754 | −0.2785 | 0.0823 | 0.1087 | 0.4558 | 1.000 | | |
| 吸水指数（%） | −0.5853 | 0.3864 | −0.2778 | 0.1058 | 0.0373 | 0.0367 | −0.4106 | 1.000 | |
| 透明度（%） | 0.2716 | 0.1858 | −0.6171 | −0.0122 | −0.4740 | 0.5889 | 0.3686 | 0.0725 | 1.000 |

## 6.7.7　马铃薯全粉品质特性的主成分分析

主成分分析（PCA）是一种将空间数据投影到一组主成分（PC）中，并将数据映射到一个降维空间上的分类方法。采集信息最多的 PC 与原始数据集的协方差矩阵中最大特征值对应的特征值相关联。所有的 PC 都是相互正交的，因此每个都捕获独特的信息。PCA 的优点是，通常几个 PC 就足以描述一个系统，$n$ 维的数据集可以减少到几个维度，而信息的损失最小。PC 不一定具有明显的物理意义，而是可以解释数据中最大变化的变量的组合。降维使得隐藏在数据中的趋势和关联在 PC 空间中易于可视化和描述。PCA 将原始数据矩阵分解为得分和负载矩阵，其中得分值对样本进行分类，载荷值根据样本的分离对描述符进行分类。在 PCA 分析中，主成分之间的相关性变得很明显，通过定义数据中的相关性，我们可以将描述符的数量减少到最小，以允许更方便的数据分析。

表 6-14 为马铃薯全粉品质特性的特征根和贡献率，从表中可以看出，前三个主成分

的特征根均大于1，累计贡献率大于80%，可以表达出原始数据的信息，因此，选取前三个主成分进行主成分得分的计算。

**表 6-14 马铃薯全粉主成分特征根及贡献率**

| 主成分数 | 特征根 | 贡献率（%） | 累计贡献率（%） |
|---|---|---|---|
| 1 | 2.719 | 30.209 | 30.209 |
| 2 | 2.522 | 28.263 | 58.472 |
| 3 | 1.954 | 21.714 | 80.185 |

表 6-15 为前三个主成分中各指标对主成分的影响大小及不同品种的主成分得分，通过主成分分析可以将马铃薯全粉的 9 个品质指标转化为 3 个主成分进行分析，通过前三个主成分的载荷值，建立各主成分与不同品种马铃薯全粉品质特性的关系式，即：

$Y_1 = -0.1989X_1 - 0.8882X_2 + 0.3441X_3 + 0.7638X_4 + 0.8680X_5 + 0.5279X_6 + 0.2242X_7 - 0.1756X_8 - 0.2741X_9$；

$Y_2 = 0.3359X_1 + 0.0287X_2 - 0.7652X_3 + 0.2192X_4 - 0.166X_5 + 0.7784\ X_6 + 0.6404X_7 - 0.0828X_8 + 0.8637X_9$；

$Y_3 = -0.7670X_1 + 0.3260X_2 - 0.2790X_3 + 0.4230X_4 + 0.0480X_5 + 0.2400X_6 - 0.356X_7 + 0.9000X_8 + 0.0760X_9$；

综合主成分得分 $Y = 0.3767Y_1 + 0.3525Y_2 + 0.2708Y_3$。

从表 6-15 中可以看出，淀粉含量、脂肪含量、粗纤维对第一主成分具有较大的影响，其中淀粉的影响为负值，而脂肪和粗纤维为正值，第二主成分中的蛋白质含量、灰分含量、碘蓝值的影响较大，第三主成分中的水分含量和吸水指数对其影响较大，其中水分含量影响为负值，吸水指数影响为正值。通过各指标对主成分的影响，计算不同品种马铃薯全粉品质特性的综合值，其中品质最好的为陇薯 8 号，其次为陇薯 7 号，说明这两个品种非常适合加工制作马铃薯全粉，是马铃薯全粉制备的主要品种，而品质排在最后的为陇薯 9 号，说明该品种不适合加工马铃薯全粉。

马铃薯全粉中水分、脂肪含量低，蛋白质、粗纤维含量高，具有良好的吸水性、透明度，是加工产品的良好原料。相关性分析发现，不同地区马铃薯全粉品质特性差异显著，马铃薯全粉的淀粉含量与粗纤维含量呈负相关，蛋白质含量与透明度呈显著的负相关，脂肪含量与灰分含量呈显著的正相关。为了更进一步地分析马铃薯品质特性之间的关系，主成分分析的前三个主成分的累计贡献率为 80.185%，表达了马铃薯全粉 9 个指标的大部分信息，简化了分析方法，其中第一主成分中的淀粉含量、脂肪含量、粗纤维为核心指标，第二主成分中的蛋白质含量、灰分含量、碘蓝值为核心指标，第三主成分中的水分含量和吸水指数为核心指标，通过各指标对主成分的影响，计算不同品种马铃薯全粉品质特性的综合值，其中品质最好的为陇薯 8 号，其次为陇薯 7 号，说明这两个品种非常适合加工制作马铃薯全粉，是马铃薯全粉制备的主要品种，而品质排在最后的为陇薯 9 号，说明该品种不适合加工马铃薯全粉。

表 6-15　马铃薯全粉前三个主成分载荷值及得分

| 品质指标 | 载荷值 | | | 品种 | 得分 | | | | 排名 |
| --- | --- | --- | --- | --- | --- | --- | --- | --- | --- |
| | 主成分 1 | 主成分 2 | 主成分 3 | | 主成分 1 | 主成分 2 | 主成分 3 | 总分 | |
| 水分（%） | -0.1989 | 0.3359 | -0.7670 | 垦薯 1 号 | 0.0621 | -0.7142 | 0.6897 | -0.0416 | 4 |
| 淀粉（%） | -0.8882 | 0.0287 | 0.3260 | 布尔斑克 | 0.3297 | -1.3127 | 1.0033 | -0.0668 | 5 |
| 蛋白质（%） | 0.3441 | -0.7652 | -0.2790 | 抗疫白 | 1.2331 | -1.5368 | -1.3299 | -0.4373 | 7 |
| 脂肪（%） | 0.7638 | 0.2192 | 0.4230 | 克新 27 | -1.0369 | 0.5244 | -1.0151 | -0.4807 | 9 |
| 粗纤维（%） | 0.8680 | -0.1661 | 0.0480 | 陇 14 | -1.2273 | 0.1311 | 0.3019 | -0.3344 | 6 |
| 灰分（%） | 0.5279 | 0.7783 | 0.2400 | LZ111 | -0.7108 | -0.2879 | -0.2560 | -0.4386 | 8 |
| 碘蓝值 | 0.2243 | 0.6404 | -0.3560 | 陇薯 9 号 | -0.6629 | 0.0562 | -0.9808 | -0.4956 | 10 |
| 吸水指数（%） | -0.1756 | -0.0828 | 0.9000 | 陇薯 7 号 | 0.8897 | 1.6754 | -0.7435 | 0.7244 | 2 |
| 透明度（%） | -0.2741 | 0.8637 | 0.0760 | LY08104-12 | -0.5378 | 0.4610 | 1.5725 | 0.3857 | 3 |
| | | | | 陇薯 8 号 | 1.6613 | 1.0035 | 0.7579 | 1.1848 | 1 |

# 第7章 不同品种马铃薯全粉面条及品质评价

马铃薯是仅次于小麦、玉米、水稻的世界第四大粮食作物。含有淀粉、蛋白质、膳食纤维、维生素C、维生素E、钾、磷等人体必需营养素。据FAO数据显示，全球马铃薯消费中，50%用于鲜食，20%用于饲料，10%用于加工。欧美发达国家，加工用马铃薯占到总产量的50%，制品2 000余种，其中食品加工业占78%左右。华中农业大学副校长谢丛华指出，中国每年所生产的马铃薯除10%用于深加工外，有30%作为口粮或主食食用，10%~15%作为蔬菜食用，10%作为种薯，而有10%~20%被浪费，总体来看利用率偏低，深加工产品少，使得农民生产效益也很低。这一方面说明中国马铃薯产业化的水平很低，另一方面则说明中国的马铃薯产业拥有巨大的发展潜力。因此，为满足人们吃得饱、吃得好、吃得健康的需求，开发更加多元化的主粮产品，丰富百姓餐桌，改善居民膳食结构，是未来中国马铃薯加工业的一个主要发展方向。另有研究报道我国人均马铃薯消费量为俄罗斯的1/3左右，而2015年1月6日，马铃薯主粮化发展战略研讨会在北京举行，使得马铃薯成为人们日常生活中必需品，因此开展马铃薯新产品的研发势在必行。

面条在我国拥有两千多年的历史，是我国大部分地区居民普遍喜爱的一种传统主食。目前，市场上畅销的面条制品有方便面、干挂面，中国方便面的年产量约500亿份，占全世界方便面年产量的53%左右，干挂面年产量为350万t，规模以上的面条行业年产值约为1 500亿元。由此可以看出，面条制品是中国食品行业的一大支柱性产业。但近年来随着社会的发展和人们生活水平的提高，人们对面条的种类和品质的要求也越来越高，传统的油炸方便面和干挂面已无法满足人们的需求。2015年农业部提出推进马铃薯主粮化的战略思想。而马铃薯全粉主要成分有淀粉、蛋白质、脂肪、灰分等，其中淀粉占马铃薯全粉总量的70%左右。研究表明，将方便面中添加马铃薯淀粉，生产的面条不会形成白色的硬芯，而且弹性好。王成军（2005）以马铃薯淀粉为主要原料，生产出的朝鲜冷面具有韧性好、不混汤、复水性好等特性。国内外众多学者已经开展小麦粉的淀粉、玉米粉的淀粉、大米粉的淀粉等对面条感官品质、理化营养品质、蒸煮品质等全面品质特性的影响研究，研发了质量上乘、营养丰富的面条产品。

本章以马铃薯为原料，开展马铃薯全粉制备工艺的研究，并以马铃薯全粉为原料，制备马铃薯全粉面条，分析不同工艺条件对马铃薯全粉品质的影响，并比较了不同马铃薯全粉与小麦粉不同比例混合条件下对面条品质的影响，以期为中国的马铃薯主粮产品的加工、为选育适合面条加工的马铃薯品种、制定面条专用粉标准提供技术依据。

## 7.1  面条概述

在世界范围内，人们将面条分为通心面类及面条类，前者的消费群体主要集中在意大利、美国、德国等西方国家，后者的消费人群主要在中国、日本、新加坡和韩国等亚洲国家。因面条形式多样、配方多样而深受消费者喜爱。随着现代食品科学技术的发展，面条的生产从传统的手工生产向工业化生产发展，生产规模不断扩大。人们依据销售时的存在状态将面条分为挂面、方便面、鲜湿面、冷冻面等；根据加工工艺和添加材料又可分为白盐面条、黄碱面条及白水面条。

面条一直是大众消费米面制品的主体，根据 2019 年 9 月召开的第十九届中国方便食品大会披露的信息，2018 年全国挂面行业排名前 24 位的挂面企业总产量为 340.9 万 t，比上年增长 12.55%；销售额高达 155.63 亿元，较 2017 年增长 13.44%。方便面产业已步入高质量发展的"方便面 2.0 时代"，据中国食品科学技术学会对 22 家主要方便面企业的统计显示，2018 年方便面销售额 515 亿元，同比增长 3.3%；产量 344.4 亿份，同比增长 0.73%，我国的制面业在平稳中发展（孟素荷，2019）。

干面是用热风将新鲜的面条晾干制成的。干面含水量在 10%~12%，易储存，保质期长。然而，干面也具有烹饪时间长、烹饪损失大、味道差的特点。新鲜面条在中国的很多地方都很常见，这些面条的硬度、弹性、味道和嚼劲会因地点的不同而有所不同。鲜湿面条由于制作简单、食用方便，包含人体需要的碳水化合物、蛋白质、脂类、矿物质及维生素等，深受消费者的喜爱。鲜湿面条含水量 32%~38%，由于水分含量高，在室温下保藏时易发生轻度粘连、褐变、变质、味道改变等现象，甚至变酸和发霉，不易于保藏。方便面经过油炸或热风干，可将其含水量分别降至 2%~5% 和 8%~12%。面饼可在短时间内加热后食用，储存时间长，食用方便。油炸是最受欢迎的干燥过程，80% 以上的方便面都是油炸的。热风干燥条件导致干燥不一致，对成品面条的质地有负面影响。热风干面条通常需要较长的烹饪时间，失去了油炸产生的独特风味。然而，方便面在油炸的过程中失去了更多的营养，容易产生丙烯酰胺等有害物质。采用热风或微波技术制作的非油炸方便面复水性能差，成熟度低，口感差。冻煮面条（FCNs）是一种新型的方便面产品。它们必须低温保存，不能添加防腐剂。FCNs 的保质期可以超过一年。速冻面条需要不到 1 min 的解冻时间，可以快速与酱汁或汤混合。面条在食用前只需要加热一小段时间，口感很顺滑。因此，该产品逐渐受到消费者的青睐。煮熟的面条在-40℃快速冷冻，以获得 FCNs，可以在加热 20~60 s 后食用。

## 7.2  面条的品质

面条是一种很常见的食物，因为它既方便又营养。但因加工工艺、原辅料、贮藏条件的不同，导致不同品类面条的品质特性各不相同。面条的品质特性主要包括感官特性、质构特性、蒸煮特性三类。

## 7.2.1 感官特性

面条的感官品质是消费者食用时的真实感受，并且是从整体上对面条进行评价，是最为权威的面条评价方式，往往在面条的品质评价中起决定作用，是人们对面条接受程度的判断指标。按照我国标准 GB/T 35875—2018 要求和师俊玲（2001）研究结果可知，面条的感官品质包括色泽、坚实度、弹性、光滑度、食味、表面状态、适口性、韧性、黏性、爽口性和食味性等。

面条色泽是消费者对面条的第一感观印象，直接影响人们对面条质量优劣的判断。面条的色泽一般采用感官评价员或色差计进行测定，面条颜色的差异可能是由于面条加工过程中形成的美拉德产物和添加了原辅料中的色素有关。使用色彩色差计对面条的色泽进行量化分析，$L^*$ 值表示明-暗度，值越大则越亮；$a^*$ 值表示绿-红色，值越大越红；$b^*$ 值表示蓝-黄色，值越大越黄。面条中的物理及化学变化均可引起其 $L^*$ 值的变化。使用仪器测定评价面条的色泽已在日本白盐面条和中国黄碱面条中得到应用，白度、黄度与色度计所测得的结果紧密相关。

感官评价员对面条坚实度、弹性、光滑度、食味、表面状态、适口性、韧性、黏性、爽口性和食味性等进行评价，一般采用 7~15 名经验丰富的感官评价员进行评价，每个评价指标附有一定的权重，依据评价员对面条综合评价结果对面条进行评价。

## 7.2.2 质构特性

由于感官评价往往受到评价者的个人喜好或习惯等主观因素以及评价环境等因素影响，其评价结果的应用较为有限。因此，为了更好地评价面条的品质，客观的面条评价方法逐渐受到重视。由于质构试验中各指标与面条的感官特性相关，因此可以通过质构仪测定来对面条进行客观评价。

使用仪器测定可以更加方便快捷地对面条的各项品质进行评价，同时使结果更加客观和直观，以硬度、弹性、黏合性、黏附性、咀嚼性和回复性等指标 进行表示。面条质构特性是衡量面条品质的重要方法，黏附性表现为面条的粘牙性口感，主要由于样品经过加压变形之后，样品表面存在黏性，产生负向的力量，在口腔中就是对牙齿的黏性；弹性可以理解为食物在第一次咬合结束与第二次咬合开始之间可以恢复的高度，一般地，弹性越好的产品口感越饱满；内聚性是一种抗拉伸的表现，表示两次压缩受力面积的比值；咀嚼性是咀嚼固体食品所需的能力，与弹性有关，一般弹性越大，咀嚼性也越大；回复性表示第一下压时，形变目标之前面积与形变目标之后的面积比值。

面条的硬度和咀嚼性主要取决于蛋白质含量和面筋强度，而弹性和黏聚性主要取决于淀粉的糊化特性，适度的处理能够为面条带来更佳的口感。过度处理会对小麦粉及其面制品的品质造成不良影响，如破损淀粉含量显著增加，蛋白质和淀粉聚合物解聚，脂质过度氧化，挥发性醛类物质增多，面团变软，加工性能差，面条的 pH 值降低，蒸煮损失增加。

Baik 等（2003）通过质构仪测定蒸煮面条的弹性、延伸性和硬度等评价面条品质。孙彩玲等（2007）使用质构仪对面条进行了 TPA 测定，研究了影响蒸煮面条品质的因素。陆启玉等（2004）用质构仪对不同配方面条的筋道感进行了评价，研究了感官评价和仪器测定之间的关系，为仪器分析预测面条品质代替感官评价提供了理论依据。

师俊玲（2001）提出，麦谷蛋白赋予面条硬度和抗拉强度，醇溶蛋白赋予面条延伸性。陆启玉等（2005）认为熟面条的咀嚼性、拉伸距离等质构特性与面条中的面筋蛋白含量以及麦谷蛋白/醇溶蛋白的比值相关。而冯蕾等（2014）研究了大豆分离蛋白挂面拉伸特性与红外光谱中蛋白质二级结构百分含量变化的相关性，认为蛋白质二级结构的变化也是外源蛋白影响挂面品质的重要原因。当外来添加物通过与面筋蛋白产生相互作用，影响了面条中蛋白质的二级结构，从而影响了面条的质构特性。当添加物使得面筋含量增大，面筋网络结构得到强化，面筋结构稳定，优化了面条的内部结构，面条硬度、胶黏性、咀嚼性和拉断力均增加，面条的品质得到改善。

## 7.2.3　蒸煮品质

面条在蒸煮过程中发生的变化可以用于评价面条的蒸煮品质，面条蒸煮品质主要包括干物质吸水率、熟断条率、蒸煮损失率以及总有机物含量等。蒸煮特性往往与面条在蒸煮过程中受到破坏的程度有关。杜巍等（2001）将煮制时面条的干物质损失率、煮制吸水率及煮制蛋白质损失率等指标用于评价中国面条的食用品质，并综合各个指标获得样品的最终得分用于评价面条品质。

面条蒸煮过程中营养物质损失的越多，品质越差。当添加物损坏了面筋网络的形成和结构的完整性时，在高温蒸煮过程中淀粉等小颗粒物质易溶入面汤中，最终造成面条的蒸煮损失率及熟断条率逐渐上升。

在面条被加热熟化的过程中，蛋白质快速聚合，然而淀粉糊化的速度较慢，淀粉颗粒不能很好地包裹在蛋白网状结构当中，因此在煮面时，面条表面的淀粉颗粒受热，大量的直链淀粉溶出，导致面条的蒸煮损失增加。面条的吸水率是面条中的蛋白质吸收水分，当外来添加物破坏蛋白质的亲水性质时，面条的吸水率会降低。当面条中的破损淀粉含量较高时，面条煮熟后表面黏度较高，当面筋网络被破坏时，面筋蛋白吸水程度下降，面筋网络的延展性下降，面条的拉伸性能降低，面条中的淀粉较为松散，支链淀粉含量较高，使面条煮熟后黏性较大，拉伸性能较差。面条经过水煮后，面筋蛋白吸收水分形成网络结构，阻止水分和淀粉从面条中溶出。在蒸煮的过程中，面条干物质的溶出与面条结构有很大关联，溶出越少，往往面条的品质越高。

有调查发现，用中国小麦品种制作的面条往往耐煮性差，经过过度蒸煮后面条变软，咀嚼性降低，其感官品质明显下降，且面汤中的可溶性固形物增多，变得黏稠，严重降低了面条的食用品质。因此进行耐煮性研究具有重要意义。面条在过度蒸煮后能够保持原有的形态以及一定的硬度和较低的黏性，表明其耐煮性较好，因此通过测定过度蒸煮后的吸水率和质构特性对面条的耐煮性进行评价。

## 7.3　面条品质的影响因素

如前所述，面条的品质包括感官品质、质构特性、蒸煮品质，这三类品质的好坏直接影响消费者的接受程度，因此为了满足消费者的需求，需要通过优化原辅料组成、加工工艺、贮藏条件、蒸煮条件等来提高面条的品质。鲜湿面条和冷冻面条是当前消费者最受消费者喜爱，也是营养价值高的产品，鲜湿面条的贮藏时间短，品质易于控制，而冷冻面条需要进行冷冻环节，冷冻和冷冻贮藏降低了冷冻煮面条的硬度、抗拉强度和吸水率，而增加了冷冻煮面条在重煮时的蒸煮损失和破碎率。冷冻和冷冻储存导致再次烹饪时冷冻煮面条的感官接受度下降。因此冷冻增加了面条品质改善的难度，本部分内容将以冷冻面条为例，分析面条品质的影响因素。

不同的冷冻方法对水煮面条的冷冻效果不同。低温冷冻与液氮（-40℃）比鼓风冷冻（-35℃，流速为0.3m/s）效果更好。研究发现速冻重煮意大利干面条的流变学和结构特性与新鲜干面面条的流变学和结构特性更为相似，而冷冻导致意大利宽面条的结构损坏。降低冷冻温度-40℃~-20℃，减少了冷冻面条内部的气孔数量，提高了冷冻面条的硬度和断裂强度。较高的冷冻率改善了再次烹饪的冷冻煮面条的质地。冷冻面条在-25~-18℃下的保质期为3~294 d。冷冻储存长达12周会降低冷冻煮面条的烹饪和质地质量。总的来说，通过控制冷冻和冷冻贮藏条件，可以更好地保持冷冻煮面条的品质。建议提高冷冻速度，尽管能源成本可能会更高。

考虑到冷冻加工技术的快速发展和冷链运输技术的逐步完善，FCNs在面条领域显示出巨大的市场潜力。FCNs在消费者中越来越受欢迎，现在约占面条总产量的45%。FCNs因其口感好、食用方便，在日本冷冻食品行业发展迅速。中国行业的冷冻面创立于20世纪。目前，我国冷链运输行业正在逐步发展和成熟。超市的普及和餐饮业的繁荣促进了FCNs作为新一代面条产品的发展。FCNs的优良口感源于其独特的生产工艺。使用优质小麦粉和真空技术促进蛋白质水化和面筋网络结构的形成。当新鲜的面条被煮熟时，热量和水分的共同作用使淀粉糊化，面筋蛋白是通过加热形成一个紧密的三维网络结构，嵌入淀粉，水分逐渐从面条的外部扩散到内部；最终形成一层外部高水分含量（约80%）而内部低水分含量（约50%）的外层，使面条口感良好而又不失黏弹性（Li，2017）。煮熟的面条被迅速冷冻以保持其美味，冷冻贮藏还可以降低水分活度，抑制生化反应和微生物活性，从而延长FCNs的保质期。FCN质量受原料和工艺参数的影响，包括面团搅拌时间、冷冻率、贮藏时间和解冻率。这些因素的不当组合可能会独立或协同作用，在冷冻储存期间破坏谷蛋白网络，从而对FCNs的整体质量产生负面影响。因此，以下将讨论不同原辅料、加工工艺、贮藏条件对面条品质特性的影响。

### 7.3.1　原料对面条质量的影响

#### 7.3.1.1　小麦粉

小麦粉是制造FCN最重要的原料。小麦粉的基本组成、糊化性能、面团的粉化性能和拉伸性能在不同程度上影响面条的品质。不同小麦品种、生长环境和面粉加工参数导致面粉品质的差异，直接影响面粉品质。面粉对面条品质的影响主要表现为淀粉、蛋白质等面粉成分的影响。Yue（2017）研究了不同小麦面粉对 FCN 质量的影响，报告称高质量的 FCN 要求面筋强度高，峰值和最终黏度高，以及低的糊化温度。Hong（2011）发现不同品种的小麦粉对面条品质有显著影响，不同品质性状的小麦粉加工对面条品质的影响方式和程度也不同。由于 FCNs 在生产过程中要经过预煮、冷冻、冷冻储存和烹饪，所以在面条配方中必须使用优质小麦粉。

（1）淀粉。小麦粉中淀粉的比例相对较高，为 70%~80%。淀粉的糊化和老化作用影响面条的质地品质、感官评价和烹饪品质，最终决定了冷冻不发酵面条的品质。淀粉在面条的制作和口感中也扮演着不可或缺的角色（Li，2017）。在 FCNs 中，淀粉可以与蛋白质相互作用，减缓冰晶对蛋白质网络结构的破坏，提高成品的冷冻稳定性。在烹饪过程中，淀粉颗粒的结晶区域被热作用破坏，淀粉的无序性增加，颗粒体积膨胀，变得平坦、不均匀，并嵌入面筋网络（Li，2017）。小麦粉中的淀粉主要由直链淀粉和支链淀粉组成。直链淀粉约占总淀粉含量的 25%~28%，支链淀粉占 72%~75%。在烹饪过程中，部分直链淀粉和支链淀粉会溶解，导致面条表面变得黏稠并溶解在汤中。这种现象可能会增加烹饪损失。黏附性或黏性与淀粉和淀粉糊化的数量有关。小麦粉直链淀粉含量越高，熟面感官品质的下降越大。直链淀粉含量为 5%~6% 的熟面条具有良好的感官品质。小麦粉由于受到外界加工条件的影响，会发生不同程度的机械损伤，从而导致淀粉的损伤。与天然淀粉相比，受损淀粉颗粒的内部结构容易暴露，这些颗粒还表现出很强的吸水性和对酶的敏感性。Silvas-García（2016）研究指出，长时间的冷冻贮藏会破坏淀粉，改变冷冻面团的微观结构，从而对最终产品质量产生负面影响。Yue（2017）研究发现，随着受损淀粉含量的增加，小麦粉的膨胀潜力以及由此产生的 FCNs 的硬度、咀嚼性和弹性均增加；然而，共聚焦激光扫描显微镜显示，随着受损淀粉含量的增加，FCNs 的面筋网络结构受到越来越严重的破坏。因此，适当控制小麦粉的淀粉含量和品质，可以保证面条的品质。

（2）蛋白质。蛋白质是小麦粉的主要成分之一。小麦粉中蛋白质的含量和品质以及蛋白质组分的比例对面条的加工性能和最终品质有着重要的影响（Gulia，2015）。一般情况下，用于制作面条的小麦粉的蛋白质含量应在 10%~15% 以内，蛋白质含量过高或过低都会影响面条的质量。Wang（1996）研究发现，面粉中蛋白质含量越高，产生的网络结构越密、越粗，这就影响了淀粉的膨胀和冷冻面条的水分梯度分布。熟面条的硬度、黏度、咀嚼度与蛋白质含量呈正相关，面条硬度在一定范围内随蛋白质含量的降低而降低。根据其溶解度的不同，小麦蛋白可分为谷蛋白、麦胶蛋白、白蛋白和球蛋白。谷蛋白赋予面团黏弹性和强度，而麦胶蛋白赋予面团延展性。当这些蛋白质组合在一起时，就会得到占总蛋白质含量约 80% 的面筋。水在面筋网络的形成中起着关键作用。面筋可以决定小麦粉的加工特性。良好的面团品质是黏弹性和延性共同作用的结果。面条中的蛋白质在面条制作过程中发生不同程度的水化和变性；蛋白质通过交联和聚合形成致密的三维网络结构，包裹在淀粉颗粒周围，使面条具有坚固和弹性。小麦粉中谷蛋白和麦胶蛋白的比例，单体和聚合谷蛋白的数量，以及不可提取的聚合蛋白的存在影响了小麦面团的流变学和强度。Yue（2017）发现高面筋强度的面粉适合制备 FCNs。

（3）其他成分。小麦粉还含有灰分、脂类、酶和其他成分。虽然这些成分的含量相对较低，但仍可能不同程度地影响面条的质量。面粉的质量与其灰分含量有关。面粉质量越低，灰分含量越高。灰分主要影响面条的颜色和储藏稳定性。面粉灰分含量的增加与麦麸污染呈正相关，麦麸污染对面条颜色有负面影响；低灰分含量的精制面粉生产出明亮和白色的面条，在储存期间变色速度很慢。一般来说，灰分含量在 0.38%~0.45% 的面粉可以用于面条生产，以保证产品的明亮外观。脂类占面粉的 1.0%~2.0%，可与直链淀粉结合形成复合物。因此，适量的脂肪有助于提高面条的品质；面粉中的酶也会影响面条的颜色和质量。

### 7.3.1.2　水

水是面条加工中必不可少的原料，是仅次于小麦粉的面条第二重要的原料。水是面条加工过程中物理化学和生化反应的必需介质，是原料转化为成品的基础。面团中水的数量和状态是面条制备过程和最终产品质量的重要考虑因素。搅拌阶段的加水量通常控制在 30%~36%。过多的水会使面团过于黏稠，不适合后续加工。相反，加入太少的水会导致成品水分不足，影响最终产品的质量。Wang（2020）研究了水添加量（30%、32%、34%、36%）和面条厚度对 FCN 表面黏度的影响。研究发现，以水（以 34% 面粉为基础）制备的面条二硫基含量较大，在冷冻阶段形成的冰晶较小，有利于形成稳定均匀的面筋网络。结果表明，FCN 的硬度、耐嚼性和抗拉强度均得到改善，表面黏附性降低。

### 7.3.1.3　氯化钠及碱性盐

盐是面条加工的重要成分，添加量为 1%~3%（相对于面粉的重量）。使用 NaCl 和碱性盐（如 $Na_2CO_3$ 和 $K_2CO_3$，NaOH 和 $NaHCO_3$）等成分可以改善面条的质地和风味。NaCl 通过加强面筋网络的形成和改善面条的质地来影响面条的流变特性。NaCl 的加入可以减缓新鲜面条在高温高湿环境下的氧化、褐色和变质，从而延长其保质期。在干面生产过程中，添加 NaCl 会影响干燥速度。NaCl 含量高时，水分蒸发速度慢。碱性面条的独特色泽和风味归功于添加了碱性盐。碱性盐是面条加工的一个小而重要的组成部分。最常用的碱性盐是 $Na_2CO_3$ 和 $K_2CO_3$，它们可以单独使用，也可以相互结合使用。这些盐类的添加量一般为 0.1%~0.3%；一些面条制造商在配方中最多添加 0.5%~1.5% 的这种盐。添加碱性盐会使面条的 pH 值增加到 9~11。碱性盐通过影响面筋蛋白的特性使面条更加坚硬和有弹性。

## 7.3.2　加工工艺对面条质量的影响

FCN 的加工工艺主要包括生面生产、蒸煮和冷冻工艺，这些工艺对 FCN 的质量起着关键作用。FCNs 的生产一般如下。

### 7.3.2.1　混合

将小麦粉称重，放入和面机中，加入盐和水/碱溶液。混合 10~15 min，面团屑温度在 20~30℃。搅拌是制作生面条的关键工序。在混合过程中，蛋白质吸收水分形成面筋网络结构，淀粉吸收水分膨胀填充蛋白质网络结构。目前搅拌面条的方法主要有两种：普通搅拌和真空搅拌。Shao（2019）研究了不同的混合（即真空、普通、手动）和揉制（即机器、手动、非揉制）方法对 FCN 质量的影响。研究发现，真空揉捏和手工揉捏对 FCNs

的质量有显著的正向影响，手工揉面可以形成大量的面筋蛋白，并提高成品面条的硬度和弹性。与其他混合方式相比，手工混合方式制作的面条感官特性得分显著提高，而真空混合方式制作的面条口感和蒸煮品质较好，吸水率和蒸煮损失率较低。鲜熟面条和FCNs的可冻水含量的变化趋势是一致的，而不考虑混合和揉制的方法，所得面条样品中，普通混面法制备的FCNs可冻水含量最高，手工混面法次之。通过真空面团混合制成的面条显示出最低的可冻水含量，可能是因为真空条件允许水和面粉广泛结合。无揉捏法生产的FCNs的冷冻水含量最高，其次是机械揉捏法生产的FCNs，然后是手工揉捏法生产的FCNs。这些结果表明，揉面过程使水分均匀地分布在面团中，并与面条蛋白质很好地结合。此外，亲水性阶段黏度的增加可能导致水分子的减少，从而产生冰晶。FCNs主要采用真空混合。与普通搅拌相比，真空搅拌是在负压下进行的，有助于水与小麦粉充分接触，形成面团。在此过程中，面筋网络结构更强，水分在面条中的分布更均匀，从而提高了FCNs的耐煮性。真空条件、搅拌时间、搅拌速度和桨叶形状都会影响面条的最终质量。真空混合可以增强FCNs的颜色，增加其硬度，它有助于将水和面粉颗粒均匀混合，提高搅拌效率，使面团结构更加紧凑；随着真空度的增加，新鲜面条的水分状况、烹饪性能和质地都显著增强；混合时间对面团效率和成品质量有显著影响。不充分的混合可能导致部分小麦粉水化和谷蛋白效果不好。相反，极端的混合可能会导致面筋过度成熟，削弱已经成熟好的面筋网络，导致面团温度过高，从而使蛋白质变性。在-0.06 MPa的真空压力下搅拌10 min，极大地提高了面团的拉伸阻力。真空搅拌可以降低FCNs的冷冻水含量，延长最佳蒸煮时间，减少蒸煮损失。它还可以提高FCNs的硬度、回弹性和最大剪切力，从而减少蒸煮损失。真空混合可以抑制冷冻保存过程中冰晶对FCNs内部结构的破坏。

### 7.3.2.2　熟化

将制成的面团放入塑料袋中静置15~30 min，然后压实成面团片。熟化是指面条的静置吸水过程，允许面团内部结构的调整。蛋白质和淀粉吸收游离水分，促进面团中各成分的相互作用，提高面团结构的均匀性和密实性，提高面条的可塑性。合适的熟化条件包括温度为25~30℃，相对湿度为70%~80%，静置时间为30~40 min。温度、相对湿度和面团静置时间都会影响面条的质量。面条在生产过程中水分的蒸发和消散会导致面条表面开裂，面条的外观和口感较差。Chen（2006）研究发现，延长静置时间可以提高面团的纵向拉伸强度。

### 7.3.2.3　压片和切割

面条片在面条线上组合并逐渐拉伸到所需的厚度（2.0~5.0 mm），切成宽2.5~3.0 mm、长20 mm的面条。压延法为面团在低水分条件下形成氢键提供了更多的机会，缩短了蛋白质分子之间的距离，产生了二硫键，有利于面筋结构的形成。面团成型和改变压延方向可以增强面团的横向和纵向断裂力，提高面团表面的韧性。Wang（2020）研究揭示了不同面条厚度（1.0 mm、1.5 mm、2.0 mm、2.5 mm或3.0 mm）对FCNs整体质量的影响。研究小组指出，厚度为2 mm的再煮FCNs表现出最佳的质地和感官品质。Shao（2019）研究了轧制方法和条件对FCNs质量的影响，发现45°折叠轧制和改变轧制方向可以提高面条的横向和纵向拉伸力，提高面条的韧性。在一定范围内调节滚压比和改变滚压有助于面筋网络和水分分布的形成，从而改善 FCNs 的蒸煮、结构和感官品质。

### 7.3.2.4 煮熟

含水 55%~70% 的新鲜面条在 98℃以上沸水中煮熟，煮熟的面条用水（0~5℃）洗涤 10~50 s，排水 10~60 s（直至产品的温度低于 5℃）。面条是通过煮或蒸，直到白色的核心刚刚消失，以获得极佳的口味。在烹饪过程中，面条的成分吸收水和热，蛋白质通过二硫键交联和聚合，淀粉颗粒糊化和膨胀。烹饪过程对 FCNs 的质量起着关键作用，烹饪时间不恰当会影响产品的质地和感官特性。面条的最终味道也与其内部的水分梯度密切相关。在烹饪过程中，水分从面条的外部迁移到内部，形成一个水分梯度。吸水率和水分梯度性能好的面条光滑有弹性，吸水率和水分梯度性能差的面条坚硬。Lü（2014）比较了蒸和煮对 FCNs 品质提升的影响，发现蒸 10 min 后再煮 4 min 的面条咀嚼力、最大剪切力和断裂力都高于只煮的面条。此外，随着蒸时间的增加，面条的韧性、硬度、断裂力和最大剪切力都急剧增加。蒸煮可以显著降低 FCN 生产过程中面条的水分。Luo（2015）研究了蒸煮对 FCN 的品质性能的影响，确定了通过蒸煮预处理，FCNs 的蒸煮性能和质地特性得到了显著提高。研究小组还认为，蒸煮过程中低水位下蛋白质聚合和淀粉糊化可以提高面条的质量。Wang（2020）研究表明，预煮的 FCNs 由三个预热过程（例如，沸腾 3 min 50 s；煮 2 min，然后蒸 3 min；蒸 2 min，然后煮 2 min 30 s），结果显示经过煮沸 2 min 再蒸 3 min 的 FCNs，主要表现出高的感官评分，具有广泛的吸水性，高紧密的水结构，良好的淀粉热稳定性，低淀粉老化，紧密的面筋网络，低烹饪损失。煮沸和蒸煮的结合可能会刺激蛋白质的交联，从而导致 FCNs 的内部结构稳定。Jing（2016）研究了蒸煮对冷冻熟荞麦面条品质特性的影响，发现蒸煮 3 min 显著降低了烹饪损失，提高了面条的硬度、弹性和咀嚼性。蒸煮可以增强淀粉和蛋白质之间的相互作用，形成更紧密的表面和连续的网络。当预煮时间过短或过长时，表面黏度会增加，质量会降低。煮熟的面条必须迅速冷却，以确保其质量。煮熟后，面条的表面会形成一种黏性物质，使面条彼此粘在一起。因此，面条煮熟后用水清洗和冷却是必不可少的。冷却过程不仅抑制了水在面条中的迁移，还保持了面条的新鲜口感，它还能洗去面条表面的淀粉，防止面条粘在一起。冷却水温度和洗涤次数都会影响产品质量。Hai（2015）指出，FCN 质量随着冷却水温度的升高而降低，当冷却水温度高于 8℃时，FCN 质量呈明显下降趋势。可以将 FCNs 煮沸，使面条吸收大量水分，充分膨胀，面条中的淀粉完全糊化。综上所述，蒸煮结合可以有效提高 FCNs 的整体质量。

### 7.3.2.5 包装和快速冻结

冷冻是最常见和最有效的食品保存方法之一，是决定产品最终质量的关键过程（Pan，2019）。冷冻食品中冰晶的大小和分布会影响产品的质量。冻结速度与冰晶的大小和分布位置密切相关。在面条生产过程中，快速冷冻是必要的。在 20 min 内通过最大的冰晶形成区（-5℃~-1℃）是必需的，这个阶段越短，结果越好。速冻食品中的冰晶体积小（一般小于 100 μm），大部分冰晶分布在细胞内，降低细胞破裂率，提高食品质量。当冷冻速度相对较低时，食物中的水分，如水果、蔬菜和肉类，会形成许多大的冰晶分布在食物细胞空间，对细胞壁造成不可逆的损害。食物的解冻不能恢复细胞壁的结构，从而导致蛋白质变性，糊化淀粉凝固，表面粗糙，产品质量差。在这种情况下，食物在解冻后无法回收。煮熟的面条最初处于非平衡状态。贮存过程中，水分迁移，糊化淀粉老化，导致面条失去弹性，韧性增加，结块，颜色不理想，这些特性导致面条质量下降。快速冷冻可以抑制水分在面条内部的迁移，保持产品质量。如果面条在烹饪后没有立即冷冻，外部的水分会逐渐扩散到面条中，面条就会失去韧性。即使重新加热，面条的质量也无法恢复。煮熟的面条含有大量的水，其中大部分是可冷冻的水，在冷冻和储存过程中会从液体变成固体，结晶后水的体积膨胀会破坏 FCNs 的内部结构（Pan，2019）。此前的一项研究表明，添加超过34%的水会增加冷冻水含量，并促进更大的冰晶的形成，这可能会破坏FCNs 的内部结构，降低其质量。

速冻工艺的好坏直接影响冷冻膜的质量。与慢速冷冻相比，快速冷冻导致的结构变化更少，淀粉老化更少。影响速冻的主要因素有冻结温度、风速、风量和风向。如果温度在前面部分的速冻隧道太低，面条由于大温差、内部冻结体积增加以及扩张导致面条表面冻结和变硬；当风速和风量过高时，冻面产品的表面水分迅速流失，从而造成表皮破裂，当风速和风量过低时，无法产生速冻所需的低温，导致面条产品中冰晶的形成和分布不可控，不适当的气流方向可能会导致冷冻产品的某些部位出现冷冻裂缝。Haiyan（2015）研究了快速冷冻对 FCNs 的质构性能、拉伸性能和蒸煮损失率的影响。结果表明，速冻温度为-40℃，中心温度为-18℃时，FCNs 的硬度、弹性、抗拉强度和距离较高，蒸煮损失较小。Pan（2019）最近的研究表明，与较高的冷冻温度相比，较低的冷冻温度（-20℃）改善了 FCNs 的微观结构和质构特征。

节能的概念是指用尽可能少的能源生产出与原产品质量和数量相同的产品，或者用同样的能源消耗生产出质量更好、数量更多的产品。工艺优化主要包括速冻参数的优化、废热绝缘的开发和再热功率的变化三个方面。优化速冻工艺参数，即在保证冻膜质量的同时缩短冻膜时间是必要的。FCNs 的整个生产过程，特别是蒸煮和速冻过程中使用的生产设备消耗了大量的能源，严重阻碍了该产品的工业化生产。在 FCNs 的烹饪过程中，消费者忽略了烹饪过程中产生的热量。在封闭的锅中，利用沸腾产生的余温煮面条，可使淀粉继续糊化，达到食用状态。但是，通过减少面条的加热时间和制造成本，也可以降低生产能耗，提高能源利用率。Pan（2015）研究了 FCNs 的余热（减少面条的煮沸时间，然后让面条静置，利用余热继续烹饪）和速冻节能技术，发现最优工艺参数包括煮 3 min，加热4 min，在-40℃快速冷冻 20 min。利用余热不仅提高了面条的凝胶化水平也降低了面条的蒸煮时间和能源消耗的准备。结果还显示，与传统技术的能源成本相比，每千克产品节省3. 47 kW ·h 电力（17. 18%）。综上所述，目前对 FCNs 的研究大多集中在面条质量的改善上，如改进配方、添加添加剂、调整加工工艺等。

### 7.3.3　添加剂对面条品质的影响

面条作为中国传统主食，具有美味营养、蒸煮方便、价格便宜等特点。随着人们生活水平的提高，高品质的面条更能受到消费者的青睐。合格的面条应该是表面光洁、韧性好、折断时声音清脆、下锅后不易断条、有弹性。但在面条生产时，酥条、断条和表面粗糙等现象是不可避免的。有研究表明，添加一定量的改良剂可以显著改善面团的流变学特性和面条品质。目前，比较常见的面团改良剂有营养强化剂类、淀粉类、凝胶多糖类、乳化剂类、无机盐类、酶制剂类等。在实际生产时，可以单独添加某一种改良剂，也可以将不同的面条改良剂进行复配后再加入面粉中，最终达到提高面条品质的效果。

### 7.3.3.1 多肽和酶

不同来源的不同抗冻肽和蛋白质，包括燕麦、大豆、胡萝卜、蚕茧丝胶蛋白和猪皮胶原蛋白肽，被用于提高煮面条的质量（Cao，2020）。抗冻肽的加入降低了冷冻面团和煮面中通过冰结合的可冻水量、冰点、水的流动性和冰晶的生长。不同来源的抗冻蛋白在冷冻食品应用方面具有巨大潜力。为了提高速冻煮面条的质量，应对这些抗冻蛋白和多肽进行检测。对于亚洲熟面条来说，硬度越高感官接受度越高。葡萄糖氧化酶与面团中的葡萄糖发生反应，产生过氧化氢，过氧化氢与小麦蛋白质反应，产生更多的二硫键。这加强了的面筋网络和蛋白质-多糖相互作用，改善了面团流变学，从而提高了冷冻煮面条的质量。

### 7.3.3.2 碳水化合物和多元醇

不同类型的碳水化合物、树胶和多元醇，包括麦芽糊精、海藻糖、海藻酸钠、黄原胶、黑麦麸皮提取阿拉伯木聚糖、受损淀粉、魔芋葡甘聚糖（KGM）、可凝乳聚糖、南瓜多糖和黑木耳等可以提高水煮面条质量（Liang，2020）。

添加凝胶多糖增加了冷冻面条的致密性和黏结性，同时增加了冰晶的均匀性并减小了冰晶的尺寸。胶体可以改变食品的结构，提高食品的持水率，控制水的迁移，延缓淀粉的老化，改善成品的外观、口感和风味。食用胶体必须在一定条件下水化，形成黏稠的溶液或果冻，以提高食品体系的乳化稳定性和悬浮稳定性。在冷冻面条产品中加入可食用胶体，通过吸收面团中的游离水来控制水的迁移，从而抑制冰晶的生长。冻面产品中常用的食用胶有黄原胶、瓜尔胶、卡拉胶、聚丙烯酸钠等。Pan（2016）研究表明，添加不同类型和含量的水胶体如 SPA、黄原胶、海藻酸钠等，可以降低糊化温度，显著改善 FCNs 的质地性能（如硬度、断裂强度）和微观结构。与聚丙烯酸钠和海藻酸钠相比，黄原胶对 FCN 的品质改善效果更好。Chen（2011）研究了瓜尔豆、海藻酸盐、魔芋胶、刺槐豆胶、黄原胶、羧甲基纤维素、聚丙烯酸钠、卡拉胶 8 种添加剂对 FCNs 品质的影响。研究发现，在这八种添加剂中，黄原胶对 FCNs 质量的提高效果最好，特别是在硬度和拉伸距离方面。瓜尔胶、SSL、木薯淀粉、葡萄糖氧化酶（GOD）和 $\alpha$-淀粉酶等几种添加剂的影响被用于提高 FCNs 质量。研究人员指出，添加瓜尔胶（0.28%）、木薯淀粉（4.82%）、GOD（0.003%）和 $\alpha$-淀粉酶（0.04%）可显著增强 FCNs 的拉伸力，扩大拉伸距离，改善 FCNs 的硬度、咀嚼性和贮藏品质。Cao（2020）研究了添加剂对 FCNs 的糊化特性和微观结构的影响，发现木薯淀粉、小麦面筋和瓜尔胶可以阻止大分子蛋白的降解。此外，添加瓜尔胶的木薯淀粉降低了 FCNs 的游离水含量，提高了 FCNs 的束缚水含量。小麦面筋、复合磷酸盐和瓜尔胶均可增强 FCNs 的内部结构。Liang（2020）研究了可凝乳对冷冻贮藏 FCNs 质量的影响，他们发现添加 0.5% 可凝乳减少了烹饪损失，提高了吸水率，并提高了 FCNs 的结构性能。此外，与未加入可凝蛋白的 FCNs 相比，加入可凝蛋白的 FCNs 在冷冻贮藏过程中表现出更稳定、更紧密的谷蛋白网络，冰晶更均匀、更小。在鱼类、昆虫、植物等各种生物中发现了抗冻蛋白，它们都可以在零摄氏度以下不结冰。胡萝卜抗冻蛋白（CaAFPs）可用于 FCNs，研究发现，添加 CaAFPs 可以保护 FCNs 的谷蛋白网络免受冷冻和温度波动造成的损害。

### 7.3.3.3　乳化剂和脂质

乳化剂作为两亲性分子，可以在大分子与水之间以及大分子之间插入乳化剂，提高面条在低温下的稳定性。通过糊化淀粉与乳化剂的相互作用，可以有效地防止糊化。在冷冻面粉产品中广泛使用的乳化剂包括硬脂酰乳酸钙钠（CSL）、硬脂酰乳酸钠（SSL）、甘油和甘油单硬脂酸酯（GMS）、单甘油酯（DATEM）、蔗糖酯和卵磷脂。大量研究表明，在冷冻面条产品中加入适量的乳化剂，可以改善其内部结构，使其表面光滑，防止成品出现硬化、开裂现象。

### 7.3.3.4　混合配料和混合物

大豆及其制品可以显著改善面条的品质。研究发现添加了豆浆的面条的平滑度和密实度提高，同时增加了面条的感官接受度、硬度和拉伸强度，感官特性和结构性能与新鲜小麦面条相似。豆浆的添加减少了冰晶的大小，同时更好地保存了面筋网络，豆浆也增加了流动水的数量和面条的持水能力。豆浆中的蛋白质、脂质和多糖与冷冻面条中的水、面筋和淀粉相互作用，从而提高了冷冻面条的质量。将瓜尔胶、葡萄糖氧化酶、SSL、木薯淀粉和 $\alpha$-淀粉酶结合制成冷冻煮面条，其中瓜尔胶（0.28%）、葡萄糖氧化酶（0.003%）、SSL（0.44%）、木薯淀粉（4.82%）和 $\alpha$-淀粉酶（0.04%）按照优化组合配比，可以有效提高面条的质量。

## 7.4　马铃薯全粉面条加工工艺的优化

作为亚洲面条最原始形式的鲜湿面，以其卓越的风味和口感在全球范围内日益受到现代消费者的欢迎，其生产所需小麦粉占全球小麦产量的 12% 以上也为人类日常活动所需提供了蛋白质、碳水化合物、膳食纤维等多种营养成分。鲜湿面、干挂面、冷冻熟面以及方便面是目前市场上最受欢迎的面条种类。与干面条和方便面相比，鲜面条具有天然风味、营养价值高、保健效益高、生产成本低等一系列优点。它可以满足人们对食品质量越来越高的要求，从而产生了非常大的市场预期。水分含量在 28%~32% 的鲜湿面，大约占领着我国人民主食的半壁江山。它是经过和面、醒发、压延、切条、蒸煮等工艺制作而成的。多为居家自制或者工厂生产而成。其基本成分是面粉和水，其中面粉是决定其成品品质的关键性因素。但由于其水分含量较高，这就为微生物的生存提供了有利的条件，并加剧了自身发生的生化降解反应，从而导致其在常温储存过程中，保质期仅有 1~2 d。因此，如何保持鲜面条在常温储存过程中的鲜度和食用品质，如何提高其货架上的售卖时长，已经成为其能否大量生产的关键性难题。这也是制约鲜湿面市场化发展的不利因素之一，也为其工业化生产提出了巨大的挑战。

### 7.4.1　测定方法

#### 7.4.1.1　马铃薯粉制备工艺

依据第 6 章不同制备工艺与马铃薯全粉基本品质特性、功能特性、糊化特性等的影响，本研究选取陇薯 8 号的处理 1、处理 2、处理 4、处理 8 作为马铃薯全粉的制备方法：马铃薯清洗→去皮→切片（3～5 mm）→熟化→干燥→磨粉→备用。①处理 1。马铃薯 40℃烘至恒重。②处理 2。马铃薯熟化条件为 100℃水浴 10 min，干燥温度为 40℃。③处理 4。马铃薯熟化条件为 55℃水浴（含 1% NaCl 和 0.2% $Na_2SO_3$）10 min，干燥温度为 40℃。④处理 8。马铃薯熟化条件为 55℃水浴（含 1% NaCl 和 0.2% $Na_2SO_3$）10 min，干燥温度为 55℃。

**7.4.1.2　马铃薯粉面条的制备工艺**

称量→和面→压面→煮面。①称量。分别称取一定比例的马铃薯全粉与小麦粉放置于小碗中混匀，然后加水搅拌（蒸馏水第一次先称量质量约为马铃薯粉与小麦粉总质量的一半）。②和面。加水搅拌后，反复和面时间为 50 min。③压面。把面团用手压扁平，放入压面机中，先压成薄厚均匀的面片，再压制成面条。④煮面。把压制好的面条用沸水煮 5 min 后取出品尝。

## 7.4.2　马铃薯全粉面条的感官评价

10 名感官评价员对不同条件下制备的马铃薯全粉及马铃薯全粉面条进行感官评价，以小麦粉面条为参照对比，针对面条的色泽、表观状态、适口性、韧性、黏性、光滑性、食味值进行评价，面条的评价标准如表 7-1 所示。

表 7-1　马铃薯全粉面条的评分标准

| 项目 | 满分 | 评分标准 |
| --- | --- | --- |
| 色泽 | 10 | 面条的颜色和亮度：光亮为 8.5～10 分；亮度一般为 6～8.4 分；色发暗，亮度差为 1～6 分 |
| 表观状态 | 10 | 面条表面光滑和膨胀程度：表面结构细密，光滑为 8.5～10 分；中间为 6.0～8.4 分；表面粗糙，膨胀，变形严重为 1～6 分 |
| 适口性 | 20 | 用牙咬断一根面条所需力的大小：力适中为 17～20 分；稍硬或软 12～17 分；太硬或太软 1～12 分 |
| 韧性 | 25 | 面条在咀嚼时，咬劲和弹性的大小：有咬劲，富有弹性为 21～25 分；一般为 15～21 分；咬劲差，弹性不足为 1～15 分 |
| 黏性 | 25 | 指在咀嚼过程中面条的粘牙程度：咀嚼时爽口不粘牙为 21～25 分；较爽口稍粘牙为 15～21 分；不爽口发黏为 10～15 |
| 光滑性 | 5 | 指在品尝时口感的光滑程度：光滑为 4.3～5 分；中间为 3～4.3 分；光滑程度差为 1～3 分 |
| 食味 | 5 | 指在品尝时的味道：具有清香味 4.3～5 分；基本无异味 3～4.3 分；有异味 1～3 分 |
| 总分 | 100 | |

以制备的 4 种马铃薯全粉为原料，添加不同比例的小麦粉，制备面条，蒸煮后，通过感官评价员针对面条的色泽、表观状态、适口性、韧性、黏性、光滑性、食味值进行评价，并以各样品的总分作为总体评价标准。

#### 7.4.2.1 马铃薯粉∶小麦粉=1∶3

将马铃薯粉与小麦粉比例调整为1∶3时，不同马铃薯粉制备面条的感官评价结果如表7-2所示。综合评价为：各样品面条感官品质差异不显著，4种面条从压制到蒸煮均不断裂；面香大过于马铃薯的味道；除1号为可可色外，其余3种均微黄；主要原因是小麦粉比例较高。但仔细比较4种原料，结果显示4号相比起来最顺滑，4号粉比另外3种略好一些。

表7-2　马铃薯粉∶小麦粉=1∶3对面条感官品质的影响　　　　　单位：分

|  | 色泽 | 表现状态 | 适口性 | 韧性 | 黏性 | 光滑性 | 食味 | 总分 |
|---|---|---|---|---|---|---|---|---|
| 1号粉 | 7 | 8.5 | 17 | 20 | 15 | 4.3 | 4.3 | 76.1 |
| 2号粉 | 8 | 8 | 17 | 20 | 15 | 4.3 | 4.3 | 76.6 |
| 3号粉 | 8 | 8 | 17 | 20 | 15 | 4.3 | 4.3 | 76.6 |
| 4号粉 | 8 | 8.5 | 17 | 20 | 15 | 4.3 | 4.3 | 77.1 |

#### 7.4.2.2 马铃薯粉∶小麦粉=1∶2

将马铃薯粉与小麦粉比例调整为1∶2时，不同马铃薯粉制备面条的感官评价结果如表7-3所示。综合评价为：4号面条整齐，但表面略粗糙；1号面条整齐，表面光滑；2号、3号面条表面略粗糙；蒸煮过程中，4号有轻微断裂现象；除1号为可可色外，其余3种均微黄，有面条特有的味道；4号，1号口感相近，都是第一口顺滑，但是细嚼略粘口；总体来说，1号粉比另外3种更好一些。

表7-3　马铃薯粉∶小麦粉=1∶2对面条感官品质的影响　　　　　单位：分

|  | 色泽 | 表现状态 | 适口性 | 韧性 | 黏性 | 光滑性 | 食味 | 总分 |
|---|---|---|---|---|---|---|---|---|
| 1号粉 | 7 | 8.7 | 18 | 20 | 17 | 4.5 | 4.3 | 79.5 |
| 2号粉 | 8 | 8 | 17 | 20 | 15 | 4.3 | 4.3 | 76.6 |
| 3号粉 | 8 | 8.5 | 17 | 20 | 15 | 4.3 | 4.3 | 77.1 |
| 4号粉 | 8 | 8.5 | 18 | 20 | 16 | 4.3 | 4.3 | 79.1 |

#### 7.4.2.3 马铃薯粉∶小麦粉=1∶1

将马铃薯粉与小麦粉比例调整为1∶1时，不同马铃薯粉制备面条的感官评价结果如表7-4所示。综合评价为：1号粉与4号粉顺滑，适口性好，手感细腻，除1号粉外，其余样品均在蒸煮过程中出现轻微断裂；1号为可可色，放置一段时间后颜色会加深，但视觉上也很好看，其余3种均为乳白色；4种面条均具有面条特有的味道；总体来说，1号粉比另外3种更好一些。

表7-4　马铃薯粉∶小麦粉=1∶1对面条感官品质的影响　　　　　单位：分

|  | 色泽 | 表现状态 | 适口性 | 韧性 | 黏性 | 光滑性 | 食味 | 总分 |
|---|---|---|---|---|---|---|---|---|
| 1号粉 | 7 | 9 | 18 | 20 | 17 | 4.5 | 4.5 | 80 |

| | 色泽 | 表现状态 | 适口性 | 韧性 | 黏性 | 光滑性 | 食味 | 总分 |
|---|---|---|---|---|---|---|---|---|
| 2 号粉 | 7 | 7 | 16 | 20 | 15 | 4.3 | 4.3 | 73.6 |
| 3 号粉 | 7 | 7 | 16 | 20 | 15 | 4.3 | 4.3 | 73.6 |
| 4 号粉 | 8 | 8 | 17 | 20 | 16 | 4.3 | 4.3 | 77.6 |

#### 7.4.2.4　马铃薯粉：小麦粉＝1.5：1

将马铃薯粉与小麦粉比例调整为 1.5：1 时，不同马铃薯粉制备面条的感官评价结果如表 7-5 所示。综合评价为：1 号粉与 4 号粉顺滑，手感细腻，没有之前的糊口感；在压制和煮面条的过程中，除 1 号粉，其余 3 种粉均在煮面条的过程中出现轻微断裂；1 号的可可色，放置一段时间后颜色会加深，但视觉上也很好看，其余 3 种均为乳白色；具有面条特有的味道。总体来说，1 号粉比另外 3 种感官上好很多。

当进一步提高马铃薯粉：小麦粉＝2：1 时，各样品均无法做出面条，分析其原因为主要原因在于马铃薯蛋白质中没有面筋蛋白，当马铃薯全粉含量过高时，面团的粉质特性、拉伸特性等均有显著降低，故而当小麦粉比例过低时，无法制备面条。故在以上优化过程中发现，以 1 号粉为原料，马铃薯粉：小麦粉＝1.5：1 时，制备的马铃薯面条各项指标较好，与市面上的手擀面接近。

表 7-5　马铃薯粉：小麦粉＝1.5：1 对面条感官品质的影响　　　　　单位：分

| | 色泽 | 表现状态 | 适口性 | 韧性 | 黏性 | 光滑性 | 食味 | 总分 |
|---|---|---|---|---|---|---|---|---|
| 1 号粉 | 7 | 9 | 18.5 | 20 | 17 | 4.7 | 4.5 | 80.7 |
| 2 号粉 | 7 | 6 | 13 | 20 | 15 | 4.3 | 4.3 | 69.6 |
| 3 号粉 | 7 | 6 | 13 | 20 | 15 | 4.3 | 4.3 | 69.6 |
| 4 号粉 | 8 | 7 | 15 | 20 | 16 | 4.3 | 4.3 | 74.6 |

## 7.5　马铃薯全粉制备工艺对面条品质特性的影响研究

### 7.5.1　测定方法

#### 7.5.1.1　马铃薯全粉制备方法

以荷兰马铃薯（北京某蔬菜基地）、陇薯 8 号（甘肃省农业科学院）和小麦粉（金沙河面粉）为原料，优化马铃薯全粉的制备条件。

马铃薯清洗→去皮→切片（3~5 mm）→熟化→干燥→磨粉→备用。

在前期优化基础条件下，本文对马铃薯熟化温度和干燥温度进一步优化：①处理 1。

马铃薯 40℃ 烘至恒重；②处理 2。马铃薯熟化条件为 100℃ 水浴 10 min，干燥温度为 40℃；③处理 3。马铃薯熟化条件为 40℃ 水浴（含 1% NaCl 和 0.2% Na$_2$SO$_3$）10 min，干燥温度为 40℃；④处理 4。马铃薯熟化条件为 55℃ 水浴（含 1% NaCl 和 0.2% Na$_2$SO$_3$）10 min，干燥温度为 40℃；⑤处理 5。马铃薯 55℃ 烘至恒重；⑥处理 6。马铃薯熟化条件为 100℃ 水浴 10 min，干燥温度为 55℃；⑦处理 7。马铃薯熟化条件为 40℃ 水浴（含 1% NaCl 和 0.2% Na$_2$SO$_3$）10 min，干燥温度为 55℃；⑧处理 8。马铃薯熟化条件为 55℃ 水浴（含 1% NaCl 和 0.2% Na$_2$SO$_3$）10 min，干燥温度为 55℃。

以上 8 个处理条件下的样品烘干至恒重后，粉碎过 80 目筛后备用。

#### 7.5.1.2　马铃薯全粉面条的制备工艺

称量（马铃薯全粉∶小麦粉 = 1.5∶1，质量比）→和面→醒发→压面→煮面。

#### 7.5.1.3　马铃薯面条蒸煮品质的测定

（1）最佳蒸煮时间的确定。取长度为 18 mm 的面条 20 根，放入 500 mL 沸水中，同时开始计时。保持水处于 98~100℃ 微沸状态下煮制，从 1 min 开始，每隔 30 s 取出一根面条，用透明玻璃片压开观察面条中间白芯的有无，白芯刚消失时的时间即为面条的最佳煮制时间。实验重复 3 次。

（2）面条蒸煮损失率的测定。取 10 g 生面条放入盛有 250 mL 沸水的小锅中煮至最佳时间，捞出面条，用蒸馏水冲淋面条 10 s，将面条凉 4 min 后对其进行烘干至恒重，然后称重，同时对 10 g 生面条也烘干至恒重，重复试验 3 次。

$$蒸煮损失率(\%) = \frac{生面条干重 - 熟面条干重}{生面条干重} \times 100$$

（3）膨胀率的测定。取 10 g 生面条放入盛有 250 mL 沸水中煮至最佳时间，捞出面条，控水 10 min 后，称其质量。

$$膨胀率(\%) = \frac{湿面条质量 - 控水后面条质量}{湿面条质量} \times 100$$

（4）断条率的测定。取 40 根面条，放入 1 000 mL 沸水中蒸煮，达到最佳蒸煮时间后，捞出面条，数出完整面条的根数。

$$断条率(\%) = \frac{断条根数}{40} \times 100$$

#### 7.5.1.4　马铃薯面条质构的测定

面条在最佳蒸煮时间条件下煮好后，用流动的自来水冲淋 30 s，放在质构仪载物台上，选用 TA41 探头，选取 TPA 模式进行试验。质构仪设定参数为：测试速度 8 mm/s，触发力 4.5 g，压缩时间 1 s，压缩距离 1.5 mm。测定指标为：Hardness（硬度）、Adhesiveness（黏着性）、Springiness（弹性）、Chewiness（咀嚼性）。每个样品重复 6 次平行试验。

#### 7.5.1.5　马铃薯面条感官品质的评价

10 名感官评价员对不同条件下制备的马铃薯全粉及全粉面条进行感官评价，以小麦粉面条为参照对比，针对面条的色泽、表观状态、适口性、韧性、黏性、光滑性、食味值进行评价。

采用 SPSS 软件对数据进行方差分析和显著性分析，选择 Duncan 检验在 $P<0.05$ 水平下对数据进行统计学处理。

### 7.5.2 不同处理马铃薯面条蒸煮特性

#### 7.5.2.1 面条最佳蒸煮时间的确定

面条的最佳蒸煮时间是面条的主要品质特性之一，其时间长短与原料及制品品质密切相关。蒸煮时间长，可能是因为原料本身的生的质量特性，使得蒸煮时间长，而蒸煮时间短的，可能是因为原料颗粒较散，淀粉呈分散状态，而有助于水分渗透进入面条内部，加速熟化过程，且本身熟化度高，使得面条易于煮熟。表 7-6 可以看出，荷兰马铃薯和陇薯 8 号经过处理 6 制备的面条最佳蒸煮时间最短，分别为 1 min 和 2 min，处理 2 的最佳蒸煮时间次之，分别为 2 min 和 2.5 min，其余样品最佳蒸煮时间相对较长，说明当经过 100℃ 的熟化后，马铃薯全粉熟化程度高，可以明显地缩短后期的最佳蒸煮时间。该研究结果与沈存宽（2016）结果相一致。

#### 7.5.2.2 断条率

断条率是评价面条蒸煮特性的重要指标，可以较为直观地表征面条的耐蒸煮特性，断条率越小，说明面条越耐煮，筋道强，有嚼头。从表 7-6 中可以看出，对于两个品种来说，处理 6 的断条率最高，其次为处理 3，处理 5 和处理 8 断条率相对较低。说明在 55℃ 条件下进行熟化和干燥对于全粉面条的品质影响最好。

#### 7.5.2.3 蒸煮损失率

蒸煮损失率是评价面条蒸煮特性的一个重要指标，蒸煮损失率越大，面汤越浑浊，面条的蒸煮品质越差。从表 7-6 可以看出，两个品种面条蒸煮损失率最高的均为处理 6，分别为 20.16% 和 30.80%；荷兰马铃薯和陇薯 8 号蒸煮损失率最低的均为 8 号处理样品，分别为 7.04% 和 6.57%。国家面条生产标准中最大的蒸煮损失率为 10%。研究表明，当面条中添加纤维素等物质时，由于其自身的水化作用，会破坏水分在蛋白与淀粉之间的分配，增大蒸煮损失率。本研究处理 6 在 100℃ 水浴 10 min，在 55℃ 条件下进行干燥，可能导致样品中的淀粉特性发生了变化，进而增大了其蒸煮损失率。

**表 7-6 不同面条蒸煮特性**

| 处理 | 最佳蒸煮时间（min） | | 断条率（%） | | 蒸煮损失率（%） | | 膨胀率（%） | |
|---|---|---|---|---|---|---|---|---|
| | 荷兰马铃薯 | 陇薯 8 号 | 荷兰马铃薯 | 陇薯 8 号 | 荷兰马铃薯 | 陇薯 8 号 | 荷兰马铃薯 | 陇薯 8 号 |
| 1 | 2 | 4.5 | 20 | 27 | 14.00±0.67$^{bc}$ | 8.91±0.39$^{d}$ | 150.0±2.30$^{e}$ | 172.70±0.57$^{d}$ |
| 2 | 2 | 2.5 | 40 | 20 | 20.8±0.26$^{a}$ | 17.60±1.16$^{b}$ | 161.00±2.56$^{cd}$ | 164.75±0.50$^{f}$ |
| 3 | 4 | 4 | 44 | 40 | 14.49±2.52$^{b}$ | 16.02±1.74$^{c}$ | 159.00±1.41$^{d}$ | 151.91±0.35$^{g}$ |

（续表）

| 处理 | 最佳蒸煮时间（min） | | 断条率（%） | | 蒸煮损失率（%） | | 膨胀率（%） | |
|---|---|---|---|---|---|---|---|---|
| | 荷兰马铃薯 | 陇薯8号 | 荷兰马铃薯 | 陇薯8号 | 荷兰马铃薯 | 陇薯8号 | 荷兰马铃薯 | 陇薯8号 |
| 4 | 4 | 4.5 | 30 | 22 | 10.76±1.69$^{cd}$ | 8.11±1.10$^{d}$ | 166.50±3.53$^{bc}$ | 167.92±0.28$^{e}$ |
| 5 | 3 | 4 | 17 | 30 | 11.06±0.49$^{bcd}$ | 17.56±1.66$^{b}$ | 165.00±2.83$^{cd}$ | 175.01±0.07$^{e}$ |
| 6 | 1 | 2 | 60 | 70 | 20.16±1.16$^{a}$ | 30.80±1.10$^{a}$ | 187.50±6.36$^{a}$ | 160.96±0.49$^{f}$ |
| 7 | 3.5 | 4.5 | 10 | 30 | 10.19±0.87$^{ef}$ | 14.66±6.50$^{c}$ | 173.00±3.92$^{b}$ | 180.40±0.14$^{a}$ |
| 8 | 3 | 5 | 20 | 25 | 7.04±2.45$^{f}$ | 6.57±1.94$^{d}$ | 159.00±2.82$^{d}$ | 177.38±0.64$^{b}$ |

注：肩标不同小写字母表示同一列数值差异显著（$P<0.05$）。

#### 7.5.2.4 膨胀率

膨胀率是面条吸收水分的多少，可以表征面条中淀粉和蛋白质水合程度。传统制作面条的膨胀率与淀粉糊化和面筋网络结构有关。从表7-6可以看出，荷兰马铃薯面条膨胀率最高的为6号处理，膨胀率为187.50%，其次为处理7，膨胀率为173.00%；膨胀率最低的为处理1（150%）；陇薯8号膨胀率最高的为处理7（180.40%），其次为处理8（177.38%），膨胀率最低的为处理3（151.91%）。综合以上说明，马铃薯经过40℃干燥样品的膨胀率小于55℃干燥的样品，可能是55℃更接近马铃薯淀粉的糊化温度，该条件下淀粉与蛋白质的结合能力更强，更有利于面条的加工。

### 7.5.3 不同处理马铃薯面条的质构特性

质构分析是目前评价面条品质的较好方法，研究表明，质构测试的硬度、弹性、内聚力、咀嚼性等指标与感官评价结果之间存在显著性关系。硬度是一个衡量面条坚固性的指标。面条的硬度是谷蛋白网络结构力贡献的。黏性是测定面条胶黏度指标，它与面条的品质呈负相关。凝聚力是测定内在强度的，尤其是谷蛋白和与之相关的消费者可接受性。咀嚼性是破碎面条达到吞咽水平所需要的能量。恢复力是描述面条橡胶态水平，是一个被压缩后可恢复的能量。

表7-7为不同样品的质构特性结果。荷兰马铃薯不同处理的硬度特性差异显著，其中硬度最大的为处理7，为479.10g，其次为处理6，处理2、5、8这3个样品处于中等水平。咀嚼性最大的为处理3、7、8；弹性较好的为处理3、7、8。陇薯8号，硬度最大的为处理1，处理2、3、4、5处于中等水平。研究表明，适当降低面条的硬度和咀嚼性，增大其弹性、内聚力和回复性有利于面条品质的改善。

表7-7 不同面条质构特性

| 处理 | 荷兰马铃薯 | | | | | | 陇薯8号 | | | | | |
|---|---|---|---|---|---|---|---|---|---|---|---|---|
| | 硬度(g) | 咀嚼性(gmm) | 弹性(mm) | 内聚力 | 黏结性(gn) | 感官评价 | 硬度(g) | 咀嚼性(gmm) | 弹性(mm) | 内聚力 | 黏结性(gn) | 感官评价 |
| 1 | 466.70±72.30ᵃ | 219.14±71.28ᶜ | 1.34±0.16ᵇ | 0.35±0.07ᶜᵈ | 4.74±0.92ᵇ | 45.3 | 512.50±128.53ᵃ | 316.22±4.91ᵃ | 1.43±0.08ᵇᶜ | 0.34±0.06ᵇ | 5.76±1.82ᵃ | 45.5 |
| 2 | 444.40±28.84ᵃᵇ | 222.41±36.82ᶜ | 1.51±0.05ᵃ | 0.33±0.05ᵈ | 8.47±0.55ᵃ | 43.3 | 426.33±52.72ᵇᶜ | 217.01±12.54ᵇᶜ | 1.48±0.07ᵇᶜ | 0.36±0.06ᵇ | 3.28±1.13ᵇ | 43.0 |
| 3 | 390.80±35.08ᵇ | 303.37±51.17ᵃᵇ | 1.57±0.13ᵃ | 0.49±0.04ᵃ | 3.93±0.69ᵇᶜ | 69.6 | 402.58±40.63ᵇᶜ | 259.66±38.48ᵃᵇ | 1.59±0.04ᵃ | 0.41±0.06ᵃᵇ | 2.50±0.34ᶜ | 69.6 |
| 4 | 312.40±42.71ᶜ | 212.49±67.57ᶜ | 1.53±0.12ᵃ | 0.43±0.07ᵃᵇ | 1.55±0.11ᵈ | 73.1 | 392.67±59.48ᵇᶜ | 268.86±11.76ᵃᵇ | 1.49±0.08ᵇᶜ | 0.48±0.07ᵃ | 1.86±0.55ᵈ | 73.1 |
| 5 | 415.70±10.99ᵃᵇ | 242.98±27.22ᵇᶜ | 1.46±0.04ᵃᵇ | 0.40±0.04ᵇᶜᵈ | 3.43±0.32ᵇᶜ | 79.7 | 458.17±59.77ᵃᵇ | 233.52±68.96ᵇᶜ | 1.38±0.06ᶜ | 0.36±0.10ᵇ | 2.55±1.22ᶜ | 78.9 |
| 6 | 287.60±41.07ᶜ | 119.60±34.72ᵈ | 1.23±0.12ᶜ | 0.33±0.06ᵈ | 2.88±0.46ᶜᵈ | 40.1 | 239.67±61.00ᵈ | 177.84±44.16ᶜ | 1.48±0.08ᵇᶜ | 0.49±0.04ᵃ | 1.81±0.63ᵈ | 40.2 |
| 7 | 479.10±78ᵃ | 319.04±59.54ᵃ | 1.56±0.12ᵃ | 0.41±0.05ᵇᶜ | 7.31±0.97ᵃ | 78.9 | 356.75±75.53ᶜ | 258.29±66.29ᵃᵇ | 1.44±0.07ᵇᶜ | 0.49±0.08ᵃ | 2.42±0.77ᶜ | 78.7 |
| 8 | 453.60±49.34ᵃᵇ | 272.21±47.64ᵃᵇᶜ | 1.54±0.09ᵃ | 0.39±0.03ᵇᶜᵈ | 4.01±1.51ᵇᶜ | 84.4 | 345.75±40.79ᶜ | 188.90±11.9ᵇᶜ | 1.45±0.07ᵇᶜ | 0.37±0.06ᵇ | 1.86±0.23ᵈ | 84.6 |

注：同一列指标不同小写字母表示处理间差异显著（$P<0.05$）。

当原料中淀粉的糊化度高，使得成形能力差，再次进行蒸煮时容易分散，降低其面条的硬度，研究表明，马铃薯淀粉的糊化特性为 55~70℃。而处理 2 和处理 6 分别在 100℃条件下处理 10 min，淀粉在该条件下已经发生糊化，当面条再次熟化后具有较大的硬度。

### 7.5.4　不同处理对马铃薯面条感官品质的影响

经过 10 名感官评价员对不同条件下制备面条进行感官评价，面条的色泽、表观状态、适口性、韧性、黏性、光滑性、食味值等得出面条感官评价最好的为处理 8，其次为处理 5，感官评价最差的为处理 6。

马铃薯熟化条件为 55℃ 水浴（含 1% NaCl 和 0.2% $Na_2SO_3$）10 min，干燥温度为 55℃（处理 8）制备得到的全粉面条品质最好，其次是熟化温度和烘干温度均为 55℃（处理 5）。在处理 8 条件下，马铃薯面条的感官特性最好，质构特性的硬度和咀嚼性适中，弹性最大。当熟化温度为 100℃，干燥温度为 55℃（处理 6），面条的蒸煮损失率、断条率和质构特性最差。由此可见，马铃薯全粉在熟化温度和干燥温度为 55℃ 时，制备的面条质量最好。

## 7.6　马铃薯全粉面条品质特性及主成分分析

马铃薯为茄科茄属一年生草本，富含蛋白质、碳水化合物、矿物质等人体需要的营养成分，也含有各类维生素、膳食纤维和多酚等活性成分。马铃薯种植范围遍布世界各地，是重要的粮食蔬菜兼用作物。目前，马铃薯已经成为仅次于小麦、水稻、玉米的世界第四大主要粮食作物。据联合国粮农组织统计（FAO，2021），我国马铃薯年产量为 0.96 亿 t，居世界首位。但是我国马铃薯加工转化率低，产品种类少，主要以鲜食为主，加工比例仅有 10% 左右，产品也仅有 10 余种。而欧美等发达国家，马铃薯深加工转化比例高，如美国为 75%，法国为 60%，英国也在 40% 以上，利用马铃薯开发的产品达到 2 000 种之多。我国的马铃薯品种资源十分丰富，目前已育成的有 300 多个品种，在生产上有一定推广面积的品种有 90 多个。研究表明不同品种马铃薯品质差异显著。马铃薯粉丝品质与马铃薯品质特性之间存在密切的关系，其中，粉丝品质与直链淀粉和不可溶性淀粉含量有关，粉丝质量与淀粉老化值有关。关于马铃薯面条的研究目前处于起步阶段，初步研究表明淀粉的糊化和老化特性在面条品质特性中具有很大贡献。研究发现，中薯 19 号的面条面汤浊度和蒸煮损失率最小，中薯 19 号、中薯 18 号、948A 及夏波蒂制作的面条拉伸特性、硬度及咀嚼性最好且微观结构较为致密。并且由于马铃薯中缺乏面筋蛋白而使得面团难于成型。关于不同品种马铃薯面条品质特性的差异情况、马铃薯面条品质特性的评价方法与评价指标、马铃薯面条加工的专用品种并不清楚。因此，开发适合我国居民饮食习惯的面条、馒头等满足一日三餐消费的新型主食产品，筛选适合加工新型主食产品的专用品种，培育具有新型主食产品加工需求特性的新品种，将是我国马铃薯加工业的重点发展方向。

面条品质特性评价指标众多，如最佳蒸煮时间、质构特性、拉伸特性、吸水率、蒸煮损失率、感官特性等，但是要用众多的指标评价马铃薯面条的品质，很难比较出不同品种面条品质特性的差异，采用科学的统计分析方法显得至关重要。主成分分析在产品品质分析上已经开展了研究，目前主成分分析广泛应用于薯片、挂面、牛奶、蜂蜜等品质特性分析，在品质评价指标的筛选及品质评价方面并取得了显著的效果。本部分以黑龙江、甘肃两个马铃薯主要种植地区的主要品种和北京市马铃薯典型品种为研究对象，在前期优化方法基础上，制备马铃薯全粉及面条，分析马铃薯全粉面条的色泽、蒸煮特性和质构特性差异情况，并采用主成分分析马铃薯全粉面条的重要评价指标及不同品种面条的综合评分，该研究将为我国马铃薯面条的品质评价提供依据，为马铃薯面条加工专用品种的筛选提供依据。

马铃薯品种由黑龙江八一农垦大学、甘肃省农科院及北京某蔬菜基地提供（表7-8），小麦粉：金沙河面粉。

表7-8 马铃薯品种名称及来源

| 序号 | 品种名称 | 来源 | 序号 | 品种名称 | 来源 |
| --- | --- | --- | --- | --- | --- |
| 1 | 垦薯1号 | 黑龙江八一农垦大学 | 7 | 陇薯9号 | 甘肃省农科院 |
| 2 | 布尔班克 | 黑龙江八一农垦大学 | 8 | 陇薯7号 | 甘肃省农科院 |
| 3 | 抗疫白 | 黑龙江八一农垦大学 | 9 | LY08104-12 | 甘肃省农科院 |
| 4 | 克新27 | 黑龙江八一农垦大学 | 10 | 陇薯8号 | 甘肃省农科院 |
| 5 | 陇14 | 甘肃省农科院 | 11 | 荷兰薯 | 北京某蔬菜基地 |
| 6 | LZ111 | 甘肃省农科院 | | | |

## 7.6.1 测定方法

### 7.6.1.1 马铃薯全粉制备工艺

马铃薯清洗→去皮→切片（3~5 mm）→55℃烘干→磨粉→过80目筛→备用。

### 7.6.1.2 马铃薯全粉面条的制备工艺

称量（马铃薯全粉：小麦粉=1.5：1）→和面→压面→煮面。

### 7.6.1.3 马铃薯全粉面条色泽的测定

取马铃薯全粉面条放入 WSC-S 测色色差计样品杯中，并填满样品杯，测定各样品的 $L^*$、$a^*$、$b^*$ 值。其中 $L^*$ 值越大，说明亮度越大，$+a^*$ 方向越向圆周，颜色越接近纯红色；$-a^*$ 方向越向外，颜色越接近纯绿色。$+b^*$ 方向是黄色增加，$-b^*$ 方向蓝色增加。匀色空间 $L^*$、$a^*$、$b^*$ 表色系上亮点间的距离两个颜色之间的总色差 $\Delta E^* = \sqrt{(\Delta L^*)^2 + (\Delta a^*)^2 + (\Delta b^*)^2}$，每个样品测定3组平行。

### 7.6.1.4 马铃薯面条蒸煮品质的测定

（1）最佳蒸煮时间的确定。取长度为 18 mm 的面条 20 根，放入 500 mL 沸水中，同时开始计时。保持水处于 98~100℃微沸状态下煮制，从 1 min 开始，每隔 30 s 取出一根面条，用透明玻璃片压开观察面条中间白芯的有无，白芯刚消失时的时间即为面条的最佳煮制时间。试验重复 3 次。

（2）断条率的测定。取 40 根面条，放入 1 000 mL 沸水中蒸煮，达到最佳蒸煮时间后，捞出面条，数出完整面条的根数。

$$断条率(\%) = \frac{断条根数}{40} \times 100$$

（3）面条蒸煮损失率的测定。取 10 g 生面条放入盛有 250 mL 沸水的小锅中煮至最佳时间，捞出面条，用蒸馏水冲淋面条 10 s，将面条凉 4 min 后对其进行烘干至恒重，然后称重，同时对 10 g 生面条也烘干至恒重，重复试验 2 次（参考中华人民共和国行业标准《挂面生产工艺测定方法》对鲜切面及干面的蒸煮损失进行测定，方法略有改动）。

$$蒸煮损失率(\%) = \frac{生面条干重 - 熟面条干重}{生面条干重} \times 100$$

（4）膨胀率的测定。取 10 g 生面条放入盛有 250 mL 沸水中煮至最佳时间，捞出面条，控水 10 min 后，称其质量。

$$膨胀率(\%) = \frac{湿面条质量 - 控水后面条质量}{湿面条质量} \times 100$$

#### 7.6.1.5　马铃薯面条质构的测定

面条在最佳蒸煮时间条件煮好后，用流动的自来水冲淋 30 s，放在质构仪载物台上，选用 TA 41 探头，选取 TPA 模式进行试验。质构仪设定参数为：测试速度 8 mm/s，触发力 4.5 g，压缩时间 1 s，压缩距离 1.5 mm。测定指标为：硬度、咀嚼性、弹性、内聚力、黏结性，每个样品重复 6 次平行试验。

结果采用平均值±标准差表示，数据显著性分析、相关性分析和主成分分析采用 SPSS 17.0 完成。

### 7.6.2　马铃薯全粉面条品质特性分析

#### 7.6.2.1　色泽

表 7-9 为马铃薯全粉面条品质特性。色泽是评价面条品质的重要指标，直接影响人们对面条品质优劣的判断。表 7-9 结果显示，不同品种马铃薯全粉色泽差异显著，LZ111 色泽最好，$\Delta E^*$ 值为 70.48±0.19，色泽最差的为陇薯 8 号，$\Delta E^*$ 值为 57.10±0.17。本研究中马铃薯全粉面条的色泽与徐芬（2016）研究的马铃薯全粉面条（$L^*$ 值为 83.89）及沈存宽（2016）研究的马铃薯全粉面条（$L^*$ 值为 92.59）的色泽差异显著，其主要是本研究在全粉加工过程中未使用护色剂。因此本研究的马铃薯全粉面条的色泽除了具有不同品种马铃薯果肉颜色存在差异之外，也可能是由于不同品种的马铃薯中多酚氧化酶含量及抗氧化活性的不同，使其发生褐变的程度不同。

#### 7.6.2.2　最佳蒸煮时间

面条的最佳蒸煮时间是面条的主要品质特性之一，其时间长短与原料及制品品质密切相关。蒸煮时间长，可能是因为原料本身的生的质量特性，使得蒸煮时间长，而蒸煮时间短的，可能是因为原料颗粒较散，淀粉呈分散状态，而有助于水分渗透进入面条内部，加速熟化过程，且本身熟化度高，使得面条易于煮熟。11 个品种面条的最佳蒸煮时间为 3~5.5 min（表 7-9）。其中荷兰薯面条的最佳蒸煮时间最短为 3 min，低于纯小麦粉面条的最佳蒸煮时间（4 min）。抗疫白和克新 17 号面条的最佳蒸煮时间最长，为 5.5 min。本研究与沈存宽（2016）研究的最佳蒸煮时间为 3~4.5 min 有一定差异，分析原因可能是沈存宽（2016）全粉的制备温度较高（流化干燥温度 65℃，闪蒸干燥温度 137.8℃），达到了马铃薯淀粉的糊化温度（55~70℃），使得全粉的熟化度高，更易于面条煮熟。

### 7.6.2.3　断条率

断条率是评价面条蒸煮特性的重要指标，可以较为直观地表征面条的耐煮性，断条率越小，说明面条的筋力强，有嚼劲。马铃薯全粉的添加会影响面团中面筋的形成，进而增加断条率，本研究中面条的断条率在 7%~40%（表 7-9）。其中断条率最低的陇 14（7%），其次为陇薯 9 号和陇薯 7 号（均为 10%）。

### 7.6.2.4　蒸煮损失率

蒸煮损失率是评价面条蒸煮品质的关键指标，蒸煮损失率越高，浑汤现象越严重，说明面条的蒸煮品质越差。国家面条生产标准中最大蒸煮损失率为 10%，本研究的不同品种面条的蒸煮损失率在 10%左右（表 7-9），其中抗疫白、陇 14、陇薯 8 号的蒸煮损失率低于 8%。研究表明，面条中添加纤维等物质时，由于其自身的水化作用，会破坏水分在蛋白和淀粉之间的分配，增大蒸煮损失率。马铃薯全粉中的淀粉由于含有磷酸基团，易吸收水分，当添加一定量时，会影响小麦淀粉和面筋的吸水，破坏面筋结构的形成，导致其面条的蒸煮损失率增大。

### 7.6.2.5　膨胀率

面条的膨胀率反应面条在蒸煮后吸收水分的多少，研究表明，面条的膨胀率与面条中面筋蛋白含量有关，面筋蛋白含量越高，面条膨胀率越高。本研究中不同品种面条的膨胀率差异显著，膨胀率在 160%~190%（表 7-9），其中陇薯 7 号和陇薯 9 号面条的膨胀率分别为 188.73%和 184.70%，高于纯小麦粉面条的吸水率为 183.4%（沈存宽，2016）。本研究的陇薯 7 号、陇薯 9 号、垦薯 1 号的膨胀率高于沈存宽（2016）的马铃薯生全粉面条的膨胀率（175.81%）。本研究中不同品种面条中的面筋蛋白质量一致，而面条膨胀率间差异显著，并且有的品种高于纯小麦粉的膨胀率，可能是不同品种马铃薯中的其他成分对面条膨胀率有贡献，具体原因有待进一步研究。

### 7.6.2.6　质构特性

TPA 质构分析是评价面条品质的有效方法，研究表明，TPA 质构测试各项参数与感官评价之间存在显著的相关性。研究表明，面条感官评价中的劲道感分别和硬度、黏合性、咀嚼性、回复性、弹性参数呈显著正相关，滑口感分别和硬度、咀嚼性、弹性和黏附性参数呈显著负相关。TPA 测试指标能较好地反映面条感官评价的适口性、韧性、黏性和总评分。因此，TPA 测试在一定程度上可以替代感官评价结果，并且结果更加客观。本研究中不同品种的硬度、咀嚼性、弹性、内聚力和黏结性等指标之间差异显著（表 7-9）。其中硬度最大和最小的品种分别是陇 14 号（544.58 g）和荷兰薯（415.70 g）；咀嚼性最大和最小的品种分别是克新 27（402.75 gmm）和荷兰薯（230.66 gmm）；弹性最大和最小的品种分别是陇薯 7（1.69 mm）和陇薯 8 号（1.38 mm）；内聚力最大和最小的品种分别是布尔班克（0.53）和陇薯 8 号（0.36）；黏结性最大和最小的品种分别是陇薯 7 号（5.03 gn）和 LY 08104-12（2.70 gn）。

表 7-9　马铃薯面条品质特性

| 序号 | 品种名称 | ΔE* | 最佳蒸煮时间 (min) | 断条率 (%) | 蒸煮损失率 (%) | 膨胀率 (%) | 硬度 (g) | 咀嚼性 (gmm) | 弹性 (mm) | 内聚力 | 黏结性 (gm) |
|---|---|---|---|---|---|---|---|---|---|---|---|
| 1 | 昆薯 1 号 | 62.71± 0.12[h] | 5 | 20 | 12.68± 0.84[a] | 176.60± 0.70[c] | 524.32± 42.87[ab] | 284.00± 45.22[cde] | 1.43± 0.12[efg] | 0.38± 0.03[bc] | 4.05± 0.83[d] |
| 2 | 布尔班克 | 60.57± 0.14[i] | 5 | 30 | 11.04± 0.54[b] | 173.93± 0.15[d] | 426.00± 38.16[cd] | 317.29± 31.61[bcd] | 1.42± 0.10[fg] | 0.53± 0.09[a] | 4.66± 0.24[b] |
| 3 | 抗疫白 | 65.93± 0.09[f] | 5.5 | 40 | 7.72± 0.54[e] | 166.77± 0.91[c] | 435.58± 73.12[cd] | 345.32± 77.87[abc] | 1.59± 0.06[bc] | 0.50± 0.02[a] | 3.65± 0.67[e] |
| 4 | 克新 27 | 67.97± 0.28[c] | 5.5 | 30 | 9.88± 0.73[d] | 164.63± 0.50[f] | 503.67± 73.48[abc] | 402.75± 44.32[a] | 1.55± 0.07[bcd] | 0.52± 0.04[a] | 4.26± 0.98[c] |
| 5 | 陇 14 | 64.87± 0.21[e] | 5 | 7 | 7.76± 0.31[e] | 166.83± 1.19[e] | 544.58± 92.71[a] | 381.06± 96.98[ab] | 1.55± 0.07[bcd] | 0.45± 0.08[ab] | 3.19± 0.37[f] |
| 6 | LZ111 | 70.48± 0.19[a] | 4.5 | 20 | 10.21± 0.16[bcd] | 173.83± 1.31[d] | 444.42± 52.81[bcd] | 357.78± 56.33[abc] | 1.61± 0.02[ab] | 0.50± 0.04[a] | 4.75± 0.56[b] |
| 7 | 陇薯 9 号 | 64.68± 0.17[g] | 5 | 10 | 11.04± 0.18[b] | 184.7± 0.36[b] | 463.42± 84.08[bcd] | 389.88± 57.15[ab] | 1.69± 0.05[a] | 0.51± 0.06[a] | 4.99± 0.44[b] |
| 8 | 陇薯 7 号 | 68.16± 0.23[c] | 4 | 10 | 10.80± 0.25[bc] | 188.73± 0.40[a] | 462.48± 44.92[bcd] | 281.61± 42.53[cde] | 1.51± 0.07[cde] | 0.41± 0.05[bc] | 5.03± 0.13[a] |
| 9 | LY08104-12 | 65.09± 0.27[d] | 4.5 | 30 | 9.98± 0.15[cd] | 175.47± 1.26[c] | 428.58± 73.41[cd] | 244.80± 53.13[de] | 1.48± 0.04[def] | 0.39± 0.08[bc] | 2.70± 0.21[h] |
| 10 | 陇薯 8 号 | 57.10± 0.17[j] | 4 | 30 | 6.57± 0.26[f] | 175.01± 0.07[c] | 458.17± 59.77[bcd] | 231.93± 79.15[e] | 1.38± 0.06[g] | 0.36± 0.10[c] | 2.93± 0.33[g] |
| 11 | 荷兰薯 | 68.20± 0.12[b] | 3 | 17 | 10.19± 0.34[cd] | 165.00± 2.83[ef] | 415.70± 10.99[d] | 230.66± 38.77[e] | 1.46± 0.03[fg] | 0.39± 0.05[bc] | 4.06± 0.71[d] |

注：肩标不同小写字母表示同一列数值差异显著（$P<0.05$）。

以上分析了11个品种马铃薯全粉面条的10个典型品质，但不同品种各品质特性之间差异显著，通过以上数据分析很难区分不同品种面条品质特性的质量差异。

### 7.6.3 马铃薯全粉面条品质特性的相关性分析

采用SPSS软件对11个品种马铃薯全粉面条的10个品质指标进行相关性分析，结果如表7-10所示。从表7-10中可以看出，$\Delta E^*$与弹性（$r=0.594^*$），最佳蒸煮时间与咀嚼性（$r=0.748^{**}$）、内聚力（$r=0.648^*$），咀嚼性与弹性（$r=0.764^{**}$）、内聚力（$r=0.836^{**}$），弹性与内聚力（$r=0.625^*$），内聚力与黏结性（$r=0.523^*$）均呈显著或极显著的正相关，说明马铃薯全粉面条品质评价指标间存在相关关联、相互制约的作用，一些品质的改变可能导致另外一些品质的变化，为了能更好地评价不同指标对面条品质的贡献作用大小，不同品种面条的品质特性的差异，将采用主成分分析进行接下来的分析。

表7-10 马铃薯全粉面条品质特性相关系数

| 指标 | $\Delta E^*$ | 最佳蒸煮时间 | 断条率 | 蒸煮损失率 | 膨胀率 | 硬度 | 咀嚼性 | 弹性 | 内聚力 | 黏结性 |
|---|---|---|---|---|---|---|---|---|---|---|
| $\Delta E^*$ | 1.000 | | | | | | | | | |
| 最佳蒸煮时间 | -0.078 | 1.000 | | | | | | | | |
| 断条率 | -0.275 | 0.313 | 1.000 | | | | | | | |
| 蒸煮损失率 | 0.268 | 0.014 | -0.297 | 1.000 | | | | | | |
| 膨胀率 | -0.112 | -0.130 | -0.413 | 0.415 | 1.000 | | | | | |
| 硬度 | -0.069 | 0.438 | -0.412 | 0.010 | -0.070 | 1.000 | | | | |
| 咀嚼性 | 0.334 | 0.748$^{**}$ | -0.154 | 0.020 | -0.143 | 0.447 | 1.000 | | | |
| 弹性 | 0.594$^*$ | 0.400 | -0.284 | 0.044 | 0.104 | 0.083 | 0.764$^{**}$ | 1.000 | | |
| 内聚力 | 0.284 | 0.648$^*$ | 0.146 | 0.096 | -0.159 | -0.048 | 0.836$^{**}$ | 0.625$^*$ | 1.000 | |
| 黏结性 | 0.415 | 0.041 | -0.367 | 0.629 | 0.439 | -0.100 | 0.389 | 0.411 | 0.523$^*$ | 1.000 |

注：$^{**}$ $P<0.01$；$^*$ $P<0.05$。

### 7.6.4 马铃薯全粉面条品质特性的主成分分析

主成分分析是一种双线性的建模方法，它可以通过一个多维的潜在的主成分来解释原有变量的信息。其中第一主成分涵盖了原有数据的大多数信息，第二主成分与第一主成分相互垂直，并且涵盖剩下多数信息，依此类推。通过分析主成分载荷值和得分可以看出不同样品之间的关系，也可以解释样品的特点、分组、相似性及差别（CAMO，1998）。表7-11为面条品质特征的特征值及主成分的载荷值。前4个主成分的特征值均大于1，方差贡献率分别为35.89%、23.51%、14.64%和11.73%，累积贡献率为85.77%，综合了面条品质特性的主要信息。前4个主成分既降低了原始变量的复杂性，也概括了原始数据的主要信息，能很好地解释面条的品质特性，可以采用前四个主成分进行接下来的分析。第一主成分中起主要作用的是咀嚼性、弹性、内聚力，均具有正向的载荷值，分别为0.922、0.841、0.831，命名为口感特性因子（解释了变异性的48.68%）；第二主成分中膨胀率、蒸煮损失率具有正向的载荷值，分别为0.703和0.653，断条率具有较大的负向载荷值，为−0.653，命名为蒸煮特性因子（解释了变异性的46.93%）；第三主成分中硬度具有最大的负向贡献作用，载荷值为−0.904，命名为硬度因子（解释了变异性的30.68%）；第四主成分中$\Delta E^*$具有最大的负向贡献作用，载荷值为−0.612，命名为色泽因子（解释了变异性的20.63%）。在每个主成分中，载荷值越高，表明贡献性越大。表7-11中同样具有不同主成分分值及不同品种的综合主成分得分和整体排序。第一主成分中咀嚼性、弹性、内聚力对陇薯9号、克新27和LZ111具有较大的作用，对陇薯8号、LY 08104-12、荷兰薯具有较小的作用。第二主成分中膨胀率、蒸煮损失率、断条率对陇薯7号、荷兰薯、陇薯9号的解释作用较大，而对抗疫白、克新27、陇14号和陇薯8号的解释作用较小；第三主成分中的硬度对抗疫白、荷兰薯、布尔班克和LZ 111的解释作用较大，对陇14、垦薯1号的解释作用较小；第四主成分中$\Delta E^*$的对布尔班克、垦薯1号的解释作用较大，对荷兰薯和陇14的解释作用较小。

## 7.6.5 马铃薯全粉面条的综合评价

通过主成分分析得知前四个主成分的累计贡献率为85.77%，反映了10个指标的大部分综合信息，用这4个主成分评价11个马铃薯面条品质特性是可行的，因此，可用$Y_1$口感特性因子、$Y_2$蒸煮特性因子、$Y_3$硬度特性因子和$Y_4$色泽特性因子的4个新的综合值来代替原来的10个指标对马铃薯面条品质特性进行分析，得到马铃薯面条的前4个主成分的线性关系式分别为：

$Y_1 = 0.540X_1 + 0.611X_2 − 0.268X_3 + 0.313X_4 + 0.074X_5 + 0.277X_6 + 0.922X_7 + 0.841X_8 + 0.831X_9 + 0.652X_{10}$

$Y_2 = 0.284X_1 − 0.595X_2 − 0.653X_3 + 0.653X_4 + 0.703X_5 − 0.180X_6 − 0.327X_7 + 0.02X_8 − 0.302X_9 + 0.582X_{10}$

$Y_3 = 0.306X_1 − 0.192X_2 + 0.542X_3 + 0.034X_4 − 0.165X_5 − 0.904X_6 − 0.159X_7 + 0.085X_8 + 0.332X_9 + 0.228X_{10}$

$Y_4 = 0.612X_1 + 0.418X_2 + 0.344X_3 + 0.379X_4 + 0.437X_5 − 0.054X_6 − 0.026X_7 − 0.289X_8 + 0.183X_9 + 0.224X_{10}$

以每个主成分对应的特征值的方差提取贡献率$\alpha_i$建立综合评价模型$Y = 0.418Y_1 + 0.274Y_2 + 0.171Y_3 + 0.137Y_4$，计算不同品种马铃薯面条的综合评分。结果如表7-11所示，综合得分前三位的分别是陇薯9号、LZ111、陇薯7号，综合得分分别为1.481、0.971和0.783。说明这三个品种更加适合加工成面条；综合主成分得分排在后两位的分别是陇薯8号和LY08104-12，其得分分别为−1.838和−0.774，说明这两个品种不适合加工面条。

**表7-11 前4个主成分载荷值和得分**

| 性状 | 载荷值 主成分1 | 主成分2 | 主成分3 | 主成分4 |
|---|---|---|---|---|
| ΔE* | 0.540 | 0.284 | 0.306 | -0.612 |
| 最佳蒸煮时间 | 0.611 | -0.595 | -0.192 | 0.418 |
| 断条率 | -0.268 | -0.653 | 0.542 | 0.344 |
| 蒸煮损失率 | 0.313 | 0.653 | 0.034 | 0.379 |
| 膨胀率 | 0.074 | 0.703 | -0.165 | 0.437 |
| 硬度 | 0.277 | -0.18 | -0.904 | -0.054 |
| 咀嚼性 | 0.922 | -0.327 | -0.159 | -0.026 |
| 弹性 | 0.841 | 0.002 | 0.085 | -0.289 |
| 内聚力 | 0.831 | -0.302 | 0.332 | 0.183 |
| 黏结性 | 0.652 | 0.582 | 0.228 | 0.224 |

| 品种名称 | 得分 主成分1 | 主成分2 | 主成分3 | 主成分4 | 综合得分 | 排名 |
|---|---|---|---|---|---|---|
| 昆薯1号 | -0.603 | 0.796 | -1.673 | 1.191 | -0.157 | 6 |
| 布尔班克 | 0.080 | -0.271 | 1.059 | 2.023 | 0.417 | 4 |
| 抗疫白 | 0.645 | -2.381 | 1.343 | -0.069 | -0.163 | 7 |
| 克新27 | 1.990 | -1.647 | 0.005 | -0.135 | 0.364 | 5 |
| 陇14 | 0.716 | -1.314 | -2.352 | -1.421 | -0.657 | 9 |
| LZ111 | 1.765 | 0.615 | 1.014 | -0.797 | 0.971 | 2 |
| 陇薯9号 | 2.674 | 1.235 | -0.314 | 0.562 | 1.481 | 1 |
| 陇薯7号 | 0.153 | 2.784 | -0.259 | -0.002 | 0.783 | 3 |
| LY08104-12 | -1.912 | -0.203 | 0.525 | -0.037 | -0.774 | 10 |
| 陇薯8号 | -3.628 | -1.013 | -0.586 | 0.422 | -1.838 | 11 |
| 荷兰薯 | -1.873 | 1.400 | 1.237 | -1.737 | -0.426 | 8 |

通过对 11 个品种马铃薯全粉面条品质特性进行分析，发现不同品种面条品质特性差异显著，相关性分析表明，$\Delta E^*$ 与弹性（$r = 0.594^*$），最佳蒸煮时间与咀嚼性（$r = 0.748^{**}$）、内聚力（$r = 0.648^*$），咀嚼性与弹性（$r = 0.764^{**}$）、内聚力（$r = 0.836^{**}$），弹性和内聚力（$r = 0.625^*$），内聚力与黏结性（$r = 0.523^*$）均呈显著或极显著的正相关。主成分分析提取 4 个主成分的累积贡献率为 85.77%，解释原有数据的大多数信息，通过口感特性、蒸煮特性、硬度特性和色泽特性等 4 个方面反映原有数据的信息，并且各主成分之间没有相关性，更好地体现各个指标对面条品质的影响。根据面条品质与主成分间的相关性，建立主成分与面条品质特性间的关系模型，计算不同品种马铃薯全粉面条品质特性的综合评分。最终得到 11 个品种马铃薯全粉面条品质特性的优劣顺序为陇薯 9 号、LZ111、陇薯 7 号、布尔班克、克新 27、垦薯 1 号、抗疫白、荷兰薯、陇 14、LY08104 - 12、陇薯 8 号。通过该综合主成分得分可以有效地将 11 个品种加工面条品质进行区分。

## 7.7　不同改良剂及醒发时间对马铃薯全粉面条品质特性的影响研究

面条是亚洲国家的主要食品，面条由于其方便性而逐渐被更多的消费者所喜爱，并逐渐扩展到西方国家。目前，面条加工主要以小麦粉为原料，全球面条制品占小麦产品的 12%，亚洲达到 50%。近年来随着社会的发展和人们生活水平的提高，人们对面条种类和品质的要求也越来越高，现有的方便面和干挂面已满足不了人们的需求。因此，具有不同口感、营养需求的大米面条、玉米面条、扁豆面条等无谷蛋白的面条产品逐渐增多。马铃薯富含蛋白质、膳食纤维、维生素及矿物质等人体所需的营养素，但是马铃薯中缺少面筋蛋白，使得马铃薯面条在加工过程中存在成型难、易断条、易浑汤等问题。为了加速马铃薯主粮化加工的进程，提高马铃薯主粮化产品的质量，研究不同处理对马铃薯面条品质特性的改善效果显得尤为重要。

面条品质特性改善方法包括改善原料制备工艺、改善面条加工工艺、添加品质改良剂等。其中品质改良剂具有效果显著、成本低等特点而广泛应用于面条品质改善中。研究发现发酵工艺和热处理等可以改善大米面条的品质；转谷氨酰胺酶和蛋白质-多酚相互作用来改善无谷蛋白大米的品质；谷朊粉、黄原胶、食盐等对面条感官品质、蒸煮品质、质构特性具有显著的改善作用。为了改善马铃薯面条的食用品质，保证面条的安全质量，本部分通过添加不同改良剂（谷朊粉、海藻酸钠、食盐）及不同醒发时间来评价马铃薯全粉面条感官品质、质构特性及蒸煮特性等品质特性的变化情况。

### 7.7.1　测定方法

#### 7.7.1.1　马铃薯全粉的制备

以陇薯 9 号为原料，马铃薯清洗→去皮→切片（3 ~ 5 mm）→熟化（55℃，20 min）→干燥（40℃，12 h）→磨粉→备用（马铃薯全粉）。

#### 7.7.1.2 马铃薯全粉面条的制备

称量（马铃薯全粉：小麦粉=1.5：1）→和面→醒发→压面→煮面。

在马铃薯面条制备过程中，通过添加谷朊粉、海藻酸钠、食盐等改良剂及不同醒发时间来改善面条品质，具体方法如表7-12所示。

表7-12 不同处理及梯度设计

| 梯度 | 处理1（添加谷朊粉，%） | 处理2（添加海藻酸钠，%） | 处理3（添加食盐，%） | 处理4（醒发时间，min） |
|---|---|---|---|---|
| 1 | 0 | 0 | 0 | 0 |
| 2 | 1 | 0.1 | 1 | 15 |
| 3 | 2 | 0.2 | 2 | 30 |
| 4 | 3 | 0.3 | 3 | 60 |
| 5 | 4 | 0.4 | 4 | 90 |
| 6 | 5 | 0.5 | 5 | 120 |

#### 7.7.1.3 面条感官评价方法

10名感官评价员对不同制备条件下马铃薯全粉面条进行感官评价，以小麦粉面条为参照对比，针对面条的色泽、表观状态、适口性、韧性、黏性、光滑性、食味值进行评价，面条的评价标准如表7-13所示。

表7-13 马铃薯全粉面条的评分标准

| 项目 | 满分 | 评分标准 |
|---|---|---|
| 色泽 | 10 | 面条的颜色和亮度：光亮为8.5~10分；亮度一般为6~8.4分；色发暗，亮度差为1~6分 |
| 表观状态 | 10 | 面条表面光滑和膨胀程度：表面结构细密，光滑为8.5~10分；中间为6.0~8.4分；表面粗糙，膨胀，变形严重为1~6分 |
| 适口性 | 20 | 用牙咬断一根面条所需力的大小：力适中为17~20分；稍硬或软12~17分；太硬或太软1~12分 |
| 韧性 | 25 | 面条在咀嚼时，咬劲和弹性的大小：有咬劲，富有弹性为21~25分；一般为15~21分；咬劲差，弹性不足为1~15分 |
| 黏性 | 25 | 指在咀嚼过程中面条的粘牙程度：咀嚼时爽口不粘牙21~25分；较爽口稍粘为15~21分；不爽口发黏为10~15 |
| 光滑性 | 5 | 指在品尝时口感的光滑程度：光滑为4.3~5分；中间为3~4.3分；光滑程度差为1~3分 |
| 食味 | 5 | 指在品尝时的味道：具有清香味4.3~5分；基本无异味3~4.3分；有异味1~3分 |
| 总分 | 100 | |

7.7.1.4  面条蒸煮品质的测定

（1）面条蒸煮损失率的测定。取 10 g 生面条放入盛有 250 mL 沸水的小锅中蒸煮，保持水处于 98~100℃ 微沸状态下煮制，从 1 min 开始，每隔 30 s 取出一根面条，用透明玻璃片压开观察面条中间白芯的有无，白芯刚消失时即可，捞出面条，用蒸馏水冲淋面条 10 s，将面条凉 4 min 后对其进行烘干至恒重，然后称重，同时对 10 g 生面条也烘干至恒重，重复试验 2 次，参考《挂面》（GB/T 40636—2021）对鲜切面及干面的蒸煮损失进行测定，方法略有改动。

$$蒸煮损失率(\%) = \frac{生面条干重 - 熟面条干重}{生面条干重} \times 100$$

（2）膨胀率的测定。取 10 g 生面条放入盛有 250 mL 沸水中煮至最佳时间，捞出面条，控水 10 min 后，称其质量。

$$膨胀率(\%) = \frac{湿面条质量 - 控水后面条质量}{湿面条质量} \times 100$$

7.7.1.5  面条质构特性的测定

取 20 根面条，置于 500 mL 沸水中蒸煮 5 min，用漏勺捞出放入冷水中浸泡 1 min，将面条捞出置于双层湿纱布之间静置 5 min 后待测定。

选用 Code HDP/PFS 探头，测试参数设定为：测试模式为 Measure Force in Compression；测前速度 2.0 mm/s；测中速度 0.8 mm/s；测后速度 0.8 mm/s；压缩程度 70%；负载类型 Auto-5 g；两次压缩之间的时间间隔 1 s。以硬度、内聚力、弹性和黏性作为 TPA 实验分析参数，每个试样作 6 次平行试验，去掉最大、最小值后，求平均值。

以上试验数据重复 3 次，采用 Origin 8.0 绘制趋势图，图中显著性为 $P<0.05$ 水平。

## 7.7.2  不同处理对面条感官品质的影响

按照表 7-13 中面条的感官评价标准，对不同处理后面条的色泽、表现状态、适口性、韧性、黏性、光滑性、食味等指标进行了综合评定，结果如图 7-1 所示。

图 7-1 显示，4 种处理方法对面条感官品质特性都有不同程度的改善，对面条感官特性影响顺序依次为醒发时间>海藻酸钠>谷朊粉>食盐。其中，随着醒发时间和食盐的增加面条感官品质呈现先增加后降低的趋势，当醒发时间为 30 min 时，面条的感官总分达到了最大值为 84.2 分；当食盐添加量为 3%时面条感官总分值达到了最大值为 82.3 分；随着海藻酸钠和谷朊粉添加量的增加，面条的感官品质特性逐渐增加。

## 7.7.3  不同处理对面条质构特性的影响

质构特性是蒸煮面条能否被消费者接受的主要评价指标。质构剖面分析法模拟人类牙齿咀嚼食物，对面条进行二次压缩的机械过程，该过程能够测定探头对试样的压力以及其他相关质地参数。本次试验中分析马铃薯面条的硬度、内聚力、弹性以及黏性四个指标，从质构特性方面分析面条的口感。

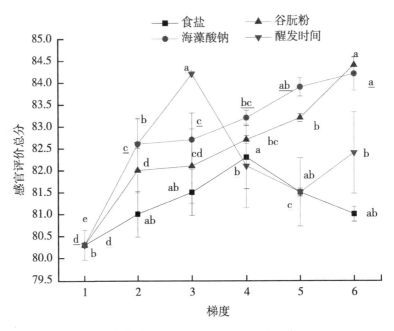

**图7-1 不同处理对面条感官特性影响**

### 7.7.3.1 硬度

图7-2所示，不同处理对面条的硬度均有不同程度的改善作用，对硬度影响顺序依次为海藻酸钠>醒发时间>食盐>谷朊粉。其中，随着海藻酸钠和醒发时间的增加，面条硬度先增加后降低并逐渐达到稳定趋势，当海藻酸钠添加量为0.1%时，面条的硬度达到最

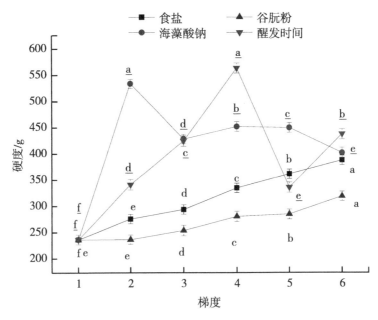

**图7-2 不同处理对面条硬度影响**

大值，为533.56 g，是未添加海藻酸钠时的两倍；当醒发时间为60 min时，面条的硬度达到最大值，此后随着醒发时间的增加，面条的硬度不断波动，但没有达到60 min的硬度值。随着食盐和谷朊粉添加量的增加，面条硬度逐渐增加，但增加趋势不显著，综合以上4种处理，海藻酸钠对面条硬度的影响最为显著。该研究与Rombouts（2014）研究发现的随着食盐浓度的增加，面条硬度逐渐增加的结果相一致。

### 7.7.3.2 内聚力

图7-3显示，随着谷朊粉、海藻酸钠、食盐三种改良剂添加量的增加，面条的内聚力逐渐增加。随着醒发时间的增加，面条的内聚力呈现先增加后降低并趋于平稳的趋势，说明改良剂的添加对于马铃薯面条的劲道起着积极作用。

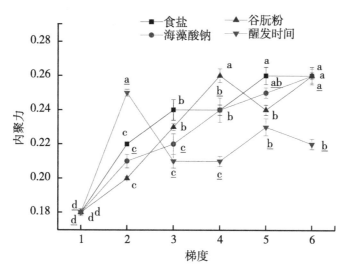

**图7-3 不同处理对面条内聚力的影响**

### 7.7.3.3 弹性

图7-4结果显示，不同处理对面条弹性有明显的改善作用。其中随着食盐、海藻酸钠的添加，面条的弹性基本呈上升趋势；谷朊粉和醒发时间对面条弹性的影响呈现波动趋势，其中谷朊粉添加量为3%时，面条的弹性最大，为1.08；当醒发时间为15 min和90 min时，面条的弹性处于最大值。Sangpring（2015）研究了食盐添加量分别为0%、3%、5%时，大米面条的延展性随着食盐添加量的增加而增加，而抗张强度随着食盐添加量的增加而降低。小麦面条最初的弹性系数和黏性系数随着食盐添加量的增加而增加，面条的弹性随着食盐添加量的增加而增大。

### 7.7.3.4 黏性

图7-5结果显示，经过不同处理后，面条的黏性有逐渐下降再上升的趋势，说明经过适度的处理后，面条的口感变好。其中，食盐、谷朊粉、海藻酸钠添加量分别为1%，1%，0.1%时面条的黏性最好，醒发时间为30 min时，面条的黏性最好。

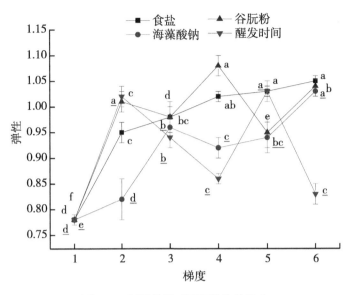

图 7-4　不同处理对面条弹性的影响

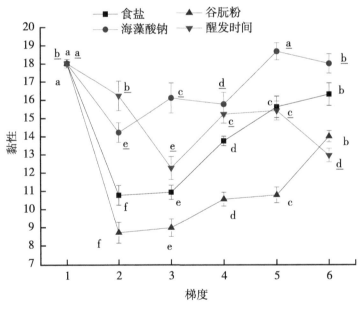

图 7-5　不同处理对面条黏性的影响

## 7.7.4　不同处理对面条蒸煮品质的影响

### 7.7.4.1　蒸煮损失率的影响

面条蒸煮损失率与面条蒸煮过程中固形物析出程度有关，是衡量面条蒸煮品质的很好指标。面条蒸煮过程中会有部分干物质溶于面汤中而质量减少，其溶解数量的多少常用来衡量面条的耐煮性。本身的质量会产生一定减少，面粉以及马铃薯粉会在水中有一定量的溶出，为了保证面条的品质，对 4 种处理方法的蒸煮损失率进行了比较分析，结果如图 7-6 所示。

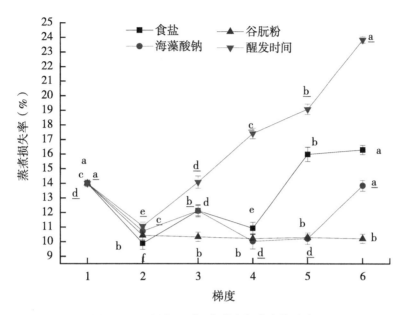

图 7-6　不同处理对面条蒸煮损失率的影响

图 7-6 结果显示，不同处理对面条蒸煮损失率有显著的改变作用。当添加谷朊粉后，面条的蒸煮损失率显著降低，由未添加谷朊粉时的 14% 降低至 10.43%，并在之后的添加过程中趋于稳定。随着食盐和海藻酸钠添加量的增加面条蒸煮损失率先降低后增加。随着醒发时间的延长，在醒发时间为 15 min 时，面条的蒸煮损失率处于最低水平，为 11.065%，当醒发时间逐渐延长，面条的蒸煮损失率逐渐增大。本研究与孙涟漪（2014）研究发现的随着谷朊粉添加量的增加，面条的蒸煮损失率降低相一致；与 Sangpring（2015）研究发现的随着食盐浓度的增加，面条的蒸煮损失增大的趋势相一致。蒸煮损失率增加的原因主要是谷蛋白和食盐对蛋白质网络结构和淀粉凝胶特性的影响，同时食盐的添加降低了面条中淀粉的包裹结构而导致的。郭祥想（2014）研究表明，随着醒发时间的延长，面条的干物质损失率先减小后增大。淀粉面条的蒸煮损失率较大说明淀粉具有较大的溶解性和较低的蒸煮耐性，将导致面条具有较黏的质构特性。

### 7.7.4.2　膨润率

膨润率反映面条在经过水煮之后吸水，体积变大的情况，膨润率越大，面条煮过后的体积就越大，结果如图 7-7 所示。不同处理对面条膨润率均具有显著改善作用，大多数是随着处理梯度的改变而呈现先增加后降低的趋势。当醒发时间为 60 min 时，膨润率处于最大值。从图 7-7 中可以看出添加了谷朊粉的面条膨润率普遍偏高，体积膨胀的最多，添加了海藻酸钠、食盐的面条，膨润率大部分低于添加了谷朊粉的面条。四种处理方法中，膨润率始终较低的是延长醒发时间。通过与无添加面条的对比试验，未添加改良剂的面条膨润率在 70.5% 左右，由此可证四种处理方法的增大确实能增加面条的膨润率。

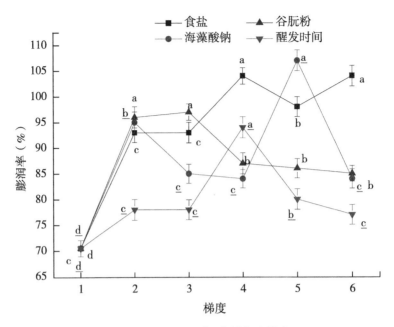

**图 7-7　不同处理对面条膨润率影响**

面条品质主要通过颜色、外观、质地、味道和蒸煮损失率作为基本典型评价指标；通过硬度、黏结性、抗拉程度和感官品质作为主要区分因素。面条品质的主要影响因素为面条加工专用粉原料、加工工艺和面粉品质改良剂。

谷朊粉具有独特的氨基酸组成，吸水后可以形成具有黏弹性网络结构的特性，并且谷朊粉使面团中含-SH的氨基酸增多，导致二硫键增多，从而加固了面筋蛋白的网络结构，适量添加，可以改善面条的成型性，增加筋力，减少面条的溶出率，提高面条的膨胀率；但添加量过多，煮制过程中蛋白质变性，疏水基暴露，使得面条的吸水率降低，反而增加面条的硬度、黏度，降低面条的适口性。

食盐的添加可以改善面条的风味、颜色和质构特性。适量的添加可以增加面条更饱满的口感，掩盖异味以及提高平衡风味，改善面条的柔软性（Sangpring，2015）。在本研究条件下，面条的感官评分值随着食盐添加量的增加而先增加至最高点后降低。食盐的添加也可以强化面筋，适量的盐在溶液中离解为阴、阳离子后，其离子可以结合氨基酸的极性残基，从而起到稳定蛋白质结构、增强筋力和延展性的作用。本研究中随着食盐添加量的增加，面条的硬度、弹性、内聚力逐渐增加。面条的膨润率先增加后降低并逐渐趋于平稳。可能是由于过量的食盐使得马铃薯淀粉中磷酸基团和 NaCl 的静电斥力引起的；也可能是由于 NaCl 的添加，使得面条的结构疏松，淀粉损失率增加，使得面条的蒸煮损失增加，残留在样品中的固形物降低。另外，随着 NaCl 添加量的增加，面条的弹性随着增加，可能是由于 NaCl 对蛋白质的网络结构有较好的促进作用。

海藻酸钠是面条加工过程中常见的增稠剂，可以增加面团的黏结能力，提高面条的抗拉性，使面条不易断条、不易糊汤等。增稠剂能使面筋与淀粉颗粒、淀粉颗粒与淀粉颗粒以及散碎的面筋很好地黏合起来，形成有序的三维空间网状结构，使面条筋力、弹性和韧性增强。本研究中随着海藻酸钠的添加，面条的感官评分逐渐升高，面条的硬度先增加后降低并趋于稳定，内聚力逐渐增加，弹性逐渐增大，黏性先降低后增加，蒸煮损失率先降低后增加，本研究与 Cai（2016）等研究的壳聚糖对甘薯面条的硬度、黄原胶对面条的硬度、咀嚼性，海藻酸钠对无谷蛋白面条的质构改善结果相一致。

适当的醒发时间有利于淀粉和蛋白质的充分吸收水分，从而形成较均匀的网络结构，制作出的面条品质较好。但是，过度的延长醒发时间，面团内部结构不再变化甚至变得松软，面团内部水分向表面迁移，使得损失率增加。本研究中发现，随着醒发时间的增加，面条的感官评分先增加后降低，在 30 min 时达到最大值，硬度在 60 min 时达到最大值，内聚力在 15 min 时达到最大值，黏性在 30 min 时处于最低值。蒸煮损失率在 15 min 时与对照相比显著降低，但随着醒发时间的增加，蒸煮损失率增加。

综合以上分析，本试验在面条加工原料一致基础上，品质改良剂和面条加工过程中的醒发时间对面条品质具有显著影响，具体如何改变面条的品质机理有待进一步研究。

谷朊粉、海藻酸钠、食盐和醒发时间均可显著改善面条的品质。其中对面条感官品质影响顺序为醒发时间>海藻酸钠>谷朊粉>食盐，硬度和黏性的影响顺序为海藻酸钠>醒发时间>食盐>谷朊粉，内聚力和蒸煮损失率的影响顺序为醒发时间>食盐>谷朊粉>海藻酸钠。醒发时间和改良剂添加量对面条品质的影响顺序有差异，但适度的醒发时间和改良剂添加量可以提高面条的品质。当醒发时间为 15~60 min 时，可以显著改善面条的感官品质、硬度、黏性及蒸煮损失率；当谷朊粉添加量为 1%~3% 时，可以显著改善面条的感官品质、硬度、内聚力、弹性和蒸煮损失率。由此可见，在适度的醒发时间和添加改良剂条件下，可以显著改善马铃薯全粉面条的感官品质、质构特性及蒸煮特性。

# 第8章 马铃薯全粉香肠制备及品质评价

香肠富含蛋白质、矿物质等营养成分，食用方式方便快捷，符合当前快速发展的消费模式。而香肠以猪肉、牛肉、羊肉为主要原料，据 IARC 项目组称，香肠中的红肉可能与患上大肠癌的风险有关，香肠中高脂肪含量不仅会让人肥胖，还易引发各种心脑血管和癌症等疾病。随着现代消费者自我保健意识的增强，此类产品逐渐被人们抵制。所以，有必要采用健康的食品部分替代香肠中的瘦肉和肥肉，生产健康香肠。

为了生产低红肉和低脂类香肠，目前常用方法包括两类，一类是降低配方中的肉类含量，另一类是使用肉类替代品。第一种方法会使香肠的感官特性和营养价值显著下降，所以第二种方法非常流行。膳食中以膳食纤维（DF）代替脂肪，可通过增加膳食纤维的摄入量和降低食物的热量含量，在抵抗这些疾病方面发挥重要作用。因此，为了满足消费者的健康需求，以及香肠的外形、口感、出品率、营养价值等要求，在香肠的加工过程中常需要加入一些其他的辅料来改善香肠的品质。马铃薯全粉不仅含有膳食纤维，还含有改善香肠凝胶特性的淀粉，能有效提高香肠的稠度、乳化性和质量等。

## 8.1 香肠概述

香肠制品是指以畜禽肉为主要原料，通过腌制、绞切、斩拌、乳化等单元操作制成肉馅（肉丁、肉糜或其混合物），填充入天然或人造肠衣中，根据产品的品质特点进行烘烤、蒸煮、烟熏、发酵、干燥等加工处理制成的一类肉制品。香肠以瘦肉和肥肉为主要材料，具有美味可口、品种丰富、方便食用等优点，深受消费者喜爱。因为香肠的制造在有记载的历史之前就已经有了，所以不确定第一根香肠是如何以及何时生产出来的。然而，"香肠"这个词来自古诺曼法语，拉丁语，意思是"咸的"。香肠的制作始于一个简单的腌制和干燥肉类的过程，这有助于香肠的保存。添加调味料和香料以改善产品的风味。香肠被定义为切碎的调味肉，塞进肠衣，可以烟熏、腌制、发酵和加热。通过改变肉类配方、加工温度、肠衣类型和肠衣的粒径，可以生产各种各样的香肠产品。表 8-1 和表 8-2 分别列出了目前香肠的分类以及世界各地主要的鲜肠品种。

表 8-1　香肠的分类（Savic，1985）

| 分类 | 品质特性 | 例子 |
|---|---|---|
| 生的香肠 | | |
| 新鲜的 | 由新鲜粉碎、未腌制、非烟熏肉类制成；消费者在加热前必须冷藏 | 早餐香肠（美国），boerewors（南非），德式香肠（德国），merguez（北非），siskonmakkara（芬兰） |
| 发酵的 | 由粉碎的、腌制的或未腌制的、发酵的、通常是烟熏的肉类制成的；不是热加工食品 | |
| 半干的（快速发酵） | 填充在中、大直径人工套管中；发酵产生的"浓烈"味道；熏制和发酵的时间长短取决于品种，但很少超过几天；提高了储存冷藏的稳定性 | 各种夏季香肠，熏香肠，香肠，黎巴嫩博洛尼亚香肠（美国） |
| 干的（慢慢发酵） | | 不同种类的意大利腊肠（南非，不发酵） |
| 热加工香肠 | | |
| 烟熏预煮 | 大部分是粉碎、腌制、不发酵的。食用前最后烹调 | 中国的猪肉香肠，波兰熏肠 |
| 乳化型 | 由粉碎均匀的腌肉、脂肪、水和调味料制成；通常为烟熏，稍煮，即食产品 | 法兰克福香肠、熏肉香肠、腊肠、摩泰台拉香肚 |
| 煮熟的 | 由事先粉碎的、煮熟的新鲜或腌制的原料制成的；无论是否烟熏；即食产品 | 肝脏香肠，熏肝香肠 |

表 8-2　世界各地主要鲜肠品种

| 种类 | 肉 | 脂肪 | 其他成分 | 包装 | 参考文献 |
|---|---|---|---|---|---|
| 早餐肠（美国） | 肉类及多种肉类副产品；可包含机械分离的产品多达20%的肉部分 | 重量不超过50% | 盐，胡椒；黏结剂和填充剂高达 3.5%；没有辣椒 | | USDA - FSIS（1999，2014），http：//en.wiki-pedia.org/wiki/Breakfast_sausage，accessed on 25/11/2014 |
| 新鲜的猪肉香肠（美国） | 猪肉，没有猪肉副产品 | 重量不超过50% | 盐，胡椒；佐料：鼠尾草和糖，或鼠尾草、辣椒和姜；不允许添加辣椒粉、黏合剂或添加剂 | 窄（26~28 mm）清管器套管 | USDA - FSIS（1999，2014），Savic（1985） |
| 新鲜的牛肉香肠（美国） | 牛肉，没有牛肉副产品；可以机械地包含分离牛肉高达20%的肉份额 | 重量不超过30% | 盐，胡椒，红辣椒，辣椒，姜，小豆蔻，葫芦巴，糖；不允许添加辣椒粉、粘合剂或添加剂 | 绵羊或山羊，窄（16~18 mm），窄-中（18~22 mm），中（20~22 mm）和宽（22~24 mm） | USDA - FSIS（1999，2014），Savic（1985） |

（续表）

| 种类 | 肉 | 脂肪 | 其他成分 | 包装 | 参考文献 |
|---|---|---|---|---|---|
| 全猪肉香肠（美国） | 可以使用整头猪的肉部分，包括舌头和心脏等肌肉副产品，比例与天然动物一致 | 重量不超过50% | | | USDA – FSIS（1999，2014） |
| 意大利香肠（意大利） | 至少85%是猪肉；可包含机械分离猪肉高达20%的肉类部分 | 不超过成品的35% | 盐，胡椒，茴香和/或茴芹；可选：香料（包括红辣椒），调味料，红辣椒或青椒，洋葱，大蒜，欧芹，糖，葡萄糖和玉米糖浆 | | USDA – FSIS（1999，2014） |
| 南非香肠（南非） | 至少90%的牛、羊、猪或羊的肉；不允许使用副产品或机械分离的肉类 | 重量不超过30% | 盐（1%~5%），胡椒；醋、药草、香料（香菜、肉豆蔻、多香果等）、无害香料、谷物制品或淀粉、允许的食品添加剂 | 天然动物外壳 | Rust，1987；Romans et al.，2001；http://en.wikipedia.org/wiki/Boerewors（accessed on 6/11/2014） |
| 肉肠（北非） | 由羊肉或牛肉或两者的混合物制成 | | 盐，胡椒；酸的是漆树，红辣椒，红辣椒或哈里萨辣椒 | 羊肠衣 | http://www.meatsandsausages.com/sausage – recipes/merguez（accessed on 06/11/2014） |
| 德国碎肉香肠（德国） | 主要是猪肉和小牛肉，但也有猪肉和牛肉 | | 盐，胡椒粉，马郁兰，香菜，肉豆蔻，姜，蛋清 | 32~36 mm 猪肠衣 | http://www.meatsandsausages.com/sausage – recipes/bratwurst（accessed on25/11/2014） |

## 8.2 香肠品质的影响因素

香肠食用品质的重要指标包括色泽、气味、滋味等，其中，色泽可以直观反映产品的优劣，而脂肪氧化程度影响产品气味与滋味，氧化程度也决定香肠的保质期。食品腐败涉及一个复杂的过程，过度的腐败会造成巨大的经济损失，甚至造成健康危害。香肠的变质可能会导致产品的感官（颜色、气味、风味、质地）特征发生变化，这些变化是消费者无法接受的。这些变化可能是在没有微生物的情况下由蛋白质水解、脂解和脂质氧化引起的。然而，到目前为止，微生物的生长是造成新鲜产品腐败的最重要因素。

### 8.2.1　微生物组成

一般来说，肉类是微生物的理想生长介质。新鲜香肠的好氧菌落计数从 $1.5\times10^3$ ~ $2.1\times10^8$ CFU/g 到冷冻香肠的 $1.4\times10^3$ ~ $3.1\times10^7$ CFU/g，新鲜香肠的酵母计数从 $5.0\times10^3$ ~ $4.7\times10^8$ CFU/g。研究发现鲜肉和香肠腐败原因，结果发现许多病原体与碎牛肉有关，因此香肠生产商应确保其产品不受李斯特菌、大肠杆菌 O157、沙门氏菌、旋毛虫和肠毒素葡萄球菌等病原体的污染。

影响细菌生长从而影响新鲜香肠产品变质潜力的内在因素包括 pH 值，pH 值不应小于 5.5，营养的可用性、水活度等于或高于 0.97 和氧化/还原电位。外部因素包括温度（新鲜香肠在食用前通常储存低于 4℃）、颗粒表面积、研磨肉类增加腐败特性、气体环境和包装老化材料。

### 8.2.2　自由基

除微生物腐败外，脂质氧化或氧化酸败是鲜肉和鲜肉产品第二大已知的腐败因素。肉的破碎破坏了肌膜的完整性，使脂质膜暴露在金属离子下，促进了氧化剂和不饱和脂肪酸之间的相互作用。因此，脂质氧化取决于光线和氧气的进入、肉的化学成分、储存温度和工艺流程。这将对肉的质量产生负面影响，导致感官（颜色、质地和味道）和营养质量的变化。鲜肉块和肉制品的鲜红色是由于含氧肌红蛋白的存在。在冷藏期间，由于暴露在高水平的氧气中，这种红色会失去。红色的氧合肌红蛋白随后转化为棕色的高铁肌红蛋白。

## 8.3　香肠的常规化学保存方法

通过在肉制品中添加抗氧化剂和抗菌剂，可以降低贮藏过程中的脂质氧化和微生物生长，从而延缓肉制品的腐败，延长保质期，保持质量和安全。很多用于此目的的防腐剂都是化学物质。

### 8.3.1　抗菌剂

新鲜香肠中最常用的防腐剂是二氧化硫（$SO_2$）。它通常以亚硫酸钠的形式添加，并表示为百万分之一（ppm）或 mg/kg $SO_2$。亚硫酸盐的抗菌作用是通过未解离的 $SO_2$ 分子发挥的。解离程度取决于 pH 值，在酸性条件下会降低。尽管肉的 pH 值（5.2~5.7）对亚硫酸盐的抗菌活性有负面影响，但它仍然足以作为一种抗菌物质。另一个可能影响 $SO_2$ 有效性的因素是与 $SO_2$ 结合的羰基化合物（酮或醛基）的存在。因此，为了使 $SO_2$ 有效，不仅底物需要是酸性的，而且需要相当于不含氧和亚硫酸盐结合物。细菌比酵母菌和霉菌对二氧化硫更敏感。亚硫酸盐对酵母的活性比二氧化硫低；焦亚硫酸钠对革兰氏阴性菌更有效，特别是假单胞菌。热死环丝菌，英国新鲜香肠中的主要腐败菌是细菌，也相对抵抗亚硫酸盐。

亚硫酸盐对新鲜猪肉香肠的抗菌作用的研究结果表明，香肠中亚硫酸盐浓度大于或等于 450 mg/kg 时，需氧数较低。研究还表明，在肉末中添加 400~500 mg/kg 的 $SO_2$ 时，即使在 22℃的温度下，也会对革兰氏阴性菌的生长产生负面影响，并抑制葡萄球菌、金黄色葡萄球菌等病原菌的生长。因此，根据法律规定，大多数新鲜香肠都是用这些二氧化硫浓度保存的。

最初，研究表明，人类对二氧化硫有相当的耐受性，除非摄入有害的剂量，否则不会受到影响。然而，最近有关于哮喘患者对二氧化硫敏感性的病例报道较多。其中一些患者由于癫痫发作和过敏性休克而危及生命或致命。它可能是导致一些人头痛、恶心和腹泻的主要原因。由于一些 $SO_2$ 在烹饪过程中释放为气体，这可能会导致呼吸问题，主要是在哮喘患者、硫胺素吸收不足和碳水化合物代谢中断的情况下，特别是对 $SO_2$ 有过敏反应的人。然而，对人体的毒性作用是可变的，人们可以耐受不同的水平。

### 8.3.2 抗氧化剂

为了降低肉制品中的脂质氧化，几种合成抗氧化防腐剂，如丁基羟基甲苯（BHT）、丁基羟基茴香醚（BHA）、叔丁基对苯二酚（TBHQ）和没食子酸丙酯（PG），通常被用于保护食品免受脂质氧化腐败。食品中抗氧化剂的使用受国家标准或国际标准的控制。抗氧化剂的作用方式有：清除自由基、打破链式反应、分解过氧化物、降低局部氧浓度和结合链引发催化剂。

### 8.3.3 抗褐变剂

二氧化硫不仅被用于香肠的抗菌，而且还被用于改善或保持香肠的颜色。

## 8.4 香肠的天然抗菌和抗氧化防腐剂

由于对腌制食品敏感的消费者可能产生过敏反应，通常避免使用化学添加剂和防腐剂。然而，另一个主要原因是，如今消费者普遍更加关注食品添加剂的安全性，并要求天然产品。因此，世界各地的研究人员正在研究各种更安全的天然防腐剂，以替代化学和合成防腐剂。在鲜肠生产中，可替代的防腐剂大致可分为微生物源化合物、植物源化合物和动物源化合物。

### 8.4.1 微生物源化合物

许多微生物，特别是乳酸菌，具有产生抗菌剂的能力，以提高其竞争力。这些细菌产生的化合物长期以来一直用来保存食物。这些化合物是小分子质量的有机分子，分为蛋白质（主要是细菌素）和非蛋白质（乳酸、丙酸、丁酸、乙酸等）、过氧化氢、双乙酰等化合物。

#### 8.4.1.1　细菌素

细菌素是乳酸菌产生的最常见的抗菌肽。在细菌代谢过程中，细菌素由核糖体合成并分泌到环境中。已知细菌素对革兰氏阳性细菌（如单核增生李斯特菌）比革兰氏阴性细菌更有效，这是由于革兰氏阴性细菌细胞膜上存在保护膜。

细菌素的产生是食品发酵过程中的一个自然过程。但是，它可以以浓缩防腐剂、延长保质期的添加剂添加到食品中。细菌素有助于减少食品工业中化学防腐剂的添加以及热处理的强度。许多细菌素对内生孢子形成的细菌具有活性，因此，可能与其他保鲜剂结合使用。然而，食物成分、细菌素与食物成分的相互作用、细菌素的稳定性、pH 值和储存温度都可能影响细菌素的有效性。

乳酸链球菌素是由乳酸乳球菌亚种产生的一种耐热细菌素。乳酸链球菌素是全球 50 多个国家批准使用的唯一抗生素。被乳酸链球菌素抑制的生物包括革兰氏阳性（葡萄球菌）、金黄色葡萄球菌和孢子形成细菌（蜡样芽孢杆菌）。这些细菌的胞质膜被乳酸链球菌素渗透，引起胞内代谢物的泄漏，破坏膜电位。由于乳酸链球菌肽对革兰氏阴性菌和真菌无效，其作为广谱抗菌药物的使用和应用受到限制。

细菌素与其他化合物结合通常会产生更好的抗菌活性。例如，乳酸链球菌素分子通常单独与生肉中的食物成分相互作用，限制其活性。然而，与有机酸、溶菌酶、螯合物、真空包装或 MAP 等其他细菌素的结合，提高了其对热死环丝菌、大肠杆菌 O157：H7 和产单核细胞的有效性。

#### 8.4.1.2　有机酸

有机酸是乳酸发酵过程中产生的天然抗菌剂，已被公认为肉制品的安全（GRAS）状态。将这些酸应用于肉类表面，主要是通过喷涂或浸渍，是一种众所周知和广泛使用的做法。然而，有机酸可能会对颜色和风味产生负面影响，建议在评估有机酸可能作为天然抗菌剂用于肉类和肉制品时，始终进行感官研究。在鲜肉产品中使用有机酸的另一个限制因素是，一些酸（如柠檬酸）需要较低的 pH 值才能达到最佳抗菌活性。

根据研究发现，乙酸、乙酸酯、二乙酸酯和脱氢乙酸作为抗菌剂对乳制品、肉类和肉制品中的酵母和细菌有效。乳酸和乳酸盐对肉类、肉制品和发酵食品中的细菌有效，而丙酸钠对肉制品中的霉菌有效。

## 8.4.2　植物源的化合物

从水果、蔬菜、草药和香料中提取的精华是精油的丰富来源。FDA（2014）最近发布了一份修订过的植物清单，一般认为这些植物的精油、油树脂和提取物是安全的。叶子的精油（如牛至、迷迭香、百里香、鼠尾草、罗勒、马郁兰）；花或花蕾（如丁香）；鳞茎（如洋葱、大蒜）；种子（如欧芹、葛缕子、肉豆蔻、茴香）；根状茎（如阿魏）；植物的果实（如胡椒、小豆蔻）或其他部分（如树皮）具有抗菌和抗氧化作用，统称为 EOs。

在食物中添加 EOs 可能会破坏微生物细胞或抑制真菌毒素等次生代谢物的产生。一般来说，EOs 对革兰氏阳性菌的抑制作用强于革兰氏阴性菌；然而，一些来自牛至、丁香、肉桂、柠檬醛和百里香的 EOs 对两组都有效。环氧乙烷的抗菌活性主要来自酚类化合物、萜类、脂肪醇类、醛类、酮类、酸类和异黄酮类化合物。这些化合物中起抗菌作用的主要成分包括香芹酚、百里香酚、柠檬醛、丁香酚及其前体。酚类化合物是植物中最丰富、最重要的化学物质。通过充当还原剂、氢供体、氧淬灭剂和金属螯合剂，它们具有抗菌、抗氧化、抗过敏、抗炎症和心脏保护特性。

EOs 的功效取决于多种因素，如其成分的化学结构、浓度、与食物基质的相互作用、与目标微生物的抗菌谱匹配以及应用方法。EOs 与其他天然抗菌剂甚至其他化学防腐剂的结合也显示出积极的效果。对鲜肉和鲜肉制品，特别是肉糜和肉饼，进行了大量植物源化合物的抗菌和抗氧化研究。

### 8.4.3 动物源化合物

从动物中提取的在香肠中应用并有效的天然防腐剂化合物主要为壳聚糖。壳聚糖是甲壳素的一种去乙酰化形式，是世界上含量仅次于纤维素的生物聚合物。它由 β（1-4）糖苷连接的 N-乙酰氨基葡萄糖残基组成。它来源于蟹、虾的壳和真菌的细胞壁。虽然它通常不被认为是安全的 GRAS 化合物，但据推测，它将在未来获得 GRAS 地位。

虽然壳聚糖对一系列食源微生物具有抗菌活性，但它对革兰氏阴性菌比革兰氏阳性菌更有效。壳聚糖的抗菌和抗氧化活性是由于它能够引起细胞膜的通透性，水结合能力和抑制各种酶。

由于壳聚糖在中性和较高的 pH 值下不溶解，其作为食品防腐剂的用途受到了限制。然而，一项研究表明，以低聚壳聚糖和纳米晶壳聚糖形式存在的水基壳聚糖，在南非香肠模型系统中，壳聚糖与较低水平的 $SO_2$ 和迷迭香提取物结合，表明香肠的货架期和红色有所增加。

## 8.5 脂类替代物在香肠中的应用

香肠具有高质量的蛋白质、必需氨基酸、丰富的矿物质含量及其他营养成分而受众多消费者欢迎。然而随着人们生活水平的提高，消费者越来越关注食品的营养性、均衡性和健康性，香肠中的高脂肪含量成为消费者的首要关注点，美国膳食指南数据显示，人们日常膳食中脂肪提供的热量要低于总热量的30%。据世界卫生组织统计，2014 年全球 18 岁及以上的成年人中超重人口数高达 19 亿，其中肥胖者人数最多，占超重人口数的30%以上。分析其原因主要是膳食结构中的高脂类食品所致，由高脂饮食带来的肥胖、血液胆固醇增高、冠状心血管疾病、心脏类疾病及某些癌症等慢性疾病也在逐日增加。因此，低脂香肠的开发已成为降低人类一系列疾病的重要发展方向。低脂香肠已被很多国家所重视，如加拿大将低脂饮食写入法律，美国已开发出 2000 多种脂肪替代物用于低脂香肠的开发，而我国对低脂香肠的研究相对落后，应用于低脂香肠加工的脂肪替代物种类还较少。据专家预计，低脂香肠的世界年销售量将以 25.5%的速度递增。因此，在保证香肠脂肪、胆固醇和热量明显减少，同时保证香肠的口感、质构等品质特性的基础上，不断研究新型脂肪替代物用以开发功能型、营养型、全面型、保健型的低脂香肠具有深远的发展意义和广阔的市场前景。

据国内相关报道，发现将大豆蛋白和复配胶添加到红肠中，降低了产品中肉类含量，得到的产品质构和口味俱佳。添亚麻籽胶与卡拉胶复配添加时效果明显优于添加单一亚麻籽胶的样品，并能使样品的品质显著提高。利用新鲜豆渣制成大豆膳食纤维粉添加到香肠中，制作出具有良好的口感和弹性，且具有保健功能、老少皆宜的香肠新产品。槲叶膳食纤维可有效改善香肠的感官性状，提高香肠的营养价值和抑菌，且价格低廉。

## 8.5.1　脂肪替代物基本概念

目前开发低脂肉制品主要有两种方法，一种是使用精肉，即采用加热吸附法、机械热处理分割法、超临界 $CO_2$ 萃取法、紫外线照射法等物理化学方法，或优化遗传基因，改善饲养因素等方法获得低脂肪禽畜品种，进而降低畜禽体内脂肪的比例，为低脂原料肉的获得提供了良好的途径。以上方法有效地降低了肉制品中的脂肪含量，但脂肪含量过低将影响肉制品的感官品质和加工品质，背离了消费者对肉制品的品质需求性，降低了经济和社会效益。另一种方法是既降低肉制品中的脂肪含量，又不影响肉制品的感官和加工品质（赵爽，2018）。即寻求一种既能极大程度降低肉制品的热量，还能模拟脂肪在食品中的质构特性，提高肉制品的保水力、乳化性、持油性，降低肉制品的蒸煮损失率等加工品质方面的作用。故而脂肪替代物是能够替代肉制品中部分或全部脂肪，能够降低肉制品中的脂肪含量，再现脂肪的各种加工特性，同时无毒副作用的一系列物质。

## 8.5.2　脂肪替代物的种类

依据组成将脂肪替代物分为脂肪基质类、蛋白质基质类、碳水化合物基质类和复合型脂肪替代物 4 类。

### 8.5.2.1　脂肪基质类脂肪替代物

又称脂肪类似物，由脂质、合成脂肪酸酯或动植物油脂与乳化剂进行乳化作用等物质组成的大分子化合物，该替代物的物理、化学性质类似天然的油脂，并且性质稳定，同时具有抵抗人体内脂肪酶的催化水解的能力。当前常见的食品级脂肪类似物主要有蔗糖聚酯、羧酸酯、三烷氧基丙三羧酸酯、二元酸酯、丙氧基甘油酯和聚硅氧烷等多聚体。脂肪基质类替代物可以降低热量、不影响产品的口感及外观品质，但研究发现有些脂肪基质替代物难以被脂肪酶水解，不能被吸收代谢，对消化道有潜在的不良影响。

### 8.5.2.2　蛋白质基质类脂肪替代物

用蛋白质代替膳食中的脂肪是降低热量摄取和脂肪供应量比例的良好方法。符合当下倡导"高蛋白、低脂肪"健康食品的重要途径之一。蛋白质基质脂肪替代物主要以大豆蛋白、乳清蛋白、胶原蛋白、小麦蛋白等天然高分子蛋白质为原料，通过加热、微粒化、高剪切处理或联合处理，改变其原有的水结合特性和乳化特性，提供的口感类似于水包油型乳化体系食品中的脂肪，可用来模拟这类食品配方中的脂肪。

（1）大豆蛋白脂肪替代物。具有良好的凝胶性、稳定性和乳化性而广泛应用于肉制品中。刘广娟等（2019）研究发现，当香肠和肉饼中大豆蛋白添加量达到 18% 时，并不影响传统肉制品的风味和特征，同时还能给人良好的口感。

（2）乳清蛋白脂肪替代物。乳清蛋白作为分离全脂乳的乳制品成分，常用于酸奶、干酪、冰淇淋等加工乳制品中。Nutra Sweet 公司采用乳清蛋白和鸡蛋蛋白制成了脂肪替代品，命名为 Simplesse。该替代品中蛋白质可形成 $0.1 \sim 0.2 \ \mu m$ 的球形粒子，口感如同液体一般。在干酪加工中可降低 50% 的脂肪含量，并能屏蔽干酪等制品中的苦味和涩味。

（3）胶原蛋白脂肪替代物。该物质中蛋白质含量约为 85%，具有很好的结合水能力及与肉类品蛋白的兼容性，是目前肉制品中脂肪替代物的重要原料之一。研究结果表明，当肉制品中添加 10%~15% 的胶原蛋白，可显著增加产品的弹性、切片性、光滑度和透亮度，并赋予产品柔嫩的口感（刘广娟，2019）。

目前蛋白质基质脂肪替代物在肉制品中应用效果较好，但也有其局限性：如肉制品在高温处理时会使蛋白质变性，失去脂肪的感官和加工特性，蛋白质基质类脂肪替代物常应用于低温肉制品中；蛋白质容易与一些风味成分发生化学反应，降低或使风味成分丧失；胶原蛋白中必需氨基酸的缺乏而使其应用受到限制。

### 8.5.2.3　碳水化合物基质类脂肪替代物

碳水化合物基质类脂肪替代物通过微粒的结构与水分子相结合，可以增加产品的凝胶结构和黏度，提供口感和质构，提高保水性等特点。该种替代物是目前应用于低脂肉制品中较多的一类脂肪替代物，实际生产应用中主要涉及以下几类。

（1）淀粉类脂肪替代物。主要包括玉米、小麦、马铃薯、甘薯、木薯等原淀粉、变性淀粉、低 DE 值麦芽糊精等。淀粉类替代物可以改善肉制品的保水性、弹性、黏着力、嫩度、多汁性、切片性，降低回生程度，具有广阔的应用前景。

（2）食品胶体类脂肪替代物。常通过植物、动物、海藻、微生物等物质中提取。食品胶体类在低脂肉制品中不是以凝胶粒子的形式存在，而是作为基质的组成部分，与蛋白质相互交联，共同形成了凝胶基质的三维网络结构，赋予了肉制品滑润丰厚的口感，改善了低脂肉制品的质构，提高了持水、持油能力（Zeng，2019）。目前世界上允许使用的亲水胶体品种约 60 余种，我国允许使用的约有 40 种，如卡拉胶、魔芋胶、黄原胶、瓜尔胶或海藻酸钠等。

（3）膳食纤维脂肪替代物。膳食纤维在肉制品中被认为是脂肪的主要替代物。膳食纤维不仅具有一系列生理特性，如降低在体内的转化时间，预防便秘和降低慢性疾病如癌症，2 型糖尿病，心血管疾病等，还具有优良的保水性和保油性，可以很好地改善产品的切片性、硬度，降低产品的成本。研究发现，当低脂牛肉丸（<10% 脂肪）中添加燕麦纤维时，肉丸的出品率、持油率和水分含量得到了显著提高，但外观嫩度、色泽、多汁性等感官品质与高脂产品无显著差异。

（4）菊粉脂肪替代物。菊粉是一种天然低聚糖，通过不溶于水的亚微菊粉颗粒立体三维网状物锁住水分，当它完全溶解在水中时，形成一种光滑细腻类似脂肪状的凝胶，具有平滑的脂状口感和平衡丰满的香味。研究发现菊粉可以提高香肠的质地及可溶性膳食纤维含量，改善香肠的品质稳定性，降低香肠的脂肪含量、能量值、蒸煮损失率，但可以导致硬度增加。

8.5.2.4 复合型脂肪替代物

单一基质脂肪替代品可以改善肉制品的某些品质，但难以达到肉制品的综合品质要求，因此通过复配不同基质的脂肪替代品，弥补因脂肪含量减少而导致的品质降低问题。Marchetti 等（2014）优化结果显示，0.593%卡拉胶和0.320%乳蛋白添加至香肠中时，香肠的蒸煮损失率和质构特性与高脂香肠（20%脂肪）无显著差异。

## 8.5.3 脂肪替代物对香肠品质特性的影响

香肠的品质特性主要包括感官品质：色泽、感官特性；理化营养品质：水分、灰分、粗脂肪、粗蛋白质、pH 等；加工品质：质构特性、保水能力、持油能力、硫代巴比妥酸值（TBA）、挥发性盐基氮（VBN）等。

感官品质是人们食用肉制品的第一印象，是判断香肠是否能被接受的主要决定因素。目前常采用仪器分析法对肉制品 L* 亮度、a* 红度、b* 黄度等表征色泽的指标进行测定。另外，目前大多数香肠采用感官评价员对肉的品质进行评价，评价肉的可接受性。理化营养品质主要测定添加脂肪替代物后水分的含量，即间接测定肉制品的保水性。并测定肉制品中对人体健康密切相关的脂肪、脂肪酸、蛋白质、氨基酸含量等。加工品质是影响肉制品食用及贮藏性的重要品质。质构特性常采用质构分析仪测量，即通过仪器模拟人体口腔两次咀嚼所表现出的硬度、弹性、内聚力、咀嚼性、黏度等指标的一种客观评价方法，反映了肉制品从入口到接触、咀嚼、吞咽过程中的感官变化。主要指标包括：硬度、弹性、内聚性、咀嚼性等。保水能力和持油能力衡量肉制品添加脂肪替代品后油、水的析出情况，与肉制品的贮藏性有密切关系。TBA、VBN 常用来衡量肉制品在贮藏过程中肉脂肪氧化酸败的变化情况。

目前研究者针对脂肪替代物对香肠品质特性的影响进行了大量的研究。添加魔芋胶于发酵香肠中，结果发现随着脂肪含量的减少，香肠的硬度、咀嚼性逐渐增加。感官评价小组认为脂肪含量为19.69%和13.79%的香肠与脂肪含量为29.96%的香肠没有显著性差异。采用复合脂代物（大豆油28.5%、乳清蛋白30%、卡拉胶0.75%、水40.75%）作为香肠中脂肪的替代物，发现替代后的香肠与传统高脂产品的质构特性差异不显著。当添加55%的挤压和磷酸化变性大米淀粉至香肠中，可降低28%的热量，提高产品的口感和质构特性。张根生等（2015）研究发现，在哈尔滨红肠中添加100%脂肪丁模拟物［2.5%的魔芋胶、1.25%卡拉胶、1%菊粉、0.75%聚葡萄糖、0.06% Ca(OH)$_2$、3%猪肉精粉］制成的红肠脂肪含量低，口感良好。

目前脂肪替代品大多为模拟脂肪的基本作用，未考虑模拟基质的整体营养、加工特点，限制了现有资源的加工利用性、阻碍了新产品的开发。截至目前，淀粉基脂肪替代物产品在国外种类繁多、应用广泛，而国内相关研究性参考文献较多，大范围应用于实践的较少。寻求营养健康、价格低廉、高产原料，满足消费者对于绿色、天然食品要求，是一个重要的发展方向。肉制品大多数为贮藏性产品，而采用脂肪替代物后随着贮藏时间的延长，产品中油脂的释放情况、颜色变化、口感变化、货架期等情况的研究较少。

## 8.6 马铃薯全粉香肠的制备及品质评价

香肠是以猪、牛、羊、马等畜肉为主要原料，经搅碎或斩拌后配以调味料，混合均匀，灌入天然肠衣或人工肠衣内，经过烟熏、蒸煮或干燥制成肉制品。近年来，患有代谢综合征，包括肥胖、糖尿病和心血管疾病等的人数不断增加，而香肠中肉类的脂肪含量引起了消费者的重视。膳食中以膳食纤维（DF）代替脂肪，可通过增加膳食纤维的摄入量和降低食物的热量含量，在抵抗这些疾病方面发挥重要作用（Bengtsson，2011）。因此，为了满足消费者的健康需求，以及香肠的外形、口感、出品率、营养价值等要求，在香肠的加工过程中常需要加入一些其他的辅料来改善香肠的品质。

马铃薯全粉不仅含有膳食纤维，还含有改善香肠凝胶特性的淀粉，能有效提高香肠的稠度、乳化性和质量等。本研究以陇薯8号的全粉为原料，以香肠基本加工工艺为基准，按照比例添加马铃薯全粉，通过添加不同马铃薯全粉香肠的感官特性、出品率、持水率、蒸煮损失率、质构特性等指标，分析马铃薯全粉添加量对香肠品质特性的影响，确定马铃薯全粉最佳添加量。通过马铃薯全粉品质特性与香肠品质特性之间的关系进行分析，确定影响香肠品质特性的全粉品质。

### 8.6.1 测定方法

**8.6.1.1 马铃薯样品名称**

陇薯8号。

**8.6.1.2 马铃薯全粉制备方法**

马铃薯清洗→去皮→切片（3~5 mm）→熟化（55℃水浴10 min，水浴中含有1% NaCl和0.2% $Na_2SO_3$）→干燥（55℃，12h）→磨粉→备用。

**8.6.1.3 马铃薯全粉香肠的制作基本配方**

瘦肉 : 肥肉 = 4 : 1，马铃薯全粉添加量为0、5%、7.5%、10%、12.5%、15%、17.5%、20%，食盐等调味料按照比例添加。

**8.6.1.4 马铃薯全粉香肠制作工艺**

原料肉的选择→预处理→腌制→绞肉→混匀→灌肠→刺破气泡→熟化。

**8.6.1.5 马铃薯全粉香肠具体操作步骤**

①原料肉的选择。主要利用猪肉的肌肉和皮下硬脂肪为原料。适量的脂肪不仅能增加香肠的嫩度，还能增加香肠的口感；但添加过量会使香肠的硬度降低、口感不好、嚼劲变差。经过前期预实验优化得出。肥瘦肉质量比为20 : 80最适宜（Resconi，2016）。②预处理。将不适于加工香肠的皮、筋、腱等结缔组织及肌肉间的脂肪等分割掉，然后切成一定重量的块。③腌制。将肉切成小块，并加入调味料在0~4℃腌制1.5 h。④绞肉。将腌制好的肉放入绞碎机中，将肉绞成肉糜。⑤混匀。向肉糜中按照比例加入马铃薯全粉并混合均匀。⑥灌肠。将混匀的肉糜倒入灌肠机中，用胶原蛋白肠衣于灌肠机上充填成型，并按照适宜长度捆扎。⑦刺破气泡。灌满馅时很容易带入空气到肠内形成气泡。这种气泡须

用针刺破放出空气，否则成品表面不平而且影响质量，影响保存期。⑧熟化。将灌好的肠放入 80℃ 水浴蒸锅中，待灌肠中心温度达到 80℃，保温 40~50 min，用手轻捏肠体时，挺直有弹性，肉馅切面平滑有光泽者表示煮熟。

### 8.6.1.6　香肠品质测定

（1）感官评价。本试验选取实验室具有香肠感官评价经验的 7 名感官评价员对香肠的形态、风味、口感、软硬度以及可接受情况进行评价，如表 8-3 所示。

**表 8-3　香肠感官评价表**

| 项目 | 标准 | 评分 |
| --- | --- | --- |
| 形态 | 切片表面平整、无气孔、组织紧密 | 20 |
| 风味 | 有灌肠独有的香气 | 30 |
| 口感 | 肉质细腻、有韧性、咸淡适中 | 30 |
| 软硬度 | 硬度适中、有弹性 | 10 |
| 接受性 | 非常满意 | 10 |

（2）出品率。原料肉的质量为 $m_1$，加工后得到的香肠的质量为 $m_2$，加工后香肠的质量占原料肉质量百分比即为出品率。

$$出品率(\%) = \frac{m_2}{m_1} \times 100$$

（3）蒸煮损失率。香肠煮制前的质量为 $m_1$，香肠煮制后的质量为 $m_2$，通过测定香肠蒸煮前后的质量之差，占蒸煮前香肠质量的百分比即为蒸煮损失率（$W$）。

$$W(\%) = \frac{m_1 - m_2}{m_1} \times 100$$

（4）持水率。将香肠切成 5 mm 厚的薄片，准确称重记为 $W_1$，用四层滤纸包裹后，放入离心管，在台式高速冷冻离心机 4℃ 下，5 000×g 离心 15 min，离心结束后，除去滤纸，再次称重记为 $W_2$，则持水性（WHC）用下列公式表示：

$$持水率(\%) = 100 - \frac{W_1 - W_2}{W_1} \times 100$$

（5）质构特性。将蒸煮完毕的香肠在室温环境下放置 2 h，使香肠的中心温度下降至室温，采用 FTC 质构仪进行质构测试。测试方法为质构仪剖面分析法（Texture Profile Analysis，TPA），参数如下：探头力为 100 N、测试速度为 30 mm/min、起始力为 0.15 N。

所有试验数据重复至少 3 次，方差分析、显著性分析、相关性分析、主成分分析采用 SPSS 软件。

## 8.6.2　马铃薯全粉香肠的品质评价

### 8.6.2.1　感官评价

感官评价是通过人的视觉、嗅觉、触觉、味觉和听觉所引起反应的一种科学方法。本试验依据表 8-3 对不同马铃薯全粉添加量的香肠进行感官评价。图 8-1 为不同马铃薯全

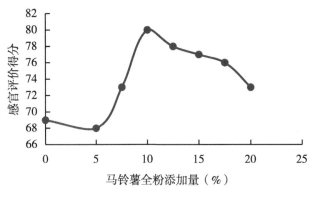

**图 8-1 香肠感官评价**

粉添加量与香肠感官评价结果关系。从图中可以看出，香肠感官评价得分随着马铃薯全粉添加量的增加而先减少后增加再减少的趋势。当马铃薯全粉添加量低于10%时，口感较为松散，肠体偏软嫩，其中添加量为5%时，肠体的感官评价效果最差，但随着马铃薯全粉添加量的增加，肠体的硬度和口感逐渐变好；当马铃薯全粉添加量为10%时，香肠感官评价结果最好，最受欢迎。当马铃薯全粉添加量高于10%时，口感逐渐紧实，肠体逐渐变硬。

#### 8.6.2.2 出品率

香肠的出品率是单位重量的动物性原料（如禽、畜的肉、皮等，不包括淀粉、蛋白粉、香辛料、冰水等辅料），制成的最终成品的重量与原料比值。出品率是食品加工中的一项重要的数据，相同质量下产品的出品率越高，经济效益越高。图 8-2 为不同马铃薯添加量对香肠出品率的影响关系图。图中可以看出，随着马铃薯全粉含量的增加，香肠的出品率呈上升趋势。主要原因是马铃薯全粉具有较好的吸水性，在蒸煮糊化时会吸收大量的水分，且全粉的添加量越多，蒸煮后的香肠质量增加得越显著。

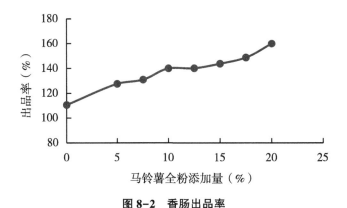

**图 8-2 香肠出品率**

#### 8.6.2.3 蒸煮损失率

肉类在蒸煮过程中，因为肉的肌间纤维变化，肉蛋白质变性，导致熟化过程中水分流失，质量减轻。香肠在蒸煮过程中，不同的配料会导致香肠的保水性出现一定的差别，当香肠中的某些成分能够帮助保留香肠蒸煮过程中水分的流失时，其蒸煮产品质量将增加。图 8-3 为不同马铃薯全粉添加量与香肠蒸煮损失率关系图，从图中可以看出，随着马铃薯全粉添加量的增加，香肠的蒸煮损失率整体呈现为降低的趋势。说明马铃薯全粉具有很好地保持肉中水分和添加水分的能力。马铃薯全粉添加量越多，保水性越强，在蒸煮过程中吸收的水分就越难以失去。当全粉添加量为 20% 时香肠加工过程中的水分不足以满足全粉糊化时的量，以至于需要从外界环境中吸收一部分水分，使全粉完成糊化，导致香肠中的水分不减反增。

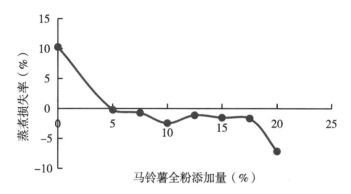

**图 8-3 香肠蒸煮损失率**

#### 8.6.2.4 持水率

香肠持水率的多少代表汁液保留的多少，香肠的持水率越高，说明具有良好的加工和食用品质。图 8-4 为不同马铃薯全粉添加量对香肠持水率的影响关系图。从图中可以看出，随着马铃薯全粉添加量的增加，香肠的持水率整体呈上升趋势。

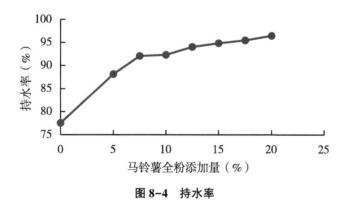

**图 8-4 持水率**

#### 8.6.2.5 质构特性

香肠的质构特性是通过质构仪对香肠的硬度、弹性、咀嚼性、胶黏性等进行评价，模拟人的口腔对香肠质量的评价，可以避免人主观方面造成的误差。Bengtsson（2011）研究结果表明，水蛋白比对香肠的质构特性有显著影响；淀粉对加工过程中的损失也有相当大的影响，而马铃薯全粉中含有丰富的淀粉和蛋白质，其不同添加量对香肠品质的改善具有显著的作用。

（1）硬度。硬度反映了牙齿挤压样品的力量。图 8-5 为不同马铃薯全粉添加量对香肠硬度的影响关系图。从图中可以看出，随着马铃薯全粉添加量的增加，香肠的硬度先减少后增加，在添加量为 5% 时出现最低点，该结果与感官评价结果一致。马铃薯全粉中蛋白质含量丰富，蛋白质的存在是导致香肠硬度增加的主要原因，蛋白质含量越高，香肠硬度越大。

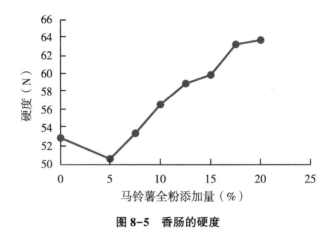

**图 8-5　香肠的硬度**

（2）咀嚼性。咀嚼性为咀嚼样品时所需要的能量。随着马铃薯全粉含量的增加，香肠的咀嚼性呈现先增加、后减少、再增加的波浪形，全粉含量为 5% 时咀嚼性达到最低点，全粉含量为 20% 时咀嚼性达到最高点，全粉含量为 10% 时咀嚼性仅低于含量为 20% 的香肠（图 8-6）。

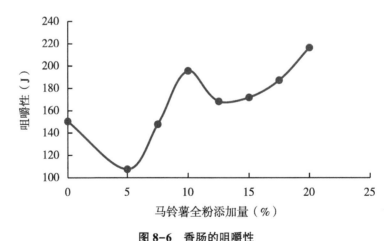

**图 8-6　香肠的咀嚼性**

（3）弹性。弹性为形变样品在去掉挤压力时恢复原状的比率。图 8-7 为不同马铃薯全粉添加量对香肠弹性的影响变化趋势。从图中可以看出，随着马铃薯全粉含量的增加，香肠的弹性有高低不同的变化，当马铃薯全粉添加量为 5% 时，香肠弹性值最低，该结果与感官评价结果、咀嚼性等结果一致。随着马铃薯全粉添加量的增加，香肠的弹性逐渐增加，当马铃薯全粉添加量为 10% 时，香肠弹性达到一个峰值，随着马铃薯全粉的进一步

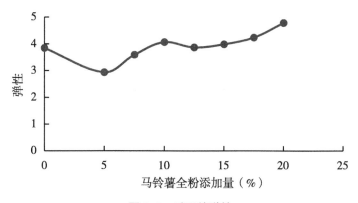

图 8-7　香肠的弹性

添加，香肠的弹性先降低再增加，但此处的降低不再低于添加量为 5% 时，香肠弹性的变化趋势与硬度、咀嚼性的变化趋势一致。

（4）胶黏性。胶黏性为半固体食品吞咽前破碎它需要的能量。图 8-8 为不同马铃薯全粉添加量对香肠胶黏性的影响。从图中可以看出，随着马铃薯全粉含量的增加，香肠的胶黏性先增加、后减少、再增加的波浪形，全粉含量在 5% 时香肠的胶黏性最差；全粉含量为 10% 时香肠的胶黏性最好，其次为 20%，该结果与香肠的硬度、咀嚼性、弹性结果一致。

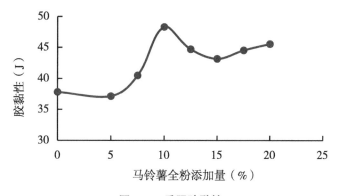

图 8-8　香肠胶黏性

马铃薯全粉加工过程经过蒸煮、捣碎、鼓风干燥等一系列工艺。在蒸煮过程中，淀粉在细胞基质中形成胶状，虽然完全糊化，但马铃薯薄壁组织的细胞壁限制了它们的膨胀而使淀粉颗粒未完全分解。而未完全分解的淀粉基质中短直链淀粉有助于凝胶化的形成，因此，马铃薯全粉中含有预糊化淀粉，在水合作用时容易产生黏度，可以改善添加马铃薯全粉类食品的质地。

马铃薯全粉添加到香肠体系中，当温度为 39~42℃ 时，肉中的肌球蛋白质聚集，马铃薯淀粉颗粒嵌入蛋白质基体中，当温度为 64℃ 时，淀粉颗粒发生变形，可能是由于蛋白质基体在加热过程中发生收缩，肌球蛋白形成蛋白质凝胶基质，淀粉填补肌球蛋白凝胶基质的间隙，提高水的结合和结构特性，因此可以改善香肠的蒸煮损失，产品的多汁性。

香肠的质地主要取决于肉蛋白网络结构。也有人认为，香肠中的脂肪滴也影响了香肠的质地，脂肪也作为香肠乳剂的不连续阶段，是影响煮熟香肠的嫩度和多汁性的主要结构成分。在蛋白质网络结构中，脂肪滴和肉蛋白之间会发生相互作用。因此，低脂香肠的质地随着脂肪含量的降低而变差。马铃薯全粉常作为凝胶形成剂，增强蛋白质凝胶网络结构的弹性、保留添加的水和热稳定性，以提高蒸煮产量，增加水分保持和改变产品的质地。研究结果表明，马铃薯全粉中的短直链淀粉分子的数量与产品硬度呈正相关。众所周知，在低脂法兰克福香肠中添加淀粉可以显著减少蒸煮损失，增加乳化稳定性，改变可表达液体的脂肪与水的比例。香肠中脂肪也可以用一些膳食纤维代替以减少其数量。研究不同来源膳食纤维的网络形成能力中发现，网络结构的形成不是通过直接的化学作用，而是水分在香肠产品形成过程中进入纤维网络的稳定结构中。马铃薯全粉中的膳食纤维可以弥补香肠中脂肪含量过低造成质地变差。

本研究在香肠中添加了不同含量的马铃薯全粉，从试验结果可以看出，当马铃薯全粉添加量为 0~20% 时，香肠的出品率、蒸煮损失率、持水率、质构特性等指标基本上呈现先上升后降低的趋势，主要原因可能是马铃薯全粉中的蛋白质、淀粉、膳食纤维等成分在香肠的凝胶网络结构中具有很好的作用，能提高香肠的出品率；减少香肠的蒸煮损失率，增加香肠保水能力，增加肠体的紧实度、硬度。当马铃薯全粉添加量为 10%，各项指标达到最优值。

# 参考文献

蔡沙，梅新，何建军，等，2020. 马铃薯全粉火腿的研制及营养价值评价 ［J］. 湖北农业科学，59（24）：151-156.

陈金发，吴昊，田先翠，2017. 不同加工工艺对马铃薯颗粒全粉营养成分的影响 ［J］. 食品工业，38（2）：135-137.

陈文婷，2014. 带电荷的氨基酸对马铃薯淀粉特性影响的研究 ［D］. 武汉：华中农业大学.

程宇，程珂，陈力宏，等，2015. 不同方法制备马铃薯蛋白的结构及功能性质研究 ［J］. 食品科技，40（2）：228-232.

崔竹梅，黄海珊，琴欢欢，等，2011. 马铃薯蛋白组分的分离提取和功能性质研究 ［J］. 食品科学，32（3）：76-80.

杜文娟，林娟，许辉，等，2014. 山西谷子全粉淀粉指标间相关性及消化特性研究 ［J］. 粮油加工（7）：60-65.

樊巧利，邵松青，徐文俊，等，2016. 谷子 2 个试点农艺性状和食味品质的变异研究 ［J］. 种子，35（11）：67-75.

方玲，2012. 不同氨基酸对马铃薯淀粉特性影响的研究 ［D］. 武汉：华中农业大学.

付建福，2008. 马铃薯蛋白作为一种新型的抗菌剂对断奶仔猪生产性能、营养物质消化率、肠道中微生物和免疫力的影响 ［J］. 科技视野，19：27-31.

高金梅，黄倩，郭洪梅，等，2017. 冻融循环处理对玉米淀粉凝胶结构及颗粒理化特性的影响 ［J］. 现代食品科技，33（2）：181-189.

郭祥想，常悦，李雪琴，等，2016. 加工工艺对马铃薯全粉面条品质影响的研究 ［J］. 食品工业科技，37（5）：191-200.

国家统计局，2020. 中国统计年鉴 ［J］. 北京：中国统计出版社.

韩文芳，林亲录，赵思明，等，2020. 直链淀粉和支链淀粉分子结构研究进展 ［J］. 食品科学，4（13）：267-275.

何三信，2008. 甘肃省马铃薯生产优势区域开发刍议 ［J］. 中国农业资源与区划（6）：66-68.

侯飞娜，木泰华，孙红男，等，2015. 不同品种马铃薯全粉蛋白质营养品质评价 ［J］. 食品科技，40（3）：49-56.

胡珊珊，王颉，孙剑锋，等，2012. 不同添加物对羟丙基木薯淀粉流变特性的影响 ［J］. 中国粮油学报，27（5）：35-38.

姜松，赵杰文，2016. 食品物性学 ［M］. 北京：化学工业出版社.

孔保华，王辉兰，王明丽，2000. 鲢鱼鱼丸最佳配方及工艺的研究 [J]. 食品工业科技，15 (2)：243-245

冷雪，2015. NaCl、蔗糖及 pH 对小米淀粉和小米粉的糊化及老化特性影响的研究 [D]. 大庆：黑龙江八一农垦大学.

李学红，陈智静，陆勇，等，2015. β-环糊精对小麦淀粉理化性质和凝胶质构性质的影响 [J]. 食品科技，40 (12)：237-240.

李玉珍，肖怀秋，兰立新，2008. 大豆分离蛋白功能特性及其在食品工业中的应用 [J]. 中国食品添加剂 (1)：121-122.

李志平，2010. 内蒙古马铃薯产业发展现状及制约因素分析 [J]. 内蒙古农业科技 (6)：7-9.

利辛斯卡，莱斯兹克辛斯基，2019. 马铃薯加工原理与工艺技术 [M]. 刘孟君 译，上海：上海科学技术出版社.

刘传菊，李欢欢，汤尚文，等，2019. 大米淀粉结构与特性研究进展 [J]. 中国粮油学报，34 (12)：107-114.

刘广娟，徐泽权，邢世均，等，2019. 卡拉胶、转谷氨酰胺酶及大豆分离蛋白对猪 PSE 肉低温香肠保水性和感官品质的影响 [J]. 肉类研究，33 (3)：34-37.

刘敏，赵欣，阚建全，等，2018. 黄原胶对莲藕淀粉糊化性质及流变与质构特性的影响 [J]. 食品科学，39 (6)：45-50.

刘星，范楷，司文帅，等，2018. 谷粒湿热处理对薏仁米淀粉形态、结构与热特性的影响 [J]. 食品科学，39 (19)：128-133.

刘轶，冯涛，邴芳玲，等，2016. 双波长测定马铃薯淀粉中直链淀粉含量 [J]. 食品工业，37 (2)：164-166.

罗舜菁，李燕，杨榕，等，2017. 氨基酸对大米淀粉糊化和流变性质的影响 [J]. 食品科学，38 (15)：178-182.

申瑞玲，邵舒，董吉林，等，2015. 山西省不同品种谷子淀粉理化性质的比较 [J]. 粮食与饲料工业 (2)：20-24.

沈存宽，2016. 马铃薯生全粉的制备及应用 [D]. 无锡：江南大学.

史永良，2011. 甘肃马铃薯淀粉产业竞争力研究 [D]. 兰州：甘肃农业大学.

宋洪波，杨晓青，栾广忠，2016. 食品物性学 [M]. 第1版，北京：中国农业大学出版社.

孙涟漪，2014. 谷朊粉基面粉改良剂的制备研究 [D]. 无锡：江南大学.

孙平，周清贞，杨明明，等，2010. 马铃薯全粉酥性饼干的研制 [J]. 食品科技，35 (9)：201-204.

孙园园，2016. 稻米品质特性的近红外定标模型构建与遗传关联分析研究 [D]. 杭州：杭州师范大学.

陶短房，2015. 把低脂饮食写进法律 [J]. 烹调知识 (10)：61-62.

田鑫，2017. 不同品种马铃薯全粉微观结构与品质特性研究 [D]. 杭州：浙江大学.

王国扣，2004. 世界薯类淀粉工业发展的时代特征 [J]. 淀粉与淀粉糖 (2)：21-23.

王丽，罗红霞，李淑荣，等，2017. 马铃薯中直链淀粉和支链淀粉含量测定方法的优化 [J]. 食品工业科技，38 (17)：220-223.

王龙飞，杨倩，李广浩，等，2021. 吐丝后不同阶段干旱胁迫对糯玉米子粒产量和淀粉品质的影响 [J]. 玉米科学，29 (1)：69-76.

王颖，潘哲超，梁淑敏，等，2016. 4 个马铃薯品种淀粉的理化特性 [J]. 贵州农业科学，44 (11)：24-28.

杨斌，张喜文，张国权，等，2013. 山西不同品种谷子淀粉的理化特性研究 [J]. 现代食品科技，29 (12)：2901-2908.

杨帅，闵凡祥，高云飞，等，2014. 新世纪中国马铃薯产业发展现状及存在问题 [J]. 中国马铃薯，28 (5)：311-316.

杨伟军，李宏升，林莹，2018. 脂肪酸对发迷淀粉热特性及质构品质影响的研究 [J]. 食品工业，39 (4)：1-4.

姚佳，2013. 马铃薯蛋白高效提取分离技术及其功能性质的研究 [D]. 长春：吉林农业大学.

曾凡逵，周添红，康宪学，等，2015. HPLC 法测定马铃薯块茎中糖苷生物碱的含量 [J]. 中国马铃薯，29 (5)：263-269.

张根生，姚烨，姜艳，等，2015. 哈尔滨红肠中脂肪丁模拟替代物 [J]. 肉类研究，29 (10)：28-32.

张黎明，吴亚晴，刘雪涵，等，2016. 3 种麦芽淀粉主要理化性质的比较 [J]. 食品科技，41 (1)：68-72.

张立菲，2013. 黑龙江省马铃薯产业发展研究 [D]. 北京：中国农业科学院.

张良，2014. 马铃薯部分品质性状近红外模型的建立及育种应用 [D]. 哈尔滨：东北农业大学.

张玲，2018. 玛咖淀粉的物理化学性质及分子结构研究 [D]. 无锡：江南大学.

张攀峰，2012. 不同品种马铃薯淀粉结构与性质的研究 [D]. 广州：华南理工大学.

张翼飞，2011. 淀粉对鲜湿面条质构的影响研究 [J]. 安徽农学通报，17 (22)：95-97.

张豫辉，2015. 淀粉对面条品质的影响研究 [D]. 郑州：河南工业大学.

张兆琴，毕双同，蓝海军，等，2013. 大米淀粉的流变性质和质构特性 [J]. 南昌大学学报（工科版），34 (4)：358-362.

章乐乐，崔鑫儒，赵创谦，等，2020. 青稞多糖对玉米淀粉糊化和流变特性的影响 [J]. 食品与生物技术学报，39 (10)：73-81.

赵登登，2014. 淀粉种类和性质与鲜湿面条品质关系的研究 [D]. 长沙：中南林业科技大学.

赵爽，2018. 低温肉制品保鲜新技术研究进展及展望 [J]. 现代化农业 (4)：51-54.

周婵媛，唐乐，兰岚，等，2017. 3 种甘薯淀粉性质差异分析 [J]. 食品工业，38 (5)：171-174.

周峰，2012. 乌兰察布市马铃薯产业的现状和存在问题及对策分析 [D]. 呼和浩特：

内蒙古大学.

周颖辉, 彭小松, 欧阳林娟, 等, 2018. 支链淀粉结构对稻米淀粉糊化特性的影响 [J]. 中国粮油学报, 33 (8): 26-31.

ALTESOR P, GARCÍA Á, FONT E, et al., 2014. Glycoalkaloids of wild and cultivated solanum: effects on specialist and generalist insect herbivores [J]. Journal of Chemical Ecology, 40: 599-608.

ALVARADO V Y, ODOKONYERO D, DUNCAN O, et al., 2012. Molecular and physiological properties associated with zebra complex disease in potatoes and its relation with Candidatus Liberibacter contents in psyllid vectors [J]. PLoS One, 7: e37345.

ANDO T, 2018. High-speed atomic force microscopy and its future prospects [J]. Biophysical Reviews, 10: 285-292.

ANDRE C M, GHISLAIN M, BERTIN P, et al., 2007. Andean potato cultivars (Solanum tuberosum L.) as a source of antioxidant and mineral micronutrients [J]. Journal of Agricultural and Food Chemistry, 55: 366-378.

BAMBERG J B, NAVARRE D A, MOEHNINSI J, 2015. Variation for tuber greening in the diploid wild potato Solanum microdontum [J]. American Journal of Potato Research, 92 (3): 435-443.

BANG S J, LEE E S, SONG E J, et al., 2019. Effect of raw potato starch on the gut microbiome and metabolome in mice [J]. International Journal of Biological Macromolecules, 133: 37-43.

BIRCH P J, BRYAN G, FENTON B, et al., 2012. Crops that feed the world 8: potato: are the trends of increased global production sustainable [J]. Food Security, 4: 477-508.

BLASZCZAK W, FORNAL J, AMAROWICZ R, et al., 2003. Lipids of wheat, corn and potato starch [J]. Journal of Food Lipids, 10: 301-312.

BLAUER J N, KUMAR M G N, KNOWLES L O, et al., 2013. Changes in ascorbate and associated gene expression during development and storage of potato tubers [J]. Postharvest Biology and Technology, 78: 76-91.

BOHMAN B J, ROSEN C J, MULLA D J, 2021. Relating nitrogen use efficiency to nitrogen nutrition index for evaluation of agronomic and environmental outcomes in potato [J]. Field Crops Research, 262: 108041.

BOLCA S, VAN DE WIELE T, POSSEMIERS S, 2013. Gut metabotypes govern health effects of dietary polyphenols [J]. Current Opinion in Biotechnology, 24: 220-225.

BROWN C R, CULLEY D, YANG C P, et al., 2005. Variation of anthocyanin and carotenoid contents and associated antioxidant values in potato breeding lines [J]. Journal of the American Society for Horticultural Science, 130: 174-180.

BUB A M D, MÖSENEDER J, WENZEL G, et al., 2008. Zeaxanthin is bioavailable from genetically modified zeaxanthin-rich potatoes [J]. European Journal of Nutrition,

47: 99-103.

BURGOS G, AMOROS W, MOROTE M, et al., 2007. Iron and zinc concentration of native Andean potato cultivars from a human nutrition perspective [J]. Journal of the Science and Food Agriculture, 87: 668-675.

BÁRTOVÁ V, 2015. Amino acid composition and nutritional value of four cultivated South American potato species [J]. Journal of Food Composition and Analysis, 40: 78-85.

CAI J W, CHIANG J H, TAN M Y P, et al., 2016. Physicochemical properties of hydrothermally treated glutinous rice flour and xanthan gum mixture and its application in gluten-free noodles [J]. Journal of Food Engineering, 186: 1-9.

CALDIROLI L, 2021. Association between the uremic toxins indoxyl-sulfate and p-cresyl-sulfate with sarcopenia and malnutrition in elderly patients with advanced chronic kidney disease [J]. Experimental Geronotology, 147: 111266.

CAO Y F, ZHANG F J, GUO P, et al., 2019. Effect of wheat flour substitution with potato pulp on dough rheology, the quality of steamed bread and in vitro starch digestibility [J]. LWT, 111: 527-533.

CARDONA F, ANDRÉS-LACUEVA C, TULIPANI S, et al., 2013. Benefits of olyphenols on gut microbiota and implications in human health [J]. The Journal of Nutritional Biochemistry, 24: 1415-1422.

CHAKRABORTY I, PALLEN S, SHETTY Y, et al., 2020. Advanced microscopy techniques for revealing molecular structure of starch granules [J]. Biophysical Reviews, 12: 105-122.

CHEN D, FANG F, FEDERICI E, et al., 2020. Rheology, microstructure and phase behavior of potato starch-protein fibril mixed gel [J]. Carbohydrate Polymers, 239: 116247.

CHEN X Y, CHEN M X, LIN G Q, et al., 2019. Structural development and physicochemical properties of starch in caryopsis of super rice with different types of panicle [J]. BMC Plant Biology, 19: 482.

CHENG Y, XIONG Y, CHEN J, 2010. Antioxidant and emulsifying properties of potato protein hydrolysate in soybean oil-in-water emulsions [J]. Food Chemistry, 120 (1): 101-108.

CLAUSSEN C, STRØMMEN I, EGELANSDAL B, et al., 2007. Effects of Drying Methods on Functionality of a Native Potato Protein Concentrate [J]. Drying Technology, 25: 1101-1108.

CUI T, BAI J, ZHANG J, et al., 2014. Transcriptional expression of seven key genes involved in steroidal glycoalkaloid biosynthesis in potato microtubers [J]. New Zealand Journal of Crop and Horticultural Science, 42: 118-126.

CURTI E, CARINI E, DIANTOM A, et al., 2016. The use of potato fibre to improve bread physico-chemical properties during storage [J]. Food Chemistry, 195: 64-70.

DA SILVA R P, KELLY K B, AL RAJABI A, et al., 2014. Novel insights on interactions between folate and lipid metabolism [J]. BioFactors, 40: 277-283.

DELCHIER N, RINGLING C, MAINGONNAT J F, et al., 2014. Mechanisms of folate losses during processing: diffusion vs. heat degradation [J]. Food Chemistry, 157: 439-447.

DELGADO E, PAWELZIK E, POBEREZNY J, et al., 2001. Effect of location and variety on the content of minerals in German and Polish potato cultivars [J]. Plant Nutrition, 92: 346-347.

DOBSON G, GRIFFITHS D W, DAVIES, H V, et al., 2004. Comparison of fatty acid and polar lipid contents of tubers from two potato species, Solanum tuberosum and Solanum phureja [J]. Journal of Agricultural and Food Chemistry, 52: 6306-6314.

DOS SANTOS A M P, LIMA J S, et al., 2019. Mineral and centesimal composition evaluation of conventional and organic cultivars sweet potato ( *Ipomoea batatas* ( L. ) Lam) using chemometric tools [J]. Food Chemistry, 273: 166-171.

DREWNOWSKI A, REHM C D, 2013. Vegetable cost metrics show that potatoes and beans provide most nutrients per penny [J]. PLoS One, 8: e63277.

DUPUIS J H, LU Z H, YADA R Y, et al., 2016. The effect of thermal processing and storage on the physicochemical properties and *in vitro* digestibility of potatoes [J]. International Journal of Food Science and Technology, 51: 2233-2241.

EHRET G B, MUNROE P B, RICE K M, et al., 2011. Genetic Variants in Novel Pathways Influence Blood Pressure and Cardiovascular Disease Risk [J]. Nature, 478: 103-109.

EK KS. WANG J, BRAND-MILLER L, 2014. Copeland. Properties of starch from potatoes differing in glycemic index [J]. Food & Function, 5: 2509-2515.

ENGLYST H N, KINGMAN S M, CUMMINGS J H, 1992. Classification and measurement of nutritionally important starch fractions [J]. European Journal of Clinical Nutrition, 46: S33-S50.

EPPENSORFER W H, EGGUM B O, BILLE S W, 1979. Nutritive Value of Potato Crude Protein as Influenced by Manuring and Amino Acid Composition [J]. Journal of the Science of Food and Agriculture, 30: 361-368.

FAO, 2021-4-5. Data, Production, Crops and Livestock Products [EB/OL] https://www.fao.org/home/en/.

FERNQVIST F, EKELUND L, SPENDRUP S, 2015. Changing consumer intake of potato, a focus group study [J]. British Food Journal, 117 (1): 210-221.

FOANG A R, 2018. Growing conditions and morphotypes of African palm weevil ( Rhynchophorus phoenicis ) larvae influence their lipophilic nutrient but not their amino acid compositions [J]. Journal of Food Composition and Analysis, 69: 87-97.

FOX G, YU W, NISCHWITZ R, et al., 2018. Variation in maltose in sweet wort from barley malt and rice adjuncts with differences in amylose structure〔J〕. Journal of Instrument Brewing, 125: 18-27.

FUENTES C, KANG I, LEE J, et al., 2019. Fractionation and characterization of starch granules using field-flow fractionation (FFF) and differential scanning calorimetry (DSC)〔J〕. Analytical and Bioanalytical Chemistry, 411: 3665-3674.

GALDÓN, 2010. Amino acid content in traditional potato cultivars from the Canary Islands〔J〕. Journal of Food Composition and Analysis, 23 (2): 148-153.

GALDÓN, 2012. Differentiation of potato cultivars experimentally cultivated based on their chemical composition and by applying linear discriminant analysis〔J〕. Food Chemistry, 133 (4): 1241-1248.

GARHWAL A S, PULLANAGARI R R, LI M, et al., 2020. Hyperspectral imaging for identification of Zebra Chip disease in potatoes〔J〕. Biosystems Engineering, 197: 306-317.

GLLIE D R, 2013. L-Ascorbic acid: a multifunctional molecule supporting plant growth and development〔J〕. Scientifica, 1: 1-24.

GONZALEZ J A, 2012. Interrelationships among seed yield, total protein and amino acid composition of ten quinoa (*Chenopodium quinoa*) cultivars from two different agro-ecological regions〔J〕. Journal of the Science of Food and Agriculture, 92 (6): 1222-1229.

GONZALEZ J, LINDAMOOD J, DESAI N, 1991. Recovery of protein from potato plant waste effluents by complexation with carboxymethylcellulose〔J〕. Food Hydrocolloids, 4: 355-363.

GOYER A, NAVARRE D A, 2007. Determination of folate concentrations in diverse potato germplasm using a trienzyme extraction and a microbiological assay〔J〕. Journal of Agricultural and Food Chemistry, 55: 3523-3528

GOYER A, SWEEK K, 2011. Genetic diversity of thiamin and folate in primitive cultivated and wild potato (*Solanum* L.) species〔J〕. Journal of Agricultural and Food Chemistry, 59: 13072-13080.

GRANATO D, SANTOS J S, ESCHER G B, er al., 2018. Use of principal component analysis (PCA) and hierarchical cluster analysis (HCA) for multivariate association between bioactive compounds and functional properties in foods: A critical perspective〔J〕. Trends in Food Science & Technology, 72: 83-90.

GUGALA M, ZARZECKA K, 2012. Vitamin C content in potato tubers as influenced by insecticide application〔J〕. Polish Journal of Environmental Studies, 21 (4): 1101-1105.

GUO W L, SHI F F, LI L, et al,. 2019. Preparation of a novel Grifola frondosa polysaccharide-chromium (Ⅲ) complex and its hypoglycemic and hypolipidemic activities in high fat diet and streptozotocin-induced diabetic mice〔J〕. International Journal of Biological Macromolecules, 131: 81-88.

HAMOUZ K, LACHMAN J, DVORAK P, et al., 2009. Effect of selected factors on the content of ascorbic acid in potatoes with different tuber flesh colour [J]. Plant, Soil and Environment, 55 (7): 281-287.

HOEFKENS C, VANDEKINDEREN I, DE MEULENAER B, et al., 2009. A literature based comparison of nutrient and contaminant contents between organic and conventional vegetables and potatoes [J]. British Food Journal, 111 (10): 1078-1097.

HONG J S, GOMAND S V, HUBER K C, et al., 2016. Comparison of maize and wheat starch chain reactivity in relation to uniform versus surface oriented starch granule derivatization patterns [J]. Food Hydrocolloids, 61: 858-867.

HONG J, ZENG X A, HAN Z, et al., 2018. Effect of pulsed electric fields treatment on the nanostructure of esterified potato starch and their potential glycemic digestibility [J]. Innovative Food Science & Emerging Technologies, 45: 438-446.

HUNG P V, HUONG N T M, PHI N T L, et al., 2017. Physicochemical characteristics and in vitro digestibility of potato and cassava starches under organic acid and heat-moisture treatments [J]. International Journal of Biological Macromolecules, 95: 299-305.

IQBAL S, WU P, KIRK T V, et al., 2021. Amylose content modulates maize starch hydrolysis, rheology, and microstructure during simulated gastrointestinal digestion [J]. Food Hydrocolloids, 110: 106171.

JANSKEY S H, 2010. Potato flavor [M]. In: Hui, Y. H. (Ed.), Handbook of Fruit and Vegetable Flavors. John Wiley & Sons.

JOSHI A, SAGAR V R, SHARMA S, et al., 2018. Potentiality of potato flour as humectants (anti-staling agent) in bakery product: Muffin [J]. Potato Research, 61 (2): 115-131.

JØRGENSEN M, BAUW G, WELINDER K G, 2006. Molecular properties and activities of tuber proteins from starch potato cv. Kuras [J]. Journal of Agricultural and Food Chemistry, 54 (25): 9389-9397.

KAMMOUN M, 2018. Agro-physiological and growth response to reduced water supply of somatic hybrid potato plants (Solanum tuberosum L.) cultivated under greenhouse conditions [J]. Agricultural Water Management, 203: 9-19.

KAMNERDPETCH C, WEISS M, KASPER C, et al., 2007. An improvement of potato pulp protein hydrolyzation process by the combination of protease enzyme systems [J]. Enzyme and Microbial Technology, 40 (4): 508-514.

KAPOOR A C, DESBOROUGH S H, LI P H, 1975. Potato tuber Proteins and their nutritional quality [J]. Potato Research, 18: 469-478.

KAUR A, SHEVKANI K, SINGH N, et al., 2015. Effect of guar gum and xanthan gum on pasting and noodle-making properties of potato, corn and mung bean starches [J]. Journal of Food Science and Technology, 52 (12): 8113-8121.

KAUR A, SINGH N, EZEKIEL R, et al., 2007. Physicochemical, thermal and pasting properties of starches separated from different potato cultivars grown at different locations [J]. Food Chemistry, 101 (2): 643-651.

KAWABATA K, MUKAI R, ISHISAKAA, 2015. Quercetin and related polyphenols: new insights and implications for their bioactivity and bioavailability [J]. Food & Function, 6: 1399-1417.

KAWALJIT S S, MANINDER K M, 2010. Studies on noodle quality of potato and rice starches and their blends in relation to their physicochemical, pasting and gel textural properties [J]. LWT - Food Science and Technology, 43: 1289-1293.

KHOUZAM R B, LOBINSKI R, POHL P, 2011. Multi-element analysis of bread, cheese, fruit and vegetables by double-focusing sector-field inductively coupled plasma mass spectrometry [J]. Analytical Methods, 3: 2115-2120.

KHWATENGE C N, 2020. Expression of lysine-mediated neuropeptide hormones controlling satiety and appetite in broiler chickens [J]. Poultry Science, 99 (3): 1409-1420.

KIM E J, KIM H S, 2015. Influence of pectinase treatment on the physicochemical properties of potato Flours [J]. Food Chemistry, 167: 425-432.

KIM J Y, PARK S C, KIM M H, et al., 2005. Antimicrobial activity studies on a trypsin chymotrypsin protease inhibitors obtained from potato [J]. Biochemical and Biophysical Research Communications, 330 (3): 921-927.

KIRKMAN M A, 2007. Global Markers for Processed Potato Products [M]. In: D. Vreugdenhil (Ed.), Potato Biology and Biotechnology Advances and Perspectives. Elsevier, Oxford.

KLANG J M, TENE S T, KALAMO L G N, et al., 2019. Effect of bleaching and variety on the physico-chemical, functional and rheological properties of three new Irish potatoes (Cipira, Pamela and Dosa) flours grown in the locality of Dschang (West region of Cameroon) [J]. Heliyon, 5: e02982.

KNORR D, 1977. Protein recovery from waste effluents of potato processing plants [J]. Journal of Food Technology, 12: 563-580.

KOCH W, KARIM M D R, MARZEC Z, et al., 2016. Dietary intake of metals by the young adult population of Eastern Poland: results from a market basket study [J]. Journal of Trace Elements in Medicine and Biology, 35: 36-42.

KONDO Y, SAKUMA R, ICHISAWA M, et al., 2014. Potato chip intake increases ascorbic acid levels and decreases reactive oxygen species in SMP30/GNL knockout mouse tissues [J]. Journal of Agricultural and Food Chemistry, 62: 9286-9295.

KUMAR L, BRENNAN M, ZHENG H, et al., 2018. The effects of dairy ingredients on the pasting, textural, rheological, freeze-thaw properties and swelling behaviour of oat starch [J]. Food Chemistry, 245: 518-524.

KUMAR R, KHATKAR B S, 2017. Thermal, pasting and morphological properties of starch granules of wheat ( *Triticum aestivum* L. ) varieties [J]. Journal of Food Science and Technology, 54: 2403-2410.

LACHMAN J, HAMOUZ K, MUSILOVA J, et al., 2013. Effect of peeling and three cooking methods on the content of selected phytochemicals in potato tubers with various colour of flesh [J]. Food Chemistry, 138: 1189-1197.

LEE D S, KIM Y, SONG Y, et al., 2016. Development of a gluten-free rice noodle by utilizing protein-polyphenol interaction between soy protein isolate and extract of Acanthopanax sessiliflorus [J]. Journal of the Science of Food and Agriculture, 96 (3): 1037-1043.

LEHESRANTA S J, DAVIES H V, SHEPHERD L T, et al., 2005. Comparison of tuber proteomes of potato ( *Solanum* sp.) varieties, landraces, and genetically modified lines [J]. Plant Physiology, 138: 1690-1699.

LI G, ZHU F, 2018. Effect of high pressure on rheological and thermal properties of quinoa and maize starches [J]. Food Chemistry, 241: 380-386.

LI M, MA M, ZHU K X, et al., 2016. Delineating the physicochemical, structural, and water characteristic changes during the deterioration of fresh noodles: Understanding the deterioration mechanisms of fresh noodles [J]. Food Chemistry, 216: 374-381.

LI W Y, WU P J, YAN S H, 2019. Efects of phosphorus fertilizer on starch granule size distribution in corn kernels [J]. Brazilian Journal of Botany, 42: 201-207.

LI X Q, SCANLON M G, LIU Q, et al., 2006. Processing and Value Addition [M]. In: J. Gopal, S. M. P. Khurana ( Eds.), Handbook of Potato Production, Improvement, and Postharvest Management ( pp. 523-555). Food Products Press, New York.

LIANG Y, QU Z, LIU M, et al. 2020. Effect of curdlan on the quality of frozen-cooked noodles during frozen storage [J]. Journal of Cereal Science, 95: 103019.

LIMA D C, DOS SANTOS A M P, ARAUJO R G O, et al., 2010. Principal component analysis and hierarchical cluster analysis for homogeneity evaluation during the preparation of a wheat flour laboratory reference material for inorganic analysis [J]. Microchemical Journal, 95: 222-226.

LIU Y W, HAN C H, LEE M H, et al., 2003. Patatin, the tuber storage protein of potato ( Solanum tuberosum L.), exhibits antioxidant activity *in vitro* [J]. Journal of Agricultural and Food Chemistry, 51 (15): 4389-4393.

LIYANAGE R, HAN K H, WATANABE S, et al., 2008. Potato and soy peptide diets modulate lipid metabolism in rats [J]. Bioscience, Biotechnology & Biochemistry, 72 (4): 943-950.

LOMBARDO S, PANDINO G, MAUROMICAL G, 2012. Nutritional and sensory characteristics of "early" potato cultivars under organic and conventional cultivation systems [J]. Food Chemistry, 133 (4): 1249-1254.

LOMBARDO S, PANDINO G, MAUROMICALE G, 2013. The influence of growing environment on the antioxidant and mineral content of "early" crop potato [J]. Journal of Food Composition and Analysis, 32: 28-35.

LOMBARDO S, PANDINO G, MAUROMICALE G, 2014. The mineral profile in organically and conventionally grown "early" crop potato tubers [J]. Scientia Horticulturae, 167: 169-173.

LOPEZ A B, VAN ECK J, CONLIN B J, et al., 2008. Effect of the cauliflower or transgene on carotenoid accumulation and chromoplast formation in transgenic potato tubers [J]. Journal of Experimental Botany, 59: 213-223.

LU Z H, DONNER E, YADA R Y, et al., 2016. Physicochemical properties and in vitro starch digestibility of potato starch/protein blends [J]. Carbohydrate Polymers, 154: 214-222.

MA M M, MU T H, ZHOU L, 2021. Identification of saprophytic microorganisms and analysis of changes in sensory, physicochemical, and nutritional characteristics of potato and wheat steamed bread during different storage periods [J]. Food Chemistry, 348: 128927.

MA M, LIU Y, CHEN X J, et al., 2020. Thermal and pasting properties and digestibility of blends of potato and rice starches differing in amylose content [J]. International Journal of Biological Macromolecules. 165 (A): 321-332.

MAIZOOBI M, FARAHNAKY A, 2020. Granular cold-water swelling starch; properties, preparation and applications, a review [J]. Food Hydrocolloids, 92: 106393.

MARCHETTI L, ANDRĚS S C, CALIFANO A N, 2014. Low-fat meat sausages with fish oil: optimization of milk proteins and carrageenan contents using response surface methodology [J]. Meat Science, 96 (3): 1297-1303.

MIEDZIANKA J, PĘKSA A, POKORA M, et al., 2014. Improving the properties of fodder potato protein concentrate by enzymatic hydrolysis [J]. Food Chemistry, 159: 512-518.

MIGNERY G, PIKAARD C, HANNAPEL D, et al., 1984. Isolation and sequence analysis of cDNAs for the major potato tuber protein, patatin [J]. Nucleic Acid Research, 12 (21): 7987-8000.

MILLS C E, TZOUNIS X, ORUNA-CONCHA M J, et al., 2015. *In vitro* colonic metabolism of coffee and chlorogenic acid results in selective changes in human faecal microbiota growth [J]. British Journal of Nutrition, 113: 1220-1227.

MINGLE E, SANFUL R E, ENGMANN F N, 2017. Sensory and physicochemical of bread made from aerial yam (*Dioscorea bulbifera*) and wheat (*Triticum aestivum*) flour [J]. International Journal of Innovative Food Science and Technology, 1: 29-35.

MIRANDA M A, MAGALHAES L G, TIOSSI R F, et al., 2012. Evaluation of the schistosomicidal activity of the steroidal alkaloids from Solanum lycocarpum fruits [J]. Parasitology Research，111：257-262.

MONJEZI S, SCHNEIER M, CHOI J, et al., 2019. The shape effect on the retention behaviors of ellipsoidal particles in field – flow fractionation： theoretical model derivation considering the steric – entropic mode ［J］. Journal of Chromatogr A, 1587： 189-196.

MOZAFAR A, 1993. Nitrogen fertilizers and the amount of vitamins in plants： a review ［J］. Journal of Plant Nutrition 16 （12）, 2479-2506.

MU T H, ZHANG M, RAAD L, et al., 2015. Effect of α-amylase degradation on physicochemical properties of pre-high hydrostatic pressure-treated potato starch ［J］. PLoS One, 10： 0143620.

MÄKINEN S, KELLONIEMI J, PIHLANTO A, et al., 2008. Inhibition of angiotensin converting enzyme I caused by autolysis of potato proteins by enzymatic activities confined to different parts of the potato tuber ［J］. Journal of Agricultural and Food Chemistry, 56 （21）： 9875-9883.

NASSAR AMK, KUBOW S, LECLERC Y, et al., 2014. Somatic mining for phytonutrient improvement of 'Russet Burbank' potato ［J］. American Journal of Potato Research, 91： 89-100.

NAZARIAN-FIROUZABADI F, VISSER R G F, 2017. Potato starch synthases： Functions and relationships ［J］. Biochemistry and Biophysics reports, 10： 7-16.

NEP E I, NGWULUKA N C, KEMAS C U, et al., 2016. Rheological and structural properties of modified starches from the young shoots of Borassus aethiopium ［J］. Food Hydrocoll, 60： 265-270.

NEY K H, 1979. Taste of potato protein and its derivatives ［J］. Journal of the American Oil Chemists Society, 56： 295-297.

NGOBESE N Z, WORKNEH T S, ALIMI B A, et al., 2017. Nutrient composition and starch characteristics of eight European potato cultivars cultivated in South Africa ［J］. Journal of Food Composition and Analysis, 55： 1-11.

NODA T, FUJIKAMI S, MIURA H, et al., 2006. Effect of potato starch characteristics on the textural properties of Korean – style cold noodles made from wheat flour and potato starch blends ［J］. Food Science and Technology Research, 12： 278-283.

NODA T, TOHNOOKA T, TAYA S, et al., 2001. Relationship between physicochemical properties of starches and white salted noodle quality in Japanese wheat flours ［J］. Cereal Chemistry, 78 （4）： 395-399.

OLATUNDE G O, FOLAKE O, HENSHAW M A, et al., 2016. Quality attributes of sweet potato flour as influenced by variety, pretreatment and drying method ［J］. Food Science & Nutrition, 4 （4）： 623-635.

PAGET M, AMOROS W, SALAS E, et al., 2014. Genetic evaluation of micronutrient traits in diploid potato from a base population of andean landrace cultivars ［J］. Crop

Science, 54: 1949-1959.

PAN Z, HUANG Z, MA J, et al., 2020. Effects of freezing treatments on the quality of frozen cooked noodles [J]. Journal of Food Science & Technology, 57: 1926-19335.

PANDINO G, LOMBARDO S, MAUROMICALE G, 2011. Mineral profile in globe artichoke as affected by genotype, head part and environment [J]. Journal of the Science of Food and Agriculture, 91: 302-308.

PARK SH, NA Y, KIM J, et al., 2018. Properties and applications of starch modifying enzymes for use in the baking industry [J]. Food Science and Biotechnology, 27 (2): 299-312.

PAYYAVULA R S, SHAKYA R, SENGODA V G, et al., 2015. Synthesis and regulation of chlorogenic acid in potato: rerouting phenylpropanoid flux in HQT-silenced lines [J]. Plant Biotechnology Journal, 13: 551-564.

PERLA V, HOLM D G, JAYANTY S S, 2012. Effects of cooking methods on polyphenols, pigments and antioxidant activity in potato tubers [J]. Food Science and Technology, 45: 161-171.

PHILLIPS L G, GERMAN J B, O'NEILL T E, et al., 1990. Standardized procedure for measuring foaming properties of three proteins, a collaborative study [J]. Journal of Food Science, 55 (5): 1441-1453.

PIHLANTO A, AKKANEN S, KORHONEN H J, 2008. ACE-inhibitory and antioxidant properties of potato (*Solanum tuberosum*) [J]. Food Chemistry, 109 (1): 104-112.

PILLAI S, NAVARRE D A, BAMBERG J B, 2013. Analysis of polyphenols, anthocyanins and carotenoids in tubers from Solanum tuberosum group Phureja, Stenotomum and Andigena [J]. American Journal of Potato Research, 90: 440-450.

POTS A M, GRUPPEN H, HESSING M, et al., 1999. Isolation and characterization of patatin isoforms [J]. Journal of Agricultural and Food Chemistry, 47 (11): 4587-4592.

POUVREA U, GRUPPEN H, PIERAMS S R, et al., 2001. Relative abundance and inhibitory distribution of protease inhibitors in potato juice from cv. Elkana [J]. Journal of Agricultural and Food Chemistry, 49 (6): 2864-2874.

PĘKSA A, MIEDZIANKA J, 2014. Amino acid composition of enzymatically hydrolysed potato protein preparations [J]. Czech Journal of Food Science, 32: 265-272.

RAIGOND P, EZEKIEL R, RAIGOND B, 2015. Resistant starch in food: a review [J]. Journal of the Science of Food and Agriculture, 95: 1968-1978.

RALET M C, GUÉGUEN J, 2000. Fractionation of potato proteins: solubility, thermal coagulation and emulsifying properties [J]. Lebensmittle-Wissenschaft Und Technologie, 33 (5): 380-387.

RALET M C, GUÉGUEN J, 2001. Foaming properties of potato raw proteins and isolated fractions [J]. Food Science and Technology, 34 (4): 266-269.

RAY D K, MUELLER N D, WEST P C, et al., 2013. Yield trends are insufficient to double global crop production by 2050 [J]. PLoS One, 8: e66428.

REMBIALKOWSKA E, 1999. Comparison of the contents of nitrates, nitrites, lead, cadmium and vitamin C in potatoes from conventional and ecological farms [J]. Polish Journal of Food and Nutrition Sciences, 8 (4): 17-26.

REMYA R, JYOTHI A N, SREEKUMAR J, 2017. Comparative study of RS4 type resistant starches derived from cassava and potato starches via octenyl succinylation [J]. Starch, 69 (7/8): 1600264.

REN F, DONG D, YU B, et al., 2017. Rheology, thermal properties, and microstructure of heatinduced gel of whey protein-acetylated potato starch [J]. Starch-Stärke, 69 (9-10): 1600344.

REXEN B, 1976. Studies of Protein of Potatoes [J]. Potato Research, 19: 189-202.

RIVERSA R C, HERNANDEZA P S, RODRIGUEZ E M, et al., 2003. Mineral concentrations in cultivars of potatoes [J]. Food Chemistry, 83, 247-253.

ROMANUCCI V, 2016. Toxin levels in different variety of potatoes: Alarming contents of α- chaconine [J]. Phytochemistry Letters, 16: 103-107.

ROMBOUTS I, JANSENS K J A, LAGRAIN B, et al., 2014. The impact of salt and alkali on gluten polymerization and quality of fresh wheat noodles [J]. Journal of Cereal Science, 60: 507-513.

ROY J K, BORAH A, MAHANTA C L, et al., 2013. Cloning and overexpression of raw starch digesting α - amylase gene from Bacillus subtilis strain AS01a in Escherichia coli and application of the purified recombinant α-amylase (AmyBS-I) in raw starch digestion and baking industry [J]. Journal of Molecular Catalysis B Enzymatic, 97: 118-129.

RYTEL E, LISIŃSKA G, TAJNER-CZOPEK A, 2013. Toxic compound levels in potatoes are dependent on cultivation methods [J]. Acta Alimentaria, 42: 308-317.

SAMPAIO S L, 2021. Potato biodiversity: A linear discriminant analysis on the nutritional and physicochemical composition of fifty genotypes [J]. Food Chemistry, 345: 128853.

SANGPRING Y, FUKUOKA M, RATANASUMAWONG S, 2015. The effect of sodium chloride on microstructure, water migration, and texture of rice noodle [J]. LWT-Food Science and Technology, 64: 1107-1113.

SCHNENBECK I, GRAF A, LEUTHOLD M, et al., 2013. Purification of high value roteins from particle containing potato fruit juice via direct capture membrane adsorption chromatography [J]. Journal of Biotechnology, 168 (4): 693-700.

SCHWINGSHACKL L, SCHWEDHELM C, HOFFMANN G, et al., 2019. Potatoes and risk of chronic disease: A systematic review and dose-response meta-analysis [J]. European Journal of Nutritionl, 58: 2243-2251.

SHAHEEN N, 2016. Amino acid profiles and digestible indispensable amino acid scores of proteins from the prioritized key foods in Bangladesh [J]. Food Chemistry, 213: 83-89.

SHAO L F, GUO X N, LI M, et al., 2019. Effect of different mixing and kneading process on the quality characteristics of frozen cooked noodle [J]. LWT-Food Science and Technology, 101, 583-589.

SINGH J, COLUSSI R, MCCARTHY O J, et al., 2016. Potato starch and its modification [M]. In J. Singh, & L. Kaur (Eds.). Advances in potato chemistry and technology (2nd ed.). London, UK: Academic Press.

SINGH J, MCCARTHY O J, SINGH H, 2006. Physicochemical and morphological characteristics of New Zealand Taewa (Maori potato) starches [J]. Carbohydrate Polymers, 64 (4): 569-581.

SINGH N, SHEVKANI K, KAUR A, et al., 2014, Characteristics of starch obtained at different stages of purification during commercial wet milling of maize [J]. Starch Stärke, 66 (7-8): 668-677.

SKRABULE I, MUCENIECE R, KIRHNERE I, 2013. Evaluation of vitamins and glycoalkaloids in potato genotypes grown under organic and conventional farming systems [J]. Potato Research, 56 (4): 259-276.

SMITH D M, CULBERTSON J D, 2000. Proteins: functional properties [M]. In: Christen, G. L., Smith, J. S. (Eds.), Food Chemistry: Principles and Applications. Science Technology System, West Sacramento, 132-147.

SMITH L M, GALLAGHER J C, 2017. Dietary Vitamin D Intake for the Elderly Population: Update on the Recommended Dietary Allowance for Vitamin D [J]. Endocrinology and Metabolism Clinics of North America, 46: 871-884.

STAETKVERN K O, SCHWARZ J G, WIESENBORN D P, et al., 1999. Expanded bed adsorption for recover of patatin from crude potato juice [J]. Bioseparation, 333-345.

STOREY M, 2007. The Harvested Crop. In: D. Vreugdenhil (Ed.), Potato Biology and Biotechnology Advances and Perspectives [M]. Oxford: Elsevier.

SUNDARRAM A, MURTHY T P K, 2014. α-Amylase production and applications: a review [J]. Applied and Environmental Microbiology, 2: 166-175.

TEDONE L, HANCOCK R D, ALBERINO S, et al., 2004. Long-distance transport of L-ascorbic acid in potato [J]. BMC Plant Biology, 4 (1): 16.

TRANCOSO-REYES N, OCHOA MARTÍNEZ L A, BELLO-PÉREZ LA, et al., 2016. Effect of pre-treatment on physicochemical and structural properties, and the bioaccessibility of β-carotene in sweet potato flour [J]. Food Chemistry, 200: 199-205.

TUMWINE G, ATUKWASE A, TUMUHIMBISE G A, et al., 2019. Production of nutrient-enhanced millet-based composite flour using skimmed milk powder and vegetables [J]. Food Science & Nutrition, 7: 22-34.

URBANY C, COLBY T, STICH B, et al., 2012. Analysis of natural variation of the pota-to tuber proteome reveals novel candidate genes for tuber bruising [J]. Journal of Pro-teome Research, 11: 703-716.

VAMADEVAN V, BERTOFT E, 2015. Structure - function relationships of starch components [J]. Starch Starke, 67: 55-68.

VAN DER SMAN R G M, BROEZE J, 2013. Structuring of indirectly expanded snacks based on potato ingredients: a review [J]. Journal of Food Engineering, 114: 413-425.

VAN KONINGSVELD G A, GRUPPEN H, DE JONGH H H, et al., 2001. Effects of pH and heat treatments on the structure and solubility of potato proteins in different prepara-tions [J]. Journal of Agricultural and Food Chemistry, 49: 4889-4897.

VAN KONINGSVELD G A, WALSTRA P, VORAGEN A G, 2006. Effects of protein com-position and enzymatic activity on formation and properties of potato protein stabilized emulsions [J]. Journal of Agricultural and Food Chemistry, 6419-6427.

VASANTHAN T, HOOVER R, 1992. A comparative study of the composition of lipids as-sociated with starch granules from various botanical sources [J]. Food Chemistry, 43: 19-27.

VIKELOUDA M, KIOSSEOGLOU V, 2004. The use of carboxymethylcellulose to recover potato protein and control their functional properties [J]. Food Hydrocolloids, 18, 21-27.

WAGLAY A, KARBOUNE S, ALLI I, 2014. Potato protein isolates: recovery and charac-terization of their properties [J]. Food Chemistry, 142: 373-382.

WAGLAY A, KARBOUNE S, ALLI I, 2014. Potato protein isolates: recovery and charac-terization of their properties [J]. Food Chemistry, 373-382.

WALTZ E, 2015. USDA approves next-generation GM potato [J]. Nature Biotechnology, 33: 12-13.

WAND S, LI C, COPELAND L, et al., 2015. Starch retrogradation: A comprehensive review [J]. Comprehensive Reviews in Food Science and Food Safety, 14 (5): 568-585.

WANG J, GUO K, FAN X, et al., 2018. Physicochemical properties of C-type starch from root tuber of Apios fortunei in comparison with maize, potato, and pea starches [J]. Molecules, 23: 2132.

WANG L L, XIONG Y L, 2005. Inhibition of lipid oxidation in cooked beef patties by hy-drolyzed potato protein is reducing and radical scavenging ability [J]. Journal of Agricul-tural and Food Chemistry, 9186-9192.

WANG S J, 2020. Starch Structure, Functionality and Application in Foods [M]. State Key Laboratory of Food Nutrition & Safety/School of Food Science & Engineering Tianjin University of Science & Technology, Tianjin, China.

WANG S, LI C, COPELAND L, et al., 2015. Starch retrogradation: a comprehensive review [J]. Compresive and Reviews in Food Science and Food Safety, 14 (5): 568-585.

WERTEKER M, HUBER S, KUCHLING S, et al., 2017. Differentiation of milk by fatty acid spectra and principal component analysis [J]. Measurement, 98: 311-320.

WIKMAN J, BLENNOW A, BULEON A, et al., 2014. Influence of amylopectin structure and degree of phosphorylation on the molecular composition of potato starch lintners [J]. Biopolymers, 101 (3): 257-271.

WU J, WANG Y L, LI K, et al., 2016. Evaluation of Noodles Made under Different Proofing Conditions Based on Principal Component Analysis [J]. Food Science, 37 (21): 119-123.

WYSS C, WANG Q, GOLSHAYAN D, et al., 2012. Potassium restores vasorelaxation of resistance arterioles in non-hypertensive DOCA/salt fed mice [J]. Microvascular Research, 84: 340-344.

XIAO M H, MA Y, FENG Z X, et al., 2018. Rice blast recognition based on principal component analysis and neural network [J]. Computers and Electronics in Agriculture, 154: 482-490.

XU F, HU H, DAI X, et al., 2017. Nutritional compositions of various potato noodles: comparative analysis [J]. International Journal of Agricultural and Biological Engineering, 10 (1): 218-225.

ZENG F K, LIU H, MA PJ, et al., 2013. Recovery of native protein from potato root water by expanded bed adsorption with amberlite XAD7HP [J]. Biotechnology and Bioprocess Engineering, 18: 981-988.

ZENG L Z, RUAN M Y, LIU J L, et al., 2019. Trends in Processed Meat, Unprocessed Red Meat, Poultry, and Fish Consumption in the United States, 1999-2016 [J]. Journal of the Academy of Nutrition and Dietetics, 119 (7): 1085-1098.

ZHANG H, ZHOU X, HE J, et al., 2017. Impact of amylosucrase modifcation on the structural and physicochemical properties of native and acid-thinned waxy corn starch [J]. Food Chemistry, 220: 413-419.

ZHANG Y, JIN X, OUYANG Z L X, et al., 2014. Vitamin $B_6$ contributes to disease resistance against Pseudomonas syringae pv. tomato DC3000 and Botrytis cinerea in Arabidopsis thaliana [J]. Journal of Plant Physiology, 175C: 21-25.

ZHAO X, ANAERSSON M, ANDERSSON R, et al., 2018. Resistant starch and other dietary fiber components in tubers from a high-amylose potato [J]. Food Chemistry, 251: 58-63.

ZHONG Y Y, WU Y, BLENNOW A, et al., 2020. Structural characterization and functionality of starches from different high-amylose maize hybrids [J]. LWT, 134: 110176.

ZHOU F, LIU Q, ZHANG H, et al., 2016. Potato starch oxidation induced by sodium hypochlorite and its effect on functional properties and digestibility [J]. International Journal of Biological Macromolecules, 84: 410−417.

ZHU F, HE J, 2020. Physicochemical and functional properties of Maori potato flour [J]. Food Bioscience, 33: 100488.